高职高专土建类工学结合"十二五"规划教材

U0326008

建筑工程测量与实训项目化教程

主　编　方　意　雷远达

副主编　岳崇伦　周　敏　高新胜

参　编　马　莉　吴海涛　余金艳　王　栋
　　　　　冼少梅　庞文娟　汪顺波　彭建敏
　　　　　蒋　中　李佳宏　梁海建　周志梁
　　　　　张其毅　谢佩珉　刘淑兰　黄佳宾
　　　　　谭达权　魏福生　李召兵

华中科技大学出版社

中国·武汉

图书在版编目(CIP)数据

建筑工程测量与实训项目化教程/方意,雷远达主编.—武汉:华中科技大学出版社,2014.8
ISBN 978-7-5680-0293-6

Ⅰ.①建… Ⅱ.①方… ②雷… Ⅲ.①建筑测量-高等职业教育-教材 Ⅳ.①TU198

中国版本图书馆 CIP 数据核字(2014)第 171010 号

建筑工程测量与实训项目化教程　　　　　　　　　　　　　　方　意　雷远达　主编

责任编辑:简晓思
封面设计:范翠璇
责任校对:张　琳
责任监印:张贵君
出版发行:华中科技大学出版社(中国·武汉)
　　　　　武昌喻家山　　邮编:430074　　电话:(027)81321915
录　　排:华中科技大学惠友文印中心
印　　刷:湖北新华印务有限公司
开　　本:787mm×1092mm　1/16
印　　张:22
字　　数:576 千字
版　　次:2015 年 1 月第 1 版第 1 次印刷
定　　价:49.80 元

内 容 提 要

本书以提高读者的职业实践能力和职业素养为宗旨,倡导以学生为本位的教育培训理念。本书根据理论和实践相结合的教学指导思想,突出职业教育的特色,按项目教学法的形式进行编写。

本书根据建筑相关专业对工程测量课程的教学要求编写,内容包括工程测量基本知识、测量理论强化、实操强化等三大篇目,重点在于对学生工程测量的外业操作技能和内业计算能力进行全面训练。全书内容形式贴近实际,且实用性、实践性强,图文对照、新颖直观、通俗易懂、流程清晰、便于自学。

本书可供高等职业技术院校、高等专科学校、成人教育学院、职工大学、高级技工学校等院校的建筑工程技术、工程造价、工程管理及其相关专业工程测量课实践教学和学生自学使用,亦可供生产单位测量、施工等专业技术人员参考。

前　言

　　《建筑工程测量与实训项目化教程》由三部分组成。第一部分为测量基本知识,内容涵盖平面图和地形图的基础知识、水准测量、角度测量、全站仪以及 GPS 测量、建筑工程施工测量等;第二部分为测量理论强化,包含考证以及竞赛理论题目;第三部分为实操强化,包括测量实训的性质、任务和基本要求、主要内容、时间场地及人员组织、作业时间分配、领用仪器、具体作业内容和技术要求、注意事项、实训成果、操作考核及成绩评定等。

　　本书在编写过程中参考了工程测量的新标准和新规范,知识面广,具有较强的教学适应性和较宽的专业适应面,既能满足从事测量工作的需要,又能针对技能鉴定和技能竞赛;既能注重学生理论知识的教学,又能突出建筑工程测量的实践性。在单一的理论中结合实际工作,提高学生的学习动力。

　　本书由方意、雷远达担任主编,岳崇伦、周敏、高新胜担任副主编,马莉、吴海涛、余金艳、王栋、冼少梅、庞文娟、汪顺波、彭建敏、蒋中、李佳宏、梁海建、周志梁、张其毅、谢佩珉、刘淑兰、黄佳宾等参编。此外,参加本书编写工作的还有南方测绘仪器有限公司谭达权高级工程师、广东省乐昌市国土资源局魏福生工程师、广东省广州市从化区规划局李召兵工程师等。

　　本书编者都为多年从事测量教学并在施工一线实践的双师型教师,本书经华中科技大学出版社编辑和各位编者精心策划、准确定位,严格参照各种相关规范,注重实践性,在知识讲解上力争做到深入浅出,满足施工一线需要。书中编入了很多建筑工程测量的新知识,具有较强的教学实用性和较宽的专业适应面。

　　由于编者水平所限,书中疏漏、错误和不足之处在所难免,恳请广大师生和读者批评指正。

编　者

2014 年 12 月

目　　录

第一篇　测量基本知识

第一篇　测量基本知识

第一章　水泵基本知识

项目一　绪　　论

学习要求

1. 了解建筑工程测量的任务和内容；
2. 理解地面点位的确定方法；
3. 掌握高斯-克吕格正形投影带的计算方法。

1.1　工程测量学介绍

1.1.1　测量学和工程测量学介绍

测量学是一门历史悠久的科学，是一门研究地球的形状和大小以及确定地面点之间相对位置的学科。早在几千年前，由于当时社会生产发展的需要，中国、埃及、希腊等古代国家的人们就开始利用测量工具进行测量。在远古时代我国就发明了指南针，以后又发明了浑天仪等测量仪器，并绘制了相当精确的全国地图。指南针于中世纪由阿拉伯人传到欧洲，然后在全世界得到了广泛的应用，直到今天，它仍然是利用地磁测定方位的简便测量工具。

测量工作主要包括如下两个方面的内容。

（1）测定

测定又称测图，是指使用测量仪器和工具，通过测量和计算，并按照一定的测量程序和方法将地面上局部区域的各种人工构筑物（地物）和地面的形状、大小、高低起伏（地貌）的位置按一定的比例尺和特定的符号缩绘成地形图，以供工程建设的规划、设计、施工和管理使用。

（2）测设

测设又称放样，是指使用测量仪器和工具，按照设计要求，采用一定的方法将设计图纸上设计好的建筑物、构筑物的位置测设到实地，作为工程施工的依据。

此外，施工中各工程工序的交接和检查、校核、验收工程质量的施工测量，工程竣工后的竣工测量，监视建筑物或构筑物安全阶段的沉降、位移和倾斜所进行的变形观测等，也是工程测量的主要任务。

随着社会生产和科学技术的不断发展，根据研究对象和范围的不同，测量学又分为大地测量学、普通测量学、摄影测量学、工程测量学等学科。

大地测量学是研究测定地球形状、大小和地球重力场的理论，为在广大地区建立国家大地控制网等方面提供测量理论、技术和方法，为测量学的其他分支学科提供最基础的测量数据和资料。

普通测量学研究较小区域内的测量工作，主要是指用地面作业方法，将地球表面局部地区的地物和地貌等测绘成地形图。由于测区范围较小，可以不考虑地球曲率的影响，把地球表面当作平面对待。

摄影测量学是研究如何利用摄影相片来测定物体形状、大小、位置并获取其他信息的学科，是中国测绘国家基本地形图的主要方法。目前多用于测绘城市基本地形图和大规模地形复杂地区的地物和地貌。

工程测量学是一门研究工程建设和自然资源开发各个阶段中所进行的控制测量、地形测绘、施工放样、变形监测及建立相应信息系统的理论和技术的学科。工程测量是直接为各项工程建设服务的。任何土建工程，无论是工业与民用建筑、城镇建设、道路、桥梁、给排水管线等，从勘测、规划、设计到施工阶段，甚至在使用管理阶段，都需要进行测量工作。

按照工程建设的具体对象来分，工程测量包括建筑测量、城镇规划测量、道路和桥梁测量、给排水工程测量等。

本书主要讲解建筑工程测量，它属于工程测量学范畴，是城市建筑物勘测设计、施工、设备安装和竣工验收期间所进行的测量工作，其主要任务有：

①在设计阶段，要测绘各种比例尺的地形图，供结构物的平面及竖向设计使用；

②在施工阶段，要将设计结构物的平面位置和高程在实地标定出来，作为施工的依据；

③工程完工后，要测绘竣工图，供日后扩建、改建、维修和城市管理使用，对某些重要的建筑物或构筑物，在建设中和建成以后都需要进行变形观测，以保证建筑物的安全。

1.1.2 建筑工程测量的任务

（1）测图

测图指使用测量仪器和工具，依照一定的测量程序和方法，通过测量和计算，得到一系列测量数据，或者把局部地球表面的形状和大小按一定的比例尺和特定的符号缩绘到图纸上。测图供规划设计之用，供工程施工结束后测绘竣工图之用，供日后管理、维修、扩建之用。

（2）用图

用图指识别地形图、断面图等的知识、方法和技能。用图先根据图面的图式符号识别地面上的地物和地貌，然后在图上进行测量，最后从图上取得工程建设所必需的各种技术资料，从而解决工程设计和施工中的有关问题。

（3）放样

放样是测图的逆过程。放样是将图纸上设计好的建（构）筑物按照设计要求通过测量的定位、放线、安装，将其位置和高程标定到施工作业面上，作为工程施工的依据。

（4）变形观测

对于某些有特殊要求的建（构）筑物，在施工过程中和使用期间，还要测定其有关部位在建筑荷载和外力作用下，随着时间而产生变形的规律，监视其安全性和稳定性，这是验证设计理论和检验施工质量的重要资料。

（5）竣工测量

竣工测量是指在建（构）筑物竣工验收时，为获得工程建成后的各建（构）筑物以及地下管网的平面位置和高程等资料而进行的测量工作。

1.1.3 测量工作的要求

（1）测量工作的要求

测量工作在整个建筑工程建设中起着不可缺少的重要作用，测量速度和质量直接影响工程建设的速度和质量。它是一项非常细致的工作,稍有不慎就会影响工程进度甚至造成返工。因此,要求工程测量人员必须做到以下几点。

①树立为建筑工程建设服务的思想,具有对工作负责的精神,坚持严肃认真的科学态度。做到测、算工作步步有校核,确保测量成果的精度。

②养成不畏艰苦和细致的工作作风。不论是外业观测,还是内业计算,一定要按现行规范和规定作业,坚持精度标准,严格遵守岗位责任制度,以确保测量成果的质量。

③要爱护测量工具,正确使用仪器,并要定期维护和校验仪器。

④要认真做好测量记录工作,要做到内容真实、原始,书写清楚、整洁。

⑤要做好测量标志的设置和保护工作。

(2)学习建筑工程测量的要求

建筑工程测量是一门实践性较强的技术基础课程,要为学习建筑工程有关科学技术知识打下必要的基础。因此,要求学生对测量的基本理论、基本原理要清楚;熟悉钢尺、水准仪、经纬仪、平板仪、全站仪的使用;掌握测量操作的技能和方法;能识读地形图和掌握地形图的应用;会施工测量,重点掌握建筑工程施工测量的内容。

1.1.4　常用的测量单位

工程测量常用的角度、长度、面积的度量单位及换算关系分别见表1-1~表1-3。

表1-1　角度单位制及换算关系

六十进制	弧度制
1 圆周＝360° 1°＝60′ 1′＝60″	1 圆周＝2π 弧度 1 弧度＝180°/π＝57.2958°

表1-2　长度单位制及换算关系

公制	英制
1 km＝1 000 m 1 m＝10 dm ＝100 cm ＝1 000 mm	1 km＝0.621 4 mi ＝3 280.8 ft 1 m＝3.280 8 ft ＝39.37 in

表1-3　面积单位制及换算关系

公制	市制	英制
1 km²＝1×10⁶ m² 1 m²＝100 dm² ＝1×10⁴ cm² ＝1×10⁶ mm²	1 km²＝1500 亩 1 m²＝0.001 5 亩 1 亩＝666.666 667 m²	1 km²＝247.11 英亩 ＝100 公顷 1 m²＝10.764 ft² 1 cm²＝0.155 in²

1.2 地面点位的确定

1.2.1 地面点位确定的原理

由几何学原理可知,点组成线、线组成面、面组成体。所以构成物体形状的最基本元素是点。在测量上,把地面上的固定性物体称为地物,如房屋、道路等;把地面起伏变化的形态称为地貌,如高山、丘陵、平原等。地物和地貌总称为地形。以地形测绘为例,虽然地面上各种地物种类繁多,地势起伏千差万别,但它们的形状、大小及位置完全可以看成是由一系列连续不断的点所组成的。

放样是在实地标定出设计建(构)筑物的平面位置和高程的测量工作,与测图过程相反,其实质也是确定点的位置,所以点位关系是测量要研究的基本关系。

地球的自然表面高低起伏,有高山、丘陵、平原、江河、湖泊和海洋等,是一个凹凸不平的复杂曲面。地球上自由静止的水面称为水准面,它是一个处处与铅垂线正交的曲面。水准面有无数个,其中与平均海水面重合、通过大陆延伸勾画出的一个连续的封闭曲面,称为大地水准面。由大地水准面所包围的形体叫大地体。由于地球内部质量分布不均匀,引起地面各点的铅垂线方向发生不规则变化,因此大地水准面是一个有微小起伏的不规则曲面。在这个不规则曲面上无法进行测量计算,必须要寻找一个与大地水准面较吻合,而且能用数学公式表达的规则曲面来代替大地水准面,作为测量计算的基准面。这个基准面是一个椭圆绕其短轴旋转的椭球面,称为参考椭球面,它包围的形体称为参考椭球体或参考椭球(见图 1-1)。所以我们也称大地水准面、水平面和铅垂线是测量的基准面和基准线。

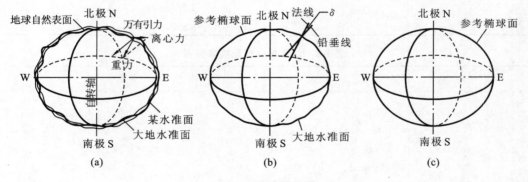

图 1-1 地球的形状

新中国成立以来,我国于 20 世纪 50 年代和 80 年代分别建立了"1954 北京坐标系"和"1980 西安坐标系"。随着社会的进步,国民经济建设、国防建设、社会发展、科学研究等对国家大地坐标系提出了新的要求,迫切需要采用原点位于地球质量中心的坐标系(以下简称地心坐标系)作为国家大地坐标系。采用地心坐标系,有利于采用现代空间技术对坐标系进行维护和快速更新,测定高精度大地控制点三维坐标,并提高测图工作效率,其原点为包括海洋和大气的整个地球的质量中心,z 轴指向 BIH1984.0 定义的协议极地方向(BIH 国际时间局),x 轴指向 BIH1984.0 定义的零子午面与协议赤道的交点,y 轴按右手坐标系确定。2000 国家大地坐标系采用的地球椭球参数长半轴 $a=6\ 378\ 137$ m,扁率 $f=1/298.257\ 223\ 563$。

确定地面点的位置,是将地面点沿铅垂线方向投影到一个代表地球表面形状的基准面上,地面点投影到基准面上后,要用坐标和高程来表示点位。测绘过程及测量计算的基准面,可认为是平均海洋面的延伸,穿过陆地和岛屿所形成的闭合曲面,这个闭合的曲面称为大地水准面。在大范围内进行测量工作时,以大地水准面作为地面点投影的基准面,如果在小范围内测量,可以把地球局部表面当作平面,用水平面作为地面点投影的基准面。

测量工作的基本任务(即实质)是确定地面点的位置。地面点的空间位置由点的平面位置 x、y 坐标和点的高程位置 H 来确定。

1.2.2　地面点平面位置的确定

地面点的位置与一定的坐标系统相对应。在高低起伏的地球自然表面上,地面点的位置通常以坐标和高程来表示,在测量上常用的坐标系有大地坐标系、高斯平面直角坐标系、假定平面直角坐标系和建筑坐标系。

(1)大地坐标系

用大地经度 L 和大地纬度 B 表示地面点在旋转椭圆球面上的位置,称为大地地理坐标,简称大地坐标。

大地经、纬度是根据大地测量所测得的数据推算而得出的。如图 1-2 所示,地面上任意点 P 的大地经度 L 是该点的子午面与首子午面(通过格林尼治天文台)所夹的两面角 λ,P 点大地纬度 B 是过该点的法线(与旋转椭球面垂直的线)与赤道面的夹角 φ。

大地经、纬度是根据起始大地点(又称大地原点)的大地坐标,按大地测量所得的数据推算而得的。

我国以陕西省泾阳县永乐镇大地原点为起算点,由此建立的大地坐标系,称为"1980 西安坐标系",简称 80 西安系;通过与苏联 1942 年普尔科沃坐标系联测,经我国东北传算过来的坐标系称"1954 北京坐标系",简称 54 北京系,其大地原点位于苏联普尔科沃天文台中央。

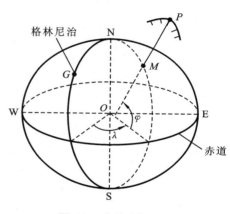

图 1-2　大地坐标系

WGS84 坐标系:WGS 英文意义是"world geodetic system"(世界大地坐标系),它是美国国防局为进行 GPS 导航定位于 1984 年建立的地心坐标系,1985 年投入使用。在实际测量工作中很少直接使用 WGS84 坐标系,而是将其转换成其他坐标系再使用。

WGS84 椭球采用国际大地测量与地球物理联合会第 17 届大会测量常数推荐值,采用两个常用基本几何参数:长半轴 $a=6\ 378\ 137$ m,扁率 $f=1/298.257\ 223\ 563$。

(2)高斯平面直角坐标系

地理坐标对局部测量工作来说是非常不方便的。例如,在赤道上,$1''$ 的经度差或纬度差对应的地面距离约为 30 m。测量计算最好在平面上进行,但地球是一个不可展的曲面,应通过投影的方法将地球表面上的点位化算到平面上。地图投影有多种方法,我国采用的是高斯-克吕格正形投影。正形投影的实质就是椭球面上微小区域的图形投影到平面上后仍然与原图形相似,即不改变原图形的形状。例如,椭球面上一个三角形投影到平面上后,其三个内角保持不变。高斯-克吕格正形投影简称高斯投影,使用高斯投影的国家还有德国和苏联。

高斯投影是高斯在 1820—1830 年间为解决德国汉诺威地区大地测量投影问题而提出的一种投影方法。1912 年起,德国学者克吕格将高斯投影公式加以整理和扩充,并推导出实用计算公式。此后,保加利亚学者赫里斯托夫等对高斯投影作了进一步的更新和扩充。

从几何意义上讲,高斯投影是一种横椭圆柱正形投影。如图 1-3 所示,设想用一个横椭圆柱套在参考椭球外面,并与某一子午线相切,称该子午线为中央子午线,横椭圆柱的中心轴通过参考椭球中心 O 与地轴 NS 垂直。将中央子午线东、西各一定经差范围内的地区投影到椭圆柱面上,再将该椭圆柱面沿过南、北极点的母线切开展平,便构成了高斯平面直角坐标系,如图 1-4 所示。

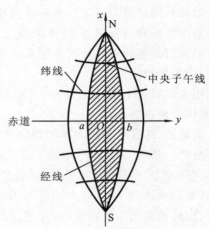

图 1-4　高斯投影展开图

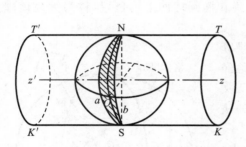

图 1-3　横椭圆柱投影

高斯投影按经线将地球划分成若干带分带投影,带宽用投影带两边缘子午线的经度差表示,常用带宽为 $6°$、$3°$ 和 $1.5°$,分别简称为 $6°$、$3°$ 和 $1.5°$ 带投影。国际上对 $6°$ 和 $3°$ 带投影的中央子午线经度有统一规定,满足这一规定的投影称为统一 $6°$ 带投影和统一 $3°$ 带投影。

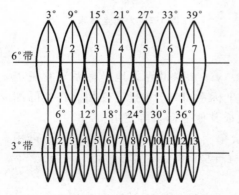

图 1-5　6°带投影和 3°带投影

从首子午线起,每隔经度 $6°$ 划分为一带,如图 1-5 所示,自西向东将整个地球划分为 60 个投影带,带号从首子午线开始,用阿拉伯数字表示。第一个 $6°$ 带的中央子午线的经度为 $3°$,任意带的中央子午线经度 L 与投影带号 N 的关系为: $L_0 = 6N - 3$。

反之,已知地面任一点的经度 L,计算该点所在的统一 $6°$ 带带号的公式为:

$$N = \text{Int}\left[\frac{L}{6}\right] + 1 \qquad (1\text{-}1)$$

式中: Int——取整函数。

【例 1-1】　已知某点 P 的经度为 $113°26'$,问点 P 的统一 $6°$ 带带号是多少?

【解】
$$113°26' \div 6 = 18.9°$$
$$N = 18 + 1 = 19$$

在投影精度要求较高时,可以把投影带划分得再细一些,例如采用 $3°$ 带,共分为 120 带,则第 N 带的中央子午线经度 $L'_0 = 3N$。

反之,已知地面任一点的经度 L,计算该点所在的统一 3°带带号的公式为

$$n = \text{Int}\left[\frac{L}{3} + 0.5\right]$$ （1-2）

式中:Int——取整函数。

【**例 1-2**】　已知某点 P 的经度为 113°26′,问点 P 的统一 3°带带号是多少?

【**解**】　　　　　　　　113°26′÷3＝37.8°

$$n=38$$

投影后的中央子午线和赤道均为直线并保持相互垂直。以中央子午线为坐标纵轴(x 轴),向北为正;以赤道为坐标横轴(y 轴),向东为正,中央子午线与赤道的交点为坐标原点 O。

与数学上的笛卡儿坐标系比较,在高斯平面直角坐标系中,为了定向的方便,定义纵轴为 x 轴,横轴为 y 轴。 x 轴与 y 轴互换了位置,象限则按顺时针方向编号,这样就可以将数学上定义的各类三角函数直接应用在高斯平面直角坐标系中,不需做任何变更。

我国位于北半球, x 坐标值恒为正, y 坐标值则有正有负,当测点位于中央子午线以东时为正,以西时为负。图 1-6(a)的 B 点位于中央子午线以西,其 y 坐标值为负值。对于 6°带高斯平面直角坐标系,最大的 y 坐标负值约为 −165 km。为了避免 y 坐标出现负值,我国统一规定将每带的坐标原点西移 500 km,也就是给每个点的 y 坐标值加 500 km,使之恒为正值,如图 1-6(b)所示。

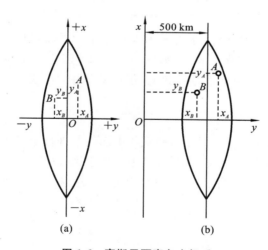

图 1-6　高斯平面直角坐标系

为了能够根据横坐标值确定某点位于哪一个 6°带内,还应在 y 坐标值前冠以带号。将经过加 500 km 和冠以带号处理后的横坐标用 y 表示。例如,图 1-6(b)中的 B 点位于第 19 带内,其横坐标为 $y_B＝−265\ 214$ m,则有 $y＝19\ 234\ 786$ m。相反,如果某点 $y＝19\ 234\ 786$ m,则该点在第 19 个 6°带中央子午线以西 265 214 m。

高斯投影属于正形投影的一种,它保证了球面图形的角度与投影后的平面图形的角度不变,但球面上任意两点间的距离经投影后会产生变形,其规律是:除了中央子午线没有距离变形以外,其余位置的距离均存在变形。

6°带投影边缘的距离变形能满足 1∶25 000 或更小比例尺测图的精度,当进行

1∶10 000或更大比例尺测图时,要求投影的距离变形更小,可以采用3°带投影、1.5°带投影或任意带投影。

(3)假定平面直角坐标系

当测量区域较小(一般半径不大于10 km 的面积内)时,可直接用与测区中心点相切的平面来代替曲面,然后在此平面上建立一个平面直角坐标系。因为它与大地坐标系没有联系,故称为独立平面直角坐标系,也叫假定平面直角坐标系。

如图1-7(a)所示,假定平面直角坐标系与高斯平面直角坐标系一样,规定南北方向为纵轴x,东西方向为横轴y;x轴向北为正,向南为负,y轴向东为正,向西为负。地面上某点 P 的位置可用x_P和y_P来表示,假定平面直角坐标系的原点 O 一般选在测区的西南角以外,使测区内所有点的坐标均为正值。

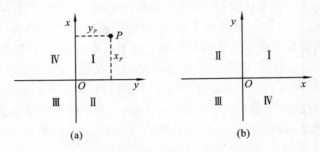

图 1-7   假定平面直角坐标系
(a)测量中的平面直角坐标系;(b)数学中的笛卡儿平面直角坐标系

为了定向方便,测量上的平面直角坐标系与数学上的平面直角坐标系的规定不同,两者的 x 轴与 y 轴互换,象限的顺序也相反,如图1-7所示。因为轴向与象限顺序同时改变,测量坐标系的实质与数学上的坐标系是一致的,因此数学中的公式可以直接应用到测量计算中。

(4)建筑坐标系

在建筑工程中,有时为了便于对建(构)筑物平面位置进行施工放样,将原点设在建(构)筑物两条主轴线(或某平行线)的交点上,以其中一条主轴线(或某平行线)作为纵轴,一般用 A 表示,顺时针旋转90°方向作为横轴,一般用 B 表示,建立一个平面直角坐标系,称为建筑坐标系,如图1-8所示。

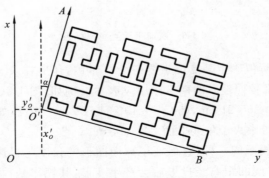

图 1-8   建筑坐标系

1.2.3 高程

（1）绝对高程

地面上任意一点沿铅垂方向到大地水准面的距离，称为该点的绝对高程，简称高程，如图 1-9 中 A、B 两点的高程为 H_A、H_B。

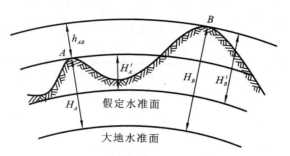

图 1-9 绝对高程和相对高程示意图

我国在青岛设立了水准原点，作为全国高程的起算面，在青岛验潮站附近的观象山埋设固定标志，用精密水准测量方法与验潮站所求出的平均海水面进行联测，测出其高程为 72.289 m，它的高程作为全国高程的起算点，称为水准原点。根据这个面起算的高程称为"1956 黄海高程系统"。由于 1956 黄海高程系统青岛验潮站的资料观测时间较短，国家决定重新计算黄海平均海面，以青岛验潮站 1952—1979 年潮汐观测资料计算的平均海水面为国家高程起算面，称为"1985 国家高程基准"，根据新的高程基准推算的青岛水准原点高程为 72.260 m，1985 国家高程基准＝1956 黄海高程－0.029 m。

（2）相对高程

局部地区无法获得绝对高程时，假定某一水准面作为高程的起算面，地面点到假定水准面的铅垂距离称为该点的相对高程，如图 1-9 中的 H'_A 和 H'_B。

（3）建筑标高

标高表示建筑物各部分的高度，标高分为绝对标高和相对标高。假定建筑物室内首层主要地面高度为±0.000，以此作为标高的起点所计算的标高称为相对标高。在相对标高中，凡是包括装饰层厚度的标高都称为建筑标高，注写在构件的装饰层面上。

（4）高差

两地面点之间的高程之差称为高差，常用 h 表示。图 1-9 中点 B 相对于点 A 的高差

$$h_{AB} = H_B - H_A \tag{1-3}$$

高差有正有负，当点 B 高程大于点 A 高程时，h_{AB} 为正，反之为负。

例如，已知点 A 高程 H_A＝695.238 m，点 B 高程 H_B＝699.670 m，则点 B 相对于点 A 的高差 h_{AB}＝（699.670－695.238）m＝4.432 m，点 B 高于点 A；而点 A 相对于点 B 的高差 h_{BA}＝（695.238－699.670）m＝－4.432 m，同样点 B 高于点 A。

由此可见

$$h_{AB} = -h_{BA} \tag{1-4}$$

根据地面点的三个参数 x、y、H，就可以确定地面点的空间位置了。

1.2.4 用水平面代替水准面的限度

在测量中，当测区范围很小时才允许用水平面代替水准面。那么究竟当测区范围多大

时,可用水平面代替水准面呢?

(1)水平面代替水准面时对距离的影响

如图 1-10 所示,A、B 两点在水准面上的距离为 D,在水平面上的距离为 D',则 $\Delta D(\Delta D = D' - D)$ 是用水平面代替水准面后对距离的影响值。它们与地球半径 R 的关系为

$$\Delta D = \frac{D^3}{3R^2} \quad \text{或} \quad \frac{\Delta D}{D} = \frac{D^2}{3R^2} \tag{1-5}$$

根据地球半径 $R = 6\ 371$ km 及不同的距离 D 值,代入式(1-5),计算可得:

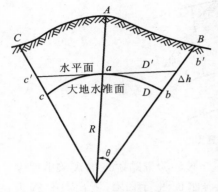

图 1-10　水平面代替水准面

D(km)	ΔD(cm)	$\Delta D/D$
1	0.00	—
10	0.82	1/1 200 000
15	2.77	1/540 000
20	6.57	1/300 000
25	12.83	1/190 000

当 $D = 10$ km 时,所产生的相对误差为 $1 : 1\ 200\ 000$。目前最精密的距离丈量时的相对误差为 $1 : 1\ 000\ 000$。

因此,可以得出结论:在半径为 10 km 的圆内进行距离测量,可以用水平面代替水准面,不考虑地球曲率对距离的影响。

(2)水平面代替水准面对高程的影响

如图 1-10 所示,$\Delta h = Bb - Bb'$,这是用水平面代替水准面后对高程的测量影响值。其值为

$$\Delta h = \frac{D^2}{2R} \tag{1-6}$$

在小范围内,S(S 为地面上两点 A、B 投影到水准面上的弧长)可以替代 D,故

$$\Delta h = \frac{S^2}{2R} \tag{1-7}$$

将不同的距离代入式(1-7)中,得

S(m)	10	50	100	150	200
Δh(mm)	0.0	0.2	0.8	1.8	3.1

由此可见,地球曲率对高程的影响很大。在高程测量中,即使距离很短,也要考虑地球曲率对高程的影响。在实际测量中,应该通过改正计算或采用正确的观测方法来消除地球曲率对高程测量的影响。

(3)对水平角的影响

由球面三角可知:球面上多边形内角之和比平面上相应多边形的内角和要大些,大出的部分称为球面角超。球面角超的公式为

$$\varepsilon'' = \rho'' \frac{P}{R^2} \tag{1-8}$$

式中:P——球面多边形面积,m²;

$\rho'' = 206\ 265''$(表示 1 弧度等于多少秒,即 $\rho'' = 180 \times 60 \times 60''/\pi$)。则

$P = 10 \ \mathrm{km^2}$ 时, $\varepsilon'' = 0.05''$;

$P = 100 \ \mathrm{km^2}$ 时, $\varepsilon'' = 0.51''$;

$P = 400 \ \mathrm{km^2}$ 时, $\varepsilon'' = 2.03''$;

$P = 2 \ 500 \ \mathrm{km^2}$ 时, $\varepsilon'' = 12.70''$。

由此表明:对于在面积 100 $\mathrm{km^2}$ 区域内的多边形,水平面与水准面间的误差对水平角的影响只在最精密的角度测量中考虑,一般测量工作是不必考虑的。

1.2.5　确定地面点位的三个基本要素

如前所述,地面点的空间位置是由地面点在投影平面上的坐标 x、y 和高程 H 决定的。在实际的测量中,x、y 和 H 的值不能直接测定,而是通过测定水平角、水平距离(D_1,D_2,…)以及各点间的高差 h,再根据已知点 A 的坐标、高程和 AB 边的方位角,计算出 B、C、D、E 各点的坐标和高程(见图 1-11)。

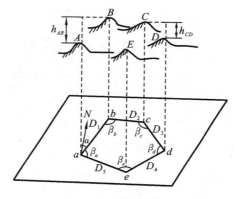

图 1-11　地面点的确定

由此可见,水平距离、水平角和高程是确定地面点位的三个基本要素。水平距离测量、水平角测量和高程测量是测量的三项基本工作。

1.3　测量工作的原则和程序

无论是测绘地形图或是施工放样,都不可避免地会产生误差,甚至还会产生错误。为了限制误差的累积传递,保证测区内一系列点位之间具有必要的精度,测量工作必须遵循"从整体到局部、先控制后碎部、由高级到低级"的原则,如图 1-12 所示。首先在整个测区内,选择若干个起着整体控制作用的点 A、B、C……作为控制点。用较精密的仪器和方法,精确地测定各控制点的平面位置和高程位置的工作称为控制测量。这些控制点测量精度高,且均匀分布在整个测区。因此,控制测量是高精度的测量,也是全局性的测量。以控制点为依据,用低一级精度测定其周围局部范围内的地物和地貌特征点,称为碎部测量。碎部测量是较控制测量低一级的测量,是局部的测量。由于碎部测量是在控制测量的基础上进行的,因此碎部测量的误差就局限在控制点的周围,从而控制了误差的传播范围和大小,保证了整个测区的测量精度。

施工测量首先对施工场地布设整体控制网,用较高的精度测设控制网点的位置,然后在控制网的基础上,再进行各局部轴线尺寸和高低的定位测设,其精度要求依据测设的具体施

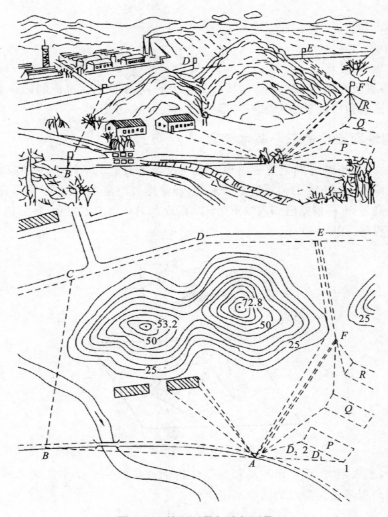

图 1-12　控制测量与碎部测量

　　工对象而定。因此,施工测量也遵循"从整体到局部、先控制后碎部"的原则。

　　测量工作的程序分为控制测量和碎部测量两个阶段。

　　遵循测量工作的原则和程序,不但可以减少误差的积累和传递,而且还可以在几个控制点上同时进行测量工作,既加快了测量的进度,缩短了工期,又节约了开支。

　　测量工作有外业和内业之分,上述测定地面点位置的角度测量、水平距离测量、高差测量是测量的基本工作,称为外业。将外业成果进行整理、计算(坐标计算、高程计算)、绘制成图的工作,称为内业。

　　为了防止出现错误,在外业或内业工作中,还必须遵循另一个基本原则——边工作边校核,应用校核的数据说明测量成果的合格性和可靠性。测量工作实质上是通过实践操作仪器获得观测数据,从而确定点位关系。因此,测量是实践操作与数字密切相关的一门技术,无论是实践操作有误,还是观测数据有误,或者是计算有误,都会导致点位的确定产生错误。因而在实践操作与计算中都必须仔细校核已进行的工作有无差错。一旦发现错误或达不到精度要求,必须找出原因或返工重测,以保证各个环节的可靠性。

　　建筑施工测量应遵循"先外业、后内业"，也应遵循"先内业、后外业"这种双向工作程序。规划设计阶段所采用的地图，首先应取得实地野外观测资料和数据，然后再进行室内整理、计算、绘制成图，即"先外业、后内业"的工作程序。测设阶段是按照施工图上所定的数据、资料，首先在室内计算出测设所需要的放样数据，然后再到施工场地按测设数据把具体点位放样到施工作业面上，并做出标记，以作为施工的依据，因而是"先内业、后外业"的工作程序。

1.4　工程测量安全管理

　　(1)一般安全要求

　　①进入施工现场的作业人员，必须参加安全教育培训，考试合格后方可上岗作业，未经培训或考试不合格者，不得上岗作业。

　　②不满18周岁的未成年工，不得从事工程测量工作。

　　③作业人员应服从领导和安全检查人员的指挥，工作时思想集中，坚守作业岗位，未经许可，不得从事非本工种作业，严禁酒后作业。

　　④施工测量负责人每日上班前，必须集中本项目部全体人员，针对当天任务，结合安全技术措施内容和作业环境、设施、设备安全状况，本项目部人员技术素质、安全知识、自我保护意识及思想状态，有针对性地进行班前活动，提出具体注意事项，跟踪落实，并做好活动记录。

　　⑤六级以上强风和下雨、下雪天气，应停止露天测量作业。

　　⑥作业中出现不安全险情时，必须立即停止作业，组织工作人员撤离危险区域，报告领导解决，不准冒险作业。

　　⑦在道路上进行导线测量、水准测量等作业时，要注意来往车辆，防止发生交通事故。

　　(2)施工测量安全管理

　　①进入施工现场的人员必须戴好安全帽，系好帽带；按照作业要求正确穿戴个人防护用品，着装要整齐；在没有可靠安全防护设施的高处(2 m以上)悬崖和陡坡施工时，必须系好安全带；高处作业不得穿硬底和带钉易滑的鞋，不得向下投掷物体；严禁穿拖鞋、高跟鞋进入施工现场。

　　②在施工现场行走要注意安全，避让现场施工车辆，避免发生事故。

　　③施工现场不得攀登脚手架、井字架、龙门架、外用电梯，禁止乘坐非载人的垂直运输设备上下。

　　④施工现场的各种安全设施、设备和警告、安全标志等未经领导同意不得任意拆除和随意挪动。确因测量通视要求等需要拆除安全网等安全设施的，要事先与总包方相关部门协商，并及时予以恢复。

　　⑤在沟、槽、坑内作业必须经常检查沟、槽、坑壁的稳定情况；上下沟、槽、坑必须走坡道或梯子；严禁攀爬固壁支撑上下，严禁直接从沟、槽、坑壁上挖洞攀爬上下或跳下；作业间歇时，不得在槽、坑坡脚下休息。

　　⑥在基坑边沿进行仪器架设等作业时，必须系好安全带并挂在牢固可靠处。

　　⑦配合机械挖土作业时，严禁进入铲斗回转半径范围。

　　⑧进入现场作业面必须走人行梯道等安全通道，严禁利用模板支撑攀爬上下，不得在墙顶、独立梁及其他高处狭窄而无防护的模板面上行走。

⑨地上部分轴线投测采用内控法作业的,在内控点架设仪器时要注意上方洞口安全,防止洞口坠物导致人员和仪器事故。

⑩施工现场发生伤亡事故,必须立即报告上级,及时抢救伤员,并保护好现场。

(3)变形测量安全管理

①进入施工现场必须戴好安全用具,戴好安全帽并系好帽带;不得穿拖鞋、短裤及宽松衣物进入施工现场。

②在场内、场外道路进行作业时,要注意来往车辆,防止发生交通事故。

③作业人员处在建筑物边沿等可能坠落的区域时应系好安全带,并挂在牢固位置,未到达安全位置不得松开安全带。

④在建筑物外侧区域进行立尺等作业时,要注意作业区域上方是否有交叉作业,防止上面坠物伤人。

⑤在进行基坑边坡位移观测作业时,必须系安全带,并挂在牢固位置,严禁在基坑边坡内侧行走。

⑥在进行沉降观测点埋设作业前,应检查所使用的电气及工具,如电线橡皮套是否开裂、脱落等,检查合格后方可进行作业,操作时戴绝缘手套。

⑦观测作业时拆除的安全网等安全设施应及时恢复。

【思考题与习题】

1.建筑测量的任务是什么? 其内容包括哪些?

2.测量工作的实质是什么?

3.何谓大地水准面、1985 国家高程基准、绝对高程、相对高程和高差?

4.测量上的平面直角坐标系与数学上的平面直角坐标系有什么区别?

5.确定地面点位置的三个基本要素是什么? 测量的三项基本工作是什么?

6.测量工作的原则和程序是什么?

7.我国领土内某点 A 的高斯平面坐标为:$x=2\,497\,019.17$ m,$y=19\,710\,154.33$ m,试说明 A 所处 6° 带投影的带号及各自的中央子午线经度。

8.已知地面某点相对高程为 21.580 m,其对应的假定水准面的绝对高程为 168.880 m,则该点的绝对高程为多少? 要求绘出示意图表示点位与基准面。

项目二　测量以及建筑工程测量的基础知识

>>>→ ▌学习要求 ┃ ......
1. 了解地形图和建筑平面图的基本知识和识读；
2. 熟悉地物符号的分类和地形图在工程建设中的应用；
3. 掌握测量误差的基本知识和误差精度的评定。

2.1　地形图的基本知识

2.1.1　地形图

地面上自然形成或人工修建的有明显轮廓的物体称为地物，包括道路、桥梁、房屋、农田、河流、湖泊等。地表面的高低起伏形态称为地貌，如平原、高山、丘陵、盆地等。地物和地貌统称为地形。

地形图是指把地面上的地物和地貌形状、大小及位置，采用正射投影方法，运用特定符号、注记、等高线，按一定比例尺缩绘于平面的图形。它既表示了地物的平面位置，也表示了地貌的形态。当测区面积不大时，如果不考虑地球曲率的影响，将地面上的各地形点位和图形沿铅垂线方向投影到水平面上，然后依相似原理将投影的点位与图形按一定的比例尺缩小绘制在图纸上，图上只反映地物的平面位置，不反映地貌的形态，则称为平面图。

地形图上详细地反映了地面的真实面貌，人们可以在地形图上获得所需要的地面信息。例如，某一区域高低起伏、坡度变化、地物的相对位置、道路交通等状况。

2.1.2　比例尺

地形图上一段直线的长度 d 与地面上相应线段的实际水平长度 D 之比，称为地形图的比例尺。比例尺有数字比例尺和直线比例尺（图示比例尺）两类。

（1）数字比例尺

数字比例尺以分子为1，分母为正数的分数表示，即

$$\frac{d}{D} = \frac{1}{D/d} = \frac{1}{M} \tag{2-1}$$

式中：d——地形图上直线长度，m；

　　　D——地面上实际水平长度，m；

　　　M——比例尺分母。

如 1/500、1/1 000、1/2 000，一般书写为比例式形式，即 1：500、1：1 000、1：2 000。

当图上两点距离为 1 cm，实地距离为 10 m 时，该图比例尺为 1：1 000；若图上 1 cm 代表实地距离 5 m，则该图比例尺为 1：500。分母愈大，比例尺愈小；反之，分母愈小，比例尺愈大。比例尺的分母代表了实际水平距离缩绘在图上的倍数。

【例 2-1】 在比例尺为 1：2 000 的图上，量得两点间的长度为 2.8 cm，求其相应的实际水平距离。

【解】
$$D=Md=2\ 000\times0.028\ \text{m}=56\ \text{m}$$

【例 2-2】 实地水平距离为 88.6 m，试求其在比例尺为 1：2 000 的图上的相应长度。

【解】
$$d=\frac{D}{M}=\frac{88.6}{2\ 000}\ \text{m}=0.044\ \text{m}$$

（2）直线比例尺

使用中的地形图，经长时间存放会产生伸缩变形，如果用数字比例尺进行换算，其结果包含一定的误差。因此，在绘制地形图时，用图上线段长度表示实际水平距离的比例尺，称为直线比例尺。如图 2-1 所示，直线比例尺由两条平行线构成，在直线上 0 点右端为若干个 2 cm 长的线段，这些线段称为比例尺的基本单位。最左端的一个基本单位分为十等份，以便量取不足整数部分的数。在右分点上注记的 0 向左及向右所注记数字表示按数字比例尺算出的相应实际水平距离。使用时，直接用图上的线段长度与直线比例尺对比，读出实际距离长度，不必进行换算，还可以避免由图纸伸缩变形产生的误差。下面举例说明直线比例尺的用法。

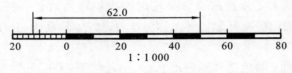

图 2-1　直线比例尺

【例 2-3】 用分规的两个脚尖对准地形图上要量测的两点，再移至直线比例尺上，使分规的一个脚尖放在 0 点右面适当的分划线上，另一脚尖落在 0 点左面的基本单位上，如图 2-1 所示，实地水平距离为 62.0 m。

人们用肉眼在图上能分辨的最小距离为 0.1 mm，因此，地形图上 0.1 mm 所代表的实地水平距离称为比例尺精度，即

$$比例尺精度 = 0.1\ \text{mm}\times M \tag{2-2}$$

式中：M——比例尺分母。

比例尺大小不同，则比例尺精度不同，常用大比例尺地形图的比例尺精度如表 2-1 所示。

表 2-1　大比例尺地形图的比例尺精度

比例尺	1：500	1：1 000	1：2 000	1：5 000	1：10 000
比例尺精度（m）	0.05	0.1	0.2	0.5	1

比例尺精度的概念，对测图和设计用图都有重要的意义。在测 1：1 000 的地形图时，实地量距只需要取到 10 cm，因为无论测得多么精细，在该类地形图上也是无法表示出来的。此外，当设计规定了所需在图上能量出的最短长度时，根据比例尺的精度，可以确定测图比例尺。

如某项工程要求在图上能反映地面上 34 cm 的精度，则采用的最适合的比例尺为 1：2 000。因此，选择何种测图比例尺，应根据工程规划、施工实际需要的精度来确定。

根据比例尺分母的大小，地形图比例尺通常分为大、中、小三类。

通常把 1∶500～1∶10 000 比例尺的地形图,称为大比例尺;1∶25 000～1∶100 000 比例尺的地形图,称为中比例尺;1∶200 000～1∶1 000 000 比例尺的地形图,称为小比例尺。建筑类各专业通常使用大比例尺地形图。按照地形图图式规定,比例尺书写在图幅下方正中处。

比例尺越大,表示地物和地貌的情况越详细,精度越高。但是必须指出,同一测区,采用较大比例尺测图往往会比采用较小比例尺测图的工作量和投资增加数倍。因此,采用哪一种比例尺测图,应从工程规划、施工实际需要的精度出发,不应盲目追求更大比例尺的地形图。在城市和工程的规划、设计及施工阶段中,可参照表 2-2 选择不同比例尺地形图。

表 2-2　不同比例尺地形图的用途

比例尺	用　途
1∶10 000	城市管辖区范围的基本图,一般用于城市总体规划、厂址选择、区域布局、方案比较等
1∶5 000	
1∶2 000	城市郊区基本图,一般用于城市详细规划及工程项目的初步设计等
1∶1 000	小城市、城镇街区基本图,一般用于城市详细规划、管理和工程项目的施工图设计等
1∶500	大、中城市城区基本图,一般用于城市详细规划、管理、地下工程竣工图和工程项目的施工图设计等

2.1.3　地物符号

为了清晰、准确地反映地面真实情况,便于读图和应用地形图,在地形图上,地物用国家统一的图式符号表示。地形图的比例尺不同,各种地物符号的大小详略各有不同。表 2-3 所示为国家测绘总局颁布实施的统一比例尺地形图图式,另外,可根据行业的特殊需要,各行业再补充图式符号。

归纳起来,表示地物的符号有依比例符号、非比例符号、半依比例符号和地物注记四种。

(1)依比例符号

地物的形状和大小,按测图比例尺进行缩绘,使图上的形状与实地形状相似,称为依比例符号。如房屋、居民地、森林、湖泊等。依比例符号能全面反映地物的主要特征、大小、形状、位置等。

(2)非比例符号

当地物过小,不能按比例尺绘出时,必须在图上采用一种特定符号表示,这种符号称为非比例符号。如独立树、测量控制点、井、亭子、水塔等。非比例符号多表示独立地物,能反映地物的位置和属性,不能反映其形状和大小。

(3)半依比例符号

地物的长度按比例尺表示,而宽度不按比例尺表示的狭长地物符号,称为半依比例符号或线形符号。如电线、管线、小路、铁路、围墙等。半依比例符号能反映地物的长度和位置。

(4)地物注记

用文字、数字和特定符号对地物加以说明和补充,称为地物注记,如道路、河流、学校的名称,楼房层数,点的高程,水深,坎的比高等。

表 2-3　地形图图式(摘录)

编号	符号名称	1∶500	1∶1 000	1∶2 000	编号	符号名称	1∶500	1∶1 000	1∶2 000
1	单幢房屋 a. 一般房屋 b. 有地下室的房屋				10	高压输电线架空的 a. 电杆			
2	台阶				11	配电线架空的 a. 电杆			
3	稻田 a. 田埂				12	电杆			
4	旱地				13	围墙 a. 依比例尺 b. 不依比例尺			
5	菜地				14	栅栏、栏杆			
6	果园				15	篱笆			
7	草地 a. 天然草地 d. 人工草地				16	活树篱笆			
8	花圃、花坛				17	行树 a. 乔木行树 b. 灌木行树			
9	灌木林				18	街道 a. 主干道 b. 次干道 c. 支路			

续表

编号	符号名称	1∶500	1∶1 000	1∶2 000	编号	符号名称	1∶500	1∶1 000	1∶2 000
19	内部道路				26	水准点		2.0 ⊗ $\dfrac{Ⅱ京石5}{32.805}$	
20	小路、栈道				27	卫星定位等级点		3.0 △ $\dfrac{B14}{495.263}$	
21	三角点 a.土堆上的		3.0 △ $\dfrac{张湾岭}{156.718}$ a　5.0 △ $\dfrac{黄土岗}{203.623}$		28	水塔 a.依比例尺 b.不依比例尺	a ⊕		b 3.6 2.0 ⊓
22	小三角点 a.土堆上的		3.0 ▽ $\dfrac{摩天岭}{294.91}$ a　4.0 ▽ $\dfrac{张庄}{156.71}$		29	水塔烟囱 a.依比例尺 b.不依比例尺	a ⊕		b 3.6 2.0
23	导线点 a.土堆上的		2.0 ⊙ $\dfrac{116}{84.46}$ a　2.4 ⊕ $\dfrac{123}{94.40}$		30	亭 a.依比例尺 b.不依比例尺	a ⌂ 2.0 1.0		b 2.4 ⌂
24	埋石图根点 a.土堆上的		2.0 ⊡ $\dfrac{12}{275.46}$ a　2.5 ⊡ $\dfrac{16}{175.64}$		31	旗杆			
25	不埋石图根点		2.0 ⊡ $\dfrac{19}{84.47}$		32	路灯			

续表

编号	符号名称	1：500	1：1 000	1：2 000	编号	符号名称	1：500	1：1 000	1：2 000
33	高程点及其注记		0.5 • 1520.3　　• −15.3		35	独立树 a. 阔叶 b. 针叶 c. 棕桐、椰子、槟椰 d. 果树 e. 特殊树	a b c d e		
34	等高线 a. 首曲线 b. 计曲线 c. 间曲线	a b c	25 1.0　　6.0	0.15 0.3 0.15					

2.1.4　地形图的图名、图号、图廓及接图表

1）图名和图号

图名即本幅图的名称,是以所在图幅内最著名的地名、厂矿企业和村庄的名称来命名的。为了区别各幅地形图所在的位置关系,每幅地形图上都编有图号。图号是根据地形图分幅和编号方法编定的,并把它标注在图廓上方的中央,如图 2-2、图 2-3 所示。

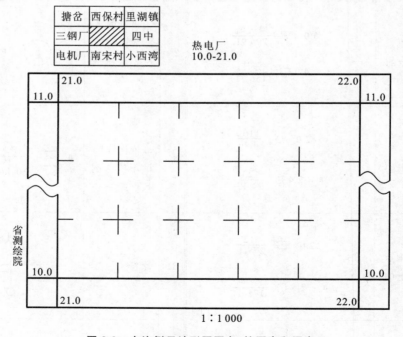

图 2-2　大比例尺地形图图名、接图表和图廓

为了测绘、管理、使用方便,各种比例尺地形图要有统一的分幅和编号。地形图的分幅方法分为两大类:一类是按经纬线分幅的梯形分幅法(又称为国际分幅法),即每一个图幅是一个梯形,上下底边以纬线为界,两侧边线以经线为界,梯形分幅法主要用于中、小比例尺的地形图;另一类是按坐标格网分幅的矩形分幅法,主要用于大比例尺的地形图。

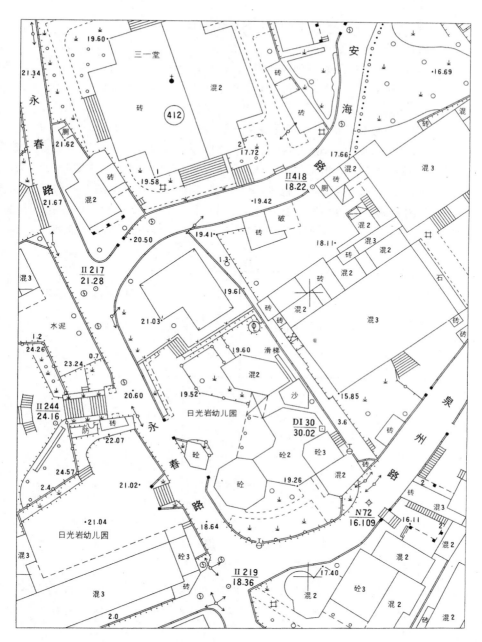

图 2-3 某城市居民区地形图(1∶500)

本节主要介绍适用于大比例尺地形图的矩形分幅法。它是按统一的直角坐标格网划分的,图幅大小如表 2-4 所示。

表 2-4 大比例尺的图幅大小

比例尺	图幅尺寸(cm)	实地面积(km²)	1∶5 000 图幅内分幅数
1∶5 000	40×40	4	1
1∶2 000	50×50	1	4
1∶1 000	50×50	0.25	16
1∶500	50×50	0.0625	64

大比例尺地形图矩形分幅的编号方法主要有如下四种。

(1)图幅西南角坐标公里数编号法

如图 2-4 所示，1∶5 000 图幅西南角的坐标 $x=32.0$ km，$y=56.0$ km，因此，该图幅编号为“32-56”。编号时，对于 1∶5 000 取至 1 km，对于 1∶1 000、1∶2 000 取至 0.1 km，对于 1∶500取至 0.01 km。

(2)以 1∶5 000 编号为基础并加罗马数字的编号法

如图 2-4 所示，以 1∶5 000 地形图西南坐标公里数为基础图号，后面再加罗马数字Ⅰ、Ⅱ、Ⅲ、Ⅳ组成。一幅 1∶5 000 地形图可分成 4 幅 1∶2 000 地形图，其编号分别为 32-56-Ⅰ、32-56-Ⅱ、32-56-Ⅲ及 32-56-Ⅳ。一幅 1∶2 000 地形图又可分成 4 幅 1∶1 000 地形图，其编号为 1∶2 000 图幅编号后再加罗马数字Ⅰ、Ⅱ、Ⅲ、Ⅳ。1∶500 地形图编号按同样方法进行。注意罗马数字Ⅰ、Ⅱ、Ⅲ、Ⅳ排列均是先左后右、自上而下，不是顺时针排列。

32-56
34
33
32
56
57
58
32-56-Ⅰ
(1∶2 000)
32-56-Ⅱ
(1∶2 000)
32-56-Ⅲ
(1∶2 000)
32-56-Ⅳ
-Ⅰ
(1∶1 000)
32-56-Ⅳ
-Ⅱ
(1∶1 000)
Ⅰ
Ⅱ
Ⅲ
Ⅳ
32-56-Ⅳ
-Ⅳ
(1∶1 000)
32-56-Ⅳ-Ⅲ-Ⅲ
(1∶500)

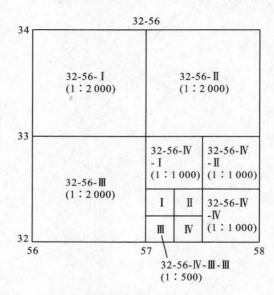

图 2-4　大比例尺地形图矩形分幅

(3)数字顺序编号法

带状测区或小面积测区，可按测区统一用数字进行编号，一般从左到右、从上到下用数字 1、2、3、4……编排，如图 2-5 所示，其中“新镇-8”为测区新镇的第 8 幅图编号。

(4)行列编号法

行列编号法的横行以 A、B、C、D……编排，从上到下排列；纵列以数字 1、2、3……编排，从左到右排列。编号是“行号-列号”，如图 2-6 所示，“C-4”为其中 3 行 4 列的一图幅编号。

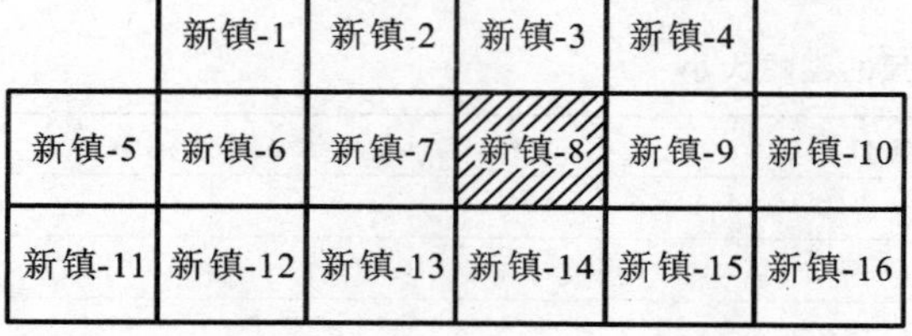

新镇-1
新镇-2
新镇-3
新镇-4
新镇-5
新镇-6
新镇-7
新镇-8
新镇-9
新镇-10
新镇-11
新镇-12
新镇-13
新镇-14
新镇-15
新镇-16

图 2-5　数字顺序编号法

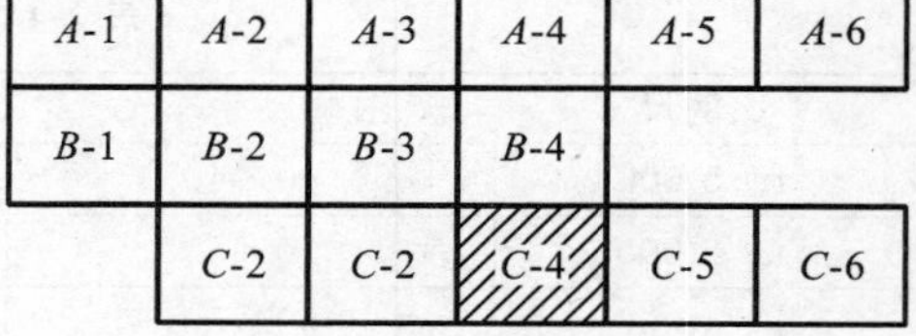

A-1
A-2
A-3
A-4
A-5
A-6
B-1
B-2
B-3
B-4
C-2
C-2
C-4
C-5
C-6

图 2-6　行列编号法

2）图廓

图廓是地形图的边界，矩形图幅只有内、外图廓之分。内图廓就是坐标格网线，也是图幅的边界线。在内图廓外四角处注有坐标值，并在内廓线内侧，每隔 10 cm 绘有 5 mm 的短线，表示坐标格网线的位置。在图幅内绘有每隔 10 cm 的坐标格网交叉点。外图廓是最外边的粗线，仅起装饰作用。

内图廓以内的内容是地形图的主要信息，包括坐标格网或经纬网、地物符号、地貌符号和注记。比例尺大于 1∶100 000 的地形图只绘制坐标格网。

外图廓以外的内容是为了充分反映地形图特性和为用图方便而布置在外图廓以外的各种说明、注记，统称为说明资料。在外图廓以外还有一些内容，如图示比例尺、三北方向、坡度尺等，它们是为了便于在地形图上进行量算而设置的各种图解，称为量图图解。

在城市规划以及给排水线路等设计工作中，有时可用 1∶10 000 或 1∶25 000 的地形图。这种图的图廓有内图廓、分图廓和外图廓之分。内图廓是经线和纬线，也是该图幅的边界线。内、外图廓之间为分图廓，它绘成若干段黑白相间的线条，每段黑线或白线的长度，表示实地经差或纬差 1′。分图廓与内图廓之间，注记了以公里为单位的平面直角坐标值，如图 2-7 所示。

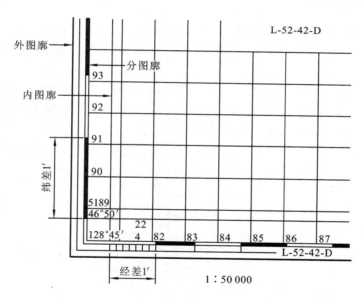

图 2-7　梯形图幅图廓

在图 2-7 中，直角坐标格网左边起第二条纵线的纵坐标为 22 482 km。其中 22 是该图所在投影带的带号，该格网实际上距 x 轴（482−500）km＝−18 km，即位于中央子午线以西 18 km 处。该图中，南边的第一条横向格网线的 x＝5 189 km，表示位于赤道（y 轴）以北 5 189 km。

3）三北方向关系图

在中、小比例尺图的南图廓线的右下方，还绘有真子午线、磁子午线和坐标纵轴（中央子午线）方向，这三者之间的角度关系，称为三北方向图，如图 2-8 所示。该图中，磁偏角为 −9°50′（西偏），坐标纵轴对真子午线的子午线收敛角为 −0°05′（西偏）。利用该关系图，可对图上任一方向的真方位角、磁方位角和坐标方位角三者间作相互换算。此外，在南、北内

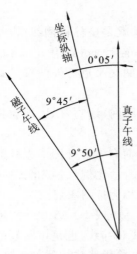

图 2-8　三北方向图

图廓线上,还绘有标志点 P 和 P',该两点的连线即为该图幅的磁子午线方向,有了它就可以利用罗盘对地形图进行实地定向。

4)接图表

接图表说明本图幅与相邻图幅的关系,供索取相邻图幅时用。通常中间一格画有斜线的代表本图幅,四邻分别注明相应的图号(或图名),并绘注在图廓的左上方。在中比例尺各种图上,除了接图表以外,还把相邻图幅的图号分别注在东、西、南、北图廓线中间,进一步表明与四邻图幅的相互关系。

5)其他注记

右上角密级处注明图纸的保密级别,左图廓外注明测绘单位,左下角注记测绘日期、采用的坐标系统、高程基准与地形图图式版本,在下图廓外中间注记本幅图比例尺,右下角注明测量员、绘图员、检查员的姓名。

2.1.5　地貌的表示方法

地貌是指地表的高低起伏状态,包括山地、丘陵和平原等。在图上表示地貌的方法有很多,而测量工作中通常用等高线表示地貌,本节主要讨论用等高线表示地貌的方法。

1)等高线的概念

等高线是地面上高程相等的相邻各点所连成的封闭曲线。如图 2-9 所示,用一组高差间隔相同的水平面与山头地面相截,其水平面与地面的截线就是等高线,按比例尺缩绘于图纸上,加上高程注记,就形成了表示地貌的等高线图。

表示地貌的符号通常用等高线。用等高线来表示地貌,除能表示出地貌的形态外,还能反映出某地面点的平面位置、高程和地面坡度等信息。

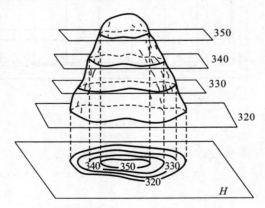

图 2-9　等高线概念(单位:m)

实际上,水面静止时湖泊的水边缘线就是一条等高线。设想静止的湖水中有一岛屿,起初水面的高程为 320 m,则高程为 320 m 的水准面与地表面的交线就是 320 m 的等高线;若水面上涨 10 m,则高程为 330 m 的水准面与地表面的交线即为 330 m 的等高线,依此类推。把这些等高线沿铅垂线方向投影到水平面上,再按比例尺缩绘于图上,便得到该岛屿地貌的等高线图。由此可见,地貌的形态、高程、坡度决定了等高线的形状、疏密程度。因此,等高线图可以充分表示地貌。

相邻等高线之间的高差称为等高距,一般用 h 表示。在图 2-9 中,$h=10$ m。一般按测图比例尺和测区的地面坡度选择基本等高距。在同一幅地形图上,等高距是相同的。

相邻等高线之间的水平距离称为等高线平距,一般以 D 表示。等高线平距随地面坡度而异,陡坡平距小,缓坡平距大,均坡平距相等,倾斜平面的等高线是一组间距相等的平行线。

令 i 为地面坡度,则

$$i = \frac{h}{D} = \frac{h}{d \times M} \tag{2-3}$$

$$i = \tan\alpha = \frac{h}{d \times M} \tag{2-4}$$

式中:h——等高距,m;

   d——图上距离,mm;

   D——实地距离,m;

   M——图比例尺;

   α——坡的倾斜角度,°。

坡度可以用坡的倾斜角度 α 来表示,即 $i=\tan\alpha$。上坡为正,下坡为负。

2)等高线的分类

为了更详细地反映地貌的特征和便于读图及用图,地形图常采用以下几种等高线,如图 2-10 所示。

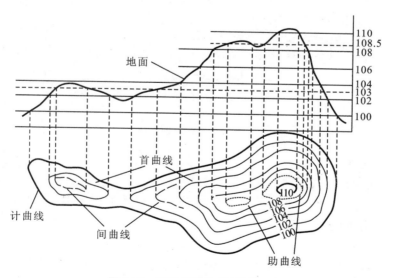

图 2-10 等高线的分类(单位:m)

(1)基本等高线

基本等高线又称首曲线,是按基本等高距绘制的等高线,用细实线表示。

(2)加粗等高线

加粗等高线又称计曲线,是指以高程起算面为 0 m 等高线计,每隔四根首曲线用粗实线描绘的等高线。计曲线标注高程,其高程应等于 5 倍的等高距的整倍数。

（3）半距等高线

半距等高线又称间曲线，是指当首曲线不能显示地貌特征时，按 1/2 等高距描绘的等高线。间曲线用长虚线描绘。

（4）辅助等高线

辅助等高线又称助曲线，是指当首曲线和间曲线不能显示局部微小地形特征时，按 1/4 等高距加绘的等高线。助曲线用短虚线描绘。

3）典型地貌的等高线图

地貌尽管千姿百态、变化多端，但典型地貌主要有山顶、洼地、山脊、山谷、鞍部等，如图 2-11 所示。

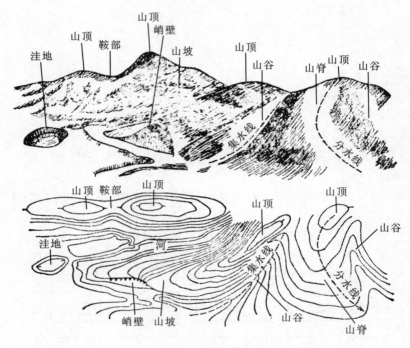

图 2-11 各种典型地貌

（1）山顶与洼地

图 2-12(a)是山顶等高线的形状，图 2-12(b)是洼地等高线的形状。两种等高线均为一组闭合曲线，可根据等高线高程字头冲向高处的注记形式加以区别，也可以根据示坡线判断。示坡线是指向下坡的短线。

（2）山脊与山谷

山脊是指山的凸棱沿着一个方向延伸隆起的高地。山脊的最高棱线，称为山脊线，又称为分水线，其等高线的形状如图 2-13(a)所示，是凸向低处的。山谷是两山脊之间的凹部，谷底最低点的连线，称为山谷线，又称为集水线，其等高线的形状如图 2-13(b)所示，是凸向高处的。

（3）鞍部

相邻两个山顶之间的低洼处形似马鞍状，称为鞍部，又称垭口。鞍部等高线的形状如图 2-14 所示，是一圈大的闭合曲线内套有两组对称且高程不同的闭合曲线。

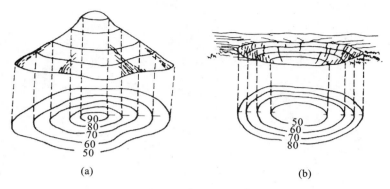

图 2-12　山顶与洼地等高线

(a)山顶等高线；(b)洼地等高线

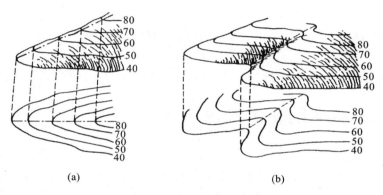

图 2-13　山脊与山谷等高线

(a)山脊等高线；(b)山谷等高线

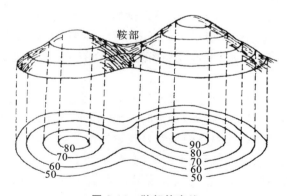

图 2-14　鞍部等高线

　　除上述可用等高线表示的基本地貌外,还有不能用等高线表示的特殊地貌,例如峭壁、冲沟、梯田等。

　　(4)峭壁

　　山坡坡度 70°以上,难以攀登的陡峭崖壁称为峭壁(陡崖)。由于峭壁等高线过于密集且不规则,用图 2-15 表示。

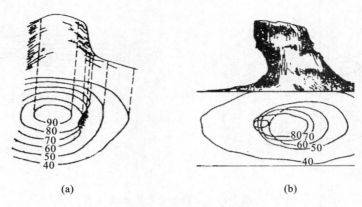

图 2-15   陡崖与悬崖等高线
(a)陡崖等高线;(b)悬崖等高线

（5）冲沟

冲沟是由于斜坡土质松软,多雨水冲蚀形成两臂陡坡的深沟。

（6）梯田

由人工修成的阶梯式农田均称为梯田,梯田用陡坎符号配合等高线表示。

2.2   地形图应用的基本知识

地形图上包含大量的自然、环境、社会、人文、地理等要素和信息,能够比较全面、客观地反映地面的情况。因此,地形图是国土整治、资源勘察、城乡规划、土地利用、环境保护、工程设计、矿藏采掘、河道整理等工作的重要资料。特别是在规划设计阶段,不仅要以地形图为底图进行总平面的布设,而且还要根据需要,在地形图上进行一定的量算工作,以便因地制宜地进行合理的规划和设计。

地形图用各种规定的图式符号和注记表示地物、地貌及其他有关资料。要想正确地使用地形图,首先要能熟读地形图。通过对地形图上符号和注记的阅读,可以判断地貌的自然形态和地物间的相互关系,这也是阅读地形图的主要目的。在阅读地形图时,应注意地物判读与地貌判读两个方面。

地物判读主要包括测量控制点、居民地、工业建筑、公路、铁路、管道、管线、水系等。在地形图上,地物是用图例符号加注记表示的,同一地物在不同比例尺地形图的图例符号可能会不同,为了正确使用地形图,应熟悉图例符号代表地物的名称、位置、方向等。

地面上地貌的变化虽然千差万别、形态不同,但不外乎由山头、洼地、山脊、山谷、鞍部等基本地貌组成,我们称这些基本地貌为地貌要素。判读地貌必须熟悉单个地貌要素的等高线。另外,还要善于判读显示地貌轮廓的山脊线和山谷线。地貌复杂时,可在图上先勾绘出山脊线和山谷线形成的地貌轮廓,这样就可以很快地看出地形全貌。

地形图的用途十分广泛,工程中主要利用地形图等高线来解决实际问题,其主要步骤如下。

1）确定一点的高程

①地面点位于等高线上时,点的高程等于等高线高程。

②地面点位于两等高线之间时,按高差与平距成比例的方法求得点的高程。

【**例 2-4**】　如图 2-16 所示，求 C 点的高程。

【**解**】　通过 c 点作近似垂直于相邻等高线的直线 ab，量取 ab 长度为 10 mm，ac 长度为 6 mm，则 C 点的高程按下式计算：

$$H_C = H_a + \frac{ac}{ab} \times h$$

$$= (18.0 + \frac{6}{10} \times 1.0)\ \text{m} = 18.6\ \text{m}$$

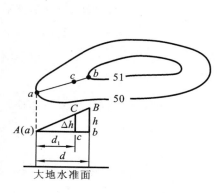

图 2-16　高程的求法

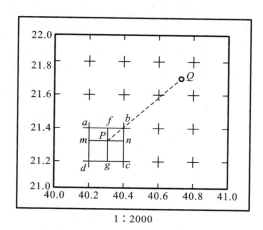

1 : 2000

图 2-17　1 : 2 000 图坐标格网

2）求图上一点坐标

利用地形图进行规划设计，经常需要知道设计点的平面位置，它是根据图廓坐标格网的坐标值来求出的。如图 2-17 所示，欲确定图上 P 点坐标，首先绘出坐标方格 $abcd$，过 P 点分别作 x、y 轴的平行线与方格 $abcd$ 分别交于 m、n、f、g，根据图廓内方格网坐标可知

$$x_d = 21\ 200\ \text{m}$$

$$y_d = 40\ 200\ \text{m}$$

再按测图比例尺（1 : 2 000）量得 dm、dg 的实际长度

$$D_{dm} = 120.2\ \text{m}$$

$$D_{dg} = 100.3\ \text{m}$$

则

$$x_P = x_d + D_{dm} = (21\ 200 + 120.2)\ \text{m} = 213\ 320.2\ \text{m}$$

$$y_P = y_d + D_{dg} = (40\ 200 + 100.3)\ \text{m} = 40\ 300.3\ \text{m}$$

如果为了检核量测的结果，并考虑图纸伸缩的影响，则还需量出 ma 和 gc 的长度。若 $(dm + ma)$ 和 $(dg + gc)$ 不等于坐标格网的理论长度 l（一般为 10 cm），即说明图纸发生了变形。此时，为了精确求得 P 点的坐标值，应按下式计算

$$x_P = x_d + \frac{l}{da} \cdot dm \cdot M \tag{2-5}$$

$$y_P = y_d + \frac{l}{dc} \cdot dg \cdot M \tag{2-6}$$

式中：M——地形图比例尺的分母。

3）在图上确定直线的长度和方向

了解图上直线长度和方向常用的方法有解析法、图解法。若精度要求不高，可用毫米尺

量取图上 P、Q 两点间距离,然后再按比例尺换算为水平距离,这样做受图纸伸缩的影响较大。

为了消除图纸变形的影响,首先,求出图上 P、Q 两点的坐标(x_P, y_P)、(x_Q, y_Q),如图2-17所示。然后,根据两点的坐标计算水平距离,即

$$D_{PQ} = \sqrt{(x_Q - x_P)^2 + (y_Q - y_P)^2} \tag{2-7}$$

欲求直线 PQ 的坐标方位角,先用直尺量取 PQ 的长度,过直线 PQ 的端点 P 作纵轴 x 的平行线,然后用量角器直接量取该平行线的北端与直线 PQ 的交角,即为直线 PQ 的坐标方位角。

欲求直线 AB 的坐标方位角,可以先求出图上 A、B 两点的坐标(x_A, y_A)、(x_B, y_B),然后按照反正切函数,计算出直线 AB 坐标方位角,即

$$\alpha_{AB} = \arctan \frac{y_B - y_A}{x_B - x_A} \tag{2-8}$$

4)确定直线的坡度

设地面两点 m、n 间的水平距离为 D_{mn},高差为 h_{mn},则直线的坡度 i 为其高差与相应水平距离之比,即

$$i_{mn} = \frac{h_{mn}}{D_{mn}} = \frac{h_{mn}}{d_{mn} \cdot M}$$

式中:D_{mn}——地形图上 m、n 两点间的长度,mm;

M——地形图比例尺的分母;

i——坡度,常以百分率表示。

5)根据地形图绘制指定方向的断面图

在工程设计中,经常要了解在某一方向上的地形起伏情况,例如公路、隧道、管道等的选线,可根据断面图设计坡度,估算工程量,确定施工方案。如图2-18所示,绘制 AB 方向的断面图方法如下。

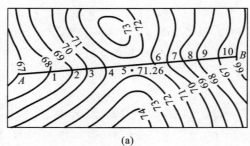

(a)

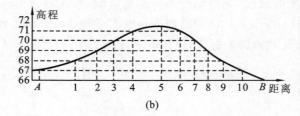

(b)

图 2-18 绘制 AB 方向的断面图

①在 AB 线与等高线交点上标明序号,如图2-18(a)中的 $1,2,\cdots,10$ 各点。

②如图1-18(b)所示,绘一条水平线作为距离的轴线,绘一条铅垂线作为高程的轴线。

为了突出地形起伏,选用高程比例尺为距离比例尺的 5 倍或 10 倍。

③将图 2-18(a)中 1,2,…,10 各点距 A 点的距离量出,并转绘于图 2-18(b)的距离轴线上。一般情况下,转绘时断面图采用的距离比例尺与图 2-18(a)上用的比例尺一致,必要时也可按其他适宜比例尺展绘。

④在图 2-18(b)的高程轴线上,按选定的高程比例尺及 AB 线上等高线的高程范围,标出 66～72 m 高程点。

⑤在图 2-18(b)上,对应横坐标上 A,1,2,…,10,B 各点,在纵坐标上按高程比例尺取点,即得断面上的点,其中第 5 点落在鞍部处实测碎部点,高程为 71.6 m。

⑥将所得断面上相邻各点以圆滑曲线相连,即得 AB 方向的断面图。

6) 按规定坡度在地形图上选定最短路线

在做铁路、公路、管道等设计时,要求有一定的限制坡度。例如,要求在地形图上按规定坡度选择最短线线,方法如下。

在图 2-19 中,要求自点 A(高程 38.8 m)向山头点 B(高程 45.56 m)修一条路,允许最大坡度 i 为 8%,地形图比例尺为 1∶1 000,等高距 h 为 1 m,则路线跨过两条等高线所需的最短距离 D 可用坡度公式 $i=h/D$ 导出,$D=h/i=1/0.08$ m=12.5 m,化为图上长为 $d=12.5$ m/1 000=12.5 mm。以点 A 为圆心、d 为半径画弧交 39 m 等高线于 1 点;再以 1 点为圆心、d 为半径画弧交 40 m 等高线于 2 点;以此类推,得 3、4、5、6、7 点。至此,两条路线均尚未到达点 B。但是,由于点 B 高程为 45.56 m,与 7 或 7′点所在等高线高程之差为 0.56 m,按 8% 坡度所需的最短实地距离 0.56 m/0.08=7 m,相应图上距离为 7 mm,而图上 7′B 与 7B 量得距离都大于最短距离 7 mm,因此,这两条路均符合要求。

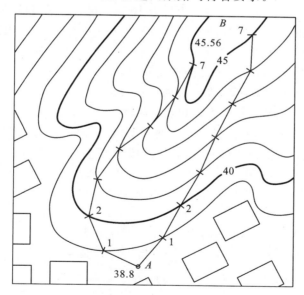

图 2-19　在地形图上选线

按上述方法选择路线,仅从坡度不超过 8% 来考虑。实际选线时,还须考虑其他因素,如地质条件、工程量大小、占用农田等,综合分析后才能最后确定路线。

7) 根据地形图平整场地

根据建筑设计要求,将拟建的建筑物场地范围内高低不平的地形整为平地,称为土地平整或称场地平整。场地平整的基本原则:总挖方与总填方大致相等,使场地内挖、填土方量基本平衡。此外,场地平整还要考虑满足总体规则、生产施工工艺、交通运输和场地排水等要求。

如图 2-20 所示,拟在地形图上将原地貌按挖、填土(石)方量平衡的原则,改造成某一设计高程的水平场地,然后估算挖、填土(石)方量。其具体步骤如下。

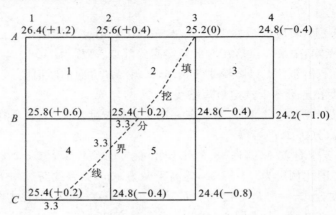

图 2-20　方格网法平整土地

(1) 在地形图上绘制方格网

首先找一张大比例尺地形图,在拟建场地范围内打方格,如图 2-20 所示。方格网的网格大小取决于地形图的比例尺大小、地形的复杂程度以及土(石)方量估算的精度。方格的边长一般取 10 m 或 20 m。本例方格的边长为 10 m。对方格进行编号,纵向(南北方向)用 A、B、C、D…… 进行编号,横向(东西方向)用 1、2、3、4…… 进行编号,因此,各边线方格点的编号为 $C1$、$C2$、$C3$,等等,如图 2-20 所示。

(2) 求各方格顶点的高程并计算设计高程

为保证挖、填土(石)方量平衡,设计平面的高程应等于拟建场地内原地形的平均高程。根据地形图上的等高线内插求出各方格顶点的高程,并注记在相应方格顶点的左上方,如图 2-20 所示。然后,将每一方格顶点的高程相加除以 4,从而得到每一方格的平均高程,再把每个方格的平均高程相加除以方格总数,就得到拟建场地的设计平面高程 H。

$$第 1 方格平均高程 = (H_{A1} + H_{A2} + H_{B1} + H_{B2})/4$$
$$第 2 方格平均高程 = (H_{A2} + H_{A3} + H_{B2} + H_{B3})/4$$
$$\vdots$$
$$第 5 方格平均高程 = (H_{B2} + H_{B3} + H_{C2} + H_{C3})/4$$

所以平整土地总的平均高程 H_0 为 5 个方格平均高程再取平均,即

$$H_0 = \frac{1}{4n}\big[(H_{A1} + H_{A4} + H_{B4} + H_{C1} + H_{C3})$$
$$+ 2(H_{A2} + H_{A3} + H_{B1} + H_{C2}) + 3H_{B3} + 4H_{B2}\big] \tag{2-9}$$

分析设计高程 H_0 的公式可以看出:方格网的 $A1$、$A4$、$B4$、$C1$、$C3$ 的高程只用了一次,称为角点;$A2$、$A3$、$B1$、$C2$ 的高程用了 2 次,称为边点;$B3$ 的高程用了 3 次,称为拐点;而中间点 $B2$ 的高程用了 4 次,称为中点。因此,计算设计高程的一般公式为

$$H_0 = \frac{1}{4n}(\sum H_{角} + 2\sum H_{边} + 3\sum H_{拐} + 4\sum H_{中}) \tag{2-10}$$

式中：$H_角$、$H_边$、$H_拐$、$H_中$——角点、边点、拐点、中点的高程；

  n——方格总数。

将图 2-20 中方格网顶点的高程代入上式，计算出设计高程为 25.2 m。

（3）计算填、挖高度（施工量）

根据设计高程和方格顶点的高程，可以计算出每一方格顶点的挖、填高度，即

$$挖、填高度＝地面高程－设计高程$$

各方格顶点的挖、填高度写于相应方格顶点的右上方，正号为挖深，负号为填高。挖、填高度又称施工量，如图 2-20 方格顶点旁括号内数值。

（4）确定挖、填分界线

当方格边上一端为填高，另一端为挖深，中间必存在不填不挖的点，称为零点（零工作点、填挖分界点），如图 2-21 所示。零点 O 的位置由下式计算 x 值来确定，即

$$x_1 = \frac{\mid h_1 \mid}{\mid h_1 \mid + \mid h_2 \mid} l \tag{2-11}$$

式中：l——方格边长；

  $\mid h_1 \mid$、$\mid h_2 \mid$——方格边两端点挖深、填高的绝对值；

  x_1——挖、填分界点距标有 h_1 方格顶点的距离。

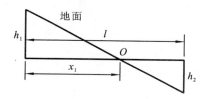

图 2-21　确定挖填分界线

本例 B2～B3，B2～C2 及 C1～C2 三个方格边两端施工量负号不同，必须在零点。按上式算得结果均为 3.3 m。根据求得 x_1 值，在图上标出，参照地形顺滑连接各零点便得挖、填分界线，如图 2-20 中的虚线所示。施工前，在实地上撒上白灰以便施工。

（5）计算挖、填土方量

首先列表格（见表 2-5），填入所有方格顶点编号、挖深及填高，然后各点按其性质，即角点、边点、拐点、中点分别进行计算，即

角点：
$$V_角 = h_角 \times \frac{1}{4} S_格 \tag{2-12}$$

边点：
$$V_边 = h_边 \times \frac{2}{4} S_格 \tag{2-13}$$

拐点：
$$V_拐 = h_拐 \times \frac{3}{4} S_格 \tag{2-14}$$

中点：
$$V_中 = h_中 \times \frac{4}{4} S_格 \tag{2-15}$$

最后，按挖方与填方分别求和，可求得总挖方量。计算过程列于表 2-5。

表 2-5　挖方与填方土方计量表

点号	挖深(m)	填高(m)	点的性质	所代表面积(m²)	挖方量(m³)	填方量(m³)
A1	+1.2		角	25	30	

点号	挖深（m）	填高（m）	点的性质	所代表面积（m²）	挖方量（m³）	填方量（m³）
A2	+0.4		边	50	20	
A3	0.0		边	50	0	
A4		−0.4	角	25		10
B1	+0.6		边	50	30	
B2	+0.2		中	100	20	
B3		−0.4	拐	75		30
B4		−1.0	角	25		25
C1	+0.2		角	25	5	
C2		−0.4	边	50		20
C3		−0.8	角	25		20
				Σ	105	105

这种方法计算挖、填土方量简单，但精度较低。下面介绍另一种方法，该方法精度较高，但计算量大。

该方法特点是逐格计算挖方与填方量，遇到某方格内存在挖、填分界线时，则说明该方格既有挖方，又有填方，此时要求分别计算，最后再计算总挖方量与总填方量。

本例第 1 方格全为挖方，可求得

$$V_{1w} = \frac{1}{4} \times (1.2 + 0.4 + 0.6 + 0.2) \times 100 \text{ m}^3 = 60 \text{ m}^3$$

第 2 方格既有挖方，又有填方，可求得

$$V_{2w} = \frac{1}{4} \times (0.4 + 0 + 0 + 0.2) \times \frac{3.3 + 10}{2} \times 10 \text{ m}^3 = 9.98 \text{ m}^3$$

$$V_{2T} = \frac{1}{3} \times (0.4 + 0 + 0) \times \frac{6.7 + 10}{2} \text{ m}^3 = 4.36 \text{ m}^3$$

第 3 方格只有填方，可求得

$$V_{3T} = 45 \text{ m}^3$$

第 4 方格既有挖方，又有填方，可求得

$$V_{4w} = 15.51 \text{ m}^3, \quad V_{4T} = 2.92 \text{ m}^3$$

第 5 方格既有挖方，又有填方，可求得

$$V_{5w} = 0.38 \text{ m}^3, \quad V_{5T} = 30.26 \text{ m}^3$$

因此

$$\sum V_w = 85.87 \text{ m}^3, \quad \sum V_T = 82.54 \text{ m}^3$$

方格法计算简单、精度高，是建筑工程中使用最广泛的方法。

2.3　建筑总平面图及建筑施工图的识读

设计图纸是施工测量的主要依据，因而对于测设人员来讲，能看懂建筑工程设计图纸是必备的基本能力。在测设前应对建筑相关图纸进行仔细阅读，以弄清建筑物的各种尺寸和施工要求，以及施工建筑物与相邻地物的相互关系，为进行施工测设做好准备工作。

　　一般而言,进行施工测量时,必须具备建筑总平面图、建筑施工平面图、立面图和剖面图、基础平面图和基础详图、设备基础图和管网图等设计图纸资料,这些图纸给出了施工建筑物的各种尺寸数据,测设人员应对这些图纸一一进行识读。

　　要看懂图纸,首先应掌握制作投影图的原理及熟悉施工图纸中常用的图例、符号、线型、尺寸和比例的意义;其次,识读时先看首页图,在该图上有图纸目录和设计总说明及相关的技术经济指标;最后进行施工设计图的阅读。在看建筑施工图时,应先看总平面图,以了解建筑物在施工场地上的位置及其与周边环境的相互位置关系,详细了解道路、绿化、建筑、电气线路、地下管网、管井、管沟等,再看建筑施工平面图以及其他的图纸。

　　建筑总平面图(见图2-22)是测设建筑物总体位置的依据,建筑物就是依据其在总平面图上所给定的尺寸关系进行定位的。总平面图一般绘在带有等高线或加有设计的建筑方格网的地形图上,其上画有原有和拟建建筑物的外轮廓的水平投影。在阅读总图时,先看清图纸的比例、图例及有关文字说明,在总图上标注的尺寸单位一般为m;然后弄清楚工程的用地范围、地形地貌和周围环境等情况;明确拟建建筑物的位置、朝向、平面形状与尺寸、与周边房屋的相互关系;一般总平面图上给出的建筑物之间的距离是指建筑物外墙皮间距,建筑物到建筑红线、建筑基线、道路中心线的距离也是指建筑物外墙皮到某一直线的距离,给出的平面位置点的坐标也是外墙角的坐标值。

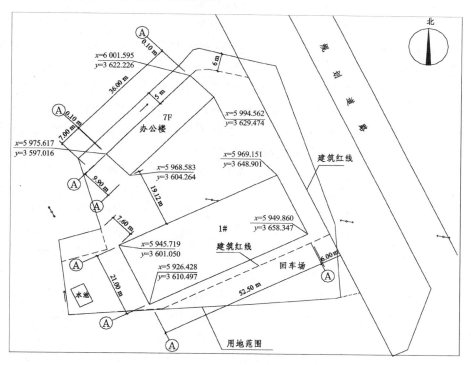

图2-22　建筑总平面图

　　建筑施工平面图(见图2-23)是施工图中最基本的图纸之一。它具体地反映出建筑物的平面形状、大小和房间的布置,墙(或柱)的位置、厚度和材料,门、窗的类型和位置,楼梯间的布置等情况,给出了建筑物各定位轴线的间距。所谓定位轴线,就是将建筑物中的墙、柱和屋架等承重构件的轴线画出,并进行编号,以作为施工放样定位的依据。定位轴线采用细点画线标示于图上,各轴线间标注尺寸数据。图中尺寸有外部尺寸和内部尺寸两种,根据尺寸数据可了解各房间的开间、进深、建筑物总长和总宽等。

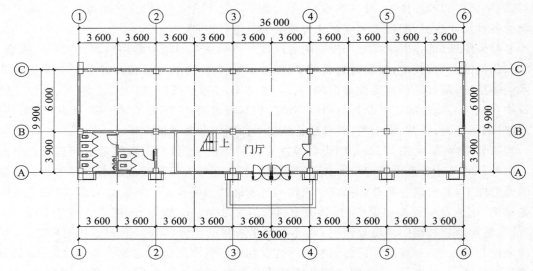

图 2-23　建筑施工平面图

外部尺寸,一般在平面图的下方及左侧注写三道尺寸。

第一道尺寸,表示外轮廓的总尺寸,即指从建筑物一端外墙的定位轴线到另一端外墙的定位轴线间的总长(纵向方向即长度方向)和总宽(横向方向即宽度方向)尺寸。根据平面图的形状与总长和总宽尺寸,可计算建筑物的用地面积。

第二道尺寸,表示轴线间的距离,以说明建筑物各房间的开间和进深尺寸。开间即住宅的宽度,是指一间房屋内一面墙的定位轴线到另一面墙的定位轴线之间的实际距离,因为是就一自然间的宽度而言的,故称为开间。而住宅的进深,在建筑上是指一间独立的房屋或一幢居住建筑从前墙定位轴线到后墙定位轴线之间的实际长度。

第三道尺寸,表示各细部的位置及大小,如门、窗、洞的宽和位置,柱的大小和位置等。

内部尺寸,一般说明房间的净空大小和室内的门、窗、洞、孔洞、墙厚和固定设备的大小与位置,以及室内楼地面的标高。楼地面标高在平面图上一般是表明各房间的楼地面对标高零点(室内地坪±0.000位置)的相对高度。标高数值以 m 为单位,标注至小数点后三位数字,若在标高数字前有"—"号,则表示该处地面低于零点位置;反之,则高于零点位置。住宅的高度可以用"m"或"层"来计算,每一层的高度称为层高。具体地说,层高是指下层地板面或楼板上表面(或下表面)到相邻上层楼板上表面(或下表面)之间的竖向尺寸,而净高则是指下层地板面或楼板上表面到相邻上层楼板下表面之间的垂直距离。层高和净高的关系可以用公式"净高=层高—楼板厚度"来表示,即层高与楼板厚度的差称为净高。

立面图和剖面图,给出了基础、室内外地坪、门窗、楼板、屋架、屋面等处的设计相对标高。

基础平面图和基础详图,给出了基础轴线、基础宽度和标高的尺寸数据和相互关系。

设备基础图和管网图,给出了基础大小和相互间关系的数据,以及标高数据和管网的设计数据与布置位置。

工业建筑施工图的识读方法与民用建筑施工图的大致一样,只是在某些内容或图例符号表示上有些不同。在其建筑平面图上,均要布置定位轴线,以确定柱子的位置和形状及其大小。一般在纵、横定位轴线相交处设置柱子。柱子在平面上排列所形成的网格称为柱网。柱子纵向定位轴线间的距离称为跨度,横向定位轴线间的距离称为柱距。在读图时,必须看清柱网中各跨度和柱距的尺寸数据。在立面图上,一般标有各个装配构件的顶面及底面标高,以及柱基的位置及标高。在看剖面图时,图中的主要尺寸,如柱顶、梁顶、室内外地面标高和墙板、门窗各部位的高度尺寸等,均应细读。在看各构件的详图时,可详尽地读出各构件所在位置及其构造特点。

总之,施工平面图的识读是进行施工放样测设工作之前的一项很重要的工作,识读准确与否,直接关系到测设数据的计算,对施工放样测量的精度和建筑物的定位位置起决定性作用,因此,一定要掌握好建筑图纸的识读方法。

在识读施工图纸中,应仔细核对各图纸上的尺寸数据及坐标数据,避免在计算测设数据时发生错误。

2.4　测量误差基本知识

1) 测量误差

测量工作的实践表明,在任何测量工作中,无论是测角度、测高差或量距,当对同一量进行多次观测时,不论测量仪器多么精密,观测进行得多么仔细,测量结果总是存在差异,彼此不相等。例如,反复观测某一角度,每次观测结果都不会一致,这是测量工作中普遍存在的现象,其实质是每次测量所得的观测值与该量客观存在的真值之间存在差值,这种差值称为测量误差,即

$$测量误差 = 观测值 - 真值$$

用 Δ 表示测量误差,X 表示真值,l 表示观测值,则测量误差可用下式表示

$$\Delta = l - X \tag{2-16}$$

2) 测量误差的来源

产生测量误差的因素是多方面的,概括起来有以下三个因素。

①仪器精度的有限性。测量中使用的仪器和工具不可能十分完善,因此,测量结果会产生一定误差。例如:用普通水准尺进行水准测量时,最小分划为 5 mm,就难以保证毫米数的完全正确性。经纬仪、水准仪检校不完善会产生残余误差,例如:水准仪视准轴与水准管轴不平行,水准尺存在分划误差等,这些都会使观测结果出现误差。

②观测者感觉器官鉴别能力的局限性会对测量结果产生一定的影响。例如:对中误差、观测者估读小数误差、瞄准目标误差等。

③观测过程中,外界条件的不定性。如温度、阳光、风等时刻都在变化,必将对观测结果产生影响。例如:温度变化使钢尺产生伸缩,阳光照射使仪器发生微小变化,较阴的天气使目标不清楚等。

通常把以上三种因素综合起来称为观测条件。可想而知,观测条件好,观测中产生的误差就会小;反之,观测条件差,观测中产生的误差就会大。因此,受上述三种因素的影响,测量中存在误差是不可避免的。

应该指出,误差与粗差是不同的。粗差是指观测结果中出现的错误,如测错、读错、记错等。粗差是不允许存在的。为杜绝粗差,除了应加强作业人员的责任心,提高操作技术外,还应采取必要的检校措施。

3）测量误差的分类

测量误差按其性质不同可分为系统误差和偶然误差。

（1）系统误差

在相同的观测条件下，对某量进行一系列观测，若出现的误差在数值大小或符号上保持不变或按一定的规律变化，这种误差称为系统误差。例如，用名义长度为 30 m 而实际长度为 30.004 m 的钢尺量距，每量一尺就有 0.004 m 的系统误差，它就是一个常数。又如，在水准测量中，视准轴与水准管轴不能严格平行，存在一个微小夹角 i，i 角一定时在尺上的读数随视线长度成比例变化，但变化的大小和符号总是保持不变。

系统误差具有以下特性。

①同一性：误差的绝对值保持恒定或按一定的规律变化。

③单一性：误差符号不变，总朝一个方向偏离。

③累积性：误差的绝对值随着单一观测值的倍数累积。

系统误差具有累计性，对测量结果影响甚大，但它的大小和符号有一定的规律，可通过计算或观测方法加以消除，或者最大限度地减小其影响，如尺长误差可通过尺长改正加以消除；水准测量中的 i 角误差，可以通过前后视线等长消除其对高差的影响。

（2）偶然误差

在相同的观测条件下，对某量进行一系列观测，如出现的误差在数值大小和符号上均不一致，且从表面看没有任何规律性，这种误差称为偶然误差。如水准标尺上毫米数的估读，有时偏大、有时偏小；大气的能见度和人眼的分辨能力等因素使照准目标有时偏左、有时偏右。

偶然误差亦称随机误差，其符号和大小在表面上无规律可循，找不到予以完全消除的方法，因此须对其进行研究。偶然误差表面上是偶然性在起作用，实际上却是受其内部隐蔽着的规律所支配，问题是如何把这种隐蔽的规律揭示出来。

偶然误差具有以下特性。

①有限性：在一定的条件下，偶然误差的绝对值不会超过一定的限度。

②聚中性：绝对值小的误差比绝对值大的误差出现的机会多。

③对称性：绝对值相等的正负误差出现的机会相等。

④抵消性：偶然误差的算术平均值趋近于零，即

$$\lim_{n \to \infty} \frac{\Delta_1 + \Delta_2 + \cdots + \Delta_n}{n} = \lim_{n \to \infty} \frac{[\Delta]}{n} = 0 \tag{2-17}$$

偶然误差产生的原因有如下几种。

①仪器设备的原因。

②观测者的原因。

③外界条件的原因。

2.5 评定误差精度的标准

为了对测量成果的精确程度作出评定，有必要建立一种评定精度的标准，通常用中误差、相对误差、极限误差、偶然算术平均值来表示。

1）中误差

设在相同观测条件下，对真值为 x 的一个未知量 l 进行 n 次观测，观测值结果为 l_1, l_2,

$\cdots,l_n$，每个观测值相应的真误差（真值与观测值之差）为 $\Delta_1,\Delta_2,\cdots,\Delta_n$。则以各个真误差之平方和的平均数的平方根作为精度评定的标准，用观测值中误差 m 表示，即

$$m = \sqrt{\frac{[\Delta\Delta]}{n}} \tag{2-18}$$

式中：n——观测次数；

　　　m——观测值中误差（又称均方误差）；

　　　$[\Delta\Delta]$——各个真误差 Δ 的平方的总和。

上式表明了中误差与真误差的关系，中误差并不等于每个观测值的真误差，中误差仅是一组真误差的代表值。一组观测值的测量误差愈大，中误差也就愈大，其精度就愈低；测量误差愈小，中误差也就愈小，其精度就愈高。

【例 2-5】　甲、乙两个小组，各自在相同的观测条件下，对某三角形内角和分别进行了 7 次观测，求得每次三角形内角和的真误差分别为

甲组：　　　　　　　　$+2''$、$-2''$、$+3''$、$+5''$、$-5''$、$-8''$、$+9''$

乙组：　　　　　　　　$-3''$、$+4''$、$0''$、$-9''$、$-4''$、$+1''$、$+13''$

则甲、乙两组观测值中误差为

$$m_{甲} = \pm\sqrt{\frac{2^2+(-2)^2+3^2+5^2+(-5)^2+(-8)^2+9^2}{7}} = \pm 5.5''$$

$$m_{乙} = \pm\sqrt{\frac{(-3)^2+4^2+(-9)^2+(-4)^2+1^2+13^2}{7}} = \pm 6.3''$$

由此可知，乙组观测精度低于甲组，这是因为乙组的观测值中有较大误差出现。

因为中误差能明显反映出较大误差对测量成果可靠程度的影响，所以中误差成为被广泛采用的一种评定精度的标准。

2）相对误差

测量工作中对于精度的评定，在很多情况下用中误差这个标准是不能完全描述对某量观测的精确度的。例如，用钢卷尺丈量了 100 m 和 1 000 m 两段距离，其观测值中误差均为 ± 0.1 m，若以中误差来评定精度，显然就要得出错误结论，因为量距误差与其长度有关，为此需要采取另一种评定精度的标准，即相对误差。相对误差是绝对误差的绝对值与相应观测值之比，通常以分子为 1、分母为整数的形式表示，即

$$相对误差 = \frac{绝对误差的绝对值}{观测值} = \frac{1}{T}$$

绝对误差指中误差、真误差、容许误差、闭合差等，它们具有与观测值相同的单位。例 2-5 中，前者的相对中误差为 $\left(\frac{0.1}{100} = \frac{1}{1\,000}\right)$，后者的相对中误差为 $\left(\frac{0.1}{1\,000} = \frac{1}{10\,000}\right)$，很明显后者的精度高于前者。

相对误差常用于距离测量的精度评定，而不能用于角度测量和水准测量的精度评定，这是因为后两者的误差大小与观测量角度、高差的大小无关。

3）极限误差

由偶然误差第一个特性可知，在一定的观测条件下，偶然误差的绝对值不会超过一定的限值。根据误差理论和大量的实践证明，大于两倍中误差的偶然误差，出现的机会仅有 5%；大于三倍中误差的偶然误差，出现的机会仅为 3‰，即大约在 300 次观测中，才可能出现一个大于三倍中误差的偶然误差。因此，在观测次数不多的情况下，可认为大于三倍中误差的偶

然误差实际上是不可能出现的。

故常以三倍中误差作为偶然误差的极限值,称为极限误差,用 $\Delta_{限}$ 表示

$$\Delta_{限} = 3m$$

在实际工作中,一般常以两倍中误差作为极限值,即

$$\Delta_{限} = 2m$$

如果观测值中出现了超过 $2m$ 的误差,可以认为该观测值不可靠,应舍去不用。

4) 偶然算术平均值

(1)算术平均值

在相同的观测条件下,对某一量进行 n 次观测,通常取其算术平均值作为未知量最可靠值。

例如,对某段距离测量了 6 次,观测值分别为 l_1、l_2、l_3、l_4、l_5、l_6,则其算术平均值 $\overline{x}$ 为

$$\overline{x} = \frac{l_1 + l_2 + l_3 + l_4 + l_5 + l_6}{6}$$

若观测 n 次,则

$$\overline{x} = [l]/n$$

下面简要论证为什么算术平均值是最可靠值。

设某未知量的真值为 X,观测值为 $l_i(i=1,2,3,\cdots,n)$,其真误差为 Δ_i,则一组观测值的真误差为

$$\Delta_1 = l_1 - X$$
$$\Delta_2 = l_2 - X$$
$$\vdots$$
$$\Delta_n = l_n - X$$

以上各式左右取和并除以 n,得

$$\frac{[\Delta]}{n} = \frac{[l]}{n} - X$$

代入上式并移项得

$$\overline{x} = \frac{[\Delta]}{n} + X$$

式中:$[\Delta]/n$——n 个观测值真误差的平均值。

根据偶然误差的第四特性,当 $n \to \infty$ 时,$[\Delta]/n$ 趋于 0,则有

$$\lim_{n \to \infty} \overline{x} = X$$

由上式可看出,当观测次数 n 趋于无限大时,观测值的算术平均值就是该未知量的真值。但在实际工作中,观测次数总是有限的,因而在有限次观测情况下,算术平均值与各个观测值比较,最接近于真值,故称该量为最可靠值或最或然值。当然,其可靠程度不是绝对的,它随着观测值的精度和观测次数而变化。

(2)观测值的改正数

设某量在相同的观测条件下,观测值为 $l_1,l_2,\cdots,l_n$,观测值的算术平均值为 $\overline{x}$,则算术平均值与观测值之差称为观测值改正数,用 v 表示,则有

$$v_1 = \overline{x} - l_1$$
$$v_2 = \overline{x} - l_2$$
$$\vdots$$

$$v_n = \bar{x} - l_n$$

将等式两端分别取和得

$$[v] = n\bar{x} - [l]$$

将 $\bar{x} = \dfrac{[l]}{n}$ 代入上式得

$$[v] = 0$$

上式说明:在相同观测条件下,一组观测值改正数之和恒等于零,此式可以作为计算工作的校核。

(3)用改正数求观测值的中误差

前述中误差的定义式是在已知真误差的条件下,而实际工作中观测值的真值往往是不知道的,故真误差也无法求得。因此可用算术平均值代替真值,用观测值的改正数求观测值中误差,即

$$m = \pm \sqrt{\frac{[vv]}{n-1}} \tag{2-19}$$

式中:n——观测次数;

m——观测值中误差(代表每一次观测值的精度);

$[vv] = v_1 v_1 + v_2 v_2 + \cdots + v_n v_n$。

观测值的最可靠值是算术平均值,算术平均值的中误差用 M 表示,按下式计算

$$M = \frac{m}{\sqrt{n}} = \pm \sqrt{\frac{[vv]}{n(n-1)}} \tag{2-20}$$

上式表明,算术平均值的中误差等于观测值中误差的 $\dfrac{1}{\sqrt{n}}$ 倍,所以增加观测次数可以提高算术平均值的精度。根据分析,观测达到一定的次数后,精度会提高得非常缓慢。例如,水平角观测次数一般最高 12 次。若精度达不到,可采取提高仪器精度或改变观测方法等措施。

【思考题与习题】

1. 地形图能反映地面上的什么信息?

2. 建筑施工总平面图对施工测量有什么作用?

3. 什么是比例尺精度?它有何用途?

4. 地形图符号有几类?同一地物在不同比例尺地形图中,其符号是否一致?为什么?

5. 什么是系统误差?什么是偶然误差?偶然误差有什么重要的特性?

6. 何谓中误差、极限误差和相对误差?

项目三　水　准　测　量

» → 学习要求 ······

1. 了解水准测量的原理和水准仪的构造；
2. 熟悉水准测量高差的计算和水准测量成果校核；
3. 掌握水准测量工具的使用与水准测量的外业工作和内业计算。

3.1　水准测量的工具及使用

3.1.1　水准测量的基本原理

水准测量的原理是利用水准仪提供的一条水平视线来测得两点的高差，然后依据其中一个已知点的高程，计算出另一未知点的高程。

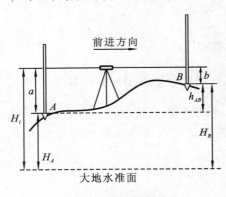

图 3-1　水准测量原理

如图 3-1 所示，在地面上有 A、B 两点，已知点 A 的高程为 H_A，求点 B 的高程 H_B。在 A、B 两点之间安置水准仪，A、B 两点上各竖立一把水准尺，通过水准仪的望远镜读取水平视线，分别在 A、B 两点水准尺上截取的读数为 a、b，可以求出点 A 至点 B 的高差为

$$h_{AB} = a - b$$

则

$$H_B = H_A + h_{AB}$$

设水准测量的前进方向为点 A 至点 B，则称点 A 为后视点，其水准尺读数 a 为后视读数；称点 B 为前视点，其水准尺读数 b 为前视读数。两点间的高差＝后视读数－前视读数。如果后视读数大于前视读数，则高差为正，表示点 B 比点 A 高，$h_{AB} > 0$；如果后视读数小于前视读数，则高差为负，表示点 B 比点 A 低，$h_{AB} < 0$。如果 A、B 两点相距不远，且高差不大，则安置一次水准仪，就可以测得 h_{AB}。此时，点 B 的高程计算公式为

$$H_B = H_A + (a - b)$$

上述方法称为高差法。

点 B 的高程也可以用水准仪的视线高程来计算，即

$$H_i = H_A + a = H_B + b$$

变形得

$$H_B = (H_A + a) - b$$

上述方法称为仪高法。

两者的适用条件分别是：高差法用于高程的联标测量，用来完成测绘任务；仪高法用来完成测设任务，用于地面上定位点的高程放样。两者的公式表达式是不同的，必须加以注

意,深刻理解。

当已知高程点 A 和待测高程点 B 之间的高差过大、距离过长或视线有遮挡时,安置一次仪器不能直接测得两点间的高差,这时就要在 A、B 两点间多设一些临时立尺点,连续多次安置仪器,分段测得两点间的高差。这些立尺点,在前一站是前视,后一站则为后视,我们称其为转点,用 TP 表示,它起着传递高程的作用。由于转点是临时立尺点,其下土质松软,因此在尺子底部应安放尺垫并踩实,以防止转点在观测过程中因尺子下沉而带来误差,如图 3-2 所示。此时,点 B 的高程计算公式为

$$H_B = H_A + h_{AB} = H_A + (h_{A1} + h_{12} + h_{2B}) = H_A + (a_1 - b_1) + (a_2 - b_2) + (a_3 - b_3)$$

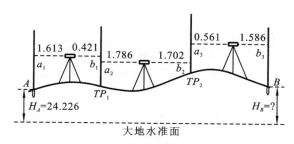

图 3-2　水准测量高程的传递

【**例 3-1**】　如图 3-2 所示,点 B 的高程是多少?

【**解**】　$H_B = H_A + h_{AB} = H_A + (h_{A1} + h_{12} + h_{2B}) = H_A + (a_1 - b_1) + (a_2 - b_2) + (a_3 - b_3)$
$= [24.226 + (1.613 - 0.421) + (1.786 - 1.702) + (0.561 - 1.586)] \text{ m}$
$= 24.477 \text{ m}$

【**例 3-2**】　如图 3-3 所示,已知点 A 的高程 $H_A = 478.523 \text{ m}$,点 A 的后视读数 $a = 1.546$ m,在待测点 1、2、3 测出的前视读数分别为 $b_1 = 0.952 \text{ m}$,$b_2 = 1.728 \text{ m}$,$b_3 = 1.326 \text{ m}$,计算待测点 1、2、3 的高程。

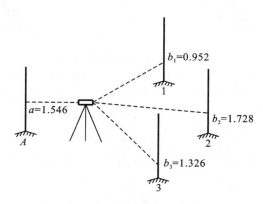

图 3-3　仪高法测量高程点

【**解**】　(1)计算视线高
$$H_i = H_A + a = (478.523 + 1.546) \text{ m} = 480.069 \text{ m}$$
(2)计算各待测点高程分别为
$$H_1 = H_i - b_1 = (480.069 - 0.952) \text{ m} = 479.117 \text{ m}$$
$$H_2 = H_i - b_2 = (480.069 - 1.728) \text{ m} = 478.341 \text{ m}$$
$$H_3 = H_i - b_3 = (480.069 - 1.326) \text{ m} = 478.743 \text{ m}$$

通过上述两个实例得知,高差法通常用于连续几个测站传递高程,而仪高法在安置一次仪器同时测出几个待测点时更有优势,因此仪高法在建筑施工测量中被广泛应用。

3.1.2 水准仪的构造

水准测量所用的仪器为水准仪,工具有水准尺和尺垫。

水准仪的主要作用是提供一条水平视线,能照准离水准仪一定距离处的水准尺并读取尺上的读数。通过调整水准仪使管水准器气泡居中,从而获得水平视线的水准仪称为微倾式水准仪,通过补偿器获得水平视线读数的水准仪称为自动安平水准仪。本节主要介绍微倾式水准仪的结构。

国产微倾式水准仪的型号有 DS05、DS1、DS3、DS10。其中字母 D、S 分别为"大地测量"和"水准仪"汉语拼音的第一个字母,字母后的数字表示以 mm 为单位的仪器每千米往返测高差中数的中误差。DS05、DS1、DS3 和 DS10 水准仪每千米往返测高差中数的中误差分别为 ± 0.5 mm、± 1 mm、± 3 mm、± 10 mm。

DS05、DS1 为精密水准仪,主要用于国家一、二等水准测量和精密工程测量;DS3、DS10 为普通水准仪,主要用于国家三、四等水准测量和常规工程建设测量。工程建设中,使用最多的普通水准仪是 DS3 水准仪。

1) DS3 水准仪的构造

DS3 水准仪由望远镜、水准器和基座三部分组成,如图 3-4 所示。

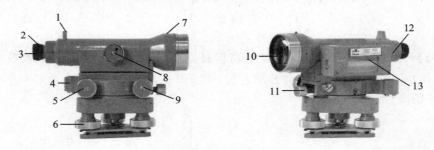

图 3-4 DS3 微倾式水准仪构造

1—照门;2—目镜调焦螺旋;3—目镜;4—圆水准器;5—微倾螺旋;6—脚螺旋;7—准星;
8—物镜调焦螺旋;9—微动螺旋;10—物镜;11—制动螺旋;12—符合水准器观测窗;13—管水准器

(1)望远镜

望远镜主要由物镜、目镜、调焦透镜、十字丝分划板与目镜调焦螺旋、物镜调焦螺旋组成,如图 3-5 所示。它起到提供光学视线、瞄准水准尺并在水准尺上读数的作用。

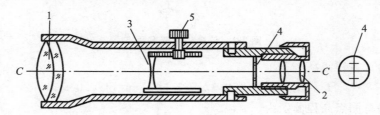

图 3-5 望远镜

1—物镜;2—目镜;3—调焦透镜;4—十字丝分划板与目镜调焦螺旋;5—物镜调焦螺旋

十字丝分划板上的中丝,用来截取水准尺读数;十字丝分划板上的上丝、下丝,用来测距离,称为视距丝;十字丝分划板上的竖丝,用于检核水准尺是否铅垂。

(2)水准器

水准器是用来指示视准轴处于水平状态的装置,由圆水准器和管水准器组成。图 3-6(a)为圆水准器,图 3-6(b)为管水准器。当水准器内的气泡居中时,则水准仪水平。

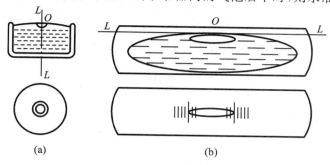

图 3-6 水准器
(a)圆水准器;(b)管水准器

圆水准器是一个封闭的圆形玻璃容器,其顶盖的内表面为一球面,容器内盛装乙醚类液体,且形成一小圆气泡[见图 3-6(a)]。容器顶盖中央刻有一个小圈,小圈的中心是圆水准器的零点,通过零点的球面法线是圆水准器轴。当圆水准器气泡居中时,圆水准器轴处于铅垂位置。圆水准器的分划值,是顶盖球面上 2 mm 弧长所对应的圆心值,水准仪上圆水准器的圆心角值约为 8″。

管水准器由玻璃圆管制成,其内壁磨成一定半径的圆弧,如图 3-6(b)所示。将管内注满酒精或乙醚,加热封闭冷却后,管内形成的空隙部分充满了液体的蒸气,称为水准气泡。因为蒸气的比重小于液体,所以水准气泡总是位于内圆弧的最高点。

管水准器内圆弧中点 O 称为管水准器的零点,过零点作内圆弧的切线 LL,称为管水准器轴。当管水准器气泡居中时,管水准器轴 LL 处于水平位置。

在管水准器的外表面,对称于零点的左右两侧,刻划有 2 mm 间隔的分划线。定义 2 mm弧长所对应的圆心角为管水准器的分划值,其计算公式为

$$\tau = 2\rho'' / R$$

式中:$\rho'' = 206\ 265$,为弧秒值,即 1 弧度等于 206 265″;

R——管水准器内圆弧的半径,mm。

分划值 τ 的几何意义为:当水准气泡移动 2 mm 时,管水准器轴倾斜的角度为 τ。显然,R 愈大,τ 愈小,管水准器的灵敏度愈高,仪器置平的精度也愈高;反之,则置平精度就愈低。DS3 水准仪管水准器的分划值为 20″/2 mm。

为了提高水准仪整平的精度,微倾式水准仪大多安置符合水准器,如图 3-7 所示,采用符合棱镜将气泡两端的半影像经反射投射在符合水准器观测窗内。当气泡两边影像错开时,气泡不居中,仪器不水平,如图 3-7(b)所示。调节微倾螺旋可使气泡吻合,图 3-7(c)代表气泡吻合,仪器水平。

(3)基座

基座由轴座、脚螺旋、底板和三角压板构成。基座起支撑仪器的作用,轴座与仪器竖轴连接,脚螺旋用于调节圆水准器水平,底板通过脚螺旋与下部三脚架连接。

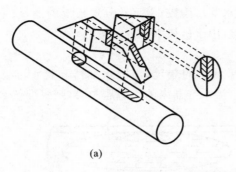
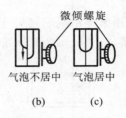

图 3-7 符合水准器

3.1.3 水准尺与尺垫

（1）水准尺

水准尺是水准测量的重要工具，与水准仪配合使用。水准尺有精密水准尺和普通水准尺两种；尺长一般为 2～ 5 m；尺型有直尺、折尺、塔尺等；其分划为底部从零开始每间隔 1 cm，涂有黑白或黑红相间的分划，每分米注记数字。

双面水准尺（见图 3-8）比较坚固可靠，长度一般为 2 m 或者 3 m。双面水准尺在两面标注刻划，尺的分划线宽为 1 cm。其中，尺的一面为黑白相间刻划，称为黑面，尺底端起点为零；另一面为红白相间刻划，称为红面，尺底端起点不为零，而是为一常数 K。每两根配为一对，其中一把尺常数 K 为 4.687，与之相配的另一把尺常数 K 为 4.787。利用黑红面尺零点差可对水准测量读数进行校核。为了方便扶尺竖直，在水准尺的两侧装有把手和圆水准器，双面水准尺多用在三、四等水准测量中。

（2）尺垫

尺垫（见图 3-9）与水准仪配合使用，只用在转点上。尺垫的作用是传递高程，防止水准尺下沉和转动，改变位置。

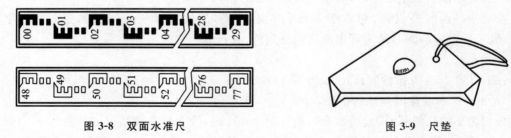

图 3-8 双面水准尺　　　　　　　　　图 3-9 尺垫

（3）三脚架

三脚架主要用于安放仪器。

3.1.4 水准仪的操作

水准仪的基本操作程序为安置仪器、粗略整平（粗平）、照准调焦、精确整平（精平）、读数和记录计算。

（1）安置仪器

选好平坦、坚固的地面作为水准仪的安置点。然后张开三脚架使架头高度适中，目估架头大致水平,再用连接螺旋将水准仪固定在三脚架头上,将三脚架踩实。

(2)粗平

粗平是指借助圆水准器气泡居中,使得仪器竖轴大致铅垂,视准轴大致水平。调节方法如图 3-10 所示。气泡处于 a 处,则先调节 1、2 脚螺旋,调节方向如图 3-10(a)所示,气泡将沿 1、2 脚螺旋连线方向移动,移动方向与左手大拇指调节方向一致,与右手大拇指调节方向相反。当气泡移动到 b 位置(3 号脚螺旋与水准器零点连线上)时,停止调节 1、2 脚螺旋。此时,只转动 3 号脚螺旋,调节方向同样遵守左手大拇指法则,使气泡移向中心位置,调节完毕。

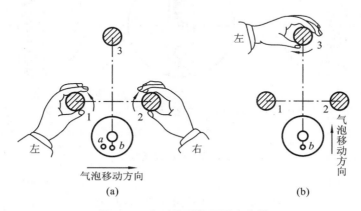

图 3-10　左手法则粗平圆水准器

(3)照准调焦

首先将望远镜对准背景明亮区域,转动目镜调焦螺旋使十字丝清晰。然后松开制动螺旋,转动望远镜,让照门、准星和水准尺处于同一直线,完成粗瞄。调节物镜调焦螺旋,使水准尺成像清晰。上下移动眼睛,观察十字丝与水准尺影像是否有错动现象,如有此现象,说明有视差。有视差会影响读数的准确性。消除视差的方法是:先转动目镜调焦螺旋,使十字丝达到最清晰的状态,然后瞄准目标,调节物镜调焦螺旋,使目标非常清晰,直到消除视差,完成调焦。最后调节微动螺旋,使十字丝竖丝与水准尺中部重合(可检查水准尺是否铅垂),完成精确瞄准。

(4)精平

观察符合水准器观测窗,同时转动微倾螺旋。当符合水准器气泡吻合时,表明已精确整平,此时视准轴处于水平状态。调节方式如图 3-11 所示,转动方向与左边气泡的运动方向一致。

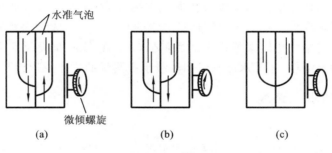

图 3-11　精平

(a)微倾螺旋向下调节;(b)微倾螺旋向上调节;(c)气泡吻合

（5）读数

精平后用十字丝横丝截读水准尺上的读数。无论使用的是正像水准仪还是倒像水准仪，读数一律从小往大读，读出米、分米、厘米位，估读出毫米位。图 3-12(a)为正像水准尺读数，中丝读作 1.122；图 3-12(b)为倒像水准尺读数，中丝读作 1.422；图 3-12(c)为塔尺读数，中丝读作 1.357。读数后再检查一下水准气泡是否吻合，若不吻合则应重新调节微倾螺旋，然后读数。读数完成后报送给记录员记录。

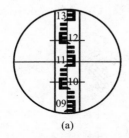 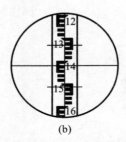 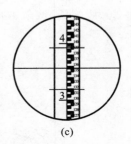

正像水准尺读数，从下往上读　　　倒像水准尺读数，从上往下读　　　塔尺读数
中丝：1.122　　　　　　　　　　　中丝：1.422　　　　　　　　　　　中丝：1.357
上丝：1.215，下丝：1.031　　　　　上丝：1.331，下丝：1.515　　　　　上丝：1.393，下丝：1.300

图 3-12　水准尺读数

（6）记录计算

记录员听到报数后，再复述一遍。待观测员认可后，及时记录计算。

3.1.5　注意事项

①每次读数前都要精平。

②按操作规程使用仪器。

③制、微动螺旋不能错用，旋转要轻巧。

④仪器和工具要轻拿轻放。

⑤不能坐仪器箱。

⑥切忌手扶三脚架进行观测。

以上操作是针对 DS3 型微倾水准仪而言的。对自动安平水准仪，可省略精平的步骤。

3.2　普通水准测量的外业和内业

我国国家水准测量按精度要求不同分为一、二、三、四等水准测量。一、二等水准测量称为精密水准测量，三、四等水准测量称为普通水准测量，采用某等级水准测量的方法测出的高程点称为该等级水准点。不属于国家规定等级的水准测量一般称为普通（或等外）水准测量。等外水准测量的精度比国家等级水准测量低，水准路线的布设及水准点的密度可根据实际要求有较大的灵活性，等外水准测量和等级水准测量的作业原理相同。

3.2.1　水准点和水准路线

1）水准点

用水准测量方法测定的高程控制点称为水准点，一般用 BM 表示。除国家级的水准原点以外，为满足各地工程建设的需要，测绘单位在全国埋设了许多固定的测量标志，分为一、

二、三、四等水准点,作为测量的依据。除精度分为一、二、三、四等以外,水准点按其重要性和保存时间的时效性,分为永久水准点和临时水准点,如图 3-13 所示。国家等级的水准点应按要求埋设永久固定标志。建筑工程测量一般埋设临时水准点,可埋设混凝土桩、木桩、铁钉,也可利用房屋基石、坚硬岩石埋设,并用红色油漆标注记号和编号。

为便于以后考查,布设的水准点应绘制附近地形平面草图,注明点号、等级、高程等信息,称为点之记。

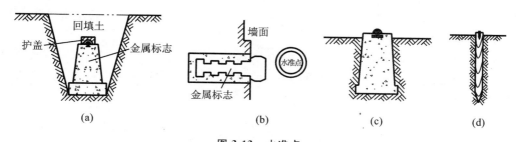

图 3-13 水准点

(a)永久水准点;(b)(c)(d)临时水准点

2)水准路线

水准测量进行的路线,称为水准路线。水准路线应该尽量沿公路、大道等平坦地面布设,以保证测量精度。水准路线上两相邻水准点之间称为一个测段。

水准路线的布设形式可分为单一水准路线和水准网。单一水准路线有闭合水准路线、附合水准路线、支水准路线三种。

(1)闭合水准路线

如图 3-14(a)所示,由水准点 BM_A 出发,沿待测水准点 1、2、3 进行水准测量,最后回到 BM_A 点,形成一个闭合回路,这种水准路线称为闭合水准路线。

(2)附合水准路线

如图 3-14(b)所示,由水准点 BM_A 出发,沿待测水准点 1、2、3 进行水准测量,最后附合到另一水准点 BM_B,形成一条附合水准路线。

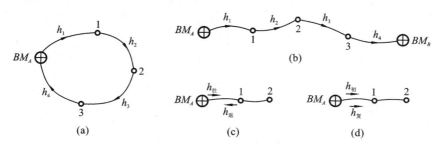

图 3-14 水准路线

(a)闭合水准路线;(b)附合水准路线;(c)支水准路线往返测量;(d)支水准路线单程双线测量

(3)支水准路线

如图 3-14(c)、(d)所示,由水准点 BM_A 出发,沿待测水准点 1、2 进行水准测量,既不闭合,也不附合到另一水准点。一般采用往返观测法或复测法(单程双线法)。

附合水准路线和闭合水准路线因为有检核条件,一般采用单程观测;支水准路线没有检核条件,必须进行往返观测或单程双线观测,来检核观测数据的正确性。

3.2.2　水准测量的方法、记录计算以及注意事项

从一个已知高级水准点出发，经过一系列观测，计算出待定水准点的高程。仅架设一次仪器便能测出两点间高差的水准测量称为简单水准测量。当出现待测点离已知点较远（大于 200 m）、高差较大（超过水准尺长度）或视线有遮挡的情况，安置一次仪器不能直接测出高差时，就需要在两点之间设立若干个临时立尺点，分段测其高差，逐段转测直至终点，这些临时立尺点称为转点，用 TP 表示。根据记录和计算的方法不同，可分为高差法和仪高法。

（1）高差法

如图 3-15 所示，安置仪器的地方叫测站，该水准路线上总共安置了四个仪器，有四个测站。在第一个测站上，后视已知水准点 BM_A，前视转点 TP_1、BM_A 和 TP_1 称为第一个测站的测点。在第一测站上的观测程序如下。

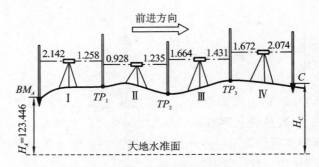

图 3-15　水准测量外业观测数据（单位：m）

① 将仪器安置在测点之间大致中间的位置，调节脚螺旋，使圆水准器气泡居中。

② 照准后视（BM_A）尺，消除视差，并转动微倾螺旋使水准管气泡精确居中（精平），用中丝截读后视尺读数 $a_1 = 2.142$。记录员复诵后记入手簿，如表 3-1 所示。

表 3-1　高差法记录表格

| 测站 | 测点 | 水准尺读数（m） | | 高差（m） | | 高程（m） | 备注 |
		后视 a	前视 b	＋	－		
Ⅰ	BM_A	2.142		0.884		123.446	已知水准点
	TP_1		1.258				转点
Ⅱ	TP_1	0.928			0.307		
	TP_2		1.235				转点
Ⅲ	TP_2	1.664		0.233			
	TP_3		1.431				转点
Ⅳ	TP_3	1.672			0.402		
	C		2.074			123.854	待测点
计算校核		$\sum 6.406$	$\sum 5.998$	$\sum 1.117$	$\sum -0.709$	123.854 $-$ 123.446	
		$\sum a - \sum b = 0.408$		＋0.408		＋0.408	

③ 在水准路线前进方向上适当位置，选择转点 TP_1，下面放尺垫，转动望远镜，照准前视(TP_1)尺，消除视差，精平，读前视尺读数 $b_1=1.258$。记录员复述后记入手簿，并计算出水准点 BM_A 与转点 TP_1 之间的高差：$h_1=(2.142-1.258)\,\mathrm{m}=+0.884\,\mathrm{m}$，填入表 3-1 测站Ⅰ高差栏，至此完成第一个测站的观测。

④ 第一个测站观测完后，转点 TP_1 处的尺垫和水准尺保持不动，在前方适当位置寻找转点 TP_2 放尺垫和水准尺，将仪器移到测站Ⅱ处安置，后视点 TP_1，前视点 TP_2，继续进行第二站的观测、记录、计算，用同样的工作方法一直到达终点 C。

显然，每安置一次仪器，就测得一个高差，即

$$h_1=a_1-b_1$$
$$h_2=a_2-b_2$$
$$\vdots$$
$$h_4=a_4-b_4$$

将各式相加，得

$$\sum h=\sum a-\sum b$$

点 C 的高程

$$H_C=H_A+\sum h$$

高差计算完成后，为检核计算的正确性，应在表格纵向上对后视读数、前视读数、高差求和。当 $\sum a-\sum b=\sum h$ 时，表明高差计算正确。此时再进行高程的推算。推算完成后，同样要进行校核，若 $H_{终}=H_{起}+\sum h$，表明计算正确。值得注意的是，校核计算只能检查计算是否正确，并不能发现观测、记录过程中有无差错，因此，观察记录应仔细。

（2）仪高法

仪高法与高差法的观测程序相同，只是记录和计算略有差异。外业观测数据见图 3-15，数据记录计算见表 3-2。

表 3-2　仪高法水准测量记录表

测站	测点	后视 a(m)	视线高(m)	前视 b(m)	高程(m)	备注
Ⅰ	BM_A	2.142			123.446	已知水准点
	TP_1		125.588	1.258	124.330	转点
Ⅱ	TP_1	0.928				
	TP_2		125.258	1.235	124.023	转点
Ⅲ	TP_2	1.664				
	TP_3		125.687	1.431	124.256	转点
Ⅳ	TP_3	1.672				
	C		125.928	2.074	123.854	待测点
计算校核		$\sum$6.406 −5.998 +0.408		$\sum$5.998	123.854 −123.446 +0.408	

① 计算测站Ⅰ仪器的视线高为

$$Hi_1 = H_A + a_1 = (123.446 + 2.142) \text{ m} = 125.588 \text{ m}$$

记入测站Ⅰ视线高栏,再计算转点 TP_1 的高程为

$$H_1 = Hi_1 - b_1 = (125.588 - 1.258) \text{ m} = 124.330 \text{ m}$$

记入 TP_1 高程栏。

② 计算测站Ⅱ的视线高为

$$Hi_2 = H_1 + a_2 = (124.330 + 0.928) \text{ m} = 125.258 \text{ m}$$

计算 TP_2 点高程为

$$H_2 = Hi_2 - b_2 = (125.258 - 1.235) \text{ m} = 124.023 \text{ m}$$

以此类推,可得 C 点高程。

③ 计算校核

$$\sum a = (2.142 + 0.928 + 1.664 + 1.672) \text{ m} = 6.406 \text{ m}$$

$$\sum b = (1.258 + 1.235 + 1.431 + 2.074) \text{ m} = 5.998 \text{ m}$$

$$\sum a - \sum b = (6.406 - 5.998) \text{ m} = +0.408 \text{ m}$$

$$H_C - H_A = (123.854 - 123.446) \text{ m} = +0.408 \text{ m}$$

水准测量的连续性很强,一旦有一个环节出现错误,就容易导致整个工程的返工。因此,施测中应注意以下几点。

(1)水准仪使用要点

①测站的选择。仪器位置选在坚实的地面上,三脚架要踩实,以防仪器下沉和滑动。前后视距要大致相等,距离适当(40~70 m)。

②消除视差。先将十字丝调清晰,然后调物镜调焦螺旋使成像清晰,消除视差。若上下移动眼睛,发现读数有晃动或成像模糊,则说明有视差,均不可读数。

③视线水平。使用微倾式水准仪时,应精平水准管,读完数后,再次检查水准气泡是否吻合。

④避免强光。在烈日下作业要撑伞遮住阳光,避免气泡因受热不均而影响其整平稳定性。

⑤搬站慎重。在没读好转点前视数值之前,不得搬迁仪器。

(2)水准尺立尺要点

①检查水准尺。检查尺底部是否有泥土、冰块等污物,如有,应及时清除。检查塔尺结合处是否密合。

②立尺要铅直。立尺要使尺身铅直,双手扶尺,手不遮尺面。

③转点加尺垫。在转点处立尺,下方应使用尺垫防止水准尺下沉。

④避免水准尺"零点"误差。水准尺应交替前进,即将上一个测站的后视尺,作为下一个测站的前视尺。采取偶数站,起终点用同一根水准尺,避免"零点"误差。

⑤转点选取要点。转点应选在地质坚实又凸起的地方,便于使用尺垫,防止水准尺下沉;选点时要保证前后视距大致相等。前后视距大致相等可减小视准轴不平行于水准管轴引起的 i 角误差,削弱地球曲率误差和大气折光差,还可以减少调焦交数,提高观测速度。

(3)读数记录及计算要点

①读数。读数要快速准确,估读到毫米位。读数时一定要从小数向大数读。

②记录。记录员要复诵读数，以便核对。记录要整洁、清楚、端正，选用 4H 铅笔记录。如果有错，不能用橡皮擦去，而应在改正处划一横，在旁边注上改正后的数字。

③计算。记录完成，立即计算；发现问题，立即重测。

3.2.3　水准测量成果处理与计算

长距离的水准测量工程中工作连续性很强，不管用什么方法都不能保证整条水准路线的观测高差计算没有错误或者误差。为保证测量成果的精度，及时发现错误并减少误差，必须对外业手簿进行检查。检查无误后对测量数据进行校核，校核方法分为测站校核和路线校核。对于等外水准测量，可单独采用路线校核，若精度要求较高，一般采用两种方式相结合进行校核。

1）测站校核

安置一次水准仪便能测出一个高差，此高差的正确性是整个水准测量路线精度合格的基础，因此，要对此高差进行测站校核，确保其正确性。测站校核可以采用双仪器高法和双面尺法。

（1）双仪器高法

双仪器高法是指在同一测站上安置两次仪器，改变仪器高度（视线高相差 10 cm 以上），读出两组后视读数和前视读数，计算出两组高差，理论上两高差应该相等。由于误差原因，当其差值不超过允许值时则满足要求（如等外水准容许值为 ±6 mm、四等为 ±5 mm、三等为 ±3 mm），满足要求时取其平均值作为最后高差，若超出限差，必须重测。

（2）双面尺法

双面尺法是指在同一测站上，保持仪器高度不变，根据立在前视点和后视点上的双面尺分别读出红黑面读数，计算出黑面高差 $h_黑 = a_黑 - b_黑$，红面高差 $h_红 = a_红 - b_红$。由于两水准尺黑面起始点相同，而红面起始点读数一根为 4.687 m，另一根为 4.787 m，相差 100 mm，计算时应在红面高差上加减 100 mm，再与黑面高差比较，即 $h_黑 - (h_红 \pm 100\ mm)$ 不超过 ±5 mm（四等水准测量）或 ±6 mm（等外水准测量），同时每根尺子红面与黑面读数的差值与常数（4.687 m 或 4.787 m）之差，不超过 ±3 mm（四等水准测量）或 ±4 mm（等外水准测量），可取其高差的平均值作为该站的观测高差，若超过限差，必须重测。

2）路线校核

测站校核只能保证每个测站所测高差的正确性，而对于整条路线来说，仪器误差、估读误差、转点位置变动的错误以及外界条件影响等误差，虽然在一个测站上反映不明显，但随着测站数的增多，误差会累积，最后有可能超过限差，不能保证精度可以达标，因此还应进行路线校核。

水准测量成果的精度是根据闭合条件来衡量的，即将路线上观测高差的代数和值与路线的理论高差值相比较，用其差值的大小来评定路线成果的精度是否合格。这一差值我们称为高差闭合差，用 f_h 来表示。

（1）闭合水准路线

由闭合水准路线的布设形式不难得出，所有高差求和的理论值 $\sum h_理 = H_{终点} - H_{起点}$，由于回到起始水准点，那么 $H_{终点} = H_{起点}$，则 $\sum h_理 = 0$。而在实际施测中，$\sum h_测$ 由于观测者、环境和仪器的影响，通常不等于 $\sum h_理$，即 $\sum h_测 \neq \sum h_理$，其差值为高差闭合差 f_h。

$$f_h = \sum h_测 - \sum h_理 = \sum h_测 - 0 = \sum h_测$$

（2）附合水准路线

附合水准路线的所有高差求和的理论值 $\sum h_理 = H_终点 - H_起点$。

$$f_h = \sum h_测 - \sum h_理 = \sum h_测 - (H_终点 - H_起点)$$

（3）支水准路线

从路线布设形式来看，本身没有检核条件，因此通常采用往返测量法或复测法（单程双线法）来构建检核条件。

① 往返测量法。理论上，往返两次高差，其数值应相等，符号相反，即 $\sum h_往 = -\sum h_返$。那么往返高差代数和 $\sum h = \sum h_往 + \sum h_返$，理论上应该等于0。

$$f_h = \sum h_测 - \sum h_理 = (\sum h_往 + \sum h_返) - 0 = \sum h_往 + \sum h_返$$

② 复测法。理论上，两次高差，其数值应相等，符号也相同，即 $\sum h_初 = \sum h_复$。那么两次高差之差 $\Delta h = \sum h_初 + (-\sum h_返)$，理论上应该等于0。

$$f_h = \sum h_测 - \sum h_理 = (\sum_初 - \sum h_复) - 0 = \sum h_初 - \sum h_复$$

高差闭合差 f_h 不能太大，要在一定的范围内，证明水准路线观测合格，达到路线检核目的，否则应返工重测。

以上三种路线检核方式中，以附合水准路线最可靠，实测中最好使用附合水准路线，不使用闭合水准路线和支水准路线。因为后两种方法只以一个水准点为依据，如果该水准点发生移动，高程抄错或用错点位了，在计算成果中均无法发现。

3）水准测量精度的要求

高差闭合差是用来衡量水准测量成果精度的，不同等级的水准测量，对高差闭合差的限差 $f_{h容}$ 规定不同（见表3-3）。

表3-3 水准测量的主要技术要求

等级	容许闭合差（mm）	主要应用范围举例
三等	$f_{h容} = \pm 12$ 平地 $f_{h容} = \pm 4\sqrt{n}$ 山地	场区的高程控制网
四等	$f_{h容} = \pm 20\sqrt{l}$ 平地 $f_{h容} = \pm 6\sqrt{n}$ 山地	普通建筑工程、河道工程，用于立模、填筑放样的高程控制点
图根	$f_{h容} = \pm 40\sqrt{l}$ 平地 $f_{h容} = \pm 12\sqrt{n}$ 山地	小测区地形图测绘的高程控制、山区道路、小型农田水利工程

注：①图根通常是等外水准测量；

②l 为路线单程长度，以 km 计；n 为单程测站数；

③每千米测站多于15站时，用相应项目山地公式。

4）水准路线成果计算

（1）闭合水准路线成果计算

图3-16为一条等外闭合水准路线，由四段组成，各段的实测高差和测站数如图所示，箭头表示水准测量前进方向，BM_A 为已知水准点，高程为56.778 m，计算待测点1、2、3的高程。

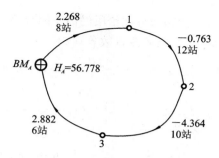

图 3-16　闭合水准路线

①将观测数据和已知数据填入计算表。

按高程推算顺序将各观测点、各测段测站数（或者距离）、实测高差及水准点 A 的已知高程填入表 3-4 相应各栏内。

表 3-4　闭合水准路线内业成果整理表

测段编号	点号	测站 n_i（站）	实测高差 h_i（m）	高差改正数 V_i（m）	改正后高差 $h_{i改}$（m）	高程 H_i（m）	备注
1	BM_A	8	2.268	-0.005	2.263	56.778	已知点
	1					59.041	
2		12	-0.763	-0.008	-0.771		
	2					58.270	
3		10	-4.364	-0.006	-4.370		
	3					53.900	
4		6	2.882	-0.004	2.878		
	BM_A					56.778	已知点
$\sum$		36	0.023	-0.023	0		

②计算高差闭合差。

$$f_h = \sum h_{测} = 0.023\ \text{m} = 23\ \text{mm}$$

③计算容许闭合差。

$$f_{h容} = \pm 12\sqrt{\sum n} = \pm 12\sqrt{36}\ \text{mm} = \pm 72\ \text{mm}\ (\sum n\ \text{为测站数之和})$$

$f_h < |f_{h容}|$，故其精度符合要求，可做下一步计算。

④计算高差改正数 V_i。

$$V_i = -\frac{f_h}{\sum l} l_i$$

$$V_i = -\frac{f_h}{\sum n} n_i$$

式中：V_i——第 i 段的高差改正数；

$\quad\quad f_h$——高差闭合差；

$\quad\quad \sum l$、$\sum n$——路线总长度与总测站数；

$\quad\quad l_i$——第 i 段长度；

$\quad\quad n_i$——第 i 段测站数。

即高差调整值为按距离或者测站数分配给段的高差闭合差。

按上述调整原则,第一到第五段高差改正数分别为

$$V_1 = -\frac{f_h}{\sum n}n_1 = -\frac{0.023}{36} \times 8 \text{ m} \approx -0.005 \text{ m}$$

$$V_2 = -\frac{f_h}{\sum n}n_2 = -\frac{0.023}{36} \times 12 \text{ m} \approx -0.008 \text{ m}$$

$$V_3 = -\frac{f_h}{\sum n}n_3 = -\frac{0.023}{36} \times 10 \text{ m} \approx -0.006 \text{ m}$$

$$V_4 = -\frac{f_h}{\sum n}n_4 = -\frac{0.023}{36} \times 6 \text{ m} \approx -0.004 \text{ m}$$

将各段改正数计入表 3-4 改正数栏内。计算出各段改正数之后,应进行如下计算检核:改正数的总和应与闭合差绝对值相等,符号相反,即

$$\sum V = -f_h$$

⑤计算改正后高差 $h_{i改}$。

$$h_{1改} = h_{1测} + V_1 = (2.268 - 0.005) \text{ m} = 2.263 \text{ m}$$
$$h_{2改} = h_{2测} + V_2 = (-0.763 - 0.008) \text{ m} = -0.771 \text{ m}$$
$$\vdots$$

检核,改正后的高差代数和理论值应等于 0,即 $\sum h_{改} = 0$。如不相等,说明计算中有错误存在。

⑥计算高程 H_i。

测段起点高程加测段改正后高差,即得测段终点高程,以此类推。最后推出的终点高程应与起始点的高程相等。即

$$H_1 = H_A + h_{1改} = (56.778 + 2.236) \text{ m} = 59.041 \text{ m}$$
$$H_2 = H_1 + h_{2改} = (59.041 - 0.771) \text{ m} = 58.270 \text{ m}$$
$$\vdots$$

检核,根据 3 点高程,推算 H_A 高程应等于起点给定高程值。即

$$H_A = H_3 + h_{3改} = (53.900 + 2.878) \text{ m} = 56.778 \text{ m}$$

表明高程推算正确。

(2)附合水准路线计算

图 3-17 为一条四等附合水准路线,由四段组成,各段的实测高差和路线长度如图所示,箭头表示水准测量前进方向,BM_A 为已知水准点,高程为 497.865 m,终点 BM_B 高程为 511.198 m,计算待测点 1、2、3 的高程。

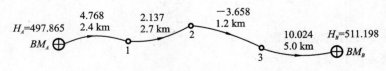

图 3-17 附合水准路线

①将观测数据和已知数据填入计算表。

按高程推算顺序将各观测点、各测段测站数(或者距离)、实测高差及水准点 BM_A 的已

知高程填入表 3-5 相应各栏内。

表 3-5 附合水准路线内业成果整理表

测段编号	点号	路线长度 l_i(km)	实测高差 h_i(m)	高差改正数 V_i(m)	改正后高差 $h_{i改}$(m)	高程 H_i(m)	备注
1	BM_A	2.4	4.768	0.013	4.781	497.865	已知点
2	1	2.7	2.137	0.015	2.152	502.646	
3	2	1.2	−3.658	0.007	−3.651	504.798	
4	3	5.0	10.024	0.027	10.051	501.147	
$\sum$	BM_B	11.3	13.271	0.062	13.333	511.198	已知点

②计算高差闭合差。

$$f_h = \sum h_测 - \sum h_理 = \sum h_测 - (H_终 - H_起) = [13.271 - (511.198 - 497.865)]\ \text{m}$$
$$= -0.062\ \text{m} = -62\ \text{mm}$$

③计算容许闭合差。

$$f_{h容} = \pm 20\sqrt{l} = \pm 20\sqrt{11.3}\ \text{mm} = \pm 67\ \text{mm}$$

$|f_h| < |f_{h容}|$，故其精度符合要求，可做下一步计算。

④计算高差调整值 V_i。

$$V_1 = -\frac{f_h}{\sum l}l_1 = -\frac{-0.062}{11.3} \times 2.4\ \text{m} \approx 0.013\ \text{m}$$

$$V_2 = -\frac{f_h}{\sum l}l_2 = -\frac{-0.062}{11.3} \times 2.7\ \text{m} \approx 0.015\ \text{m}$$

$$V_3 = -\frac{f_h}{\sum l}l_3 = -\frac{-0.062}{11.3} \times 1.2\ \text{m} \approx 0.007\ \text{m}$$

$$V_4 = -\frac{f_h}{\sum l}l_4 = -\frac{-0.062}{11.3} \times 5.0\ \text{m} \approx 0.027\ \text{m}$$

检核
$$\sum V = -f_h$$

⑤计算改正后高差 $h_{i改}$。

$$h_{1改} = h_{1测} + V_1 = (4.768 + 0.013)\ \text{m} = 4.781\ \text{m}$$
$$\vdots$$

检核，改正后的高差代数和，应等于理论值（$H_终 - H_起$），即

$$\sum h_{i改} = H_终 - H_起 = 13.333\ \text{m}$$

如不相等，说明计算中有错误存在。

⑥计算高程 H_i。

测段起点高程加测段改正后高差，即得测段终点高程，以此类推。最后推出的终点高程应与已知的终点高程 H_B 相等。即

$$H_1 = H_A + h_{1改} = (497.865 + 4.781) \text{ m} = 502.646 \text{ m}$$
$$H_2 = H_1 + h_{2改} = (502.646 + 2.152) \text{ m} = 504.798 \text{ m}$$
$$\vdots$$

检核，根据 3 点高程，推算 BM_B 点高程 H_B 应等于给定的终点高程值 H_B。即
$$H_B = H_3 + h_{3改} = (501.147 + 10.051) \text{ m} = 511.198 \text{ m}$$

表明高程推算正确。

（3）支水准路线计算

支水准路线的观测方法分为两种形式：往返测量法、复测法（单程双线法）。

①往返测量法。

图 3-18 为一条等外支水准路线，已知数据及观测数据如图所示，往返测量路线总长度为 2.8 km，计算 1 点高程。

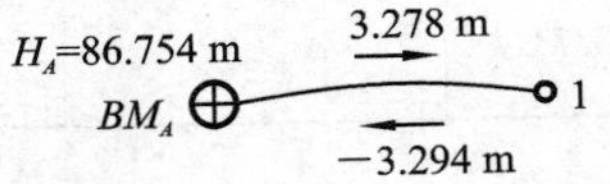

图 3-18　支水准路线——往返测量法

a.计算高差闭合差。
$$f_h = [3.278 + (-3.294)] \text{ m} = -0.016 \text{ m} = -16 \text{ mm}$$

b.计算容许闭合差。
$$f_{h容} = \pm 40 \sqrt{l} = \pm 40 \sqrt{2.8} \text{ mm} = \pm 66 \text{ mm}$$

$|f_h| < |f_{h容}|$，故其精度符合要求，可做下一步计算。

c.计算改正后高差。

支水准路线往、返测高差的平均值即为改正后高差，其符号以往测为准。即
$$h = (3.278 + 3.294) \div 2 \text{ m} = 3.286 \text{ m}$$

d.计算 1 点高程。

起点高程加改正后高差，得 1 点高程，即
$$H_1 = H_A + h = (86.754 + 3.286) \text{ m} = 90.040 \text{ m}$$

②复测法。

图 3-19 为一条等外支水准路线，已知数据及观测资料如图所示，初测复测总站数为 23 站，计算 1 点高程。

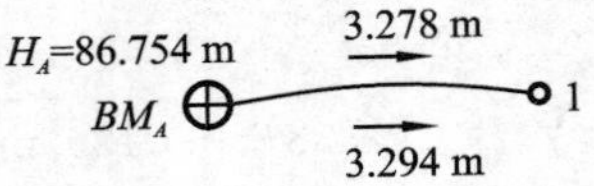

图 3-19　支水准路线——复测法

a.计算高差闭合差。
$$f_h = -16 \text{ mm}$$

b.计算容许闭合差。
$$f_{h容} = \pm 12 \sqrt{n} = \pm 12 \sqrt{23} \text{ mm} = \pm 57 \text{ mm}$$

$|f_H| < |f_{h容}|$，故其精度符合要求，可做下一步计算。

c.计算改正后高差。

支水准路线初、复测高差的平均值即为改正后高差。即

$$h=(3.278+3.294)\div 2 \text{ m}=3.286 \text{ m}$$

d.计算 1 点高程。

起点高程加改正后高差,得 1 点高程,即

$$H_1=H_A+h=(86.753+3.286) \text{ m}=90.039 \text{ m}$$

3.3 水准仪的检验与校正

3.3.1 水准仪的轴线及其应满足的条件

如图 3-20 所示,水准仪的轴线有以下四条。

①视准轴(CC):十字丝中心与物镜光心的连线。

②水准管轴(LL):通过水准管零点 O 与水准管纵向圆弧的切线。

③圆水准器轴($L'L'$):通过水准管零点 O' 的球面法线。

④竖轴(VV):望远镜水平转动时的几何中心轴。

另外,还有十字丝横丝。

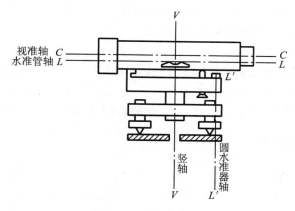

图 3-20 水准仪轴线

为了使水准仪能够正常工作,水准仪应满足以下两个主要条件。

①水准管轴应与望远镜的视准轴平行。若条件不满足,那么水准管气泡居中后,水准管轴已经水平而视准轴却未水平,不符合水准测量的基本原理。

②望远镜的视准轴不因调焦而变动位置。此条件是为满足第一个条件而提出的。如果望远镜在调焦的时候视准轴位置发生变动,就不能设想在不同位置的许多条视线能够与一条固定不变的水准管轴平行。

水准仪还应该满足以下两个次要条件。

①圆水准器轴应与水准仪的竖轴平行。

②十字丝的横丝应垂直于仪器的竖轴。

第一个次要条件的满足在于能迅速地安置好仪器,提高作业速度,也就是在圆水准器的气泡居中时,仪器的竖轴已基本处于竖直状态,仪器旋转至任何位置都易于使水准管的气泡

居中。

第二个次要条件的满足是当仪器竖轴已经竖直，在读取水准尺上的读数时就不必严格用十字丝中心读数。

水准仪出厂时经过检验已经满足上述条件，但是由于运输中的震动和长期使用的影响，各轴线的关系可能发生变化，因此作业之前必须对仪器进行检验与校正。

3.3.2 水准仪的检验与校正

1）一般性检验

水准仪检验校正之前，应先进行一般性检验，检查各主要部件是否能起到有效的作用。安置仪器后，应检验望远镜成像是否清晰，物镜对光螺旋和目镜对光螺旋是否有效，制动螺旋、微动螺旋、微倾螺旋是否有效，脚螺旋是否有效，三脚架是否稳固等。如果发现有故障，应及时修理。

2）轴线几何条件的检验与校正

（1）圆水准器的检验与校正

①目的。

检验和校正圆水准器的目的是为了使其满足条件：圆水准器轴$(L'L')$∥竖轴(VV)。

②检验。

安置仪器后，用脚螺旋粗平水准仪，使气泡居中，然后将望远镜绕竖轴转180°，如气泡仍居中，表明条件满足；如气泡不居中，则应校正。

③校正。

a. 校正原理：若圆水准器轴不平行于竖轴，如图3-21（a）所示，两轴夹角为α。将望远镜旋转180°后，竖轴不变，圆水准器轴变为图3-21（b）位置，此时圆水准器轴与竖轴间偏角为2α。校正时，只需将气泡向零方向返回一半，就能使圆水准器轴平行于竖轴。

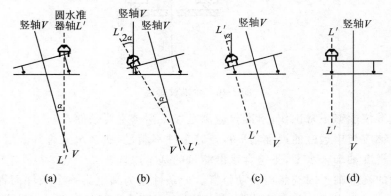

（a）　　　　　（b）　　　　　（c）　　　　　（d）

图 3-21　圆水准器轴平行于竖轴的校正

b. 用拨针调节圆水准器下面的三个校正螺钉，如图3-22所示。使气泡退回零点方向的一半，如图3-21（c）所示，此时气泡虽不居中，但圆水准器已平行于竖轴。

c. 转动脚螺旋使偏离一半的气泡居中，此时圆水准器轴与竖轴均处于铅垂位置，如图3-21（d）所示。

d. 用这种方法反复检校，直到满足不管转到任何方向，气泡均居中为止，校正即可结束。最后，将三个校正螺钉拧紧。

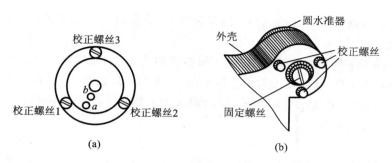

图 3-22　校正圆水准器

（2）十字丝横丝的检验和校正

①目的。

检验和校正的目的是为了使十字丝横丝垂直于竖轴（VV）。

②检验。

a. 用十字丝横丝一端对准远处一明显点状标志 N，如图 3-23（a）所示，拧紧制动螺旋。

b. 旋转微动螺旋，使望远镜视准轴绕竖轴缓慢横向移动，如果 N 点沿着横丝移动，如图 3-23（b）所示，则表示十字丝横丝与竖轴垂直，不需要校正。

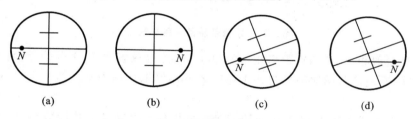

（a）　　　　　　（b）　　　　　　（c）　　　　　　（d）

图 3-23　十字丝横丝垂直于竖轴的检校

c. 如果点 N 明显偏离横丝，如图 3-23（c）、（d）所示，则表示十字丝横丝不垂直于竖轴，需要校正。

③校正。

a. 用螺丝刀松开十字丝分划板板座的固定螺钉，如图 3-24 所示，微微转动十字丝分划板板座，使 N 点沿十字丝横丝移动，再将固定螺钉拧紧。

b. 此项校正要反复进行多次，直到满足条件为止。

c. 当 N 点偏离横丝不明显时，一般不进行校正，在观测中可用竖丝与横丝的交点读数。

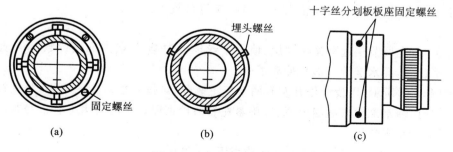

（a）　　　　　　　　　（b）　　　　　　　　　（c）

图 3-24　十字丝横丝的校正

（3）水准管轴的检验和校正（i 角误差校正）

①目的。

检验和校正水准管轴的目的是为了满足条件:水准管轴(LL)∥视准轴(CC)。

②检验原理。

若水准管轴不平行于视准轴,设它们之间的夹角为i。当水准管气泡居中,视准轴与水平视线产生倾斜角i角,从而使读数产生偏差值Δ,称为i角误差。i角误差与距离成正比,距离越远,误差越大。若前后视距相等,则两根尺子上的i角误差Δ也相等。因此,后视减前视所得高差不受其影响。

③检验。

a.选择一平坦地面上相距80 m的A、B两点,打入木桩或放好尺垫后立水准尺,如图3-25所示。

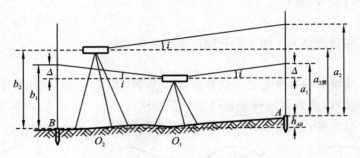

图 3-25　水准管轴的检验和校正

b.用皮尺量取距A、B两点距离相等的O_1点,将水准仪安置于O_1点处,用两次仪高法测定A、B两点的高差。若两次高差之差不超过3 mm,则取两高差平均值作为A、B两点的高差h_{AB}。

c.将水准器安置在距B点3 m处的O_2点,读出B点水准尺上的读数b_2,因水准尺距B点很近,其i角引起的读数偏差可近似为零,即认为b_2读数正确。此时,可根据h_{AB}和b_2推算出A点水准尺的理论读数$a_{2算}=h_{AB}+b_2$。

d.照准A点水准尺,读得A点实际读数为a_2,若$a_2=a_{2算}$,则说明两轴平行。否则,则说明存在i角,其值为

$$i=\frac{(a_{2算}-a_2)\rho''}{D_{AB}}$$

式中:D_{AB}——A、B两点间的平距;

　　　　$\rho''=206\ 265''$。

对于DS3型水准仪,当i角值大于$20''$时,应进行校正。

④校正。

a.校正时,先调节望远镜微倾螺旋,使十字丝横丝对准A点水准尺读数$a_{2算}$,此时视准轴处于水平位置,而水准管气泡却偏离了中心。

b.如图3-26所示,用拨针松开左右两个校正螺丝,再按先松后紧的原则,分别拨动上下两个校正螺钉,使水准管气泡居中,最后旋紧左右两校正螺钉。此时水准管轴与视准轴相互平行,且都处于水平位置。

c.此项检验校正要反复进行,直到i角小于$20''$为止。

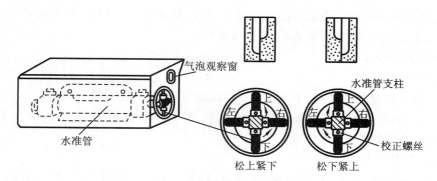

图 3-26 水准管轴的校正

3.4 水准测量的误差来源及注意事项

水准仪误差来源于仪器误差、观测误差和外界条件影响三个方面。在作业过程中，应根据误差产生的原因，采取相应措施，尽量消除或减弱其影响。

1) 仪器误差

(1)水准管轴(LL)不平行于视准轴(CC)

水准管轴不平行于竖轴的 i 角误差，虽然经过校正，但仍然存在残余误差。

处理：尽量使前后视距相等，可削弱此项误差的影响。故规范规定，对于四等水准测量，每一站的前、后视距差不应大于 5 m，前、后视距差的累积值不应大于 10 m。

(2)十字丝横丝与竖轴不垂直误差

若十字丝横丝不垂直于竖轴，则十字丝的不同位置在水准尺上截得的读数不同，将产生误差。

处理：尽量用十字丝的中部读数。

(3)水准尺误差

①水准尺弯曲、刻划不准。

处理：使用前用标准水准尺进行检校。若尺子弯曲、刻划不准，则不能使用。

②底部零点磨损。

处理：对于一个测段的测站数为偶数站的水准路线，可自行抵消；若为奇数站，则所测高差中将含有因底部零点磨损而带来的影响。

2) 观测误差

(1)水准管气泡居中误差

水准管气泡不居中，则视线不水平，从而带来读数误差。距离越远，误差越大。

处理：每次观测应使气泡严格居中，且距离不宜太远。

(2)估读水准尺误差

估读误差与成像清晰度、望远镜放大倍率及视线长度有关。

处理：a. 精确调焦，消除视差，保证成像清晰度；b. 根据不同的仪器，保证视线长度要在规范所规定的范围内。

(3)水准尺倾斜误差

水准尺倾斜，使读数比正确的标尺读数偏大，从而产生误差，且视线越高，误差越大。

处理:可以使用安装有圆水准器的水准尺,并尽量使水准尺竖直,照准时让十字丝竖丝与水准尺边重合,可发现水准尺是否竖直,以便纠正。

3) 外界条件影响

(1)仪器、尺垫下沉

仪器下沉使得视线降低,尺垫下沉使得视线相对升高,从而引起高差误差。

处理:对于精度要求较高的等级水准测量,采用"后前前后"的观测程序,可以削弱仪器、尺垫下沉对高差的影响。

(2)地球曲率及大气折光

水准仪的水平视线和大地水准面之间因地球曲率和大气折光引起视线弯曲,从而使水准测量产生误差,且视线离地面越近,视线越长,误差越大。

处理:尽可能使前后视距相等并使视线离地面有一定高度,可削弱此项误差的影响。故规范规定,三、四等水准测量应保证上、中、下三丝都能读数,二等精密水准测量则要求下丝读数不小于 0.3 m。

(3)温度影响

温度变化会引起大气折光的变化,同时会使水准管气泡向温度高的方向移动。

处理:选择有利的观测时间,强光下应打伞。

4) 注意事项

(1)水准仪的保养

①四防:防摔、防震、防潮、防晒。三脚架要架稳定,连接螺旋要拧紧,仪器旁不得离人,防止仪器摔倒。不得将仪器放在自行车后货架上骑行,防止剧烈震动。下大雨要停止观测,下小雨可打伞作业。观测后要用干布擦去潮气。强光下要打伞,防止暴晒。

②保护目镜与物镜镜片。若镜片有污物,应用照相机镜头的专用纸擦拭,不得用一般抹布擦拭镜片。

③仪器开箱时应放平,开箱后记清主要部件在箱内摆放的位置,以便用完后按原样入箱;取出时,一手托基座,一手持支架;取出仪器后应及时关闭仪器箱,不得坐在仪器箱上;观测结束后,先将制动螺旋松开,将脚螺旋旋回正常位置,检查附件齐全后按原样入箱。

④仪器在迁站前,应将望远镜竖直(物镜朝下),旋紧制动螺旋;迁站时,合拢脚架,仪器置于胸前,一手托基座,一手持脚架于肋下,稳步持仪器前进。

⑤仪器应放在通风、干燥、温度稳定的房间里,仪器柜不得靠近火炉或暖气管。

(2)水准尺的保养

水准尺的底板容易沾泥水或其他污物,应经常清理,保持干燥清洁,同时注意底板螺钉的固定。使用塔尺时要注意接口与弹片是否松动,抽出塔尺时动作要轻。

(3)三脚架的保养

三脚架的三个固定螺旋不要拧太紧或太松,太松易摔仪器,用力过猛易滑丝。三脚架脚尖易沾泥水和污物,应经常清理,保持干燥清洁。

3.5 自动安平水准仪

自动安平水准仪(见图 3-27)是一种只需要粗略整平即可获得水平视线读数的仪器,即利用水准仪上的圆水准器将仪器粗略整平时,由于仪器内部的自动安平机构(自动安平补偿器)的作用,十字丝交点上读的读数视为该视线严格水平时的读数。

自动安平水准仪的结构特点是没有管水准器和微倾螺旋(区别微倾水准仪)。它是在水准仪视准轴有稍微倾斜的时候通过一个自动补偿装置使视线水平(注意不要超过补偿限度)。国产自动安平水准仪的型号是在 DS 中间加字母 Z,即为 DZS05、DZS1、DZS3、DZS10,其中 Z 代表"自动安平"汉语拼音的第一个字母。

图 3-27 自动安平水准仪

1—调焦手轮;2—物镜;3—度盘;4—脚螺丝手轮;5—基座;6—粗瞄准器;7—目镜;
8—目镜罩;9—圆水准泡;10—水泡调整螺钉;11—水平循环微动手轮

自动安平水准仪用补偿器代替水准器,在重力的作用下能使仪器的视准轴在 $1\sim2$ s 内自动、精确、可靠地安放在水平位置(见图 3-28)。自动安平水准仪的补偿范围一般为 $\pm(8'$ $\sim12')$,质量比较好的自动安平水准仪甚至可以达到 $\pm15'$。圆水准器的分划值一般为 $8'/2$ mm。因此,操作时只要使圆水准器的气泡居中,补偿器马上就能起作用。

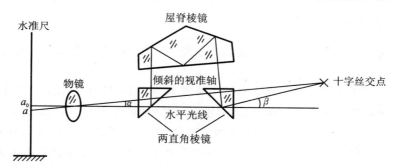

图 3-28 自动安平水准仪补偿原理

3.6 水准仪在建筑施工中的基本应用

在建筑施工测量中,水准仪主要是担负各施工阶段中竖向高度的水准测量工作,称为标高测量。若将同一标高测出并标在不同的位置,这种水准测量工作称为抄平。在具体的建筑施工测量中,建筑各个部位的施工高度控制与测设,必须依据施工总平面图与建筑施工图上的数据进行,在测设前应弄清楚施工场地上各水准控制点的位置,以及各建筑标高的相互关系,同时掌握建筑施工进度,提前做好测量的各项准备工作。水准测量的测设数据来源于建筑施工图,应对照建筑施工图反复检查核对有关测设数据,若发现施工图存在问题,应及时反映,得到设计方的设计变更通知后,才能按照制定的测设方案进行施测。

3.6.1　建筑标高与绝时高程的关系

在建筑工程的总平面图和底层平面图中,均有±0.000的标注。同时在建筑设计说明中也会注明该建筑物的±0.000与绝对标高或与周围建筑物的高程关系。±0.000是指建筑第一层室内主要使用房间地面的高度,以它为基准,向上量的垂直高度为"＋"标高,向下量的垂直高度为"－"标高。例如,在设计说明中注明该建筑物的±0.000相对于大地水准面的高程为53.120 m(或该建筑±0.000相当于绝对高程××.×××),这就是指该建筑物的室内第一层地面的绝对标高为53.120 m。或者注明该建筑物的±0.000相对于邻近已有建筑物的高度关系,如新建建筑物的一层地面标高比邻近建筑物的一层地面标高高0.300 m,此时便为施工测量的高程测设提供了依据。

除此之外,在建筑物的立面图、剖面图和断面图上均标注有各部位与本建筑物±0.000的相对位置。在建筑物±0.000确定之后,各层均以该高度位置作为依据以进行高程测设。

在施工图中,标高采用制图专用符号,如图3-29(a)所示。而施工现场的标高标志,为了醒目、易找,则采用红色油漆绘制边长约60 mm的等边三角形,如图3-29(b)所示,上注数字,标高的单位是m,小数点后三位表示精确至mm。

图3-29　建筑施工中标高的标示方法

3.6.2　水准点的高程测量

水准点的高程测量采用附合水准路线的测量方法进行,其精度要求应满足测量规范的有关规定。

一般工业与民用建筑在高程测设精度方面要求并不高,定基本水准点及施工水准点所组成的环形水准路线即可,甚至有时用图根水准测量(即等外水准)也可以满足要求。但是,对于连续性生产车间,通常采用四等水准测量方法,测各构筑物之间有专门设备,要求互相紧密联系,对高程测设精度要求高,应根据具体需要敷设较高精度的高程控制点,以满足测设的精度要求。

3.6.3　已知高程的测设及建筑物±0.000的测设方法

高程测设就是根据施工场地上的临近水准点,将已知设计高程测设到现场作业面上。在建筑施工测量中,利用±0.000进行各施工阶段的标高测设工作十分简便,±0.000的确定实质上就是在施工现场测设出第一层室内地坪±0.000的绝对高程$H_{设}$的位置,并标注在已有的建筑物或木桩上。

1)水准测量法直接测设高程点

(1)基本原理

如图3-30所示,设水准点A的高程为H_A,待测设点P的设计高程为H_P,在合适位置安置仪器,测得点A水准尺上的读数为a,则在点P处水准尺的测设读数应为

$$H_A + a = H_P + b \Rightarrow b = (H_A + a) - H_P$$

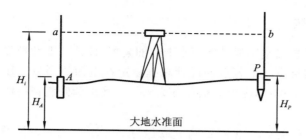

图 3-30　水准测量法高程放样

（2）测设步骤

①在合适位置安置仪器，于点 A 立水准尺，读取后视读数 a。

②按上述公式计算测设读数 b。

③将水准尺紧靠在点 P 的木桩上，上下移动尺子，使读数变为前视读数 b 时（注意符号），在水准尺底端的位置处划线即为点 P 的高程位置，并标记该位置。

2）水准测量法间接测设高程

（1）基本原理

如图 3-31 所示，设控制点 A 的高程为 H_A，点 P 的设计高程为 H_P，因高差 h_{AP} 较大，需要用垂吊钢尺的方法间接测设点 P。

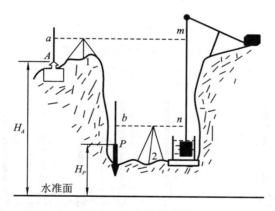

图 3-31　高程的传递

在地面 1 处安置仪器，在 A 处水准尺及钢尺上读数分别为 a、m；在基坑内 2 处安置仪器，在钢尺上读数为 n；计算测设元素 b 为

$$(H_A + a) - (m - n) = H_P + b \Rightarrow b = a - (m - n) - h_{AP}$$

然后上下移动水准尺，当读数恰为 b 时，尺的零端点位置即为测设位置。

（2）测设步骤

①垂吊钢尺（最好为标准拉力，否则视情况加改正），并使之稳定。

②在合适位置 1、2 处分别安置仪器，并在水准尺、钢尺上分别读数 a、m、n。

③按上述公式计算测设读数 b。

④在拟定测设的位置处上下移动水准尺，当读数恰为 b 时（注意符号），尺的零端点位置即为测设位置，并标记该位置。

3.6.4 测设坡度线

测设坡度线就是根据施工现场已知水准点的高程,设计坡度和坡度线端点的设计高程,用高程测设的方法将坡度线上各点的设计高程标定在地面的测量工作。它常用于道路、管线等线状工程的施工放样中,测设方法可分为水平视线法和倾斜视线法。

(1)水平视线法

如图 3-32 所示,E 点是已知水准点,其高程为 H_E,A、B 点是设计坡度线的两端点,设计高程分别为 H_A 和 H_B,在 AB 方向上,每隔一定的距离 d 打入一木桩,要求在木桩上标出坡度为 i 的坡度线。测设步骤如下。

①在 AB 方向上,按桩距 d 标定出中间的 1、2、3 各点。

②计算各桩点的设计高程。

第 1 点的设计高程为

$$H_1 = H_A + i \times d$$

第 2 点的设计高程为

$$H_2 = H_1 + i \times d$$

第 3 点的设计高程为

$$H_3 = H_2 + i \times d$$

B 点的设计高程为

$$H_B = H_3 + i \times d$$

或者 $\qquad\qquad H_B = H_A + i \times D_{AB}$(用于计算检核)

计算时,坡度 i 应连同其符号一并代入公式计算。

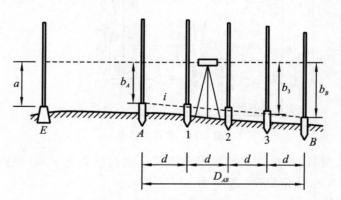

图 3-32 水平视线法测设坡度线

③将水准仪安置在已知水准点 E 附近,读取点 E 水准尺的后视读数 a,计算出水准仪的视线高程,即 $H_i = H_E + a$;根据各桩点的设计高程,分别计算出各桩点水准尺上的应读前视读数,即 $b_应 = H_i - H_设$。

④将水准尺紧贴各木桩侧面并上下移动,当水准仪中的读数恰好是前视读数 $b_应$ 时,水准尺底端对应的位置即为测设的高程标志线。

(2)倾斜视线法

如图 3-33 所示,A、B 点是设计坡度线的两端点,点 A 的设计高程为 H_A,A、B 两点的水

平距离为 D_{AB} ,要求在 AB 方向上,测设坡度为 i 的坡度线。测设步骤如下。

①计算 B 点的设计高程,即

$$H_B = H_A + i \times D_{AB}$$

②按照已知高程的测设方法,将 A、B 两端点的设计高程标定在地面木桩上。

③将水准仪安置在点 A ,并使任意两个脚螺旋的连线垂直于 AB 方向,量取仪器高 v ,旋转第三个脚螺旋或微倾螺旋,使十字丝横丝在点 B 水准尺上的读数等于仪器高 v ,此时,仪器的视线与设计的坡度线平行。

④分别将水准尺紧贴1、2、3点的木桩侧面并上下移动,当尺上读数为仪器高 v 时,沿尺底在木桩上画一红线,各桩上红线的连线就是设计的坡度线。

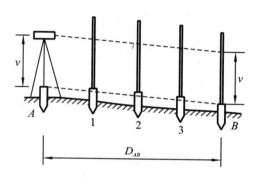

图 3-33　倾斜视线法测设坡度线

【思考题与习题】

1.水准测量的原理是什么? 后视、前视、水准路线前进方向是如何规定的?

2.什么叫高差法、视线高法? 两者的优缺点及适用范围是什么?

3.水准仪有哪些轴线? 它们之间应满足的几何条件是什么?

4.设点 A 为后视点,点 B 为前视点,点 A 高程为 78.615 m。当后视读数为 1.026 m,前视读数为 1.657 m 时, A、B 两点的高差是多少? 点 B 的高程是多少? 绘图说明。

5.将图 3-34 中水准测量的观测数据填入表 3-6 中,用高差法计算高程;将图 3-34 中水准测量的观测数据填入表 3-7 中,用视线高法计算高程,并进行计算检核,求出各点的高程。

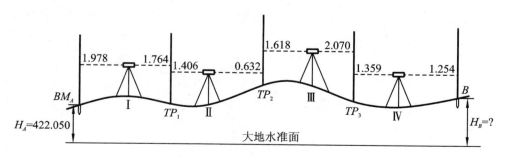

图 3-34　水准测量观测数据

表 3-6 高差法水准测量成果整理表

测站	测点	水准尺读数(m)		高差(m)		高程(m)	备注
		后视 a	前视 b	+	−		
计算校核							

表 3-7 视线高法水准测量成果整理表

测站	测点	后视 a(m)	视线高(m)	前视 b(m)	高程(m)	备注
计算校核						

6. 图 3-35 为一闭合水准路线观测成果,已知 $H_A = 765.215$ m,求各点高程,将其填入表 3-8 闭合水准路线成果整理表中。

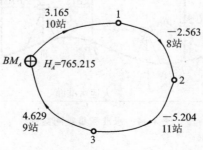

图 3-35 闭合水准路线

表 3-8　闭合水准路线成果整理表

测段编号	点号	测站 n_i（站）	实测高差 h_i（m）	高差改正数 v_i（m）	改正后高差 $h_{i改}$（m）	高程 H_i（m）	备注
Σ							

7. 图 3-36 为一附合水准路线观测成果,已知 $H_A = 78.023$ m,$H_B = 86.790$ m,求各点高程,填入表 3-9 附合水准路线成果整理表中。

图 3-36　附合水准路线观测成果

表 3-9　附合水准路线成果整理表

测段编号	点号	路线长度 l_i（km）	实测高差 h_i（m）	高差改正数 v_i（m）	改正后高差 $h_{i改}$（m）	高程 H_i（m）	备注
Σ							

项目四 角 度 测 量

4.1 角度测量的基本概念及测量工具

角度测量包括水平角测量和竖直角测量,它是测量的三项基本工作之一。水平角测量是为了确定地面点位的平面位置,竖直角测量是为了间接获得地面点的高程位置。经纬仪是角度测量的主要仪器。

4.1.1 角度测量原理

地面上一个点到两个目标点的方向线垂直投影到水平面上所得到的夹角称为水平角,用 β 表示。图 4-1 中空间两相交射线 OA、OB 在水平面上的投影为 O_1a_1、O_1b_1,它们之间的夹角为水平角 β。如在点 O 安置一台配有水平度盘的仪器,则两射线在度盘上截得的读数为 a 和 b,两者之差即为水平角 β,即

$$\beta = b - a$$

例如,b 读数为 $89°30'16''$,a 读数为 $29°30'09''$,则

$$\beta = b - a = 89°30'16'' - 29°30'09'' = 60°00'07''$$

由于经纬仪是 $360°$ 顺时针刻划的圆盘,当两目标方向刚好截到 $0°$ 两端时(见图 4-2),其计算公式应稍作变动,即

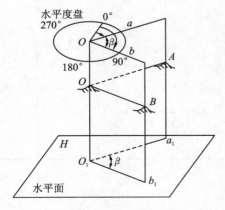

图 4-1 水平角观测原理

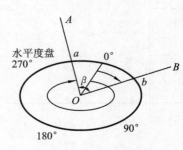

图 4-2 水平角的计算

$$\beta=(b+360°)-a$$

例如,b 读数为 $10°41'31''$,a 读数为 $320°30'15''$,则

$$\beta=(b+360°)-a=(10°41'31''+360°)-320°30'15''=50°11'16''$$

水平角的取值范围为 $0°\sim360°$。

同一铅垂面内,倾斜视线与水平视线的夹角,称为竖直角,通常用 α 表示。如图 4-3 所示,当倾斜视线位于水平视线之上时,为仰角,符号为正。例如,$+7°41'$ 表示视线倾斜向上与水平视线成 $7°41'$。当倾斜视线位于水平视线之下时,为俯角,符号为负。例如,$-12°32'$ 表示视线倾斜向下与水平视线成 $12°32'$。

视线与测站点天顶方向之间的夹角称为天顶距,用 Z 表示,图 4-3 中 $Z=82°19'$。

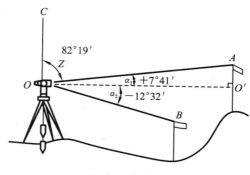

图 4-3　竖直角

竖直角与水平角一样,是目标方向与水平方向在度盘上的读数之差。为了观测方便,当视线水平时,经纬仪的读数都设为一个常数($90°$ 或者 $270°$),这样在观测竖直角时,只需读取倾斜视线的读数,即可与常数求差得出竖直角。

显然,同一目标的竖直角 α 和天顶距 Z 之间有如下关系

$$\alpha=90°-Z$$

如果视线在 OC 左边,此时水平视线读数为 $270°$,则

$$\alpha=Z-270°$$

例如,视线水平时读数为 $90°$,观察上仰目标的读数为 $85°32'16''$,则竖直角为

$$\alpha=90°-85°32'16''=+4°27'44''$$

竖直角的取值范围为 $-90°\sim+90°$。

4.1.2　经纬仪的构造

经纬仪的种类很多,但基本的结构大致相同。目前,我国把经纬仪按精度不同分为 DJ07、DJ1、DJ2 和 DJ6 等几种类型。D、J 分别表示"大地测量"和"经纬仪"。数字 07、1、2、6 等表示仪器的精度等级,以秒为单位。例如,DJ2 表示测回方向观测中误差不超过 $\pm2''$。

在建筑工程测量中,水平角观测常使用 DJ2 和 DJ6 两个等级系列的光学经纬仪或电子经纬仪。由于生产厂家不同,仪器结构和部件不尽相同。按照读数装置不同可分为三类:测微尺读数装置、平板玻璃测微器读数装置、对径符合读数装置。

读数显微镜位于望远镜的目镜一侧。通过位于仪器侧面的反光镜将光线反射到仪器内部,通过一系列光学组件,使水平度盘、竖直度盘及测微器的分划都在读数显微镜内显示出来,从而可以读取读数。DJ6 级光学经纬仪读数装置的光路如图 4-4 所示。

最常见的读数方法有分微尺法、单平板玻璃测微器法和对径符合读法。下面分别说明其构造原理及读数方法。

（1）分微尺法

分微尺法也称带尺显微镜法，多用于 DJ6 级仪器。由于这种方法操作简单，不含隙动差，故应用广泛。

这种测微器有一个固定不动的分划尺，它有 60 个分划，度盘分划经过光路系统放大后，其 1°的间隔与分微尺的长度相等，即相当于把 1°又细分为 60 格，每格代表 1′，从读数显微镜中看到的影像如图 4-5 所示。图中 H 代表水平度盘，V 代表竖直度盘。度盘分划注字向右增加，而分微尺注字则向左增加。分微尺的 0 分划线即为读数的指标线，度盘分划线则作为读取分微尺读数的指标线。从分微尺上可直接读到 1′，还可以估读到 0.1′。图 4-5 中的水平度盘读数为 115°16.3′。

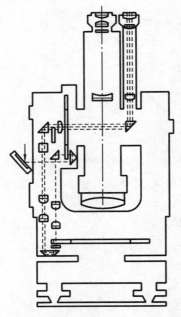

图 4-4 DJ6 级光学经纬仪读数装置的光路

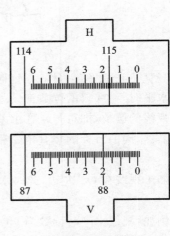

图 4-5 分微尺读数

（2）单平板玻璃测微器法

单平板玻璃测微器法也适用于 DJ6 级光学经纬仪，但由于操作不便，且有隙动差，现已较少采用。但在旧仪器中还可见到，部分国产 DJ6 级光学经纬仪的读数装置即属此类。

单平板玻璃测微器的结构如图 4-6 所示。度盘影像在传递到读数显微镜的过程中，要通过一块平板玻璃，故称单平板玻璃测微器。在仪器支架的侧面有一个测微手轮，它与平板玻璃及一个刻有分划的测微尺相连，转动测微手轮时，平板玻璃发生转动。由于平板玻璃的折射，度盘分划的影像则在读数显微镜的视场内发生移动，测微分划尺也产生位移。测微尺上刻有 60 个分划。如果度盘影像移动一格，则测微尺刚好移动 60 个分划，因而通过它可读出不到 1°的微小读数。

在读数显微镜读数窗内看到的影像如图 4-7 所示。图中下面的读数窗为水平度盘的影像，中间为竖直度盘的影像，上面则为测微尺的影像。水平及竖直度盘不足 1°的微小读数，都利用测微尺的影像读取。读数时需转动测微手轮，使度盘刻划线的影像移动到读数窗中间双指标线的中央,并根据这指标线读出度盘的读数。这时测微尺读数窗内中间单指标线所对的读数即为不足 $1°$ 的微小读数。将两者相加即为完整的读数。例如图 4-7(b)中的水平度盘读数为 $42°45.6'$。

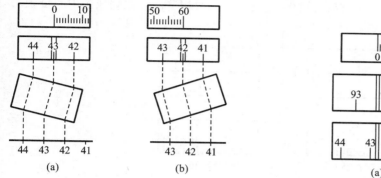

图 4-6　单平板玻璃测微器

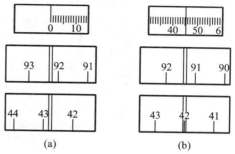

图 4-7　单平板玻璃测微器读数

（3）对径符合读法

上述两种读数方法,都是利用位于直径一端的指标读数。如图 4-8 所示,如果度盘的刻划中心 O 与照准部的旋转中心 O' 不相重合,它会使读数产生误差 x,这个误差称为偏心差。为了能在读数过程中将这个误差消除,一些精度较高（如 DJ2 级以上）的仪器,都利用直径两端的指标读数,以取其平均值。这种仪器在构造上有两种,即双平行玻璃板构造和双光楔构造。由于两种构造的作用相同,现只对双平行玻璃板构造加以说明。

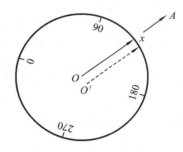

图 4-8　对径符合度盘

采用双平行玻璃板构造的仪器,其原理如图 4-9 所示。位于支架一侧的测微手轮也与两块平行玻璃板及测微分划尺相连。度盘直径两端的影像,通过一系列光学组件,分别传至两块平行玻璃板,再传至读数显微镜。当旋转测微手轮时,两块平行玻璃板以相同的速度作相反方向的旋转。因而在读数窗内,度盘直径两端的刻划影像也作相反方向的移动。当移动到对径两端的刻划线互相对齐后,则可从相差 $180°$ 的两条刻划线上读出度数及 $10'$ 数,再从测微分划尺上读出不足 $10'$ 的分数及秒数,两者相加,即为完整的读数。

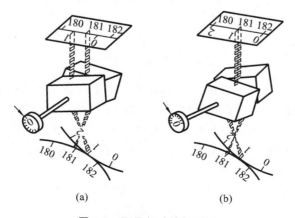

图 4-9　双平行玻璃板构造

在图 4-10(a)中,其对径两端的刻划线对齐后,相差 180° 的 96°40′ 与 276°40′ 两条刻划线对齐。由于这两条线注字的像一为正像、一为倒像,为了方便,通常按正像的数字读取度及 10′数。图中的读数即为 96°49′28.0″。有时读数窗内的影像可能如图 4-10(b)所示。当对径两端刻划线对齐后,没有相差 180° 的刻划线相对,这时需在两相差 180° 刻划线的中间位置取读数。如图 4-10(b)中读数为 295°57′36.4″。

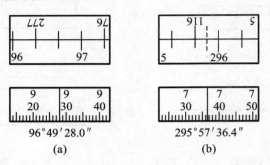

图 4-10　对径符合读数

上述这种读数方法,在读取 10′数时十分不便,而且极易出错。所以现在新的仪器产品都改为"光学数字读法"。光学数字读法在读数显微镜的视场内如图 4-11 所示。中间小窗为度盘直径两端的影像,上面的小窗可读取度数及 10′数,下面小窗即为测微分划尺影像。当旋转测微手轮,使中间小窗的上下刻划线对齐后,可从上面小窗读出度数及 10′数,再从下面小窗的测微尺上读出不足 10′的分、秒数。如图 4-11(a)中的完整读数为 176°38′25.8″。但在图 4-11(b)中,应注意此时上面小窗的 0 相当于 60′,故读数应为 177°00′,而不是 176°00′。完整的读数应为 177°03′35.8″。

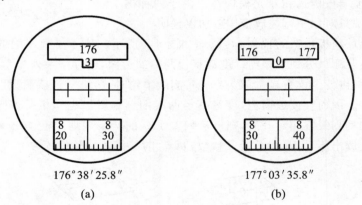

图 4-11　对径符合读数

在使用这种仪器时,读数显微镜不能同时显示水平度盘及竖直度盘的读数。在支架左侧有一个刻有直线的旋钮,当直线水平时,所显示的是水平度盘读数;而直线竖直时,显示的是竖直度盘读数。此外,读数时应打开水平度盘或竖直度盘各自的进光反光镜。

下面分别介绍 DJ6 级光学经纬仪和 DJ2 级光学经纬仪的构造及工作原理。

1) DJ6 级光学经纬仪

国产 DJ6 级光学经纬仪多为测微尺读数装置的光学经纬仪,其外形和各部件如图 4-12 所示。它由照准部、水平度盘和基座三个主要部分组成(见图 4-13)。

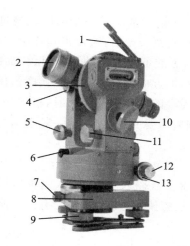
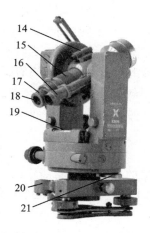

图 4-12　DJ6 级光学经纬仪

1—竖盘指标水准管反射镜；2—物镜；3—竖直度盘；4—望远镜制动螺旋；5—望远镜微动螺旋；6—光学对中器；
7—轴座固定螺旋；8—基座；9—脚螺旋；10—反光镜；11—指标水准管微动螺旋；12—水平制动螺旋；
13—水平微动螺旋；14—光学瞄准器；15—物镜调焦螺旋；16—读数显微镜；17—目镜调焦螺旋；18—目镜；
19—水准管；20—圆水准器；21—度盘变换手轮

（1）照准部

照准部是光学经纬仪的重要组成部分，主要指在水平度盘上，能绕其旋转轴旋转的全部部件的总称，它主要由望远镜、照准部管水准器、竖直度盘（或简称竖盘）、竖盘指标管水准器、读数显微镜、横轴、竖轴、U 形支架和光学对中器等各部分组成。照准部可绕竖轴在水平面内转动，由水平制动螺旋和水平微动螺旋控制。

①望远镜。它固定连接在仪器横轴（又称水平轴）上，可绕横轴俯仰转动而照准高低不同的目标，并由望远镜制动螺旋和微动螺旋控制。

②照准部管水准器。用来精确整平仪器。

③竖直度盘。用光学玻璃制成，可随望远镜一起转动，用来测量竖直角。

④光学对中器。用来进行仪器对中，即使仪器中心位于过测站点的铅垂线上。

⑤竖盘指标管水准器。在竖直角测量中，利用竖盘指标管水准微动螺旋使气泡居中，保证竖盘读数指标线处于正确位置。

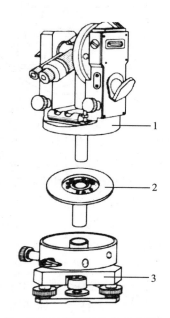

图 4-13　DJ6 级光学经纬仪的主要部分

1—照准部；2—水平度盘；3—基座

⑥读数显微镜。用来精确读取水平度盘和竖直度盘的读数。

⑦仪器横轴。安装在 U 形支架上，望远镜可以绕仪器横轴俯仰转动。

⑧仪器竖轴。又称为照准部的旋转轴，竖轴插入基座内的竖轴轴套中旋转。

（2）水平度盘

水平度盘是带有刻划和注记的圆环形的光学玻璃片，安装在仪器的竖轴上，水平度盘边缘按顺时针方向在 0°～360°间隔每隔 1°刻划并注记读数。在一个测回观测过程中,水平度盘和照准部是分离的,不随照准部一起转动。在观测开始前,通常将其开始方向(零度方向)的水平度盘读数配置在 0°左右。当转动照准部照准不同方向的目标时,移动的读数指标线便可在固定不动的度盘上读得不同的度盘读数,即方向值。如需要变换度盘位置时,可利用仪器上的水平度盘变换手轮,把水平度盘换到需要的读数上。使用时,将水平度盘手轮盖打开,转动手轮,此时水平度盘跟着转动。待转到所需的角度时,将手轮盖盖好,水平度盘位置即安置好。

(3)基座

基座即仪器的底座。照准部连同水平度盘仪器插入基座轴套,由轴座固定旋钮紧固。在基座下面,用中心连接螺旋把整个经纬仪和三脚架相连接,基座上有三个脚螺旋,用于整平仪器。

光线经度盘照明反光镜进入仪器内部后经过多次反射和放大后在目镜中可同时得到清晰的水平度盘、竖直度盘以及两块测微尺的影像,放大率约为 65 倍,如图 4-14 所示。

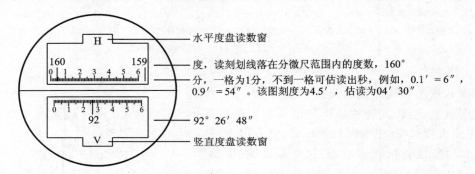

图 4-14 DJ6 级光学经纬仪读数窗

DJ6 级光学经纬仪采用分微尺测微器读数法,即在每一度中设有一个测微尺,测微尺分为 60 小格,每小格为 1′,可估读到 0.1′,即最小估读到 6″。如图 4-14 所示,读数显微镜中可看到两个读数窗,注有"H"的是水平度盘读数窗,注有"V"的是竖直度盘读数窗。读数时先读出位于分微尺中的度盘分划线的注记度数,再以度盘分划线为指标,在分微尺上读取分数,最后估读出秒数,三者相加即为度盘读数。图 4-14 中水平度盘读数为 160°04′30″,竖直度盘读数为 92°26′48″。

2)DJ2 级光学经纬仪

DJ2 级光学经纬仪常用于较高精度的工程测量。图 4-15 所示为国产的 DJ2 级光学经纬仪的外形,其各部件的名称如图所注。

近年来生产的 DJ2 级光学经纬仪,都采用了数字化读数装置。如图 4-16 所示,右下方为分划重合窗,右上方读数窗中上面的数字为整度数,凸出的小方框中所注数字为整 10′数,左下方为测微尺读数窗。

测微尺刻划有 600 小格,每格为 1″,可估读至 0.1″。测微尺读数窗左边注记数字为分,右边注记为 10″。读数步骤如下。

①转动测微轮,使分划重合窗中上、下分划线重合,如图 4-16(b)所示,并在读数窗中读出度数:96°。

②在凸出的小方框中读出整 10′数:30′。

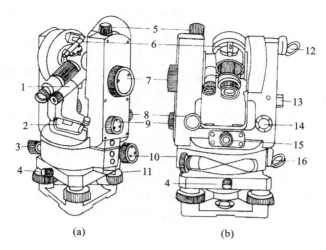

(a)　　　　　　　　　(b)

图 4-15　DJ2 级光学经纬仪

1—读数显微镜；2—照准部水准管；3—水平制动螺旋；4—轴座连接螺旋；5—望远镜制动螺旋；

6—瞄准器；7—测微轮；8—望远镜微动螺旋；9—换像手轮；10—水平制动螺旋；

11—水平度盘位置变换手轮；12—竖盘照明反光镜；13—竖盘指标水准管；

14—竖盘指标水准管微动螺旋；15—光学对点器；16—水平度盘照明反光镜

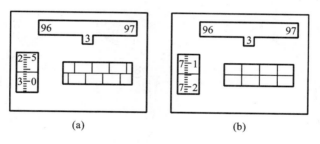

(a)　　　　　　　　(b)

图 4-16　DJ2 级光学经纬仪读数窗

③在测微尺读数窗中读出分及秒数：$7'15''$。

④将以上读数相加即为度盘度数。图 4-16(b)中度数为 $96°37'15''$。

观测竖直角时读数方法同上，只是必须转动换像手轮，使度盘从水平度盘转到竖直度盘。

DJ2 级光学经纬仪与 DJ6 级光学经纬仪构造基本相同，同样由照准部、度盘和基座三部分组成。其主要区别如下。

①用竖盘指标水准管补偿器代替了竖盘指标水准管及指标水准管微动螺旋。

②DJ2 级光学经纬仪为测微轮读数，在望远镜旁边设有测微手轮。

③DJ2 级光学经纬仪的精度较高，可以估读至 $0.1''$，在结构上除望远镜的放大倍数较大，照准部水准管的灵敏度较高，度盘格值较小外，还表现在读数设备的不同。

④DJ2 级光学经纬仪读数成像为水平度盘与竖直度盘分别成像，在支架旁设有换像手轮，并在两度盘旁分别设置反光镜。即读数显微镜中只能显示水平度盘或者竖直度盘中的一种度盘影像，需要另一度盘影像，就需要转动换像手轮。

4.1.3　经纬仪的使用

在测量角度以前，首先要把经纬仪安置在设置有地面标志的测站上。所谓测站，即是所测角度的顶点。经纬仪的使用,一般有安置脚架、对中、整平、瞄准和读数五个基本步骤,其中安置脚架、对中和整平又统称为安置仪器。

(1)安置脚架

松开脚架上三个连接螺旋,同时将脚架三条腿提升到适当高度(与胸同高),张开三脚架大致成等边三角形,放于测站上。从脚架连接螺旋往下看,能看到测站点,或者脚架固定螺旋挂上垂球,让垂球对准站点。此时脚架大致对中。使架头大致水平,将经纬仪连接到脚架上。

(2)对中

①转动光学对中器目镜调焦螺旋,使分划板上指标圆圈清晰。

②推拉光学对中器,调节物镜调焦螺旋,使地面标志点成像清晰。

③先踩实一条脚架,双手抬起另外两脚架,以第一条脚架为支撑,左右前后摆动,眼睛同时观察光学对中器。当指标圆圈与地面标志点重合时,轻轻放下两脚架,踩实,此时完成对中。

(3)粗平

伸缩调节脚架的三条架腿,使圆水准器气泡居中。此时,脚架不可再移动,只能伸缩,否则对对中影响很大。调节方式如图 4-17 所示,当气泡位于图 4-17(a)位置时,调节气泡与圆水准器零点连线近似平行的 3 号脚架,使气泡移动;当气泡移动到图 4-17(b)位置时,调节 2 号脚架,使气泡居中,如图 4-9(c)所示。

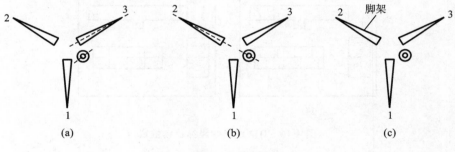

图 4-17 粗平

(4)精平

首先转动照准部,使照准部水准管平行于任意两个脚螺旋的连线方向,如图 4-18(a)所示。按照左手大拇指法则(气泡移动的方向与左手大拇指方向相同),右手与左手同时向内调节,使气泡居中;然后旋转照准部 90°,调节第三个脚螺旋,使气泡居中,如图 4-18(b)所示。反复调节,直至水准管气泡在任意方向上都居中为止。

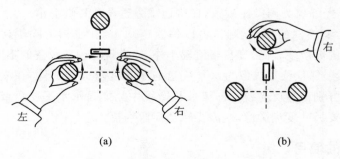

图 4-18 精平

（5）检查对中，再反复精平

精平完成后，对对中可能有一定影响。若影响不大，不作调整；若偏离较大，应松开连接螺旋一小圈，在脚架上平推基座，使其完全对中为止。最后再检查水准管气泡是否居中，若不居中，应重复精平步骤。

（6）照准

目镜调焦：转动目镜调焦螺旋，使十字丝清晰，若视场较暗，可先照准背景明亮区域调节。

粗瞄：利用三点一线原理，通过望远镜上的粗瞄器找准目标，然后拧紧水平及望远镜制动螺旋，消除视差。

精瞄：调节水平及望远镜微动螺旋，使十字丝精确照准目标。观测水平角用竖丝瞄准，观测竖直角用横丝瞄准。细小目标用双丝夹准，粗大目标用单丝平分，如图 4-19 所示。

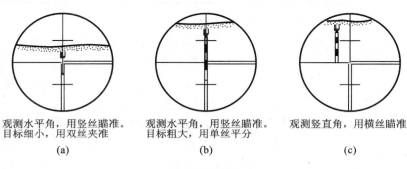

观测水平角，用竖丝瞄准。　　观测水平角，用竖丝瞄准。　　观测竖直角，用横丝瞄准
目标细小，用双丝夹准　　　目标粗大，用单丝平分
　　　（a）　　　　　　　　　　　（b）　　　　　　　　　　（c）

图 4-19　照准

（7）读数

方法：

①打开反光镜，使读数窗光线均匀；

②调焦使读数分划清晰（注意消除视差）；

③按不同的测微器直接读取水平、竖直度盘读数。

4.2　角度测量的方法

4.2.1　水平角测量

常用的水平角测量方法有测回法和方向观测法。一般根据观测所使用的仪器等级、目标多少和测角的精度要求而定。测回法和方向观测法的适用范围及示意图如表 4-1 所示。

表 4-1　测回法和方向观测法的适用范围及示意图

方　　法	适　用　范　围	示　意　图
测回法	用于观测两个方向之间的单角，施工测量多采用测回法	*A* *B* *O* 测回法

续表

方　　法	适　用　范　围	示　　意　　图
方向观测法	用于观测 3 个以上方向之间的夹角	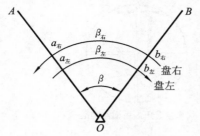 方向观测法

（1）测回法

测回法适用于观测两个目标之间的单角。

例如，设 O 为测站点，A、B 为观测目标，$\angle AOB$ 为观测角，如图 4-20 所示。先在 O 点安置仪器，进行整平、对中，然后按如下步骤进行观测。

①盘左位置（观测时竖盘位于望远镜左侧，又称正镜）：先照准左方目标，即后视点 A，读取水平度盘读数为 $a_左$，并记入测回法测角记录表中（见表 4-2）。然后顺时针转动照准部照准右方目标，即前视点 B，读取水平度盘读数为 $b_左$，并记入记录表中。以上称为上半测回，其观测半测回角值为

图 4-20　测回法观测水平角示意图

$$\beta_左 = b_左 - a_左$$

表 4-2　测回法测角记录表

测站	测回	竖盘位置	目标	水平度盘读数 （° ′ ″）	半测回角值 （° ′ ″）	一测回角值 （° ′ ″）	各测回平均角值 （° ′ ″）	备注
O	第一测回	盘左	A	0　01　30	87　07　42	87　07　45	87　07　42	DJ6
			B	87　09　12				
		盘右	A	180　01　42	87　07　48			
			B	267　09　30				
	第二测回	盘左	A	90　05　24	87　07　24	87　07　39		
			B	177　12　48				
		盘右	A	270　05　12	87　07　54			
			B	357　13　06				

②盘右位置（观测时竖盘位于望远镜右侧，又称倒镜）：先照准右方目标，即前视点 B，读取水平度盘读数为 $b_右$，并记入记录表中；再逆时针转动照准部照准左方目标，即后视点 A，读取水平度盘读数为 $a_右$，并记入记录表中，则下半测回角值为

$$\beta_右 = b_右 - a_右$$

③上、下半测回合起来称为一测回。一般规定,用 DJ6 级光学经纬仪进行观测,上、下半测回角值之差不超过±40″时(测量考证要求不超过±24″),可取其平均值作为一测回的角值,即

$$\beta = \frac{1}{2}(\beta_左 + \beta_右)$$

计算水平角值时,由于水平度盘刻划是顺时针方向注记,所以总是以右边方向(观测者面向角度张开方向)的读数减去左边方向的读数。如发生不够减的情况,在右边方向的读数上加 360°再减去左边方向的读数。

在水平角观测中,当测角精度要求较高时,需要观测多个测回。为了减小度盘分划误差的影响,各测回间应按 180°/n 的差值变换度盘起始位置,其中 n 为测回数。用 DJ6 级光学经纬仪观测时,各测回间水平角值之差应不超过±40″,用 DJ2 级光学经纬仪时不超过±20″,取平均值作为各测回平均角值,如表 4-2 所示各测回平均角值为

$$\frac{1}{2}(\beta_1 + \beta_2) = \frac{1}{2}(87°07'45'' + 87°07'39'') = 87°08'42''$$

(2)方向观测法

当在一个测站上需观测多个方向时,宜采用方向观测法,可以简化外业工作。它的直接观测结果是各个方向相对于起始方向的水平角值,也称为方向值。相邻方向的方向值之差,就是它的水平角值。

如图 4-21 所示,设在点 O 有 OA、OB、OC、OD 四个方向,其观测步骤如下。

①在点 O 安置仪器,对中、整平。

②选择一个距离适中且影像清晰的方向作为起始方向,设为 OA。

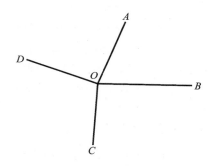

图 4-21　方向观测法

③盘左照准点 A,并安置水平度盘读数,使其稍大于 0°,用测微器读取两次读数。

④以顺时针方向依次照准 B、C、D 诸点,最后再照准 A,称为归零。目标 A 两次读数之差称为半侧回归零值,对于 DJ6 级光学经纬仪,其值不应超过 18″,如归零值超限,应重新观测。在每次照准时,都用测微器读取两次读数。以上称为上半测回。

⑤倒转望远镜改为盘右,以逆时针方向依次照准 A、D、C、B、A,每次照准时,也是用测微器读取两次读数。这称为下半测回,上、下两个半测回构成一个测回。

⑥如需观测多个测回时,为了消减度盘刻度不均的误差,每个测回都要改变度盘的位置,即在照准起始方向时,改变度盘的安置读数。为使读数在圆周及测微器上均匀分布,如用 DJ2 级光学经纬仪作精密测角时,则各测回起始方向的安置读数依式(4-1)计算:

$$R = \frac{180°}{n}(i-1) + 10'(i-1) + \frac{600''}{n}\left(i - \frac{1}{2}\right) \tag{4-1}$$

式中:n——总测回数;

i——该测回序数。

每次读数后,应及时记入手簿。手簿的格式如表 4-3 所示。

表 4-3　方 向 法 观 测 手 簿

| 日期　　　　　　　　仪器型号　　　　　　观测 |
| 天气　　　　　　　　仪器编号　　　　　　记录 |

测站	测点	水平盘读数						左－右 (2c)	左＋右/2	方向值	备注
		盘左			盘右						
		° ′	″	″	° ′	″	″	° ′ ″	° ′ ″	° ′ ″	
1	2	3	4	5	6	7	8	9	10	11	12
O	A	60 15		00	240 15		12	−12	(60 15 04) 60 15 06	0 00 00	
	B	101 51		54	281 52		00	−6	101 51 57	41 36 53	
	C	171 43		18	351 43		30	−12	171 43 24	111 28 20	
	D	313 36		06	133 36		12	−6	313 36 09	253 21 05	
	A	60 15		00	240 15		06	−6	60 15 03		
		$\Delta_左=$		0	$\Delta_右=$			−6			

　　表 4-3 中第 4、7 两栏横线上下分别为盘左、盘右的两次测微器读数。第 5、8 两栏为两次读数的平均值。第 9 栏为同一方向上盘左、盘右读数之差，名为 $2c$，意思是两倍的照准差，它是由于视线不垂直于横轴的误差引起的。因为盘左、盘右照准同一目标时的读数相差 180°，所以 $2c=L-(R-180)°$。第 10 栏是盘左、盘右的平均值，在取平均值时，也是盘右读数减去 180°后再与盘左读数平均。起始方向经过了两次照准，要取两次结果的平均值作为结果写在上方并加上括号，表 4-3 中平均值为 $\frac{1}{2}$(60° 15 ′03″＋60° 15′ 06″)＝60° 15 ′04.5″，取 60° 15′04″作为起始方向的方向值。从各个方向的盘左、盘右平均值中减去起始方向两次结果的平均值，即得各个方向的方向值。

　　为避免错误及保证测角的精度，对各项操作都规定了限差，如表 4-4 所示。

表 4-4　方向观测法的限差

仪器型号	光学测微器两次重合读数之差	半测回归零差	各测回同方向 2c 值互差	各测回同一方向值互差
DJ1	1″	6″	9″	6″
DJ2	3″	8″	13″	10″
DJ6	—	18″	30″	24″

4.2.2　竖直角测量

1) 竖盘的构造

　　为测竖直角而设置的竖直度盘(简称竖盘)固定安置于望远镜旋转轴(横轴)的一端，其刻划中心与横轴的旋转中心重合。所以在望远镜作竖直方向旋转时，度盘也随之转动。另外有一个固定的竖盘指标，以指示竖盘转动在不同位置时的读数。

　　竖直度盘的刻划也是在全圆周上刻为 360°，但注字的方式有顺时针及逆时针两种。通常在望远镜方向上注以 0°及 180°，如图 4-22 所示。在视线水平时，指标所指的读数为 90°或 270°。竖盘读数也是通过一系列光学组件传至读数显微镜内读取的。

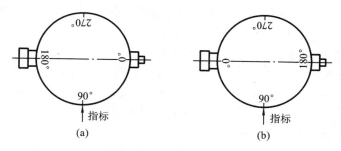

图 4-22　竖直度盘的注记

对竖盘指标的要求,是始终能够读出与竖盘刻划中心在同一铅垂线上的竖盘读数。为了满足这个要求,它有两种构造形式:一种是借助于与指标固连的水准器的指示,使其处于正确位置,早期的仪器都属此类;另一种是借助于自动补偿器,使其在仪器整平后,自动处于正确位置。

(1) 指标带水准器的构造

指标带水准器构造如图 4-23 所示。指标装在一个支架上,支架套在横轴的一端,因而可以绕横轴旋转。在支架上方安装一个水准器,下方安装一个微动螺旋。旋转微动螺旋,指标可绕横轴作微小转动,同时水准器的气泡也发生移动。当气泡居中时,指标即居于正确位置。

(2) 指标带补偿器的构造

指标带补偿器的构造有两类形式,都是借助重力作用,以达到自动补偿而读出正确读数的目的。一类是液体补偿器,利用液面在重力作用下自动水平,以达到补偿的目的;另

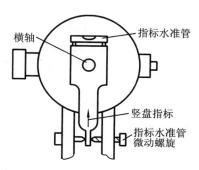

图 4-23　指标带水准器的构造

一类是利用吊丝悬挂补偿元件,在重力作用下稳定于某个位置,以达到补偿的目的。现只对液体补偿器的补偿原理加以说明。

液体补偿器的构造如图 4-24 所示。补偿元件是一个盛有透明液体的容器。如果仪器的竖轴位于铅垂位置,则容器内的液体表面水平,容器的底也是水平的;液体相当于一块平面平行玻璃板,而指标 I 也位于过竖盘刻划中心的铅垂线上,如图 4-24(a)所示,当视线水平时,则指标成像于竖盘的 90°处。如果仪器有少许倾斜,如图 4-24(b)所示,则指标 I 偏离过竖盘刻划中心的铅垂线,液体容器的底也发生倾斜,但液体表面仍处于水平位置。所以这时

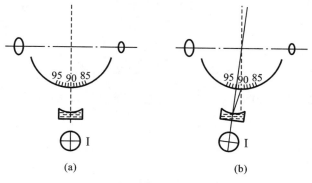

图 4-24　液体补偿器的构造

的液体实际上形成了一个光楔,如果视线是水平的,则指标Ⅰ的成像通过光楔的折射,仍然成像于度盘的 90°处,这就达到了自动补偿的目的。

2)竖直角的观测方法

竖直角是指倾斜视线与在同一铅垂面内的水平视线所夹的角度。由于水平视线的读数是固定的,所以只要读出倾斜视线的竖盘读数,即可算出竖直角值。但为了消除仪器误差的影响,同样需要用盘左、盘右观测。其具体观测步骤如下。

①在测站上安置仪器,对中、整平。

②以盘左照准目标,如果是指标带水准器的仪器,则必须用指标微动螺旋使水准器气泡居中,然后读取竖盘读数 L,称为上半测回。

③将望远镜倒转,以盘右用同样方法照准同一目标,使指标水准器气泡居中后,读取竖盘读数 R,称为下半测回。

如果用指标带补偿器的仪器,在照准目标后即可直接读取竖盘读数。根据需要可测多个测回。

3)竖直角的计算

竖直角的计算公式,根据竖直度盘的刻划形式不同略有差异。当竖盘顺时针刻划时,如图 4-25 所示,不管观测角是仰角还是俯角,均按下式计算。

盘左

$$\alpha_左 = 90° - L$$

盘右

$$\alpha_右 = R - 270°$$

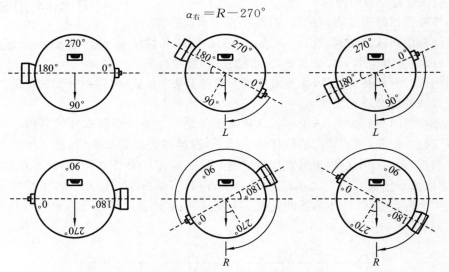

图 4-25 顺时针刻划竖直度盘读数

当竖盘逆时针刻划时,如图 4-26 所示。不管观测角是仰角还是俯角,均按下式计算。

盘左

$$\alpha_左 = L - 90°$$

盘右

$$\alpha_右 = 270° - R$$

计算结果为"+"时,α 为仰角;计算结果为"-"时,α 为俯角。

为了提高精度,取盘左、盘右的平均值作为最后结果。即

$$\alpha = \frac{1}{2}(\alpha_{左} + \alpha_{右})$$

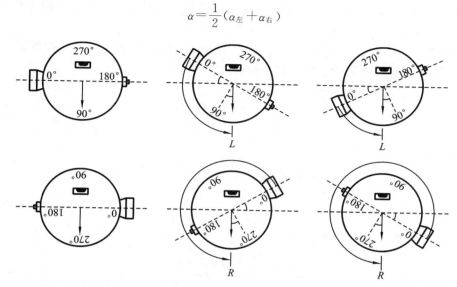

图 4-26 逆时针刻划竖直度盘读数

4)竖盘指标差

竖盘指标差是指经纬仪在指标水准管气泡居中且望远镜视线水平时,读数指标线与常数(90°或270°)偏离的一个小角值,一般用 x 表示。

由于度盘偏心或指标水准管轴不垂直于指标线的影响,度盘读数存在指标差。检核方法是:使望远镜处于盘左位置,上下微动,找到读数 90°00′00″,此时将望远镜照准的远处目标做一标记;再倒转望远镜照准同一目标,此时若读数为 270°00′00″,说明指标差为 0,若偏离270°,则其偏移量为指标差的 2 倍,如图 4-27 所示。

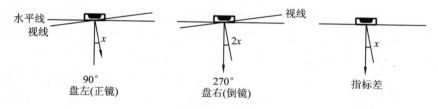

图 4-27 竖盘指标差

指标差的计算公式有两种形式,此处不做详细推导,公式如下。

度盘顺时针刻划 $\qquad x = (\alpha_{右} - \alpha_{左})/2$

度盘逆时针刻划 $\qquad x = (\alpha_{左} - \alpha_{右})/2$

度盘顺时针、逆时针刻划 $\qquad x = (L + R - 360°)/2$

同一台仪器的指标差 x 为一个常数,属于系统误差。可以通过正倒镜取平均值的方法,将其消除。但指标差不能太大,若其超过 1′,则应对指标水准管进行检校。

DJ6 级光学经纬仪读数前都必须调节指标水准管气泡居中,使用不便。DJ2 级光学经纬仪在度盘光路中安置有补偿器,其功能可取代指标水准管。当仪器在一定倾斜范围内,打开竖盘指标水准管补偿器,竖盘指标自动归零,能读出相当于指标水准管气泡居中时的读数,其补偿范围一般为 2′。

在竖直角测量中,常常用指标差来检验观测的质量,即在观测的不同测回中或不同的目标时,指标差的较差应不超过规定的限值。例如,用 DJ6 级光学经纬仪做一般工作时,指标差的较差要求不超过±25″,DJ2 级光学经纬仪不得超过±15″。

【**例 4-1**】 用 DJ6 级光学经纬仪观测一点 A,盘左、盘右测得的竖盘读数如表 4-5 竖盘读数一栏,计算观测点 A 的竖直角和竖盘指标差。

【**解**】 由公式得半测回角值

$$\alpha_L = 90° - L = 90° - 48°17'36'' = 41°42'24''$$

$$\alpha_R = R - 270° = 311°42'48'' - 270° = 41°42'48''$$

由公式得一测回角值

$$\alpha = \frac{\alpha_L + \alpha_R}{2} = \frac{41°42'24'' + 41°42'48''}{2} = 41°42'36''$$

由公式得竖盘指标差

$$x = \frac{\alpha_L - \alpha_R}{2} = \frac{41°42'24'' - 41°42'48''}{2} = -24''$$

表 4-5 竖直角观测记录表

测站	目标	竖盘位置	竖盘读数 (° ′ ″)	半测回角值 (° ′ ″)	指标差 (″)	一测回角值 (° ′ ″)	备注
O	A	盘左	48 17 36	+41 42 24	−24	+41 42 36	DJ2 竖盘顺时针刻划
		盘右	311 42 48	+41 42 48			

4.3 光学经纬仪的检验与校正

按照计量法的要求,经纬仪与其他测绘仪器一样,必须定期送法定检测机关进行检测,以评定仪器的性能和状态。但在使用过程中,仪器状态会发生变化,因而仪器的使用者应经常利用室外方法进行检验和校正,以使仪器经常处于理想状态。

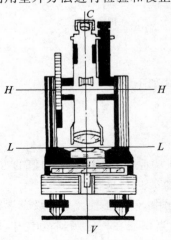

图 4-28 经纬仪主要轴线

从测角原理可知,为了能正确地测出水平角和竖直角,仪器要能够精确地安置在测站点上;仪器竖轴能安置在铅垂位置;视线绕横轴旋转时,能够形成一个铅垂面;当视线水平时,竖盘读数应为 90°或 270°。

为满足上述要求,经纬仪主要轴线(见图 4-28)应具备下述理想关系。

①照准部的水准管轴应垂直于竖轴($LL \perp VV$)。如满足这一关系,需利用水准管整平仪器后,竖轴才可以精确地位于铅垂位置。

②圆水准器轴应平行于竖轴。如满足这一关系,则利用圆水准器整平仪器后,仪器竖轴才可粗略地位于铅垂位置。

③十字丝竖丝应垂直于横轴。如满足这一关系,则

当横轴水平时,竖丝位于铅垂位置。这样,一方面可利用它检查照准的目标是否倾斜,同时也可利用竖丝的任一部位照准目标,以便于工作。

④视线应垂直于横轴($CC \perp HH$)。如满足这一关系,则在视线绕横轴旋转时,可形成一个垂直于横轴的平面。

⑤横轴应垂直于竖轴($HH \perp VV$)。如满足这一关系,则当仪器整平后,横轴即水平,视线绕横轴旋转时,可形成一个铅垂面。

⑥光学对中器的视线应与竖轴的旋转中心线重合。如满足这一关系,则利用光学对点器对中后,竖轴旋转中心才位于过地面点的铅垂线上。

⑦视线水平时竖盘读数应为90°或270°。如这一条件不满足,则有指标差存在,将会给竖直角的计算带来不便。

1)照准部水准管轴垂直于竖轴($LL \perp VV$)的检校

(1)目的

满足条件$LL \perp VV$,水准管气泡居中时,竖轴应铅直,水平度盘应水平。

(2)检验

①将仪器大致整平,转动照准部使水准管与两个脚螺连线平行。

②转动脚螺旋使水准管气泡居中,此时水准管轴水平,如图4-29(a)所示。

③将照准部旋转180°,若气泡仍然居中,表明条件满足;若气泡不居中,如图4-29(b)所示,则需进行校正。

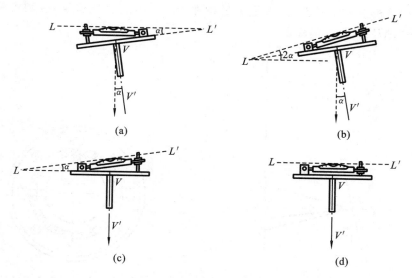

图4-29　照准部水准管校正原理

(3)校正

①用拨针拨动水准管校正螺钉,使气泡退回偏离值的一半(注意先放松一个螺钉,再旋紧另一个),如图4-29(c)所示。

②转动与水准管平行的两个脚螺旋,使气泡居中,此时水准管轴处于水平位置,竖轴处于铅直位置,即$LL \perp VV$,如图4-29(d)所示。

③此项检验校正需反复进行,直至照准部旋转到任何位置,气泡偏离最大不超过半格时为止。

2）望远镜视准轴垂直于横轴（$CC \perp HH$）的检校

（1）目的

满足条件 $CC \perp HH$，使望远镜视准轴绕横轴旋转时扫出的面是竖直平面而不是圆锥面。

（2）检验

①选择一平坦场地，如图 4-30 所示，在 A、B 两点（相距约 100 m）的中点 O 处安置仪器，在点 A 竖立一标志，在点 B 横放一根水准尺或毫米分划尺，使其尽可能与视线 OA 垂直，且与仪器大致同高。

②用盘左位置照准点 A，固定照准部，然后纵转望远镜成盘右位置，在 B 尺上读数，得点 B_1。

③盘右位置再照准点 A，固定照准部，纵转望远镜成盘左位置，在 B 尺上读数，得点 B_3。若 B_1、B_3 两点重合，表明条件满足；否则需要校正。

视准轴不垂直于横轴而相差一个角度 c，称为视准误差。B_1 反映了盘左 $2c$ 误差，B_3 反映了盘右 $2c$ 误差。

（3）校正

①如图 4-30 所示，由点 B_3 向点 B 量取 $B_1 B_2$ 的四分之一长度，定出点 B_2。

②用校正针拨动图 4-31 中左、右两个校正螺丝，使十字丝交点与点 B_2 重合，此时视准轴垂直于横轴。

③此项检验校正须反复进行，直至满足条件为止。若还有残留误差，则观测时可用盘左、盘右观测取平均值将其消除。

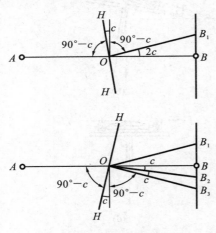

图 4-30 视准轴的检验

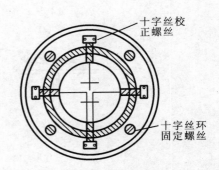

图 4-31 视准轴垂直于横轴的校正

3）横轴垂直于竖轴（$HH \perp VV$）的检校

（1）目的

满足条件 $HH \perp VV$，使视准轴绕横轴旋转时扫出的面是一铅垂面而不是倾斜面。

（2）检验

①如图 4-32 所示，在离墙 20～30 m 处安置经纬仪。

②盘左瞄准高处一点 P（仰角 $>30°$），旋紧照准部制动螺旋。然后，将望远镜放至大致水平位置，用十字丝交点在墙上定出一点 P_1。

③倒镜,用盘右位置再瞄准高处点 P,同法在墙上又定得一点 P_2。如果 P_1、P_2 两点重合,说明条件满足;若不重合,则需要校正。

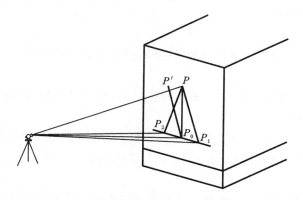

图 4-32　十字丝竖丝垂直于横轴的检验

(3)校正

①取 P_1、P_2 的中点 P_0,将十字丝交点对准点 P_0,固定照准部,然后抬高望远镜至点 P 附近。

②此时,十字丝交点偏离点 P,而位于 P' 处。打开仪器没有竖盘一侧的盖板,拨动横轴一端的偏心轴承,使横轴一段升高或降低,直到十字丝交点照准点 P 为止。最后合上盖板。

③近代光学经纬仪的横轴是密封的,一般能满足要求,测量人员只需进行检验,校正则由仪器检修人员进行。

④如图 4-32 所示,不难看出用盘左、盘右观测同一目标时,横轴误差大小相等、方向相反。因此,此项误差也可用盘左、盘右观测取平均值的方法消除。

4)十字丝的竖丝垂直于横轴的检校

(1)目的

满足竖丝垂直横轴。

(2)检验

①整平仪器,用竖丝任意一端照准远处一清晰点状目标 N。

②固定照准部和望远镜,将望远镜上下微动,如该点始终不离开竖丝,则说明竖丝垂直于横轴,如图 4-33(a)、(b)所示;否则,应进行校正,如图 4-33(c)所示。

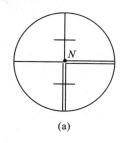　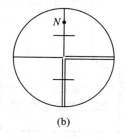　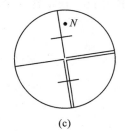

(a)　　　　　　　　　(b)　　　　　　　　　(c)

图 4-33　十字丝校正

(3 校正

①卸下目镜处的十字丝护盖。

②松开四个十字丝压环螺钉,微微转动十字丝分划板座,使竖丝与点 N 重合,直至望远

镜上下微动时,该点始终在竖丝上为止。

③旋紧四个十字丝压环螺钉,装上十字丝护盖。

5) 竖盘指标差的检校

(1)目的

满足指标差为0,当指标水准管气泡居中时,指针处于正确位置。

(2)检验

①仪器整平后,用横丝盘左、盘右瞄准同一目标,在竖盘指标水准管气泡居中时分别读取盘左、盘右读数 L、R。

②计算出指标差 x。对于 DJ6 级光学经纬仪,若指标差超过 $60''$,则需进行校正。DJ2 级光学经纬仪一般设有指标水准管补偿器,其补偿范围在 $2'$ 左右。

(3)校正

①计算盘右的正确读数。无论盘左还是盘右的正确读数都应等于读得的竖盘读数减去指标差,即盘右的正确读数 $R_{正} = R - x$。

②在盘右位置转动竖盘指标水准管微动螺旋,使竖盘读数对准正确读数 $R_{正}$。此时,指标水准管气泡不再居中。

③拨动指标水准管的校正螺丝,使气泡居中即可。此项检验也应反复进行,直到满足 x 的绝对值小于等于 $30''$ 为止。

6) 光学对中器视准轴与竖轴重合的检校

(1)目的

使光学对中器的视准轴与仪器竖轴重合。

(2)检验

①在平坦的地面上严格整平仪器,在脚架的中央地面上固定一张白纸。对中器调焦,将刻划圆圈中心投影于白纸上得点 P_1。

②转动照准部 $180°$,得刻划圆圈中心投影点 P_2。若点 P_1 与点 P_2 重合,则条件满足;否则,需校正。

(3)校正

①取 P_1、P_2 的中点 P,校正直角棱镜或分划板,使刻划圆圈中心对准点 P。校正直角棱镜法,如图 4-34 所示,松开对中器上方小圆盖的中心螺钉,取下盖板,可见两个圆柱头螺钉和一个小平顶螺钉。校正这三个螺钉,可使刻划圆圈中心对准点 P。校正分划板,如图 4-34

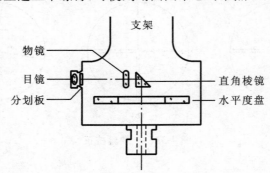

图 4-34 光学对中器的检校

所示,将光学对中器目镜与调焦手轮之间的改正螺钉护盖取下,用拨针校正对中器的四个螺钉,使刻划圆圈中心对准点 P。

②重复检验校正的步骤,直到照准部旋转 180°后对中器刻划圆圈中心与地面点偏差不超过 0.5 mm 为止。

7)圆水准器轴垂直于竖轴的校正

检校方法可参见水准仪圆水准器的校正。

4.4　角度测量的误差来源及注意事项

在角度测量中,多种原因会造成测量的结果含有误差。研究这些误差产生的原因、性质和大小,可以设法减少其对测量成果的影响。同时也有助于预估影响的大小,从而判断成果的可靠性。

影响测角误差的因素有三类,即仪器误差、观测误差、外界条件。

1)仪器误差

仪器虽经过检验及校正,但总会有残余的误差存在。仪器误差的影响,一般都是系统性的,可以在工作中通过一定的方法予以消除或减小。

主要的仪器误差有:水准管轴不垂直于竖轴、视线不垂直于横轴、横轴不垂直于竖轴、照准部偏心、光学对中器视线不与竖轴旋转中心线重合及竖盘指标差等。

(1)水准管轴不垂直于竖轴

水准管轴不垂直于竖轴会影响仪器的整平,即竖轴不严格铅垂,横轴也不水平。安置好仪器后,仪器的倾斜方向是固定不变的,不能用盘左、盘右消除。如果存在这一误差,可在整平时于一个方向上使气泡居中后,再将照准部平转 180°,这时气泡必然偏离中央。然后用脚螺旋使气泡移回偏离值的一半,则竖轴即可铅垂。这项操作要在互相垂直的两个方向上进行,直至照准部旋转至任何位置时,气泡虽不居中,但偏移量不变为止。

(2)视线不垂直于横轴

如图 4-35 所示,如果视线与横轴垂直时的照准方向为 AO,当两者不垂直而存在一个误差角 c 时,则照准点为 O_1。如要照准 O,则照准部需旋转 c' 角。这个 c' 角就是由于这项误差在一个方向上对水平度盘读数的影响而产生的。由于 c' 是 c 在水平面上的投影,从图 4-35 可知

$$AB = AO\cos\alpha, \quad BB_1 = OO_1$$

而

$$c' = \frac{BB_1}{AB} \cdot \rho$$

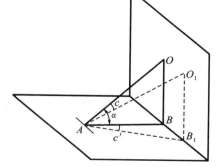

图 4-35　视线不垂直于横轴

所以

$$c' = \frac{OO_1}{AO\cos\alpha} \cdot \rho = \frac{c}{\cos\alpha} = c \cdot \sec\alpha$$

由于一个角度是由两个方向构成的,则它对角度的影响为

$$\Delta c = c'_2 - c'_1 = c(\sec\alpha_2 - \sec\alpha_1)$$

式中:α_2、α_1——两个方向的竖直角。

由上式可知,在一个方向上的影响与误差角 c 及竖直角 α 的正割的大小成正比;对一个角度而言,则与误差角 c 及两方向竖直角正割之差的大小成正比;如两方向的竖直角相同,则影响为零。

因为在用盘左、盘右观测同一点时,其影响的大小相同而符号相反,所以在取盘左盘右的平均值时,可自然抵消。

（3）横轴不垂直于竖轴

因为横轴不垂直于竖轴,则仪器整平后竖轴居于铅垂位置,横轴必发生倾斜。视线绕横轴旋转所形成的不是铅垂面,而是一个倾斜平面,如图 4-36 所示。过目标点 O 作一垂直于视线方向的铅垂面,点 O' 位于过点 O 的铅垂线上。如果存在这项误差,则仪器照准点 O,将视线放平后,照准的不是点 O' 而是点 O_1。如果照准点 O',则应将照准部转动 ε 角。这就是在一个方向上,由于横轴不垂直竖轴,而对水平度盘读数的影响,倾斜直线 OO_1 与铅垂线之间的夹角 i 与横轴的倾角相同,从图 4-36 可知

$$O'O_1 = \frac{i}{\rho} \cdot OO'$$

因

$$\varepsilon = \frac{O'O_1}{AO'} \cdot \rho$$

故

$$\varepsilon = i \cdot \frac{OO'}{AO'} = i \cdot \tan\alpha$$

式中：i——横轴的倾角；

α——视线的竖直角。

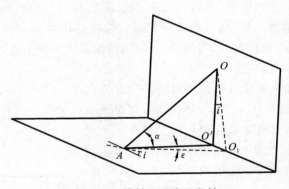

图 4-36 横轴不垂直于竖轴

它对角度的影响为

$$\Delta\varepsilon = \varepsilon_2 - \varepsilon_1 = i(\tan\alpha_2 - \tan\alpha_1)$$

由上式可知,它在一个方向上对水平度盘读数的影响,与横轴的倾角及目标点竖直角的正切成正比;它对角度的影响,则与横轴的倾角及两个目标点的竖直角正切之差成正比。当两方向的竖直角相等时,其影响为零。

由于在对同一目标进行观测时,盘左、盘右的影响大小相同而符号相反,所以取平均值可以抵消误差。

（4）照准部偏心

所谓照准部偏心,即照准部的旋转中心与水平盘的刻划中心不重合。这项误差只有在

直径一端有读数的仪器才有影响,而采用对径符合读法的仪器,可将这项误差自动消除。

如图 4-37 所示,设度盘的刻划中心为 O,而照准部的旋转中心为 O_1。当仪器的照准方向为 A 时,其度盘的正确读数应为 a。但由于偏心的存在,实际的读数为 a_1。$(a_1 - a)$ 即为这项误差的影响。

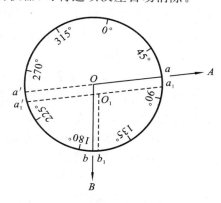

图 4-37　照准部偏心

照准部偏心影响的大小及符号是依偏心方向与照准方向的关系而变化的。如果照准方向与偏心方向一致,其影响为零;两者互相垂直时,影响最大。在图 4-37 中,照准方向为 A 时,读数偏大;而照准方向为 B 时,读数偏小。

当用盘左、盘右观测同一方向时,取对径读数,其影响值大小相等而符号相反,在取读数平均值时,可以抵消。

(5)光学对中器视线不与竖轴旋转中心线重合

光学对中器视线不与竖轴旋转中心线重合会影响测站偏心,将在后面详细说明。如果对中器附在基座上,在观测测回数的一半时,可将基座平转 180°再进行对中,以减少其影响。

(6)竖盘指标差

竖盘指标差会影响竖直角的观测精度。如果工作时预先测出,在用半测回测角的计算时予以考虑,或者用盘左、盘右观测后取其平均值,则可得到抵消。

2)观测误差

造成观测误差的原因有两点:一是工作时不够细心;二是受人为操作及仪器性能的限制。观测误差主要有:测站偏心、目标偏心、照准误差及读数误差。对于竖直角观测,则有指标水准器的调平误差。

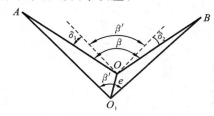

图 4-38　测站偏心

(1)测站偏心

测站偏心的大小,取决于仪器对中装置的状况及操作的仔细程度。它对测角精度的影响如图 4-38 所示。设 O 为地面标志点,O_1 为仪器中心,则实际测得的角为 β' 而非应测的 β,两者相差为

$$\Delta\beta = \beta - \beta' = \delta_1 + \delta_2$$

由图 4-38 中可以看出,观测方向与偏心方向越接近 $90°$,边长越短,偏心距 e 越大,则对测角的影响越大。所以在测角精度要求一定时,边长越短,则对中精度要求越高。

(2)目标偏心

在测角时,通常都要在地面点上设置观测标志,如花杆、垂球等。造成目标偏心的原因可能是标志与地面点对得不准,或者标志没有铅垂,而照准标志的上部时视线发生偏移。

与测站偏心类似,偏心距越大,边长越短,则目标偏心对测角的影响越大。所以在短边测角时,尽可能用垂球作为观测标志。

(3)照准误差

照准误差的大小,取决于人眼的分辨能力、望远镜的放大率、目标的形状及大小和操作的仔细程度。

　　人眼的分辨能力一般为 $60''$。设望远镜的放大率为 v，则照准时的分辨能力为 $60''/v$。我国的 DJ6 及 DJ2 级光学经纬仪放大率为 28 倍，所以照准时的分辨能力为 $2.14''$。照准时应仔细操作，对于粗的目标宜用双丝照准，细的目标则用单丝照准。

　　（4）读数误差

　　对于分微尺读法，主要是估读最小分划的误差；对于对径符合读法，主要是对径符合的误差所带来的影响，所以在读数时应特别注意。DJ6 级光学经纬仪的读数误差最大为 $\pm 12''$，DJ2 级光学经纬仪的读数误差最大为 $\pm(2''\sim 3'')$。

　　（5）竖盘指标水准器的整平误差

　　在读取竖盘读数以前，须先将指标水准器整平。DJ6 级光学经纬仪的指标水准器分划值一般为 $30''$，DJ2 级光学经纬仪的指标水准器分划值一般为 $20''$。这项误差是影响竖直角的主要因素，操作时应分外注意。

　　3）外界条件的影响

　　外界条件的影响因素很多，也很复杂，如温度、风力、大气折光等均会对角度观测产生影响。为了减小误差，应选择有利的观测时间，避开不利因素，如在晴天观测时应撑伞遮阳，防止仪器暴晒，中午最好不要观测。

4.5　电子经纬仪

　　随着电子技术、计算机技术、光电技术、自动控制等现代科学技术的发展，1968 年电子经纬仪问世。电子经纬仪与光电测距仪、计算机、自动绘图仪相结合，使地面测量工作实现了自动化和内外业一体化，这是测绘工作的一次历史性变革。图 4-39 是拓普康电子经纬仪TD200 的全貌。

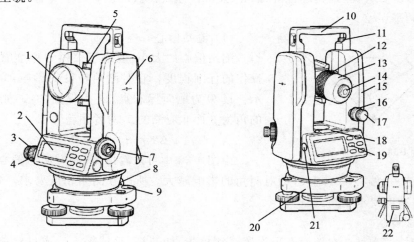

图 4-39　拓普康电子经纬仪 TD200

1—物镜；2—显示窗口；3—水平微动螺旋；4—水平制动螺旋；5—瞄准器；6—仪器中心标志；7—光学对中器；

8—基座固定器（仅适用于 205/207）；9—圆水准器；10—手柄；11—手柄固定螺丝；12—物镜调焦螺旋；

13—竖丝校正盖；14—目镜；15—电池；16—垂直微动螺旋；17—垂直制动螺旋；18—长水准器；19—操作键；

20—基座；21—RS-2320 接口（仅对 205）；22—长水准器（仅对 207）

　　电子经纬仪与光学经纬仪相比较，主要差别在读数系统，其他如照准、对中、整平等装置是相同的。

1) 电子经纬仪的读数系统

电子经纬仪的读数系统通过角-码变换器,将角位移量变为二进制码,再通过一定的电路,将其译成度、分、秒,最后用数字形式显示出来。

目前常用的角-码变换方法有编码度盘、光栅度盘及动态测角系统等,有的也将编码度盘和光栅度盘结合使用。现以光栅度盘为例,说明角-码变换的原理。

光栅度盘又分为透射式及反射式两种。透射式光栅是在玻璃圆盘上刻有相等间隔的透光与不透光的辐射条纹。反射式光栅则是在金属圆盘上刻有相等间隔的反光与不反光的条纹。工程中用得较多的是透射式光栅。

透射式光栅的工作原理如图 4-40(a)所示。它有互相重叠、间隔相等的两个光栅,一个是全圆分度的动光栅,可以和照准部一起转动,相当于光学经纬仪的度盘;一个是只有圆弧上一段分划的固定光栅,它相当于指标,称为指示光栅。指示光栅的下部装有光源,上部装有光电管。在测角时,动光栅和指示光栅产生相对移动。如图 4-40(b)所示,如果指示光栅的透光部分与动光栅的不透光部分重合,则光源发出的光不能通过,光电管接收不到光信号,因而电压为零;如果两者的透光部分重合,则透过的光最强,因而光电管所产生的电压最高。这样,在照准部转动的过程中,就产生连续的正弦信号,再经过电路对信号的整形,则变为矩形脉冲信号。如果一周刻有 21 600 个分划,则一个脉冲信号即代表角度的 1′。这样,根据转动照准部时所得脉冲的计数,即可求得角值。为了求得不同转动方向的角值,还要通过一定的电子线路来决定是加脉冲还是减脉冲。只依靠脉冲计数,其精度是有限的,还要通过一定的方法进行加密,以求得更高的精度。目前最高精度的电子经纬仪可显示到 0.1″,测角精度可达 0.5″。

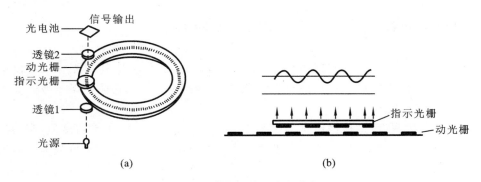

图 4-40　电子经纬仪读数装置

2) 电子经纬仪的特点

由于电子经纬仪是电子计数,通过置于机内的微型计算机,可以自动控制工作程序和计算,并可自动进行数据传输和存储,因而它具有以下特点。

① 读数在屏幕上自动显示。

② 竖盘指标差及竖轴的倾斜误差可自动修正。

③ 有与测距仪和电子手簿连接的接口。与测距仪连接可构成组合式全站仪,与电子手簿连接,可将观测结果自动记录,没有读数和记录的人为错误。

④ 可根据指令对仪器的竖盘指标差及轴系关系进行自动检测。

⑤ 如果电池用完或操作错误,可自动显示错误信息。

⑥ 可单次测量，也可跟踪动态目标连续测量。但跟踪测量的精度较低。

⑦ 有的仪器可预置工作时间，到规定时间则自动停机。

⑧ 根据指令，可选择不同的最小角度单位。

⑨ 可自动计算盘左、盘右的平均值及标准偏差。

⑩ 有的仪器内置驱动马达及 CCD 系统，可自动搜寻目标。

根据仪器生产的时间及档次的高低，某种仪器可能具备上述的全部或部分特点。随着科学技术的发展，其功能还在不断扩展。

3）电子经纬仪的使用

（1）仪器设置

设置项目一般包括最小显示读数、测距仪连接选择、竖盘补偿器、仪器自动关机等。

（2）仪器的使用

a. 在测站点上安置仪器，对中、整平与光学经纬仪相同。

b. 开机，按 ON/OFF 键，上下转动望远镜，使仪器初始化并自动显示水平度盘角度和竖直度盘角度以及电池容量信息。

c. 选择角度值增加方向为顺时针方向 Hr(R/L)；选择角度单位为 360°，即度、分、秒（UNIT）；选择竖直角测量模式为天顶距 VZ（HOLD）。

d. 瞄准第一个目标，将水平角值设置为 0°00′00″（OSET）。转动照准部瞄准另一个目标，则显示屏上直接显示水平度盘角度和竖直度盘角度，读数并记录。

e. 进行下一步测量工作。

f. 测量结束，按 ON/OFF 键关机。

4.6 经纬仪在建筑施工中的基本应用

经纬仪是测量角度的主要仪器，因此，在施工测量中，我们主要利用经纬仪可以测角和监测铅垂面的特性，进行已知水平角的测设、建筑轴线投测和建筑物倾斜观测等。

1）已知水平角的测设

已知水平角的测设，是根据地面上一条已知的方向线和设计的水平角度值，利用经纬仪或全站仪，在地面上标定出另一条方向线的工作。按照测设的精度要求，可分为一般测设法和精密测设法。

（1）一般测设法

一般测设法也称正倒镜分中法，主要用于对测设精度要求不高的场合。如图 4-41 所示，设 AB 为已知方向，欲测设已知水平角 β，使 $\angle BAC = \beta$，并在地面上标定出 AC 方向线。测设时，首先在点 A 安置经纬仪，对中、整平后，用盘左位置瞄准点 B，将水平度盘读数调为 $0°00′00″$，顺时针转动照准部至水平度盘读数为 β，沿视线方向在地面上定出点 C'；然后换成盘右位置瞄准点 B，重复上述步骤，在地面上测设出点 C''；最后取点 C' 和点 C'' 连线的中点 C，则 $\angle BAC$ 就是要测设的 β 角。测设完成后应进行检核，可重新观测 AB 方向和 AC 方向之间的水平角，并与已知的角度值 β 进行比较，若超限，则应重新测设。

（2）精密测设法

精密测设法也称垂线改正法，当角度测设的精度要求较高时采用。如图 4-42 所示，设 AB 为已知方向，首先在点 A 安置经纬仪，用一般测设法测设已知水平角 β，在地面上定出点

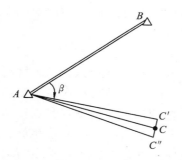

图 4-41 正倒镜分中法测设水平角

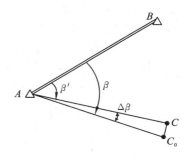

图 4-42 精密测设水平角

C；然后用测回法观测 $\angle BAC$ 多个测回（测回数由精度要求决定），可得各测回平均值为 β'，则角度之差 $\Delta\beta = \beta - \beta'$，若 $\Delta\beta$ 超限，则需要计算点 C 的垂线改正数，即

$$CC_0 = AC\tan\Delta\beta \approx AC\frac{\Delta\beta}{\rho}$$

式中：$\rho = 206\ 265''$，$\Delta\beta$ 以秒为单位。

改正时，先过点 C 作 AC 的垂线，再用钢尺从点 C 开始沿 AC 的垂线方向量取 CC_0，定出点 C_0。AB 方向线与 AC_0 方向线之间的水平角更接近欲测设的水平角 β。当 $\Delta\beta > 0$ 时，说明 $\angle BAC$ 偏小，C_0 向角度外方向改正；当 $\Delta\beta < 0$ 时，C_0 向角度内方向改正。

2）建筑轴线投测

在多层和高层建筑物的施工中，为了保证施工质量，必须重点控制建筑物的竖向偏差。也就是说，施工测量的主要问题是如何精确地将轴线向上引测以定出各楼层定位轴线。施工规范规定，竖向误差在本层内不得超过 5 mm，全楼的累积误差不得超过 20 mm。

建筑物轴线的投测，一般可以用经纬仪进行。施测时将经纬仪安置在建筑物附近设立的轴线控制桩上进行竖向投测，称为经纬仪引桩投测法，也称经纬仪竖向投测法。

在建筑物平面定位之后，一般在地面标出建筑物的各轴线，并根据建筑物的施工高度和施工场地情况，在距建筑物尽可能远的地方，引测轴线控制桩，用于后期施工的轴线引测。当基础工程完工后，便可以利用轴线控制桩将各轴线精确地投测在建筑物基础底部，并作标记标定各投测点。然后，随着建筑物施工高度的逐层升高，便可利用经纬仪逐层引测轴线。

如图 4-43 所示，CC' 和 $33'$ 为某建筑物的中心轴线，C、C'、3 和 $3'$ 点为该两轴线在地面引测的轴线控制桩点，在基础工程施工完成后，将经纬仪安置在控制桩 C 上，照准控制桩点 C'，用盘左、盘右在基础底部进行投测，并取其投测点的中点 b 作为向上引测的标记点，并标记于建筑物的基础侧面；同法得到 b'、a 和 a' 标志点。同时将轴线恢复到基础面层上，施工人员依据轴线进行楼层施工。当施工完第一层之后，由于砌筑的墙体影响了轴线控制桩间的相互通视，因而用经纬仪进行轴线引

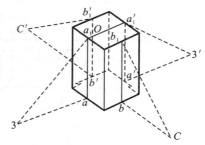

图 4-43 经纬仪轴线投测

测时，必须依据基础侧面投测的标记将轴线由基础底部投测到各楼层面上，具体投测过程为：将经纬仪分别安置在 CC' 和 $33'$ 轴的各控制桩点上，照准基础底部侧面的标志 b、b'、a 和 a'，将盘左、盘右两个盘位向上投测到楼层楼板上，并取其中点作为该层中心轴线的投影点，

如图中的 b_1b_1'、a_1a_1' 两线的交点 O' 即为该层轴线点的投影中心。随着建筑物的逐层升高，便可将轴线点逐层向上引测。

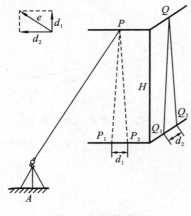

图 4-44　倾斜观测

3）建筑物倾斜观测

观测时，应在建筑物底部（观测点垂线对应处）位置安置水平读数尺等测量设施，然后在测站安置经纬仪投影，应按正倒镜分中法测出每对上下观测点标志间的水平位移分量，再按矢量相加法求得水平位移值（倾斜量）和位移方向（倾斜方向），对需要进行倾斜观测的建筑物，需要在几个侧面进行观测。如图 4-44 所示，在距离墙面大于墙高的地方选择一固定点 A 安置经纬仪（若仰角太大看不到房顶，可加装弯管目镜），盘左瞄准墙顶一观测点 P，向下投影得一点 P_1，盘右重复上述步骤，向下投影得一点 P_2，平分 P_1P_2 得点 P_0，在水平读数尺作标记。过一段时间，再用经纬仪瞄准同一点 P，向下投影得点 P'_0，

若建筑物沿侧面方向发生倾斜，点 P 已移位，则点 P_0 与点 P'_0 不重合，于是量得水平偏移量 d_1，同时，在另一侧面也可测得观测点 M 偏移量 d_2，以 H 代表建筑物的高度，则建筑物的倾斜度为

$$i = \frac{\sqrt{d_1^2 + d_2^2}}{H}$$

【思考题与习题】

1.什么是水平角和竖直角？如何定义竖直角的符号？

2.根据测角的要求，经纬仪应具有哪些功能？其相应的构造是什么？

3.复测经纬仪和方向经纬仪最主要的区别是什么？如果要使照准某一方向的水平度盘读数为 $0°00'00''$，两种仪器分别应如何操作？

4.试根据图 4-45，分别读出各水平度盘的读数。

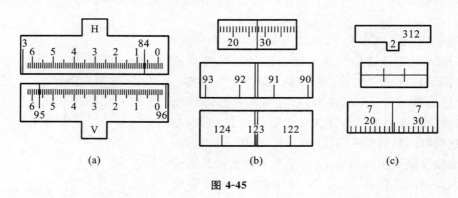

(a) (b) (c)

图 4-45

5.如图 4-46 所示，怎样决定所测的是 α 角或 β 角？

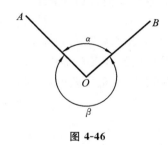

图 4-46

6. 试述用测回法测水平角的步骤,并根据表 4-6 的记录计算平均值及平均角值。

表 4-6　测回法测水平角手簿

测站	测点	盘位	水平度盘读数 。　′　″	水平角值 。　′　″	平均角值 。　′　″	备注
O	A	左	20　01　10			
	B		67　12　30			
	B	右	247　12　56			
	A		200　01　50			

7. 试述用方向法测水平角的步骤,并根据表 4-7 的记录计算各个方向的方向值。

表 4-7　方向法测水平角手簿

测站	测点	水平盘读数				左－右 (2c)	$\dfrac{左+右}{2}$	方向值	备注
		盘左		盘右					
		。　′	″　　″	。　′	″　　″			。′″	。′″
O	A	0 02	06 04	180 02	16 18				
	B	37 44	12 14	217 44	12 14				
	C	110 29	06 07	290 28	54 56				
	D	150 15	04 07	330 14	56 58				
	A	0 02	07 09	180 02	20 22				
		$\Delta_左=$		$\Delta_右=$					

8. 在观测竖直角时,为什么指标水准管的气泡必须居中?

9. 什么是竖盘指标差?怎样测定它的大小?怎样决定其符号?

10.经纬仪应满足哪些理想关系？如何进行检验？各校正什么部位？检校次序应根据什么原则确定？

11.在测量水平角及竖直角时，为什么要用两个盘位？

12.影响水平角和竖直角测量精度的因素有哪些？都应如何消除或降低其影响？

13.电子经纬仪与光学经纬仪相比，其最主要的区别是什么？

项目五 距离丈量及直线定向

»→ **学习要求** ......

1. 掌握直线定线、钢尺量距的操作及计算方法；

2. 掌握钢尺的尺长方程式，了解钢尺检定的方法；

3. 掌握坐标方位角的定义，会进行坐标方位角与象限角的换算，会推导直线的坐标方位角。

距离是指地面上两点沿铅垂线方向在大地水准面上投影后所得到的两点间的弧长。由于大地水准面不规则，所以这个距离是难以测量的。由于在半径 10 km 的范围之内，地球曲率对距离的影响很小，因此可以用水平面代替水准面。那么，地面上两点在水平面上投影后的水平距离就称为距离。

距离测量是测量的三项基本工作之一，其工作内容就是量测两点间的水平距离，方法有钢尺量距、视距测量、电磁波测距和 GPS 测量等。

钢尺量距是用钢卷尺沿地面直接丈量距离；视距测量是利用经纬仪或水准仪望远镜中的视距丝及视距标尺，按几何光学原理进行测距；电磁波测距是用仪器发射并接收电磁波，通过测量电磁波在待测距离上往返传播的时间计算出距离；GPS 测量是利用两台 GPS 接收机接收空间轨道上 4 颗卫星发射的精密测距信号，通过距离空间交会的方法计算出两台 GPS 接收机之间的距离。

5.1 钢尺量距

5.1.1 钢尺量距的工具

钢尺量距，顾名思义，量距工具就是钢尺。

1）钢尺

钢尺又称钢卷尺，普通钢尺是用钢制成的带状尺（见图 5-1），尺的宽度为 10～15 mm，厚度约 0.4 mm，长度有 20 m、30 m、50 m 等几种。钢尺的基本分划为厘米，在每厘米、每分米及每米处印有数字注记。一般的钢尺在起点的一分米内有毫米分划，也有部分钢尺在整个长度内都有毫米分划。

根据零点位置的不同，钢尺有端点尺和刻线尺两种。端点尺指钢尺的零点从拉环的外沿开始［见图 5-2(a)］，刻线尺是指在钢尺的前端有一条刻划线作为钢尺的零分划值［见图 5-2(b)］。

钢尺常用于短距离测量中，精度一般为 1/5 000～1/1 000。如果采用精密量距的方法，精度能达到万分之一。还有一种特殊的钢尺，称为因瓦尺，即用铁镍合金做成的钢尺，形状不是带状，而是线状，长度为 24 m。由于因瓦尺受外界温度的影响很小，所以量距的精度很高，可达到百万分之一。

图 5-1 钢尺

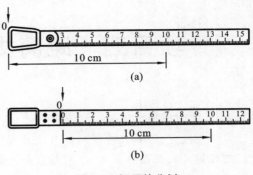

图 5-2 钢尺的分划
(a)端点尺;(b)刻线尺

钢尺的抗拉强度高,不易拉伸,但其性脆易折,易生锈,使用中应注意防潮,避免扭折和车压。

2)其他辅助工具

(1)测钎

测钎用于标定所量尺段的起止点。通常在量距的过程中,两个目标点之间的距离会大于钢尺的最大长度,所以我们要分段进行量距,那么每一段我们就用测钎来标定。测钎常用直径为 3～6 mm 的钢筋制作,上端弯成小圆圈,下端磨成尖角,长度为 30～40 cm,如图 5-3 所示。

(2)标杆

标杆就是实验中使用的花杆,常用木料或铝合金材料制作,直径约 3 cm,长度有 2 m、3 m 等几种,杆上每隔 20 cm 涂以红、白相间的色段,标杆的底部装有尖头铁脚,便于插入地面,如图 5-4 所示。标杆用于直线定线,也就是用标杆定出一条直线来。

(3)锤球

锤球是用金属制作的重物,通常用细绳悬吊铅锤,铅锤自由静止后,细绳和铅锤尖即在同一铅垂线上,如图 5-5 所示。锤球用于在不平坦地面丈量时将钢尺的端点垂直投影到地面。因为用钢尺量距量取的是水平距离,如果地面不平坦,则需抬平钢尺进行丈量,此时可用锤球来投点。

图 5-3 测钎   图 5-4 标杆   图 5-5 锤球

(4)弹簧秤、温度计

弹簧秤用于对钢尺施加规定的拉力,温度计用于测定钢尺量距时的温度,以便对钢尺丈量的距离施加温度改正,尺夹安装在钢尺末端,以方便持尺员稳定钢尺。弹簧秤、温度计在精密量距时使用。

5.1.2 直线定线

使用钢尺量距时,当地面上两点的距离超过钢尺全长,或者地面起伏较大时,测量两点间的水平距离要分段进行,即一段一段地量取两点间的距离。为了保证各量距都处在同一条直线上,要进行直线定线。在分段量距中,在待测直线上标定若干分段点的工作称为直线定线。

直线定线的方法包括目测定线和经纬仪定线两种。

(1)目测定线

目测定线适用于钢尺量距的一般方法。如图 5-6 所示,设 A、B 两点互相通视,要在 A、B 两点的直线上标出分段点 1、2 点。先在点 A、B 上竖立标杆,甲站在点 A 标杆后约 1 m处,观测 A、B 杆同侧,构成视线,指挥乙左右移动标杆,直到甲从点 A 沿标杆的同一侧看到 A、2、B 三支标杆成一条线为止。同法可以定出直线上的其他点。

两点间定线,一般应由远到近,即先定点 1,再定点 2。定线时,乙所持标杆应竖直,用食指和拇指夹住标杆的上部,稍微提起,利用重心使标杆自然竖直。此外,为了不挡住甲的视线,乙应持标杆站立在直线方向的左侧或右侧。

图 5-6 目测定线

(2)经纬仪定线

经纬仪定线适用于钢尺量距的精密测量。如图 5-7 所示,设 A、B 两点互相通视,将经纬仪安置在点 A,用望远镜纵丝瞄准点 B,制动照准部,望远镜上下转动,指挥在两点间某一点上的助手左右移动标杆,直至标杆影像为纵丝所平分。为减小照准误差,精密定线时,可以用直径更细的测钎或锤球线代替标杆。

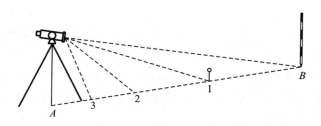

图 5-7 经纬仪定线

5.1.3 钢尺量距的一般方法

1) 水平地面的距离丈量

将地面上两点间的直线定出来后,就可以沿着这条直线丈量两点间水平距离。平坦地

面的距离丈量从起点到终点依次量出若干个整尺段和不足一整尺段的余长,则直线的水平
距离按以下公式进行计算

$$D = n \times l + q \tag{5-1}$$

式中:n——丈量整尺段数;

$\quad\ l$——钢尺的整尺长度,m;

$\quad\ q$——不足一整尺的余长,m。

为了防止测量错误和检核量距的精度,通常要往、返各丈量一次。从终点到起点按相同
方法进行返测,返测需要重新定线。钢尺量距的精度常用相对误差 K 来表示,即

$$K = \frac{|D_{往} - D_{返}|}{D_{平均}} = \frac{1}{\dfrac{D_{平均}}{|D_{往} - D_{返}|}}$$

式中,$D_{平均} = \dfrac{D_{往} + D_{返}}{2}$。

通常,钢尺量距的相对误差不应超过 1/3 000;在量距困难地区,相对误差不应超过
1/1 000。

如果量距的相对误差满足精度要求,则取往测、返测距离的平均值作为最终的丈量结
果;否则应查找原因并重测。

如图 5-8 所示,测量 A、B 两点距离的具体步骤如下。

图 5-8　平坦地区距离丈量

①在直线两端点 A、B 竖立标杆,准备钢尺(30 m)、尺夹、测钎等工具。

②后尺手持钢尺的零点(也就是有拉环的那一端)位于点 A,前尺手持钢尺的末端沿定
线方向向点 B 前进,至整 30 m 处插下测钎,这样就量取了第 1 个尺段。

③以此方法量取其他整尺段,依次前进,直至量完最后一段。最后一段为不足整尺段的
余段。

④丈量余段时,拉平钢尺两端同时读数,两读数的差值就是余段的长度,且余段需测 2
次,求平均得出余段的长度。

⑤求出从 A 量至 B 的长度 $D_{往} = n \times l + q$(n 为整尺段数,l 为整尺段长,q 为余长)。

⑥为了提高量距的精度,按照以上方法由 B 至 A 进行返测,测得 $D_{返}$。最后取往测和返
测的距离平均值作为最终的测量结果。

⑦量距完之后还要进行量距精度的计算,看是否满足规范的要求,量距精度是用相对误
差 K 来表示的。

$$K = |D_{往} - D_{返}| / D_{平均} = 1/m$$
$$D_{平均} = (D_{往} + D_{返})/2$$

如 $K < K_{允}$,则 $D_{平均}$ 为最后结果。

例如,A、B 两点间往测距离为 162.73 m($D_{往}$),返测距离为 162.78 m($D_{返}$),则

A、B 两点距离

$$D_{平均} = \frac{D_{往} + D_{返}}{2} = \frac{162.73 + 162.78}{2} \text{ m} = 162.755 \text{ m}$$

相对误差

$$K = \frac{|D_{往} - D_{返}|}{D_{平均}} = \frac{|162.73 - 162.78|}{162.755} = \frac{1}{3\ 255} \approx \frac{1}{3\ 200} < \frac{1}{3\ 000}$$

注意:K 要写成 $1/m$ 的形式。

2)倾斜地面的距离丈量

(1)斜量法

如图 5-9 所示,倾斜地面的坡度比较均匀,可沿斜面丈量出 AB 间的倾斜距离 l,测出地面的倾斜角度 α,或 A、B 两点的高差 h,按以下公式计算出直线 AB 的水平距离 D。

$$D = l\cos\alpha \tag{5-2}$$

$$D = \sqrt{l^2 - h^2} \tag{5-3}$$

(2)平量法

当地势起伏不大时可采用平量法。如图 5-10 所示,由点 A 丈量至点 B,后尺手将钢尺的零点对准点 A,前尺手沿 AB 方向拉尺,将尺子抬高并目估使尺子水平,在某整数刻线处挂一锤球,锤球尖投影于地面处插上测钎,可标记出 1 点,同理得到 2、3、4 点,最后将各尺段的距离相加即得直线 AB 的水平距离。丈量时仍需进行往返测量,往测和返测均由高处向低处丈量。

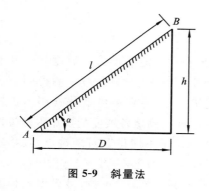

图 5-9　斜量法　　　　　　　图 5-10　平量法

5.1.4　钢尺检定

钢尺制作过程中的刻划误差、使用过程中的变形、丈量过程中拉力与温度的影响等因素,造成钢尺尺面注记的名义长度与钢尺的实际长度不相等。因此,精密量距前,需要将钢尺送到检定部门进行尺长检定。检定的方法是将钢尺放置在一个水泥平台上,在标准的室温下(一般为 20 ℃),给钢尺施加标准的拉力(一般为 100 N),然后得到钢尺在标准温度、标准拉力下的实际长度。最后给出尺长随温度变化的函数式,称为尺长方程式。其一般形式为

$$l_t = l_0 + \Delta l + \alpha \times l_0 \times (t - t_0) \tag{5-4}$$

式中:l_t——温度为 t 时钢尺的实际长度,m;

l_0——钢尺的名义长度,m;

Δl——检定温度下,钢尺整尺段的尺长改正数,m;

α——钢尺的膨胀系数,一般取值为 $\alpha = 1.25 \times 10^{-5}$/℃;

t——钢尺使用时的温度,℃;

t_0——钢尺检定时的温度,℃。

通常钢尺在出厂时已进行了检定,但在长时间使用后,应重新进行检定,确定尺长方程式,检定应送交具有测绘仪器计量监督检定资质的专业部门完成。

可将待检定钢尺与已知尺长方程式的标准钢尺进行比较来检定钢尺。通常选择一平坦地面,将标准钢尺与待检定钢尺并排放于地面,均施加标准拉力,把两根钢尺的末端对齐,在零分划处读出两根钢尺的差数 Δ。若待检定钢尺长于标准钢尺,Δ 取正;反之取负。最后根据标准钢尺的尺长方程式来确定待检定钢尺的尺长方程式。

【例 5-1】 已知标准钢尺的尺长方程式为:$l_{t标} = 30 + 0.006 + 1.25 \times 10^{-5}/℃ \times (t - 20\ ℃) \times 30$,待检定钢尺的名义长度为 30 m,在施加标准压力,两根钢尺的末端对齐后,待检定钢尺的零分划对准标准钢尺的 0.004 m 处,即两尺的差数为 -0.004 m,试确定待检定钢尺的尺长方程式。

【解】 由题意可知

$$l_{t检} = l_{t标} - 0.004$$

将标准钢尺的尺长方程式代入上式,可得

$$l_{t检} = 30 + 0.006 + 1.25 \times 10^{-5}/℃ \times (t - 20\ ℃) \times 30 - 0.004$$

则待检定钢尺的尺长方程式为

$$l_{t检} = 30 + 0.002 + 1.25 \times 10^{-5}/℃ \times (t - 20\ ℃) \times 30$$

5.1.5　钢尺精密量距

当用钢尺进行精密量距时,钢尺必须经过检定并得出在检定时的拉力与温度的条件下应有的尺长方程式。丈量前应先用经纬仪定线。如地势平坦或坡度均匀,可将测得的直线两端点高差作为倾斜改正的依据;若沿线地面坡度有起伏变化,应在坡度变化处用木桩标定,使木桩顶高出地面 2~3 cm,桩顶用"+"标定位置,用水准仪测定各坡度变换点木桩桩顶间的高差,作为分段倾斜改正的依据。每尺段丈量三次,以尺子不同位置对准端点,其移动量一般在 10 cm 左右。三次读数所得尺段长度之差视不同要求而定,一般不超过 2~5 cm,若超限,必须进行第四次丈量。丈量完后还必须进行成果整理,计算改正数,最后得到精度较高的丈量成果。

(1)尺长改正数 Δl

由于钢尺的名义长度和实际长度不一致,丈量时就会产生误差。设钢尺在标准温度、标准拉力下的实际长度为 l,名义长度为 l_0,则一整尺的尺长改正数为

$$\Delta l = l - l_0 \tag{5-5}$$

每量一米的尺长改正数为

$$\Delta l_米 = \frac{l - l_0}{l_0} \tag{5-6}$$

【例 5-2】 某尺名义长度为 30 m,实际长度为 29.956 m,在标准检测条件下,量取某段距离为 105 m,问此段实际距离是多少?

【解】 根据式(5-6)得:$[105 + 105 \times (29.956 - 30)/30]$ m $= 104.846$ m

(2)温度改正数 Δl_t

丈量距离都是在一定的环境条件下进行的,温度的变化对距离有一定影响。设钢尺检

定时温度为 t_0，丈量时温度为 t，钢尺的膨胀系数为 α，则丈量一段距离 D' 的温度改正数为

$$\Delta l_t = \alpha \cdot (t - t_0) \cdot D' \tag{5-7}$$

若丈量时温度大于检定温度，改正数为正，反之为负。

（3）倾斜改正数 Δl_h

设量得的倾斜距离为 D'，两点间测得高差为 h，将 D' 改算成水平距离 D 需要加倾斜改正数 Δl_h，其计算公式为

$$\Delta l_h = -h^2/2l \tag{5-8}$$

倾斜改正数永远为负值。

（4）全长计算

将测得的结果加上上述三项改正值，得到

$$D = D' + \Delta l + \Delta l_t + \Delta l_h \tag{5-9}$$

如果相对误差在限差范围之内，取平均值为丈量结果；如果相对误差超限，应该重测。

5.1.6　钢尺量距的误差分析及注意事项

（1）钢尺量距的误差分析

钢尺量距的主要误差来源有下列几种。

① 尺长误差。如果钢尺的名义长度和实际长度不符，则产生尺长误差。尺长误差是累积的，丈量的距离越长，误差越大。因此，新购置的钢尺必须经过检定，测出其尺长改正值。

② 温度误差。钢尺的长度随温度而变化，当丈量时的温度与钢尺检定时的标准温度不一致时，将产生温度误差。按照钢的膨胀系数计算，温度每变化 $1\ ℃$，丈量距离为 $30\ m$ 时对距离的影响为 $0.4\ mm$。

③ 钢尺倾斜和垂曲误差。在高低不平的地面上采用钢尺水平法量距时，钢尺不水平或中间下垂而成曲线时，都会使量得的长度比实际的要大。因此，丈量时必须保持钢尺水平，整尺段悬空时，中间应打托桩托住钢尺，否则会产生不容忽视的垂曲误差。

④ 定线误差。丈量时钢尺没有准确地放在所量距离的直线方向上，使所量距离不是直线而是一组折线，造成丈量结果偏大，这种误差称为定线误差。丈量 $30\ m$ 的距离，当定线误差为 $0.25\ m$ 时，量距偏大 $1\ mm$。

⑤ 拉力误差。钢尺在丈量时所受拉力应与检定时的拉力相同。若拉力变化 $26\ N$，尺长将改变 $1\ mm$。

⑥ 丈量误差。丈量时在地面上标志尺端点位置处插测钎不准，前、后尺手配合不佳，余长读数不准等都会引起丈量误差，这种误差对丈量结果的影响可正可负，大小不定。在丈量中要尽力做到对点准确，配合协调。

（2）钢尺的维护

① 钢尺易生锈，丈量结束后应用软布擦去尺上的泥和水，涂上机油以防生锈。

② 钢尺易折断，如果钢尺出现卷曲，切不可用力硬拉。

③ 丈量时，钢尺末端的持尺员应该用尺夹夹住钢尺后手握紧尺夹加力，没有尺夹时，可以用布或者纱手套包住钢尺代替尺夹，切不可手握尺盘或尺架加力，以免将钢尺拖出。

④ 在行人和车辆较多的地区量距时，中间要有专人保护，以防止钢尺被车辆碾压而折断。

⑤ 不准将钢尺沿地面拖拉，以免磨损尺面分划。

⑥ 收卷钢尺时，应按顺时针方向转动钢尺摇柄，切忌逆转，以免折断钢尺。

5.2 电磁波测距

5.2.1 电磁波测距技术发展简介

前面介绍的测距方法中,钢尺量距的速度慢,而且在一些困难地区(如山地、沼泽地区)使用起来不方便。因此,人们需要采用另外的方法进行距离测量。随着电子技术的发展,在20世纪40年代末人们发明了电磁波测距仪。所谓电磁波测距是用电磁波(光波或微波)作为载波,传输测距信号,以测量两点间距离的一种方法。电磁波测距具有测程长、精度高、作业快、工作强度低、不受地形限制等优点。

1948年,瑞典 AGA 公司研制成功了世界上第一台电磁波测距仪。1967年,AGA 公司推出了世界上第一台激光测距仪 AGA-8。其白天测程为 40 km,夜间测程达 60 km,测距精度为(5 mm+1 ppm),主机重 23 kg。

我国的武汉地震大队也于 1969 年研制成功了 JCY-1 型激光测距仪,1974 年又研制并生产了 JCY-2 型激光测距仪。其白天测程为 20 km,测距精度(5 mm+1 ppm),主机重 16.3 kg。

电磁波测距仪按其所采用的载波可分为用微波段的无线电波作为载波的微波测距仪、用激光作为载波的激光测距仪、用红外光作为载波的红外测距仪,后两者又统称为光电测距仪(均采用光波作为载波)。

微波测距仪和激光测距仪多用于长程测距,测程可达 60 km,一般用于大地测量;而红外测距仪属于中、短程测距仪(测程为 15 km 以下),一般用于小地区控制测量、地形测量、地籍测量和工程测量等。我们在工程上用得较多的是红外测距仪。

5.2.2 光电测距的原理

如图 5-11 所示,光电测距的基本原理是测距仪发出光脉冲,经反光棱镜反射后回到测距仪。假若能测定光在距离 D 上往返传播的时间,则可以利用测距公式计算出 AB 两点的距离,即

$$D = \frac{1}{2}ct \tag{5-10}$$

式中:D——A、B 两点的距离,m;

c——真空中的光速,m/s;

t——光从仪器到棱镜再到仪器的时间,s。

根据测量光波在待测距离 D 上往返一次传播的时间 t_{2D} 的不同,光电测距仪可分为脉冲式测距仪和相位式测距仪。

脉冲式光电测距直接测定光脉冲在待测距上往返的时间。测距仪将光波调制成一定频率的尖脉冲发送出去。如图 5-12 所示,在尖脉冲光波离开测距仪发射镜的瞬间,触发打开电子门,此时,时钟脉冲进入电子门填充,计数器开始计数。在仪器接收镜接收到由反射棱镜反射回的尖脉冲光波的瞬间,关闭电子门,计数器停止计数。然后根据计数器得到的时钟脉冲个数乘以每个时钟脉冲周期就可以得到光脉冲往返的时间。

由于计数器只能记忆整数个时钟周期,所以不足一个时钟周期的时间就被丢弃掉,那么

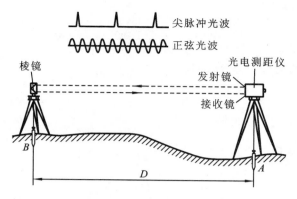

图 5-11　光电测距原理

这就形成了计时上的误差,从而影响了测距的精度。如果将时钟脉冲周期缩短,那么丢弃掉的时间就会减少,测距的精度就会提高。但实际上时钟脉冲周期并不能无限缩短。

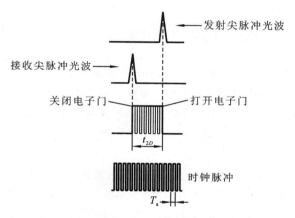

图 5-12　脉冲式光电测距

例如,要达到±1 cm 的测距精度,时钟脉冲的周期要达到 6.7×10^{-11} s,而这对于现在的制造技术来说是很难达到的。所以一般的脉冲式测距仪主要用于远距离测距,测距精度为 $0.5 \sim 1$ m。要提高精度,必须采用相位式光电测距仪。

相位式光电测距是将发射的光波调制成正弦波的形式,通过测量正弦光波在待测距离上往返传播的相位移来计算距离,也就是通过测量光波传播了多少个周期来计算距离。

从发射镜发射的光波经反射棱镜反射后由接收镜接收并展开。我们知道,正弦光波一个周期的相位移为 2π,假设正弦光波经过发射和接收后的相位移为 φ,则 φ 可以分解为 N 个(整数个)2π 周期和不足一个周期的相位移 $\Delta\varphi$,即

$$\varphi = 2\pi N + \Delta\varphi \tag{5-11}$$

假设正弦光波传播的时间为 t,振荡频率为 f,由于频率的定义是光波一秒钟振荡的次数,那么时间 t 内光波振荡的次数为 $f \times t$,而光波每振荡一次的相位移为 2π,所以正弦光波经过时间 t 后相位移为

$$\varphi = 2\pi ft \tag{5-12}$$

由式(5-11)、式(5-12)可以得到

$$2\pi ft = 2\pi N + \Delta\varphi \tag{5-13}$$

故

$$t = \frac{2\pi N + \Delta\varphi}{2\pi f} = \frac{1}{f}\left(N + \frac{\Delta\varphi}{2\pi}\right) = \frac{1}{f}(N + \Delta N) \tag{5-14}$$

ΔN 为不足一周期的那一部分,即代表零点几个周期。

光电测距的公式

$$D = \frac{1}{2}ct = \frac{c}{2f}(N + \Delta N) \tag{5-15}$$

令 $\lambda = \dfrac{c}{f}$,λ 为光波的波长,故

$$D = \frac{\lambda}{2}(N + \Delta N) \tag{5-16}$$

令 $u = \dfrac{\lambda}{2}$,则

$$D = u(N + \Delta N) \tag{5-17}$$

u 称为光尺(或测尺),光尺为半个波长。如果正弦光波的频率越大,则光波的波长越短,从而光尺的长度越短。例如,当光波的调制频率 $f = 75$ kHz 时,光尺 $u = 2$ km;当 $f = 15$ MHz 时,$u = 10$ m。

由于光尺的长度是已知的,因此光尺的长度在制造仪器时就可以确定下来,那么如果我们能够测出正弦光波在待测距离上往返传播的整周期相位移的数目 N 以及不足一个周期的小数 ΔN,则可以根据式(5-17)求出待测距离 D。实际上,我们可以将光尺想象成一把尺子,然后用这把尺子去量距,那么一段距离就应该是整数倍的尺子加上不足一个尺子长度的部分。

在相位式光电测距仪中有一个电子部件,叫作相位计,它将发射镜发射的正弦波与接收镜接收到的正弦波的相位进行比较,就可以测出不足一个周期的小数 ΔN,其测相误差一般为 1/1 000。因此,光尺越长,测距精度越低。例如,光尺长度为 1 km,则精度为米级;光尺长度为 10 km,则精度为 10 米级。为了提高精度,我们可以将光尺变得短一些,但是光尺变短,又会出现另外的问题。由于相位计只能测不足一个周期的小数 ΔN,不能测出整数周期 N,如果待测距离小于光尺长度还好,如果待测距离大于光尺长度,那么这段距离实际上就测不出,就出现了测程(即测距长度)与精度难以兼顾的问题:如果精度提高,光尺就要短,测程也会缩短;如果要保证测程,光尺就要长,精度随之降低。

为了解决这个问题,人们采用多个光尺来配合测距。用短的光尺保证精度,称为精尺;用长的光尺保证测程,称为粗尺。这就解决了测程和精度之间的矛盾。

测距仪测距的过程中,由于受到仪器本身的系统误差以及外界环境的影响,测距精度会下降。为了提高测距的精度,我们需要对测距的结果进行改正。测距边长的改正分为三种类型:仪器常数改正(见图 5-13)、气象改正和倾斜改正。

(1)仪器常数改正

仪器常数包括加常数和乘常数。

①加常数改正。加常数 s 产生的原因是由于仪器的发射面和接收面与仪器中心不一致,反射棱镜的等效反射面与反射棱镜的中心不一致,使得测距仪测出的距离值与实际距离值不一致。因此,测距仪测出的距离还要加上一个加常数 s 进行改正。

②乘常数改正。光尺使用一段时间后,由于晶体老化,实际频率与设计频率有偏移,使

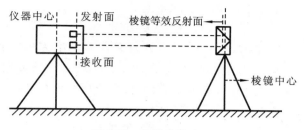

图 5-13　仪器常数改正

测量成果存在着随距离变化的系统误差,其比例因子称为乘常数 r。我们由测距的公式 $D = u(N + \Delta N)$ 可以看出,如果光尺长度变化,则对距离的影响是成比例的影响。所以测距仪测出的距离还要乘上一个乘常数 r 进行改正。

对于加常数和乘常数,我们在测距前先进行检定。目前的测距仪都具有设置常数的功能,我们将加常数和乘常数预先设置在仪器中,那么在测距的时候仪器会自动改正。如果没有设置常数,那么可以先测出距离,然后按照公式 $\Delta D = s + rD$ 进行改正。

（2）气象改正

测距仪的测尺长度是在一定的气象条件下推算出来的。但是仪器在野外测量时的气象条件与标准气象条件不一致,使测距值产生系统误差。所以在测距时应该同时测定环境温度和气压,然后利用厂家提供的气象改正公式计算改正值,或者根据厂家提供的对照表查找对应的改值。有的仪器可以将气压和温度输入到仪器中,由仪器自动改正。

（3）倾斜改正

由于测距仪测得的是斜距,因此将斜距换算成平距时还要进行倾斜改正。

5.2.3　测距仪的标称精度

测距误差可以分为两类:一类是与待测距离成比例的误差,如乘常数误差、温度和气压等外界环境引起的误差;另一类是与待测距离无关的误差,如加常数误差。所以测距仪的精度一般有下面两种表达形式:

$$m_D = \pm(A + B \cdot 10^{-6}D) \tag{5-18}$$

或

$$m_D = \pm(A + B \cdot \text{ppm} \cdot D) \tag{5-19}$$

式中:A——固定误差,即测一次距离总会存在的误差,mm;

　　B——比例误差系数,表示每测量 1 km 就会存在的误差;

　　$1\ \text{ppm} = 1\ \text{mm}/1\ \text{km} = 1 \times 10^{-6}$;

　　D——所测距离,km。

例如,某台测距仪的标称精度为 $\pm(3 + 5\ \text{ppm}D)$ mm,那么固定误差为 3 mm,比例误差系数为 5。

5.3　直线定向及方位角测量

为了确定地面两点在平面位置的相对关系,仅测得两点间水平距离是不够的,还须确定该直线的方向。在测量上,直线方向是以该直线与基本方向线之间的夹角来确定的。确定直线方向与基本方向之间的关系,称为直线定向。

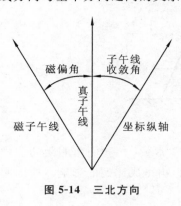

图 5-14 三北方向

1）基本方向

基本方向又称为基准方向或标准方向,有三种形式,即真子午线方向、磁子午线方向和坐标纵轴方向,简称真北方向、磁北方向和坐标北方向,即三北方向,如图5-14所示。

（1）真子午线方向

通过地面上一点及地球南北极的平面与地球表面的交线称为真子午线,过地球表面某点的真子午线切线方向称为该点的真子午线方向,它是通过天文测量或者采用陀螺经纬仪测定的。

（2）磁子午线方向

磁针在地球磁场作用下,自由静止时其轴线所指方向称为该点的磁子午线方向,通常用罗盘仪测定。

由于地球的两极与地磁的两极不重合,因此,过地面上某一点的真子午线方向与磁子午线方向也不重合,两者之间的夹角称为磁偏角,用 δ 表示。磁北方向偏向真北方向以东称为东偏,磁偏角 δ 为正值;磁北方向偏向真北方向以西称为西偏,磁偏角 δ 为负值。

（3）坐标纵轴方向

我国采用高斯平面直角坐标系,以 $3°$ 带或 $6°$ 带中央子午线的投影作为坐标纵轴。在坐标系中,过任意一点与坐标纵轴平行的方向即为该点的坐标纵轴方向。坐标纵轴北端所指方向即为该点的坐标北方向。

地面上某点的真子午线北方向与坐标纵轴北方向之间的夹角,称为子午线收敛角,用 γ 表示。若某点的坐标纵轴北方向偏向真子午线北方向的东侧,称为东偏,γ 取正值;若某点的坐标纵轴北方向偏向真子午线北方向的西侧,称为西偏,γ 取负值。

2）方位角和象限角

直线的方向常用方位角和象限角来表示。

（1）方位角

从过直线段一端的基本方向线的北端起,以顺时针方向旋转到该直线的水平角度,称为该直线的方位角。方位角的角值为 $0°\sim360°$。因基本方向有三种,所以方位角也有三种,真方位角、磁方位角、坐标方位角。

①以真子午线为基本方向线,所得方位角称为真方位角,一般以 A 表示。

②以磁子午线为基本方向线,则所得方位角称为磁方位角,一般以 $A_{磁}$ 来表示。

③以坐标纵轴为基本方向线所得方位角,称为坐标方位角（有时简称方位角）,通常以 α 来表示。

（2）象限角

对于直线定向,有时也用小于 $90°$ 的角度来确定。从过直线一端的基本方向线的北端或南端,依顺时针（或逆时针）的方向量至直线的锐角,称为该直线的象限角,一般以 R 表示。象限角的角值为 $0°\sim90°$。NS 为经过 O 点的基本方向线,$O1$、$O2$、$O3$、$O4$ 为地面直线,则 R_1、R_2、R_3、R_4 分别为四条直线的象限角。若基本方向线为真子午线,则相应的象限角为真象限角;若基本方向线为磁子午线,则相应的象限角为磁象限角。

　　仅有象限角的角值还不能完全确定直线的位置。因为具有某一角值（例如 50°）的象限角，可以从不同的线端（北端或南端）和不同的方向（向东或向西）来度量。所以在用象限角确定直线的方向时，除写出角度的大小外，还应注明该直线所在象限名称，如北东、南东、南西、北西等。在图 5-15 中，直线 $O1$、$O2$、$O3$、$O4$ 的象限角相应地要写为北东 R_1、南东 R_2、南西 R_3、北西 R_4，它们顺次相应等于第一、二、三、四象限中的象限角。

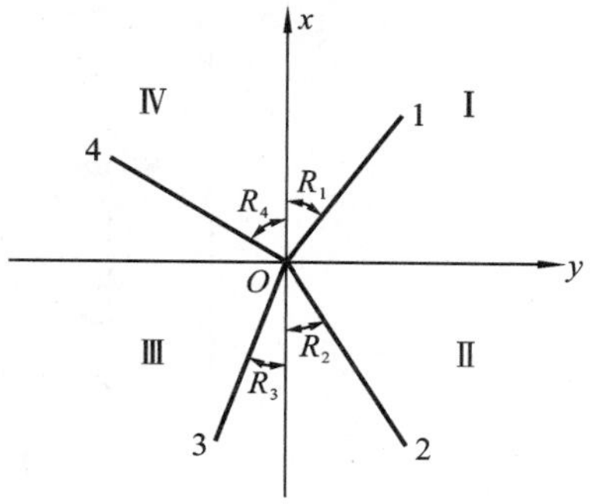

图 5-15　象限角

　　3）坐标方位角和象限角之间的关系

　　坐标方位角和象限角都可以描述直线的方向，二者有一一对应的关系，其换算关系见表 5-1。

表 5-1　坐标方位角和象限角之间的换算关系

象限编号	象限名称	坐标方位角范围	由坐标方位角求象限角（°）	由象限角求坐标方位角（°）
I	北东（NE）	$0°\sim90°$	$R=\alpha$	$\alpha=R$
II	南东（SE）	$90°\sim180°$	$R=180°-\alpha$	$\alpha=180°-R$
III	南西（SW）	$180°\sim270°$	$R=\alpha-180°$	$\alpha=180°+R$
IV	北西（NW）	$270°\sim360°$	$R=360°-\alpha$	$\alpha=360°-R$

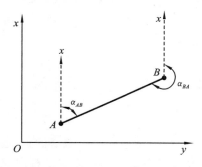

图 5-16　正、反坐标方位角

　　4）正、反坐标方位角

　　在测量工作中，要考虑直线的方向性。如图5-16所示，假设从点 A 到点 B 是直线的前进方向，过点 A 和点 B 分别作坐标纵轴的平行线，则将直线 AB 的坐标方位角 α_{AB} 称为该直线的正坐标方位角，将直线 BA 的坐标方位角 α_{BA} 称为该直线的反坐标方位角，正、反坐标方位角的概念是相对的。显然，一条直线的正、反坐标方位角互差 180°，即

$$\alpha_{BA} = \alpha_{AB} \pm 180° \tag{5-20}$$

　　5）坐标方位角推算

　　在实际测量工作中，并不是直接测定每条边的坐标方位角，而是与已知坐标方位角的直线连测，并测出各边之间的水平夹角，然后根据已知边的坐标方位角，推算出其他未知边的坐标方位角。

　　如图 5-17 所示，AB 边的坐标方位角 α_{AB} 已知，相邻边的水平夹角 β_B、β_C 由观测得到，称为转折角。通常，在线路前进方向左侧的转折角称为左角，用 $\beta_{左}$ 表示；在线路前进方向右侧的转折角称为右角，用 $\beta_{右}$ 表示。由图中可得

$$\alpha_{BC} = \alpha_{AB} + 180° - \beta_B \tag{5-21}$$

$$\alpha_{CD} = \alpha_{BC} + 180° + \beta_C \tag{5-22}$$

　　通过归纳，可得坐标方位角推算的一般公式为

$$\alpha_{前} = \alpha_{后} + 180° + \beta_{左} \tag{5-23}$$

或

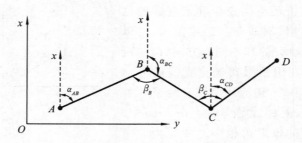

图 5-17　坐标方位角的推算

$$\alpha_{前} = \alpha_{后} + 180° - \beta_{右} \tag{5-24}$$

式中：$\alpha_{前}$——沿线路前进方向前一个边的坐标方位角；

　　$\alpha_{后}$——与其相邻的后一个边的坐标方位角，前一条直线的起点是后一条直线的终点。

通常，如果计算出的 $\alpha_{前} > 360°$，推算出的坐标方位角应减 360° 才是最终结果；如果计算出的 $\alpha_{前} < 0°$，推算出的坐标方位角应加 360° 才是最终结果。总之，应保证 α 在 0°～360° 之间。

【例 5-3】　如图 5-17 所示，已知 $\alpha_{AB} = 66°15'26''$，$\beta_B = 130°29'35''$，$\beta_C = 150°42'52''$，求直线 BC、CD 的坐标方位角和象限角。

【解】　由题意可知

$$\alpha_{BC} = \alpha_{AB} + 180° - \beta_B = 66°15'26'' + 180° - 130°29'35'' = 115°45'51''$$

$$\alpha_{CD} = \alpha_{BC} + 180° + \beta_C = 115°45'51'' + 180° + 150°42'52'' - 360° = 86°28'43''$$

由象限角和坐标方位角的关系可知

$$R_{BC} = 180° - \alpha_{BC} = 180° - 115°45'51'' = 64°14'09''$$

$$R_{CD} = \alpha_{CD} = 86°28'43''$$

5.4　视距测量

视距测量是根据几何光学原理，利用仪器望远镜筒内的视距丝在标尺上截取读数，应用三角公式计算两点距离，可同时测定地面上两点间水平距离和高差的测量方法。视距测量的优点是：操作方便、观测快捷，一般不受地形影响。其缺点是：测量视距和高差的精度较低，测距相对误差为 1/300～1/200。尽管视距测量的精度较低，但还是能满足测量地形图碎部点的要求，所以在测绘地形图时，常采用视距测量的方法测量距离和高差。

1）视距测量原理

视距测量是利用望远镜内的视距装置配合视距尺，根据几何光学和三角测量原理，同时测定距离和高差的方法。

（1）视线水平时的距离与高差公式

如图 5-18 所示，AB 为待测距离，在点 A 安置仪器，点 B 竖立视距尺，设望远镜视线水平，瞄准点 B 的视距尺，此时视线与视距尺垂直。通过上、下两个视距丝 m、n 可以读取视距尺上 M、N 两点读数，读数之间的差值 l 称为尺间隔（或视距间隔）。

$$l = m - n$$

设仪器中心到视距尺的平距为 D，望远镜物镜的焦距为 f，仪器中心到望远镜物镜的距离为 δ，则

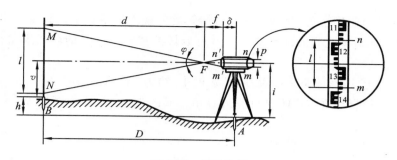

图 5-18 视线水平

$$D = d + f + \delta \qquad (5-25)$$

距离公式

$$D = \frac{f}{p}l + f + \delta \qquad (5-26)$$

$$\frac{d}{f} = \frac{l}{p} \qquad (5-27)$$

令 $\frac{f}{p} = r$，$f + \delta = s$，则

$$D = rl + s \qquad (5-28)$$

式中：r——视距乘常数；

s——视距加常数。

常用的内对光望远镜的视距常数在设计时，$r = 100$，$s \approx 0$。

在视线水平时，计算两点间的水平距离公式为

$$D = rl = 100l \qquad (5-29)$$

测站点 A 到立尺点 B 之间的高差为

$$h = i - v \qquad (5-30)$$

式中：i——仪器高，可以用钢卷尺量；

v——十字丝的中丝读数，或上下视距丝读数的平均值。

2）视准轴倾斜时的视距计算公式

当地形的起伏比较大时，望远镜要倾斜才能看见视距尺。此时视线不再垂直于视距尺，所以不能套用视线水平时的视距公式，而需要推出新的公式。

如图 5-19 所示，望远镜的中丝对准视距尺上的点 O，望远镜的竖直角为 α。我们可以想

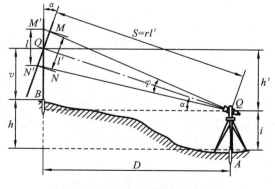

图 5-19 视线倾斜时视距测量

象将水准尺绕点 O 旋转 α 角,此时视线就与旋转后的视距尺垂直了。只要求出视距尺旋转后的视距间隔(即 MN 之间的读数差 l'),就可以按照视线水平时的公式求出视线长度(即 OQ 这一段斜距)。

由于十字丝上、下丝的距离很短,所以 φ 很小,约为 $34'$,那么 $\varphi/2$ 只有 $17'$,故可以把角 $NN'O$ 看成直角;同理,角 OMM' 也可看成直角。又因为 $\angle NON'=\angle MOM'=\alpha$,所以由三角函数可得

$$OM=OM'\cos\alpha, \quad ON=ON'\cos\alpha$$

故 $$(OM+ON)=(OM'+ON')\cos\alpha$$

即 $$l'=l\cos\alpha$$

由水平时视距公式得斜距 $$S=rl'=rl\cos\alpha$$

AB 间水平距离 $$D=S\cos\alpha=rl\cos^2\alpha$$

设 AB 间高差为 h,目标高为 v(即十字丝中丝在视距尺上读数),仪器高为 i,由图 5-19 得

$$h+v=h'+i \tag{5-31}$$

式中:h'——初算高差或高差计算值,并有

$$h'=S\sin\alpha=rl'\cos\alpha\sin\alpha=\frac{1}{2}rl\sin^2\alpha \text{ 或 } h'=D\tan\alpha$$

$$h=h'+i-v=\frac{1}{2}rl\sin^2\alpha+i-v=D\tan\alpha+i-v$$

假定点 A 的高程是已知的,要求点 B 的高程,那么

$$H_B=H_A+h=H_A+D\tan\alpha+i-v$$

3)视距测量的方法

①在测站点安置仪器,量取仪器高 i(测站点至仪器横轴的高度,量至厘米)。

②盘左位置瞄准视距尺,读取水准尺的下丝、上丝及中丝读数。

③使竖盘水准管气泡居中,读取竖盘读数,然后计算竖直角。

④计算水平距离。

⑤计算高差和高程。

5.5　钢尺在施工中的应用

由地面已知点沿一定的方向测设另一点,使两点间的距离等于设计长度称为水平距离测设。用钢尺测设水平距离的方法主要有以下两种。

(1)一般方法

通常情况下,测设已知长度的水平距离可用钢尺按一般方法进行。

如图 5-20 所示,由已知点 A 沿 AB 方向拉平钢尺量取已知的水平距离 l,得到已知长度的另一端点 B,改变起始读数同法再量一次。若两次之差在规定限差内,取其平均值作最后结果,并改正点 B 的位置,AB 即为按已知长度测设的水平距离。

(2)精密方法

如图 5-21 所示,当测设精度要求较高时,可根据已知倾斜距离、所用钢尺的实际长度、测设时的温度,结合地面起伏情况,进行尺长、温度、倾斜改正,计算出地面上实际的距离。

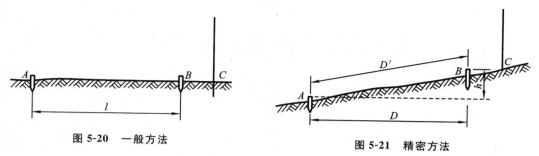

图 5-20　一般方法　　　　　　　　　图 5-21　精密方法

$$D = D' + \Delta l + \Delta l_t + \Delta l_h \tag{5-32}$$

式中：Δl、Δl_t、Δl_h——尺长、温度、倾斜改正数。

然后根据计算结果,使用检定过的钢尺,用经纬仪定线,沿已知方向用钢尺进行测设。

【思考题与习题】

1. 量距时为什么要进行直线定线? 如何进行直线定线?

2. 哪些因素会对钢尺量距产生误差? 应注意哪些事项?

3. 什么是相对误差? 限差如何规定?

4. 何为基本方向? 何为方位角? 基本方向和方位角有哪些?

5. 如何进行精密量距?

6. 用经纬仪进行距离测量记录表如下,仪器高 $i = 1.532$ m,测站点高程为 7.481 m。试计算测站点至各照准点的高程。

点号	下丝读数	下丝读数	中丝读数	视距间隔	竖盘读数	竖直角(°′)	水平距离(m)	高差(m)	高程(m)
1	1.766	0.902	1.383		84°32′				
2	2.165	0.555	1.360		87°25′				
3	2.570	1.428	2.000		93°45′				
4	2.871	1.128	2.00		86°13′				

7. 控制网图形如图 5-22 所示,已知点 A 的坐标为 $(535.000, 535.000)$,点 A 到点 B 的水平距离为 43.530 m,$\alpha_{AB} = 90°00'00''$,$\angle B = 81°46'10''$,$\angle C = 101°57'00''$,$\angle D = 85°22'10''$,$\angle A = 90°54'40''$,试计算点 B 坐标,并推算 BC、CD、DA 边的坐标方位角(α_{BC}、α_{CD}、α_{DA})和象限角(R_{BC}、R_{CD}、R_{DA})。

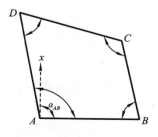

图 5-22　控制网图形示意图

项目六 控制测量

学习要求

1. 了解控制测量的原则、目的及分类;

2. 掌握导线的布设形式,导线测量的外业工作和内业计算方法;

3. 掌握三、四等水准测量的外业施测及成果计算方法;

4. 了解三角高程测量的原理、计算公式及成果计算方法。

为了减少测量工作中的误差累计,应该遵循三个基本原则:从整体到局部、由高级到低级、先控制后碎部。这三个基本原则说明测量工作首先是建立控制网,进行控制测量,然后在控制网的基础上再进行施工测量、碎部测量等工作。另外,这三个基本原则还有一层含义:控制测量是先布设能控制一个大范围、大区域的高等级控制网,然后由高等级控制网逐级加密,直至最低等级的图根控制网,控制网的范围也会一级一级地减小。

要测量某块区域,可以先在测区的范围内选定一些对整体具有控制作用的点,这些点称为控制点。控制点组成的网状结构就称为控制网,为建立控制网所进行的测量工作就称为控制测量。

控制测量包括平面控制测量和高程控制测量,平面控制测量用来测定控制点的平面坐标(见图 6-1),高程控制测量用来测定控制点的高程(见图 6-2)。

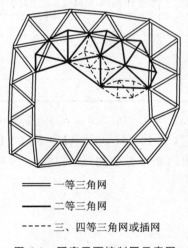

———— 一等三角网

———— 二等三角网

----- 三、四等三角网或插网

图 6-1 国家平面控制网示意图

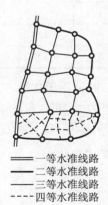

———— 一等水准线路

———— 二等水准线路

———— 三等水准线路

----- 四等水准线路

图 6-2 国家高程控制网示意图

在全国范围内建立的国家平面控制网和高程控制网,称为国家控制网,它提供全国统一的空间定位基准,为全国各种比例尺测图、工程建设及军事应用等提供控制依据。建立国家平面控制网的常规方法有三角测量和精密导线测量两种方法。国家控制网按精度等级分为一、二、三、四等,一、二等是国家控制网的骨干,三、四等是对国家控制网的进一步加密。国家高程控制网主要采用精密水准测量方法建立,常布设成水准网、闭合水准路线、附合水准路线等形式,按精度高低分为一、二、三、四等,从高级到低级,逐级进行控制。

城市控制网是指在城市范围内建立的控制网,主要为城市规划、工程建设、施工放样、大比例尺测图、地籍测量等提供基础控制点。相对国家控制网而言,城市控制网的范围较小,可在国家控制网的基础上进行加密。如果国家控制网不能满足测量的要求,可建立独立的城市控制网。

小区域控制网指面积在 10 km² 以内,为大比例尺测图和工程建设而建立的控制网。小区域控制网应尽量与国家控制网联测;联测有困难时,也可根据需要建立独立的控制网。小区域控制网通常按精度的大小分级建立,区域内精度最高的控制网称为首级控制网。直接为测图建立的控制网,称为图根控制网,图根控制网中的控制点称为图根控制点,简称图根点。图根点的密度根据基本控制点分布,地形复杂、破碎程度或隐蔽情况决定。对于平坦而开阔的地区,图根点的数量要求见表 6-1。

表 6-1　每平方千米图根点数量　　　　　　　　(单位:个)

比例尺	1∶2 000	1∶1 000	1∶500
模拟法成图	15	50	150
数字法成图	4	16	64

小区域平面控制网主要采用三角测量和导线测量的方法建立,小区域高程控制网主要采用水准测量的方法建立,对于地面高差起伏较大的山区和丘陵地区,也可采用三角高程测量的方法。

以下重点介绍采用导线测量方法建立小区域平面控制网的方法,以及用三、四等水准测量和三角高程测量建立小区域高程控制网的方法。

6.1　导线测量

导线测量是平面控制测量的常用方法。所谓导线,是指将测区内相邻控制点依次连接构成的折线图形。构成导线的各控制点称为导线点,相邻控制点构成的边称为导线边,相邻导线边之间的水平夹角称为转折角。导线测量就是根据已知数据(已知导线点坐标及已知导线边的坐标方位角)和外业测量的导线边边长及转折角,计算出未知导线点的坐标。

按照使用仪器工具的不同,导线分为经纬仪导线和光电测距导线。经纬仪导线使用经纬仪测量转折角,使用钢尺测量导线边边长;光电测距导线使用全站仪或测距仪测量导线边边长。

导线测量的布设形式灵活,只要求相邻导线点之间通视,适用于狭长地带、地物分布较复杂的城市地区。

6.1.1　导线的布设

导线的布设形式有闭合导线、附合导线、支导线三种。

1) 闭合导线

起止于同一已知点的导线,称为闭合导线。如图 6-3(a)所示,导线从已知点 A 和已知方向 BA 出发,经过导线点 1、2、3、4、5,最后回到起始点 A,形成一个闭合多边形的导线。闭合导线需要观测各导线边的边长、转折角、连接角。闭合导线具有严密的检核条件,常用于小区域的首级平面控制测量。

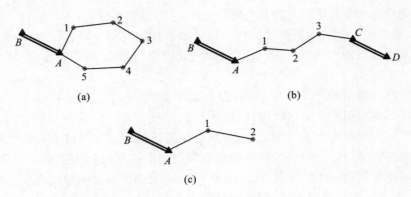

图 6-3 导线的形式

(a)闭合导线;(b)附合导线;(c)支导线

闭合导线有三个检核条件:一个多边形内角和条件和两个坐标增量条件。用经纬仪测闭合导线的内角,在理论上内角和为$(n-2)\times180°$。对于坐标增量,闭合导线最后又测回了起点。

2) 附合导线

布设在两个已知点之间的导线,称为附合导线。如图 6-3(b)所示,从一高级控制点 A 和已知方向 BA 出发,经导线点 1、2、3,最后附合到另一高级控制点 C 和已知方向 CD 上。实际上点 A、C 也是附合导线的一部分。

附合导线也有三个检核条件:一个坐标方位角条件和两个坐标增量条件。坐标方位角的条件为 $\alpha_{终} = \alpha_{始} + \sum\beta_i + n\times180°$,$\alpha_{始}$ 为起始边的方位角,也就是 BA 边的方位角,$\alpha_{终}$ 为终止边的方位角,也就是 CD 边的方位角,它们在理论上应该有公式描述的这种关系,但是由于测转折角的时候有误差存在,所以实际推算出来的 $\alpha_{终}$ 并不会等于已知的 CD 边的方位角。所以可以采用这个公式作为一个检核条件,表明误差的大小,如果超出了一定限度就要重测转折角。对于坐标增量的和,有 $\sum\Delta x_{理} = x_{终} - x_{始}$,$\sum\Delta y_{理} = y_{终} - y_{始}$ 这两个检核条件也应该是显而易见的。

3)支导线

仅从一个已知点和一个已知方向出发,支出 1~2 个点,称为支导线。当导线点的数目不能满足局部测图的需要时,常采用支导线的形式。

支导线只有必要的起算数据,没有检核条件,它只限于在图根导线中使用,且支导线的点数一般不应超过 2 个。

由《工程测量规范》(GB 50026—2007)可知,各等级导线测量的主要技术要求应符合表 6-2 的规定。

表 6-2 导线测量的主要技术要求

等级	导线长度(km)	平均边长(km)	测角中误差(″)	测距中误差(mm)	测距相对中误差	测回数			方位角闭合差(″)	导线全长相对闭合差
						1″级仪器	2″级仪器	6″级仪器		
三等	14	3	1.8	20	1/150 000	6	10	—	$3.6\sqrt{n}$	≤1/55 000

续表

等级	导线长度（km）	平均边长（km）	测角中误差（"）	测距中误差（mm）	测距相对中误差	测回数 1"级仪器	测回数 2"级仪器	测回数 6"级仪器	方位角闭合差（"）	导线全长相对闭合差
四等	9	1.5	2.5	18	1/80 000	4	6	—	$5\sqrt{n}$	≤1/35 000
一级	4	0.5	5	15	1/30 000	—	2	4	$10\sqrt{n}$	≤1/15 000
二级	2.4	0.25	8	15	1/14 000	—	1	3	$16\sqrt{n}$	≤1/10 000
三级	1.2	0.1	12	15	1/7 000	—	1	2	$24\sqrt{n}$	≤1/5 000

注：①表中 n 为测站数。

②当测区测图的最大比例尺为 1:1 000 时，一、二、三级导线的导线长度和平均边长可适当放大，但最大长度不应大于表中规定长度的 2 倍。

6.1.2　导线测量外业

导线测量外业工作包括踏勘选点、建立标志、导线边长测量、导线转折角测量和联测。

1）踏勘选点及建立标志

在踏勘选点之前，应到有关部门收集测区原有的地形图和高一等级控制点的成果资料，然后在地形图上初步设计导线布设路线，最后按照设计方案到实地踏勘选点。现场踏勘选点时，应注意下列事项。

① 相邻导线点间应通视良好，以便于角度测量和距离测量。如采用钢尺量距丈量导线边长，则沿线地势应较平坦，没有丈量的障碍物。

② 点位应选在土质坚实并便于保存之处。

③ 在点位上，视野应开阔，便于测绘周围的地物和地貌（如布设在交叉路口）。

④ 导线边长最长不超过平均边长的 2 倍，相邻边长长度尽量不要相差悬殊。

⑤ 导线应均匀分布在测区，便于控制整个测区。

导线点位选定后，在泥土地面上，要在点位上打一木桩，桩顶钉上一小钉，作为临时性标志；在碎石或沥青路面上，可以用顶上凿有十字纹的大铁钉代替木桩；在混凝土场地或路面上，可以用钢凿凿一个十字纹，再涂上红油漆使标志明显。

若导线点需要长期保存，则可以埋设混凝土导线点标石。导线点在地形图上的表示符号如图 6-4 所示，图中的 2.0 表示符号正方形的长、宽为 2 mm，1.6 表示符号圆的直径为 1.6 mm。

导线点埋设后，为便于观测时寻找，可以在点位附近房角或电线杆等明显地物上用红油漆标明指示导线点的位置。应为每一个导线点绘制一张点之记。

2）导线边长测量

图根导线边长可以使用检定过的钢尺丈量或检定过的光电测距仪测量。钢尺量距宜采用双次丈量方法，其较差的相对误差不应大于 1/3 000。钢尺的尺长改正数大于 1/10 000 时，应加尺长改正；量距时平均尺温与检定时温度相差大于 ±10 ℃时，应进行温度改正；尺面倾斜大于 1.5% 时，应进行倾斜改正。

导线边的边长应使用经过检定的钢尺往、返丈量，也可采用全站仪或测距仪测定。各等级控制网边长的主要技术要求见表 6-3 和表 6-4。

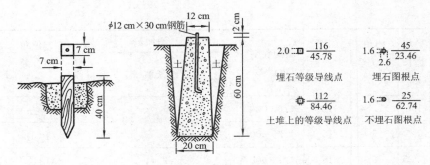

图 6-4 导线点

表 6-3 测距的主要技术要求

平面控制网等级	仪器精度等级	每边测回数		一测回读数较差(mm)	单程各测回较差(mm)	往返测距较差(mm)
		往	返			
三等	5 mm 级仪器	3	3	≤5	≤7	≤2(a+b×D)
	10 mm 级仪器	4	4	≤10	≤15	
四等	5 mm 级仪器	2	2	≤5	≤7	
	10 mm 级仪器	3	3	≤10	≤15	
一级	10 mm 级仪器	2	—	≤10	≤15	
二、三级	10 mm 级仪器	1	—	≤10	≤15	

注:①测回是指照准目标一次,读数2~4次的过程。
　　②困难情况下,边长测距可采取不同时间段测量代替往返观测。

表 6-4 普通钢尺测距的主要技术要求

等级	边长量距较差相对误差	作业尺数	量距总次数	定线最大偏差(mm)	尺段高差较差(mm)	读定次数	估读值至(mm)	温度读数值至(℃)	同尺各次或同段各尺的较差(mm)
二级	1/20 000	1~2	2	50	≤10	3	0.5	0.5	≤2
三级	1/10 000	1~2	2	70	≤10	2	0.5	0.5	≤3

注:①量距边长应进行温度、坡度及尺长改正。
　　②当检定钢尺时,其相对误差不应大于1/100 000。

3)导线转折角测量

导线转折角是指在导线点上由相邻导线边构成的水平角。导线转折角分为左角和右角,在导线前进方向左侧的水平角称为左角,右侧的水平角称为右角。如果观测没有误差,在同一个导线点测得的左角与右角之和应等于360°。

图根导线的转折角可以用 DJ6 级光学经纬仪测回法观测一测回,应统一地观测左角或右角。对于闭合导线,导线转折角一般是观测闭合多边形的内角。

4)联测

对于与高级控制点连接的导线,需要测出连接角和连接边,用来传递坐标方位角和坐标。对于独立导线(即附近无高级控制点),可用罗盘仪测定导线边的起始方位角(用磁方位角代替坐标方位角),并假定起始点的坐标。

6.2 导线测量的内业计算

导线测量的内业计算,就是根据已知高级控制点的坐标和已知边的坐标方位角,以及外

业观测的导线边长和转折角数据,推算各未知导线点的坐标,并评定导线测量成果的精度。计算思路如下:

　　①由水平角观测值 β,计算方位角 α;

　　②由方位角 α、边长 D,计算坐标增量 Δx、Δy;

　　③由坐标增量 Δx、Δy,计算 x、y。

　　在进行内业计算之前,应全面检核外业观测数据,包括数据是否完整、有无记错算错、数据是否满足精度要求等。然后绘制导线布设草图,将各导线点点号、导线边长及转折角标注于图形上,供内业计算使用。

6.2.1　坐标正反算

1)坐标正算

　　根据已知点的坐标、已知边长和该边的坐标方位角计算出未知点的坐标,称为坐标正算。

　　如图 6-5 所示,设点 A 为已知点,点 B 为未知点,点 A 的坐标为 (x_A,x_A),AB 的边长为 D_{AB},AB 的坐标方位角为 α_{AB},则点 B 的坐标为

$$x_B = x_A + \Delta x_{AB} \tag{6-1}$$

$$y_B = y_A + \Delta y_{AB} \tag{6-2}$$

式中:$\Delta x_{AB} = x_B - x_A = D_{AB}\cos\alpha_{AB}$;

　　　$\Delta y_{AB} = y_B - y_A = D_{AB}\sin\alpha_{AB}$。

　　上式中的 Δx、Δy 均为坐标的增量。

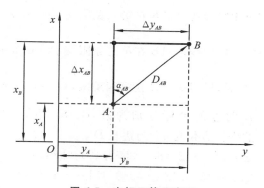

图 6-5　坐标正算示意图

　　坐标方位角和坐标的增量均带有方向性,当方位角位于第一象限时,坐标的增量均为正值;当坐标方位角位于第二象限时,Δx_{AB} 为负值、Δy_{AB} 为正值;当坐标方位角在第三象限时,Δx_{AB}、Δy_{AB} 均为负值。当坐标方位角在第四象限时,Δx_{AB} 为正值,Δy_{AB} 为负值。

　　【例 6-1】　已知点 A 的坐标为 $(50,50)$,AB 的距离为 50 m,AB 的坐标方位角 $\alpha_{AB} = 45°$,试求点 B 的坐标。

　　【解】　将已知数据代入式(6-1)、式(6-2)中,得

$$x_B = x_A + \Delta x_{AB} = x_A + D_{AB}\cos\alpha_{AB} = (50+50\times\cos45°)\ \mathrm{m} = 85.355\ \mathrm{m}$$

$$y_B = y_A + \Delta y_{AB} = y_A + D_{AB}\sin\alpha_{AB} = (50+50\times\sin45°)\ \mathrm{m} = 85.355\ \mathrm{m}$$

2)坐标反算

　　根据两个已知点坐标,求该两点间的距离和坐标方位角,称为坐标反算。在点的平面位

置放样中会用到这部分知识。

如图 6-5 所示,设 A、B 两点为已知点,其坐标分别为(x_A,y_A)、(x_B,y_B)则

$$\tan\alpha_{AB} = \frac{\Delta y_{AB}}{\Delta x_{AB}} \tag{6-3}$$

$$\alpha_{AB} = \arctan\frac{\Delta y_{AB}}{\Delta x_{AB}} \tag{6-4}$$

因此

$$D_{AB} = \sqrt{\Delta x_{AB}^2 + \Delta y_{AB}^2} \tag{6-5}$$

$$D_{AB} = \frac{\Delta y_{AB}}{\sin\alpha_{AB}} = \frac{\Delta x_{AB}}{\cos\alpha_{AB}} \tag{6-6}$$

因为反正切函数的值域是$-90°\sim+90°$,而坐标方位角的取值范围为 $0°\sim360°$,因此坐标方位角的值可根据 x 和 y 坐标改变量 Δx_{AB}、Δy_{AB} 的正负号确定导线边所在象限,将反正切角值即象限角换算为坐标方位角。根据所在的象限,求得其方位角 α_{AB},具体讨论如下:

①当 $\Delta x_{AB}>0$,$\Delta y_{AB}=0$ 时,导线边 AB 在 x 轴上,且指向正方向,$\alpha_{AB}=0°$;

②当 $\Delta x_{AB}=0$,$\Delta y_{AB}>0$ 时,导线边 AB 在 y 轴上,且指向正方向,$\alpha_{AB}=90°$;

③当 $\Delta x_{AB}<0$,$\Delta y_{AB}=0$ 时,导线边 AB 在 x 轴上,且指向负方向,$\alpha_{AB}=180°$;

④当 $\Delta x_{AB}=0$,$\Delta y_{AB}<0$ 时,导线边 AB 在 x 轴上,且指向负方向,$\alpha_{AB}=270°$;

⑤当 $\Delta x_{AB}=0$,$\Delta y_{AB}=0$ 时,A、B 两点缩成一点,没有坐标方位角;

⑥当 $\Delta x_{AB}>0$,$\Delta y_{AB}>0$ 时,导线边 AB 在第一象限,$\alpha_{AB}=\arctan\dfrac{\Delta y_{AB}}{\Delta x_{AB}}$;

⑦当 $\Delta x_{AB}<0$,$\Delta y_{AB}>0$ 时,导线边 AB 在第二象限,$\alpha_{AB}=\arctan\dfrac{\Delta y_{AB}}{\Delta x_{AB}}+180°$;

⑧当 $\Delta x_{AB}<0$,$\Delta y_{AB}<0$ 时,导线边 AB 在第三象限,$\alpha_{AB}=\arctan\dfrac{\Delta y_{AB}}{\Delta x_{AB}}+180°$;

⑨当 $\Delta x_{AB}>0$,$\Delta y_{AB}<0$ 时,导线边 AB 在第四象限,$\alpha_{AB}=\arctan\dfrac{\Delta y_{AB}}{\Delta x_{AB}}+360°$。

【例 6-2】 已知 A、B 两点的坐标分别为 $A(3558.124,4945.451)$、$B(3842.489,4529.126)$,试求直线 AB 的坐标方位角 α_{AB} 与边长 D_{AB}。

【解】
$$\Delta x_{AB}=3842.489-3558.124=284.365$$
$$\Delta y_{AB}=4529.126-4945.451=-416.325$$

$$\alpha_{AB}=\arctan\frac{\Delta y_{AB}}{\Delta x_{AB}}=\arctan\left(\frac{-416.325}{284.365}\right)=-55°39'56''$$

因 $\Delta x_{AB}>0$,$\Delta y_{AB}<0$,故知 AB 导线为第四象限上的直线,代入上述讨论的⑨中得

$$\alpha_{AB}=\arctan\frac{\Delta y_{AB}}{\Delta x_{AB}}+360°=(-55°39'56'')+360°=304°20'04''$$

$$D_{AB}=\sqrt{284.365^2+(-416.325)^2}=504.173$$

注意:一直线有两个方向,存在两个方位角,y_B-y_A、x_B-x_A 的计算是过点 A 坐标纵轴至直线 AB 的坐标方位角,若所求坐标方位角为 α_{BA},则应是点 A 坐标减点 B 坐标。

坐标正算与反算,可以利用普通科学电子计算器的极坐标和直角坐标相互转换功能计算。

6.2.2 闭合导线计算

图 6-6 所示是实测图根闭合导线示意图,图中各项数据是从外业观测手簿中获得的已

知数据:12 边的坐标方位角 $\alpha_{12}=125°30'00''$,点 1 的坐标(500.00,500.00)。现结合图 6-6 说明闭合导线计算步骤。

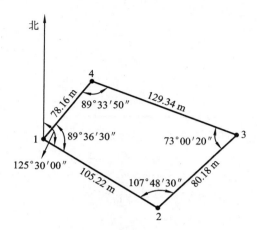

图 6-6　闭合导线计算图

准备工作:填表,在表 6-5 中填入已知数据和观测数据。

1)角度闭合差的计算与调整

如图 6-6 所示的各角的内角分别依次填入表中"观测角"那一栏。计算的内角的总和填入最下方。

n 边形闭合导线内角和理论值

$$\sum \beta_{理} = (n-2) \times 180° \qquad (6-7)$$

(1)角度闭合差的计算

$$f_\beta = \sum \beta_{测} - \sum \beta_{理} = \sum \beta_{测} - (n-2) \times 180° \qquad (6-8)$$

例: $f_\beta = \sum \beta_{测} - \sum \beta_{理} = \sum \beta_{测} - (n-2) \times 180° = 359°59'10'' - 360° = -50'$

表 6-5　闭合导线坐标计算表

点号	观测角 (右角) (° ′ ″)	改正数 (″)	改正角 (° ′ ″)	坐标 方位角 α (° ′ ″)	距离 D(m)	增量计算值		改正后增量		坐标值		点号
						Δx(m)	Δy(m)	Δx(m)	Δy(m)	x(m)	y(m)	
1										500.00	500.00	1
				125 30 00	105.22	−0.02 −61.10	+0.02 +85.66	−61.12	+85.68			
2	107 48 30	+13	107 48 43							438.88	585.00	2
				53 18 43	80.18	−0.02 +47.90	+0.02 +64.30	+47.88	+64.32			
3	73 00 20	+12	73 00 32							486.76	650.00	3
				306 19 15	129.34	−0.03 +76.61	+0.02 −104.21	+76.58	−104.19			
4	89 33 50	+12	89 34 02							563.34	545.00	4
				215 53 17	78.16	−0.02 −63.32	+0.01 −45.82	−63.34	−45.81			
1	89 36 30	+13	89 36 43							500.00	500.00	1
				125 30 00								
2												2
Σ	359 59 10	+50	360 00 00		392.90	+0.09	−0.07	0.00	0.00			

点号	观测角（右角）（° ′ ″）	改正数（″）	改正角（° ′ ″）	坐标方位角 α（° ′ ″）	距离 D(m)	增量计算值		改正后增量		坐标值		点号
						Δx(m)	Δy(m)	Δx(m)	Δy(m)	x(m)	y(m)	
辅助计算	$f_\beta = \sum \beta_測 - (n-2) \times 180° = -50''$ $f_{\beta容} = \pm 60''\sqrt{4} = \pm 120''$				$f_x = \sum \Delta x_測 = 0.09$ $f_y = \sum \Delta y_測 = -0.07$ $f_D = \sqrt{f_x^2 + f_y^2} = \pm 0.11$				$K = \dfrac{0.11}{392.90} \approx \dfrac{1}{3\,500}$ $K_容 = \dfrac{1}{2\,000}$			

（2）角度容许闭合差的计算（公式可查规范）

$$f_{\beta容} = \pm 60''\sqrt{n} \text{（图根导线）} \tag{6-9}$$

若 $f_\beta \leqslant f_{\beta容}$，则角度测量符合要求，否则角度测量不合格。若角度测量不合格，首先对计算进行全面检查，若计算没有问题，则应对角度进行重测。

本例的 $f_\beta = -50''$，根据表 6-5 可知

$$f_{\beta容} = \pm 60''\sqrt{n} = \pm 60''\sqrt{4} = \pm 120''$$

则 $f_\beta < f_{\beta容}$，角度测量符合要求。

（3）角度闭合差 f_β 的调整

调整前提是假定所有角的观测误差是相等的，则角度改正数 $\Delta\beta = -\dfrac{f_\beta}{n}$（$n$ 为测角个数）。角度改正数的计算，按角度闭合差反号平均分配，余数分给短边构成的角。其检核公式为

$$\sum \Delta\beta = -f_\beta$$

改正后的角度值检核：$\beta_该 = \beta_測 + \Delta\beta_i$，$\sum \beta_理 = (n-2) \times 180°$

2）推算导线各边的坐标方位角

推算导线各边坐标方位角公式：$\alpha_前 = \alpha_后 + \beta_左 \pm 180°$，$\alpha_前 = \alpha_后 - \beta_右 \pm 180°$。根据已知边坐标方位角和改正后的角值推算，$\alpha_前$、$\alpha_后$ 表示导线前进方向的前一条边的坐标方位角和与之相连的后一条边的坐标方位角。$\beta_左$ 为前后两条边所夹的左角，$\beta_右$ 为前后两条边所夹的右角，据此，求得

$$\alpha_{23} = \alpha_{12} - 180° + \beta_2 = 125°30'00'' - 180° + 107°48'43'' = 53°18'43''$$

$$\alpha_{34} = \alpha_{23} - 180° + 73°00'32'' + 360° = 306°19'15''$$

$$\alpha_{41} = \alpha_{34} - 180° + 89°34'02'' = 215°53'17''$$

$$\alpha'_{12} = \alpha_{41} - 180° + 89°36'43'' = 125°30'00'' = \alpha_{12}$$

将上式计算结果填入表 6-5 中相应的列中。

3）计算导线各边的坐标增量 Δx、Δy

计算导线各边的坐标增量 Δx、Δy：

$$\Delta x_i = D_i \cos\alpha_i \quad \Delta y_i = D_i \sin\alpha_i$$

则 $\Delta x_{12} = D_{12}\cos\alpha_{12}$，$\Delta y_{12} = D_{12}\sin\alpha_{12}$，坐标增量的符号取决于 1-2 边的坐标方位角的大小

4）坐标增量闭合差的计算（见表 6-5）

根据闭合导线本身的特点：理论上 $\sum \Delta x_理 = 0$，$\sum \Delta y_理 = 0$（见图 6-7）；坐标增量闭合差 $f_x = \sum \Delta x_測 - \sum \Delta x_理$，$f_y = \sum \Delta y_測 - \sum \Delta y_理$；实际上 $f_x = \sum \Delta x_測$，$f_y = \sum \Delta y_測$，

坐标增量闭合差可以认为是由导线边长测量误差引起的。

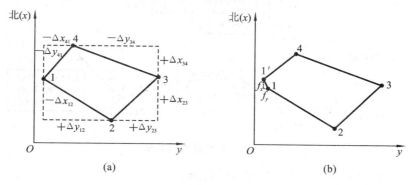

图 6-7　坐标增量闭合差的计算

5）导线边长精度的评定

由于 f_x、f_y 的存在，导线不能闭合，产生了导线全长闭合差 0.11 m，即 $f_D = \sqrt{f_x^2 + f_y^2}$，导线全长相对闭合差

$$K = \frac{f_D}{\sum D} = \frac{1}{\dfrac{\sum D}{f_D}} \qquad (6\text{-}10)$$

限差用 $K_容$ 表示，当 $K \leqslant K_容$ 时，导线边长丈量符合要求。

6）坐标增量闭合差的调整

调整：将坐标增量闭合差按边长成正比例反号进行调整。

坐标增量改正数：　$v_{xi} = -\dfrac{f_x}{\sum D} \times D_i$，　$v_{yi} = -\dfrac{f_y}{\sum D} \times D_i$

检核条件：$\sum v_x = -f_x$，$\sum v_y = -f_y$，1-2 边增量改正数计算如下。

$$f_x = +0.09 \text{ m}; \quad f_y = -0.07 \text{ m}; \quad \sum D = 392.9 \text{ m}; \quad D_{12} = 105.22 \text{ m}$$

$$v_{x12} = -\frac{0.09}{392.9} \times 105.22 \text{ m} = -0.02 \text{ m}$$

$$v_{y12} = -\frac{-0.07}{392.9} \times 105.22 \text{ m} = +0.02 \text{ m}$$

填入表 6-5 中的相应位置。

7）计算改正后的坐标增量（见表 6-5）

$$\Delta x_{i改} = \Delta x_i + v_{xi}, \quad \Delta y_{i改} = \Delta y_i + v_{yi}$$

检核条件：　　　　$$\sum \Delta x = 0, \quad \sum \Delta y = 0$$

8）计算各导线点的坐标值

依次计算各导线点坐标，最后推算出的终点 1 的坐标，应和点 1 已知坐标相同。

6.2.3　附合导线的计算

附合导线的计算方法和计算步骤与闭合导线的基本相同，只是由于已知条件的不同，有以下几点不同之处。

图 6-8 中的 A、B、C、D 是已知点，起始边的方位角 α_{AB}（$\alpha_始$）和终止边的方位角 α_{CD}（$\alpha_终$）

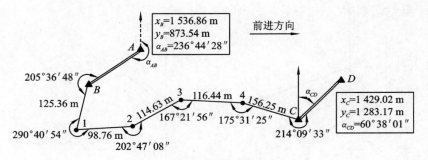

图 6-8　附合导线示意图

为已知。外业观测资料为导线边距离和各转折角。

（1）角度闭合差的计算

$$f_\beta = \alpha'_{终} - \alpha_{终} \qquad\qquad (6\text{-}11)$$

式中：$\alpha'_{终}$——终边用观测的水平角推算的方位角；

$\quad\alpha_{终}$——终边已知的方位角。

终边 α 推算的一般公式为

$$\alpha'_{终} = \alpha_{始} - n \times 180° + \sum\beta_{测} \qquad\qquad (6\text{-}12)$$

或

$$\alpha'_{终} = \alpha_{始} + n \times 180° - \sum\beta_{测} \qquad\qquad (6\text{-}13)$$

终边方位角的推算公式过程如下。

$$\alpha_{B1} = \alpha_{AB} + 180° - \beta_B$$
$$\alpha_{12} = \alpha_{B1} + 180° - \beta_1$$
$$\alpha_{23} = \alpha_{12} + 180° - \beta_2$$
$$\alpha_{34} = \alpha_{23} + 180° - \beta_3$$
$$\alpha_{4C} = \alpha_{34} + 180° - \beta_4$$
$$+\ \alpha'_{CD} = \alpha_{4C} + 180° - \beta_C$$
$$\overline{\alpha'_{CD} = \alpha_{AB} + 6 \times 180° - \sum\beta_{测}}$$

以上推算是以右测夹角为例，用观测的水平角推算的终边方位角。

（2）测角精度的评定

测角精度的评定：$f_\beta = \alpha'_{终} - \alpha_{终}$

检核：$f_\beta \leqslant f_{\beta容}$（各级导线的限差见规范）

（3）闭合差分配（计算角度改正数）

计算角度改正数

$$\Delta\beta = \pm\frac{f_\beta}{n} \qquad\qquad (6\text{-}14)$$

式中：n——包括连接角在内的导线转折角数。

当附合导线测的是左角，取"—"号；当附合导线测的是右角，取"＋"号。

（4）计算坐标增量闭合差

$$f_x = \sum\Delta x - (x_{终} - x_{始}) \qquad\qquad (6\text{-}15)$$

$$f_y = \sum\Delta y - (y_{终} - y_{始}) \qquad\qquad (6\text{-}16)$$

其中如图 6-8 所示，起始点是点 B，终点是点 C。由于 f_x、f_y 的存在，导线不能和 CD 连

接,存在导线全长闭合差

$$f_D = \sqrt{f_x^2 + f_y^2} \tag{6-17}$$

导线全长相对闭合差

$$K = \frac{f_D}{\sum D} = \frac{1}{\dfrac{\sum D}{f_D}}$$

(5)计算改正后的坐标增量的检核条件

检核条件: $\quad \sum \Delta x_{\text{改}} = x_C - x_B, \quad \sum \Delta y_{\text{改}} = y_C - y_B$

(6)计算各导线点的坐标值

$$x_{\text{前}} = x_{\text{后}} + \Delta x_{i\text{改}}$$

$$y_{\text{前}} = y_{\text{后}} + \Delta y_{i\text{改}}$$

依次计算各导线点坐标,最后推算出的终点 C 的坐标,应和点 C 已知坐标相同。如图 6-8 所示,A、B、C、D 是已知点,外业观测资料为导线边距离和各相邻边的夹角,为右角。观测的数据在图中已经标注出来。计算过程填入表 6-6 中。

表 6-6　附合导线坐标计算表

点号	观测角(右角)(° ′ ″)	改正数(″)	改正角(° ′ ″)	坐标方位角 α(° ′ ″)	距离 D(m)	增量计算值		改正后增量		坐标值		点号
						Δx(m)	Δy(m)	Δx(m)	Δy(m)	x(m)	y(m)	
A				236 44 28								A
B	205 36 48	−13	205 36 35							1 536.86	837.54	B
				211 07 53	125.36	+0.04 −107.31	−0.02 −64.81	−107.27	−64.83			
1	290 40 54	−12	290 40 42							1 429.59	772.71	1
				100 27 11	98.71	+0.03 −17.92	−0.02 +97.12	−17.89	+97.10			
2	202 47 08	−13	202 46 55							1 411.70	869.81	2
				77 40 16	114.63	+0.04 +30.88	−0.02 +141.29	+30.92	+141.27			
3	167 21 56	−13	167 21 43							1 442.62	1 011.08	3
				90 18 33	116.44	+0.03 −0.63	−0.02 +116.44	−0.60	+116.42			
4	175 31 25	−13	175 31 12							1 442.02	1 127.50	4
				94 47 21	156.25	+0.05 −13.05	−0.03 +155.70	−13.00	+155.67			
C	214 09 33	−13	214 09 20							1 429.02	1 283.17	C
D				60 38 01								D
$\sum$	1 256 07 44	−77	1 256 06 25		641.44	−108.03	+445.74	−107.84	+445.63			

辅助计算	$f_\beta = \sum \beta_{\text{测}} - \alpha_{\text{始}} + \alpha_{\text{终}} - n \cdot 180° = +1'17''$ $f_{\text{容}} = \pm 60''\sqrt{6} = \pm 147''$	$f_x = -0.19$ $f_y = +0.11$ $f = \sqrt{f_x^2 + f_y^2} = \pm 0.22$	$K = \dfrac{0.22}{641.44} = \dfrac{1}{2\ 900}$ $K_{\text{容}} = \dfrac{1}{2\ 000}$

6.3 高程控制测量

测定控制点高程的测量工作称为高程控制测量。由于高程控制点的高程一般都是用水准测量方法测定的,所以,高程控制网一般称为水准网,高程点亦称为水准点。

高程控制测量主要有两种方法:一种是直接测量高程,在精度上又区分为四等水准测量与等外水准测量(又称图根水准测量);另一种是间接测量高程,即三角高程测量。

①四等水准测量:方法较繁琐,但精度较高,适用于高程控制测量。

②图根水准测量:方法较简单,精度较低,适用于一般高程测量。

③三角高程测量:精度可达到四等水准测量,适用于山区。

6.3.1 三、四等水准测量

三、四等水准测量主要用于国家一、二等水准网的加密,小区域的首级高程控制,工程建设中工程测量和变形观测的基本控制等方面。

1)三、四等水准测量的技术要求

三、四等水准测量一般应与国家一、二等水准网点联测,以便建立统一的高程系统;若测区附近没有国家水准点,可布设独立的闭合水准路线,并假设起算点的高程。

三、四等水准网应根据需要布设成附合路线、闭合路线或结点网。水准路线应沿利于施测的公路、大路及坡度较小的乡村路布设,水准点应选在土质坚实、方便观测和利于长期保存的地点。观测应在标尺分划线成像清晰稳定时进行,若成像欠佳,应缩短视线长度,直至成像清晰稳定。

三、四等水准测量,每公里水准测量的偶然中误差 M_Δ 和全中误差 M_W 不应超过表 6-7 规定的数值。

表 6-7 三、四等水准测量的精度要求

测量等级	M_Δ(mm)	M_W(mm)
三等	3.0	6.0
四等	5.0	10.0

三、四等水准测量每一测站的技术要求见表 6-8,测站的观测限差见表 6-9。

表 6-8 三、四等水准测量每一测站的技术要求

等级	仪器类别	视线长度(m)	前、后视距差(m)	任一测站上前后视距差累积(m)	视线高度	数字水准仪重复测量次数
三等	DS3	≤75	≤2.0	≤5.0	三丝能读数	≥3 次
	DS1、DS05	≤100				
四等	DS3	≤100	≤3.0	≤10.0	三丝能读数	≥2 次
	DS1、DS05	≤150				

注:相位法数字水准仪重复测量次数可以为上表中数值减少一次。在地面震动较大时,所有数字水准仪应暂时停止测量,直至震动消失,无法回避时应随时增加重复测量次数。

表 6-9　三、四等水准测量每一测站的观测限差

等级	观测方法	基、辅分划（黑红面）读数之差（mm）	基、辅分划（黑红面）所测高差之差（mm）	单程双转点法观测时，左右路线转点差（mm）	检测间歇点高差的差（mm）
三等	中丝读数法	2.0	3.0	—	3.0
	光学测微法	1.0	1.5	1.5	
四等	中丝读数法	3.0	5.0	4.0	5.0

注：①使用双摆位自动安平水准仪观测时，不计算基、辅分划读数之差。

②对于数字水准仪，同一标尺两次观测所测高差之差执行基、辅分划所测高差之差的限差。

2）三、四等水准测量的施测方法

三、四等水准测量常用双面尺法进行施测，其观测、计算方法如下。

（1）一个测站的操作程序

①照准后视尺黑面，读取下丝、上丝和中丝读数，填入表 6-10 的（1）、（2）、（3）处；

②照准前视尺黑面，读取下丝、上丝和中丝读数，填入表 6-10 的（4）、（5）、（6）处；

③照准前视尺红面，读取中丝读数，填入表 6-10 的（7）处；

④照准后视尺红面，读取中丝读数，填入表 6-10 的（8）处。

三等水准测量的观测顺序，简称为"后—前—前—后（黑—黑—红—红）"，主要用于抵消水准仪和水准尺下沉产生的误差。对于四等水准测量，一个测站的观测顺序是"后—后—前—前（黑—红—黑—红）"。

观测时，如果使用的是微倾式水准仪，在每次读数时，都要使用微倾螺旋调整水准管气泡的两端半个影像，使其底端对齐；如果使用的是自动安平光学水准仪，在每次读数时，都要检查水准仪的圆水准气泡是否居中；如果使用的是数字水准仪，则应用垂直丝照准条码的中央位置，精确调焦至影像清晰后测量。

表 6-10　三、四等水准测量记录表

自：　BM1　测至：　BM2　　　　　时间：　　年　　月　　日

天气：　　成像：　　　　　　观测者：　　　记录者：

测站编号	测点编号	后尺 下丝 上丝	前尺 下丝 上丝	方向及尺号	水准尺中丝读数（m） 黑面	水准尺中丝读数（m） 红面	$K+$黑一红（mm）	高差中数（m）	备注
		后视距（m）	前视距（m）						
		视距差 d(m)	视距累积差 $\sum d$(m)						
		（1）	（4）	后	（3）	（8）	（13）		
		（2）	（5）	前	（6）	（7）	（14）	（18）	
		（9）	（10）	后一前	（15）	（16）	（17）		
		（11）	（12）						

续表

测站编号	测点编号	后尺 下丝 上丝 / 后视距(m) / 视距差 d(m)	前尺 下丝 上丝 / 前视距(m) / 视距累积差 ∑d(m)	方向及尺号	黑面	红面	K+黑-红(mm)	高差中数(m)	备注
1	BM1 至 ZD1	1.571 1.197 37.4 −0.2	0.739 0.363 37.6 −0.2	后 K7 前 K6 后一前	1.384 0.551 0.833	6.171 5.239 0.932	0 −1 +1	+0.8325	
2	ZD1 至 ZD2	2.121 1.747 37.4 −0.1	2.196 1.821 37.5 −0.3	后 K6 前 K7 后一前	1.934 2.008 −0.074	6.621 6.796 −0.175	0 −1 +1	−0.0745	
3	ZD2 至 ZD3	1.914 1.539 37.5 −0.2	2.055 1.678 37.7 −0.5	后 K7 前 K6 后一前	1.726 1.866 −0.140	6.513 6.554 −0.041	0 −1 +1	−0.1405	K6=4.687 K7=4.787
4	ZD3 至 ZD4	1.965 1.700 26.5 −0.2	2.141 1.874 26.7 −0.7	后 K6 前 K7 后一前	1.832 2.007 −0.175	6.519 6.793 −0.274	0 +1 −1	−0.1745	
5	ZD4 至 BM2	1.540 1.069 47.1 +1.5	2.813 2.357 45.6 +0.8	后 K7 前 K6 后一前	1.304 2.585 −1.281	6.091 7.272 −1.181	0 0 0	−1.2810	
检核		$\sum(9) - \sum(10) = 185.9 - 185.1 = +0.8 = $ 末站(12) 总视距 $= \sum(9) + \sum(10) = 371.0$ $\sum(15) + \sum(16) = -1.576$ 总高差 $= \sum(18) = -0.838$ $\sum[(3)+(8)] - \sum[(6)+(7)] = 40.095 - 41.671 = -1.576$ $\sum[(3)+(8)] - \sum[(6)+(7)] = \sum(15) + \sum(16) = 2\sum(18) + 0.1 = -1.576$							

（2）测站的计算与检核

①视距的计算与检核。

后视距离

$$(9) = |(1) - (2)| \times 100$$

前视距离

$$(10) = |(4)-(5)| \times 100$$

前、后视距差

$$(11) = (9)-(10)$$

三等水准测量中,前、后视距差不得超过 ± 2.0 m;四等水准测量中,前、后视距差不得超过 ± 3.0 m。

前、后视距累积差(12)＝本站的前、后视距差(11)＋前站的前、后视距累积差(12)

三等水准测量的前、后视距累积差不得超过 ± 5.0 m,四等水准测量的前、后视距累积差不得超过 ± 10.0 m。

②同一根水准尺黑、红面中丝读数之差的计算与检核。

后尺黑、红面中丝读数之差

$$(13) = (3)+K_后-(8)$$

前尺黑、红面中丝读数之差

$$(14) = (6)+K_前-(7)$$

式中,$K_后$、$K_前$——后尺和前尺的尺常数,分别取值为 4.687 m 和 4.787 m。

在三等水准测量中,同一根水准尺黑、红面中丝读数之差不得超过 ± 2 mm;在四等水准测量中,同一根水准尺黑、红面中丝读数之差不得超过 ± 3 mm。

③高差的计算与检核。

黑面所测高差

$$(15) = (3)-(6)$$

红面所测高差

$$(16) = (8)-(7)$$

黑、红面所测高差之差

$$(17) = (15)-[(16)\pm 0.100] = (13)-(14)$$

在一个测站观测中,当后尺尺常数为 4.687 m,前尺尺常数为 4.787 m,取(16)＋0.100;反之,取(16)－0.100。三等水准测量中,黑、红面所测高差之差不得超过 ± 3 mm;四等水准测量中,黑、红面所测高差之差不得超过 ± 5 mm。

平均高差

$$(18) = \frac{1}{2}[(15)+(16)\pm 0.100]$$

观测时,因测站观测误差超限,在本站检查发现后可立即重测。只有当各项限差均符合技术要求时,才能迁站。

④每页的计算与检核。

在每个测站计算检核的基础上,还应进行每页的检核。

若该页的测站数是偶数,则

$$\sum[(3)+(8)] - \sum[(6)+(7)] = \sum[(15)+(16)] = 2\sum(18)$$

若该页的测站数是奇数,则

$$\sum[(3)+(8)] - \sum[(6)+(7)] = \sum[(15)+(16)] = 2\sum(18)\pm 0.100$$

按下式进行视距检核

$$\sum(9) - \sum(10) = 本页末站(12) - 前页末站(12)$$

以上检核无误后,可计算水准路线的总长,即

$$水准路线总长 = \sum(9) + \sum(10)$$

(3)三、四等水准测量的成果计算

三、四等水准测量结束后,应按照闭合、附合等路线形式整理成果数据,绘制路线草图,其高差闭合差的计算、调整方法与普通水准测量的相同。

6.3.2　三角高程测量

用水准测量方法测定控制点的高程,精度较高,但对于地面高低起伏较大的山区和丘陵地区,水准测量比较困难,可采用三角高程测量的方法测定控制点的高程。三角高程测量的精度低于水准测量,但其简便灵活,受地形限制较少,常用于四等及四等以下的高程控制。

(1)三角高程测量的原理

三角高程测量利用经纬仪、测距仪或全站仪,测量出测站点和照准点之间的水平距离和竖直角,通过公式计算出两点之间的高差,然后根据测站点已知的高程,推算出照准点的高程。

如图6-9所示,已知测站点 A 的高程 H_A,欲求目标点 B 的高程 H_B。在点 A 安置经纬仪或全站仪,在点 B 竖立觇标或棱镜,用望远镜中丝瞄准棱镜中心,测出竖直角 α、直线 AB 的水平距离 D_{AB},量取仪器高 i 和棱镜高 v,由图中几何关系可知,A、B 两点间的高差为

$$h_{AB} = D_{AB}\tan\alpha + i - v \tag{6-18}$$

由于测站点 A 的高程 H_A 已知,则点 B 的高程为

$$H_B = H_A + h_{AB} = H_A + D_{AB}\tan\alpha + i - v \tag{6-19}$$

上式就是三角高程测量的计算公式,式中,当竖直角 α 为仰角时取正号,α 为俯角时取负号,计算中应注意正负号。

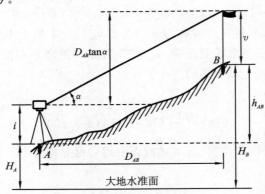

图6-9　三角高程测量原理

上述公式在推导时将大地水准面看成平面,视线近似看作直线,适用于两点间距离较短(小于300 m)的情况;当地面两点间的距离大于300 m时,就要考虑地球曲率及大气折光对高差的影响。通常,将地球曲率对高差的影响称为球差,将大气折光对高差的影响称为气差,两者的综合影响称为球气差。球差对高差的影响为 $D^2/2R$,气差对高差的影响较复杂,与气温、气压、地面坡度和植被等因素均有关,使用时应依据规范中提供的大气折光系数来计算。

考虑球气差影响的三角高程测量高差的计算公式为

$$h_{AB}=D_{AB}\tan\alpha+(1-k)\frac{D_{AB}^2}{2R}+i-v \tag{6-20}$$

式中：R——地球平均曲率半径，m；

k——当地的大气折光系数。

若两点间的距离用斜距 S_{AB} 表示，则

$$h_{AB}=S_{AB}\sin\alpha+(1-k)\frac{S_{AB}^2\cos^2\alpha}{2R}+i-v \tag{6-21}$$

（2）对向观测的高差计算公式

三角高程测量一般采用直觇和返觇的观测方法。若仪器安置在已知高程点，则观测该点与待求高程点之间的高差称为直觇；若仪器安置在待求高程点，则观测该点与已知高程点之间的高差称为返觇。在一条边上，只进行直觇或返觇观测，称为单向观测；若既进行直觇观测，又进行返觇观测，称为对向观测或双向观测。对向观测可消除地球曲率和大气折光对高差的影响。

由已知高程的点 A 观测未知点 B，则

$$h_{AB}=S_{AB}\sin\alpha_{AB}+(1-k_{AB})\frac{S_{AB}^2\cos^2\alpha_{AB}}{2R}+i_A-v_B \tag{6-22}$$

由未知点 B 观测已知点 A 的高差为

$$h_{BA}=S_{BA}\sin\alpha_{BA}+(1-k_{BA})\frac{S_{BA}^2\cos^2\alpha_{BA}}{2R}+i_B-v_A \tag{6-23}$$

式中：S_{AB}、α_{AB}、S_{BA}、α_{BA}——仪器在点 A 和点 B 所测的斜距和竖直角；

i_A、v_A、i_B、v_B——点 A、点 B 的仪器高和目标高；

k_{AB}、k_{BA}——由点 A 向点 B 观测和由点 B 向点 A 观测的大气折光系数。

通常，由于对向观测是在近似相同的大气条件下进行的，可近似认为 $k_{AB}\approx k_{BA}$，而且 A、B 两点的平距 $S_{AB}\cos\alpha_{AB}$ 和 $S_{BA}\cos\alpha_{BA}$ 也近似相等，故

$$\frac{1-k_{AB}}{2R}S_{AB}^2\cos^2\alpha_{AB}\approx\frac{1-k_{BA}}{2R}S_{BA}^2\cos^2\alpha_{BA}$$

考虑到 $h_{AB}=-h_{BA}$，可知 A、B 两点高差的平均值为

$$h_{AB}=\frac{1}{2}(S_{AB}\sin\alpha_{AB}-S_{BA}\sin\alpha_{BA})+\frac{1}{2}(i_A+v_A)-\frac{1}{2}(i_B+v_B) \tag{6-24}$$

上式即为对向观测时计算高差的基本公式。若以平距的形式表示，即

$$h_{AB}=\frac{1}{2}(D_{AB}\tan\alpha_{AB}-D_{BA}\tan\alpha_{BA})+\frac{1}{2}(i_A+v_A)-\frac{1}{2}(i_B+v_B) \tag{6-25}$$

（3）三角高程路线的布设形式

三角高程测量的路线通常布设成三角高程网或高程导线等形式。

三角高程网是指采用三角高程方法传递的闭合、附合等水准路线构成的网状图形，要求网中有一定数量的已知高程水准点。

用全站仪观测竖直角和距离的方式依次测定和传递地面点高程的路线称为高程导线。高程导线通常在已知高程点间布设成附合路线或高程导线网。当测区远离国家水准点时，也可布设支线引测国家水准点高程，作为测区的高程起算点。

（4）三角高程测量的技术要求

为了提高效率，三角高程测量通常采用全站仪进行观测，其主要技术要求应符合表 6-11 和表 6-12 的规定。

表 6-11 电磁波测距三角高程测量的主要技术要求

等级	每千米高差全中误差（mm）	边长（km）	观测方式	对向观测高差较差（mm）	附合或环形闭合差（mm）
四等	10	≤1	对向观测	$40\sqrt{D}$	$20\sqrt{\sum D}$
五等	15	≤1	对向观测	$60\sqrt{D}$	$30\sqrt{\sum D}$

注：①D 为测距边的长度，单位为 km。

②起讫点的精度等级，四等水准测量应起讫于不低于三等水准测量的高程点上，五等水准测量应起讫于不低于四等水准测量的高程点上。

③路线长度不应超过相应等级水准路线的长度限值。

表 6-12 电磁波测距三角高程观测的主要技术要求

等级	竖直角观测				边长测量	
	仪器精度等级	测回数	指标差较差（″）	测回较差（″）	仪器精度等级	观测次数
四等	2″级仪器	3	≤7	≤7	10 mm 级仪器	往返各一次
五等	2″级仪器	2	≤10	≤10	10 mm 级仪器	往一次

注：当采用 2″级光学经纬仪进行竖直角观测时，应根据仪器的竖直角检测精度，适当增加测回数。

（5）三角高程测量的成果计算

下面以某五等附合三角高程路线为例说明其计算方法，所选测区在山区，k 取值为山区的平均 k 值，为 0.115。

附合三角高程路线的示意图如图 6-10 所示，每条边对向观测的数据及计算如表 6-13 所示。计算检核无误后，将水准路线各点点号、各边的水平距离、高差中数填入三角高程成果计算表（见表 6-14），成果计算的方法与普通水准路线的成果计算方法相同。

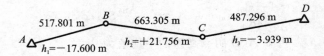

图 6-10 附合三角高程路线

表 6-13 三角高程路线高差计算表

测站点	A	B	B	C	C	D
觇点	B	A	C	B	D	C
觇法	直觇	返觇	直觇	返觇	直觇	返觇
α	−1°54′55″	1°56′38″	1°53′08″	−1°52′30″	−0°27′56″	0°29′41″
D(m)	517.801	517.801	663.505	663.505	487.296	487.296
i(m)	1.312	1.387	1.356	1.356	1.275	1.252
v(m)	1.616	1.381	1.475	1.424	1.272	1.539
$(1-k)\dfrac{D^2}{2R}$(m)	0.019	0.019	0.031	0.031	0.016	0.016
h(m)	−17.600	17.599	21.755	−21.758	−3.941	3.937

续表

测站点	A	B	B	C	C	D
Δh(m)	\multicolumn{2}{c}{−0.001}	\multicolumn{2}{c}{−0.003}	\multicolumn{2}{c}{−0.004}
$h_{中}$(m)	\multicolumn{2}{c}{−17.600}	\multicolumn{2}{c}{21.756}	\multicolumn{2}{c}{−3.939}

表 6-14　三角高程成果计算表

测点点号	水平距离(m)	高差中数(m)	高差改正数(m)	改正后高差(m)	高程 H(m)	备注
A					976.023	已知点
	517.801	−17.600	+0.004	−17.596		
B					958.427	
	663.505	+21.756	+0.005	+21.761		
C					980.188	
	487.296	−3.939	+0.003	−3.936		
D					976.252	已知点
$\sum$	1668.602	+0.217	+0.012	+0.229		
辅助计算	\multicolumn{6}{l}{$f_h = \sum h_{测} - \sum h_{理} = \sum h_{测} - (H_D - H_A) = [0.217 - (976.252 - 976.023)]\,\mathrm{m} = -0.012\ \mathrm{m}$ $f_{h容} = \pm 30\sqrt{\sum D} = \pm 30\sqrt{1.668\,602}\ \mathrm{mm} \approx \pm 39\ \mathrm{mm} = \pm 0.039\ \mathrm{m},\	f_h	<	f_{h容}	$,成果合格}

（6）三角高程测量的误差来源

由三角高程测量的计算公式及观测步骤可知,其误差来源主要有以下几个方面。

① 距离测量的误差。距离测量的误差会影响高差的精度,采用全站仪进行距离测量具有较高的精度。

② 竖直角测量的误差。竖直角测量的误差包括仪器误差和观测误差。工作中应使用检校合格的仪器,观测时应认真仔细观测,注意减小目标照准、读数等误差。

③ 仪器高和目标高的量取误差。仪器及反光棱镜的高度,应在观测前后各测量一次并精确至毫米位,取其平均值作为最终高度。

④ 地球曲率和大气折光的误差。球差对高差的影响为 $D^2/2R$,能精确地计算,而气差对高差的影响较复杂,与外界环境因素有关。因此,在对向观测时,应注意直觇完成后立刻迁站进行返觇测量,从而保证在近似相同的大气条件下进行观测。同时,也要考虑观测距离,当两点间的距离大于 300 m 时,必须对高差进行球气差改正,一般依据规范中提供的大气折光系数进行计算。

【思考题与习题】

1.什么是控制测量？为什么要进行控制测量？

2.导线布设有哪几种形式？导线测量的外业工作有哪些？

3.已知点 A(5124.631,4132.141)、B(5113.652,4235.125),计算 AB 的坐标方位角及距离。

4.已知点 A(46.499,66.532),AB 的方位角为 110°56′38″,距离为 500 m,计算点 B 的坐标。

5.某闭合导线如图 6-11 所示,试根据已知数据和观测数据,计算导线点 B、C、D 的坐标。

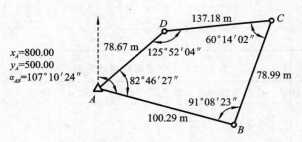

图 6-11　闭合导线示意图

6.某附合导线如图 6-12 所示,试根据已知数据和观测数据,计算导线点 1、2、3 的坐标。

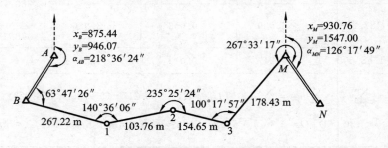

图 6-12　附合导线示意图

项目七　建筑工程测量

7.1　施工测量的基本工作

7.1.1　施工测量概述

工程项目一般分为设计、施工和运营三个阶段。工程在施工阶段进行的测量工作称为施工测量。施工测量就是将图纸上设计好的建（构）筑物的平面位置和高程，标定在现场，作为施工的依据，从而指导和衔接各施工阶段和工种间的施工工作。

施工测量的主要内容包括：施工前建立施工控制网，施工期间将工程设计目标的位置标定在现场的测设工作，施工结束后编绘各种建（构）筑物实际情况的竣工测量，施工和运营期间测定建（构）筑物平面和高程产生位移和沉降的变形观测。

7.1.2　施工测量的特点

施工测量是使用测绘仪器和工具，将图纸上设计好的建（构）筑物的平面位置和高程测设到实地的工作，它与测绘地形图的程序正好相反。与测图相比，施工测量的精度要求高，其精度的高低取决于建（构）筑物的大小、结构形式、材料、用途及施工方法等因素，测设误差的大小也将直接影响建（构）筑物的尺寸和形状。一般来说，高层建筑物的放样精度高于低层建筑物的，桥梁工程的放样精度高于道路工程的，钢结构建筑物的放样精度高于钢筋混凝土结构建筑物的，工业建筑的放样精度高于一般民用建筑的，装配式建筑物的放样精度高于非装配式建筑物的。

施工测量贯穿于整个施工过程，其进度计划必须与工程建设的施工进度计划一致，同时，现场施工测设的质量也直接影响施工的质量和进度。因此，测量人员不仅要熟练识读各种设计图纸，充分理解设计意图和建（构）筑物尺寸，能熟练计算出测设数据，还要与施工单位密切配合，随时掌握工程进度及现场变动情况，从测设速度和精度方面满足施工的需要。

施工现场工种较多、交叉作业频繁、车流和人流复杂，对测量工作影响较大，也易使测量标志受到损毁。因此，选择测量标志点位时应考虑便于保存和使用、受施工干扰较少等因素，如有损坏，应能及时修复。进入施工现场作业时，应采取安全措施，保障人身、仪器的安全，预防安全事故的发生。

7.1.3 施工测量的原则

为满足测量精度的需要,施工测量和地形图测绘一样,也必须遵循"从整体到局部、先控制后碎部"的原则,即首先在施工现场建立统一的平面控制网和高程控制网,然后进行建(构)筑物的细部施工放样工作。另外,还应采取各种方法加强外业数据和内业成果的检核,上一步工作未做检核,不得进行下一步测量工作。

7.1.4 施工测量的基本工作

施工测量工作实质上就是根据施工场地已有的控制点和地物点,依据工程设计图纸,将建(构)筑物的特征点点位在实地标定出来。因此,在测设之前,首先应计算测设数据,即确定特征点与控制点之间的角度、距离和高程关系;然后利用测量仪器,依据测设数据,将特征点点位在施工场地标定出来。施工测量最基本的工作就是已知水平角度测设、已知水平距离测设和已知高程测设。

1)已知水平角度测设

已知水平角度测设,是根据地面上一条已知的方向线和设计的水平角度值,利用经纬仪或全站仪,在地面上标定出另一条方向线的工作。按照测设的精度要求,可分为一般测设法和精密测设法。

(1)一般测设法

一般测设法也称正倒镜分中法,主要用于对测设精度要求不高的场合。如图 7-1 所示,设 AB 为已知方向,欲测设已知水平角 β,使 $\angle BAC = \beta$,并在地面上标定出 AC 方向线。测设时,首先在点 A 安置经纬仪,对中、整平后,用盘左位置瞄准点 B,将水平度盘读数调为 $0°00'00''$,顺时针转动照准部至水平度盘读数为 β,沿视线方向在地面上定出点 C';然后换成盘右位置瞄准点 B,重复上述步骤,在地面上测设出点 C'';最后取点 C' 和点 C'' 连线的中点点 C,则 $\angle BAC$ 就是要测设的 β 角。测设完成后应进行检核,可重新观测 AB 方向和 AC 方向之间的水平角,并与已知的角度值 β 进行比较,若超限,应重新测设。

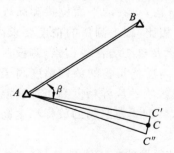

图 7-1 正倒镜分中法测设水平角

图 7-2 精密测设水平角

(2)精密测设法

精密测设法也称垂线改正法,当角度测设的精度要求较高时采用。如图 7-2 所示,设 AB 为已知方向,首先在点 A 安置经纬仪,用一般测设法测设已知水平角 β,在地面上定出点 C;然后用测回法观测 $\angle BAC$ 多个测回(测回数由精度的要求决定),可得各测回平均值为 β',则角度之差 $\Delta\beta = \beta - \beta'$。若 $\Delta\beta$ 超限,则需要计算点 C 的垂线改正数,即

$$CC_0 = AC\tan\Delta\beta \approx AC \frac{\Delta\beta}{\rho} \tag{7-1}$$

式中:$\rho = 206\ 265''$,$\Delta\beta$ 以秒为单位。

改正时,先过点 C 作 AC 的垂线,再用钢尺从点 C 开始沿 AC 的垂线方向量取 CC_0,定出点 C_0。AB 方向线与 AC_0 方向线之间的水平角更接近欲测设的水平角 β。当 $\Delta\beta > 0$ 时,说明 $\angle BAC$ 偏小,C_0 向角度外方向改正;当 $\Delta\beta < 0$ 时,C_0 向角度内方向改正。

2)已知水平距离测设

已知水平距离测设,就是从地面上指定的起始点开始,沿指定的直线方向,量测一段已知的水平距离,定出直线另一端点的工作。按使用仪器的不同,分为钢尺测设法和全站仪测设法。

(1)钢尺测设法

如图 7-3 所示,设点 A 为地面上的已知点,$D_{设}$ 为设计的水平距离,需要从点 A 出发,沿 AB 方向测设已知水平距离 $D_{设}$,定出直线的端点 B。当测设精度要求不高时,可采用一般方法测设。具体做法是:后尺手将钢尺零点对准点 A,前尺手沿 AB 方向边定线边丈量,在尺面读数为 $D_{设}$ 处插下测钎,在地面定出点 B';为了保证精度,应进行重复丈量,即后尺手将尺子移动 $10 \sim 20$ cm 后对准点 A,重复前述操作,在地面定出点 B''。若两次丈量定出的点 B' 和点 B'' 之差在允许范围之内,则取点 B' 和点 B'' 连线的中点作为点 B 的位置。

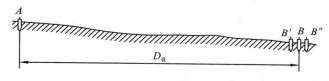

图 7-3 钢尺测设已知水平距离

(2)全站仪测设法

当测设距离较长或不便于使用钢尺测设时,可采用全站仪测设已知水平距离。如图 7-4 所示,在点 A 安置全站仪,对中、整平后,精确瞄准已知方向点并旋紧照准部制动螺旋,此时,望远镜视线所在方向即为指定的直线方向。立镜员可在预测设点的概略位置处立棱镜,观测员指挥立镜员左右移动,使棱镜位于视线方向上,测量点 A 至棱镜的水平距离 D',然后与测设的水平距离 $D_{设}$ 进行比较,并将差值和移动方向告知立镜员,待立镜员调整棱镜位置后重新观测,再进行比较和调整棱镜位置,直到观测所得的水平距离与测设的水平距离 $D_{设}$ 之差在允许的限差范围之内,即可定出最终测设点的位置。

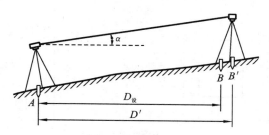

图 7-4 全站仪测设已知水平距离

3)已知高程测设

已知高程的测设,是根据地面上已知水准点的高程和设计点的高程,将设计点的高程标志线测设到地面上的工作,通常采用视线高法测设已知高程。如图 7-5 所示,点 A 为已知水准点,其高程为 H_A,欲测设点 B,使其高程为设计高程 H_B。测设方法如下。

①在已知点 A 和待测设点 B 的中间安置水准仪并整平。

②在后视点 A 上立尺，读出后视读数 a，则仪器的视线高为 $H_i=H_A+a$；由于点 B 的设计高程为 H_B，则点 B 的前视读数为 $b_{应}=H_i-H_B$。

③扶尺员将水准尺紧贴点 B 木桩的侧面并上下移动，观测员发现望远镜中十字丝横丝正好对准应读前视读数 $b_{应}$ 时，通知扶尺员沿尺底画一短横线，该短横线的高程即为点 B 的设计高程。

④改变水准仪的高度，重新读出后视读数和前视读数，计算出该短横线的高程，与 B 点的设计高程进行比较。若符合精度要求，则以该短横线作为测设的高程标志线，并注记相应的高程符号和数值；若超限，则按上述方法重新测设。

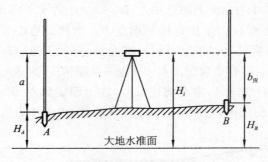

图 7-5　已知高程的测设

7.1.5　点的平面位置测设方法

测设点的平面位置，就是根据施工现场已知的控制点，将建（构）筑物的轴线交叉点、拐角点等特征点在实地标定出来，使其坐标为给定的设计坐标。根据施工现场控制网的形式、建（构）筑物的大小、测设精度等的不同，测设点的平面位置的方法有直角坐标法、极坐标法、角度交会法、距离交会法等。

1）直角坐标法

当施工场地有相互垂直的建筑基线或建筑方格网时，常采用直角坐标法测设点的平面位置，该法计算简单，测设方便，应用较广。如图 7-6 所示，点 A、B、C、D 是建筑方格网点，其坐标值已知，点 1、2、3、4 是拟测设的建筑物的四个角点，其坐标可从设计图纸上查得。现采

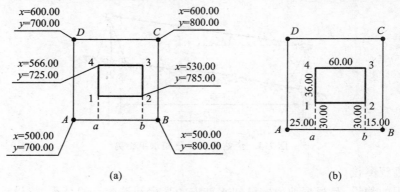

图 7-6　直角坐标法

(a)直角坐标法设计图纸；(b)直角坐标法测设数据

用直角坐标法测设点 1、2、3、4，测设步骤如下。

（1）计算测设数据

计算测设数据，即计算待测设点和建筑方格网点之间的纵、横坐标增量。

（2）测设操作方法

①在点 A 安置经纬仪，瞄准点 B，沿 AB 方向上以点 A 为起点分别测设 $D_{Aa}=25.00$ m，$D_{ab}=60.00$ m，定出 a、b 两点。

②将经纬仪搬至点 a，瞄准点 B，逆时针测设 $90°$ 水平角，定出 $a4$ 方向线，沿此方向从点 a 出发分别测设 $D_{a1}=30.00$ m，$D_{14}=36.00$ m，定出 1、4 两点。

③将经纬仪搬至点 b，瞄准点 A，顺时针测设 $90°$ 水平角，定出 $b3$ 方向线，沿此方向从点 b 出发分别测设 $D_{b2}=30.00$ m，$D_{23}=36.00$ m，定出 2、3 两点。

此时，建筑物四个角点的位置均已标定于地面上。

（3）测设数据检核

建筑物的四个角点确定以后，最后应检核，即检查 D_{12}、D_{34} 的长度是否为 60.00 m，D_{14}、D_{23} 的长度是否为 36.00 m，每个房屋内角是否为 $90°$，距离和角度的误差是否在限差范围内。

2）极坐标法

极坐标法是指在控制点上，根据已知边测设一个已知角度定出某一方向线，并在该方向线上测设一段已知距离，从而确定点的平面位置的方法。

极坐标法适用于已有控制点和待测设点距离较近且便于量距的情况；若使用全站仪测设，则不受上述条件的限制。可见，利用全站仪的极坐标测设法更为简便和灵活，广泛应用于各种工程施工中。如图 7-7 所示，点 A、B 是已知测量控制点，其坐标分别为 (x_A, y_A)、(x_B, y_B)，点 P 是待放样点，其坐标为 (x_P, y_P)，可通过设计图纸查得。现欲将点 P 测设于实地，测设步骤如下。

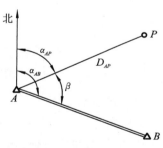

图 7-7 极坐标法

（1）计算测设数据

$$\left.\begin{array}{l} \alpha_{AB} = \arctan \dfrac{y_B - y_A}{x_B - x_A} \\[2mm] \alpha_{AP} = \arctan \dfrac{y_P - y_A}{x_P - x_A} \\[2mm] \beta = \alpha_{AB} - \alpha_{AP} \\[2mm] D_{AP} = \sqrt{(x_P - x_A)^2 + (y_P - y_A)^2} \end{array}\right\} \tag{7-2}$$

（2）测设操作方法

在点 A 安置经纬仪，瞄准点 B，逆时针测设水平角 β，定出 AP 方向线，沿此方向线自点 A 出发，测设水平距离 D_{AP}，定出点 P。

（3）测设数据检核

利用点 P 与周围其他点的关系，检核点 P 的位置是否准确。

3）角度交会法

角度交会法是根据测设角度所定的方向线相交定出点平面位置的方法，适用于待测设点距离控制点较远或者不便于测设距离的场合。为了提高放样精度，通常在三个控制点上进行测角交会定点。如图 7-8(a)所示，点 A、B、C 是已知测量控制点，其坐标分别为$(x_A,$ $y_A)$、(x_B,y_B)、(x_C,y_C)，点 P 是待放样点，其坐标为(x_P,y_P)，可通过设计图纸查得。现欲将点 P 测设于实地，测设步骤如下。

（1）计算测设数据

首先根据坐标反算公式计算出各边的坐标方位角，然后按照图形中的角度关系求出 β_1、β_2 和 β_3。

（2）测设操作方法

在 A、B、C 三个控制点各安置一台经纬仪，分别测设水平角 β_1、β_2 和 β_3，在地面上定出三条方向线，其交点即为点 P 的位置。由于测设误差的影响，三条方向线并没有相交于一点，而是形成一个示误三角形，如图 7-8(b)所示。若示误三角形的最大边长满足一定的要求，则取三角形的中心作为最终的点 P 位置。

（3）测设数据检核

利用点 P 与周围控制点的关系，检核点 P 的位置是否准确。

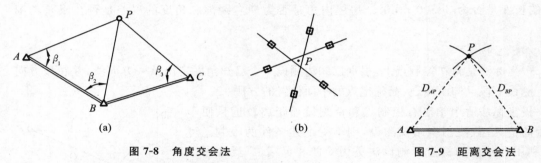

图 7-8 角度交会法
(a)角度交会法测设点的平面位置；(b)示误三角形

图 7-9 距离交会法

4）距离交会法

距离交会法是在两个控制点上分别测设已知的距离相交定出点平面位置的方法，适用于地势平坦、量距方便、测设距离不超过钢尺整尺长的场合。如图 7-9 所示，点 A、B 是已知测量控制点，其坐标分别为(x_A,y_A)、(x_B,y_B)，点 P 是待放样点，其坐标为(x_P,y_P)，可通过设计图纸查得。现欲将点 P 测设于实地，测设步骤如下。

（1）计算测设数据

$$D_{AB} = \sqrt{(x_P - x_A)^2 + (y_P - y_A)^2}$$
$$D_{BP} = \sqrt{(x_P - x_B)^2 + (y_P - y_B)^2}$$

（2）测设操作方法

以点 A 为圆心，以 D_{AP} 为半径，用钢尺在地面上画弧；以点 B 为圆心，以 D_{BP} 为半径，用钢尺在地面上画弧，两条弧线的交点即为点 P。

（3）测设数据检核

利用点 P 与周围控制点的关系，检核点 P 的位置是否准确。

7.1.6 高程的测设

1）点的高程传递

当已知水准点与待测设点之间的高差相差较大时，无法同时读出已知点和待测设点上的水准尺读数,故仅用水准尺无法测设待定点的高程,此时可采用高程传递法。图 7-10 是深基坑的高程传递示意图,已知地面水准点 A 的高程为 H_A,欲使深基坑内点 B 的高程为设计高程 $H_设$。测设时,首先在基坑一侧架设一吊杆,将钢尺的末端固定在吊杆上,钢尺的零端向下并吊一个 10 kg 的重锤,此时钢尺处于铅垂状态;然后在地面和基坑内各安置一台水准仪,分别读取水准尺和钢尺上的读数。设地面水准点 A 所立水准尺读数为 a,地面水准仪在钢尺上的读数为 b,基坑内水准仪在钢尺上的读数为 c,则点 B 尺上应读前视读数为

$$d_应 = (H_A + a) - (b - c) - H_设 \qquad (7\text{-}3)$$

此时,可按照 $d_应$ 测设出点 B 的高程标志线。为了检核,可将钢尺位置变动 $10\sim20$ cm,按上述方法重新测设得到点 B 的高程标志线,两次测设的高程标志线不应超过规定的限差。

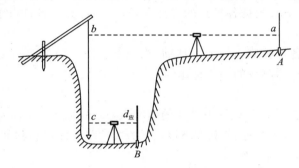

图 7-10　点的高程传递

2)坡度测设

测设坡度线就是根据施工现场已知水准点的高程、设计坡度和坡度线端点的设计高程,用高程测设的方法将坡度线上各点的设计高程标定在地面的测量工作。它常用于道路、管线等线状工程的施工放样中,测设方法可分为水平视线法和倾斜视线法。

(1)水平视线法

如图 7-11 所示,点 E 是已知水准点,其高程为 H_E,点 A、B 是设计坡度线的两端点,设计高程分别为 H_A 和 H_B。在 AB 方向上,每隔一定的距离 d 打入一木桩,要求在木桩上标出坡度为 i 的坡度线。测设步骤如下。

①在 AB 方向上,按桩距 d 标定出中间的 1、2、3 各点。

②计算各桩点的设计高程。

第 1 点的设计高程为

$$H_1 = H_A + i \times d$$

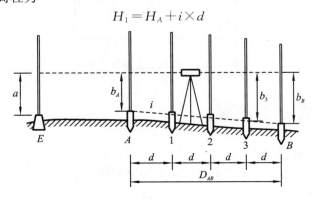

图 7-11　水平视线法测设坡度线

第 2 点的设计高程为

$$H_2 = H_1 + i \times d$$

第 3 点的设计高程为

$$H_3 = H_2 + i \times d$$

B 点的设计高程为

$$H_B = H_3 + i \times d,$$

或者

$$H_B = H_A + i \times D_{AB}（用于计算检核）$$

计算时,坡度 i 应连同其符号一并代入公式计算。

③将水准仪安置在已知水准点 E 附近,读取点 E 水准尺的后视读数 a,计算出水准仪的视线高程,即 $H_i = H_E + a$;根据各桩点的设计高程,分别计算出各桩点水准尺上的应读前视读数,即 $b_应 = H_i - H_设$。

④将水准尺紧贴各木桩侧面并上下移动,当水准仪中的读数恰好是前视读数 $b_应$ 时,水准尺底端对应的位置即为测设的高程标志线。

(2)倾斜视线法

如图 7-12 所示,点 A、B 是设计坡度线的两端点,点 A 的设计高程为 H_A,A、B 两点的水平距离为 D_{AB},要求在 AB 方向上,测设坡度为 i 的坡度线。测设步骤如下。

①计算点 B 的设计高程,即

$$H_B = H_A + i \times D_{AB}$$

②按照已知高程的测设方法,将 A、B 两端点的设计高程标定在地面木桩上。

③将水准仪安置在点 A,并使任意两个脚螺旋的连线垂直于 AB 方向,量取仪器高 v,旋转第三个脚螺旋或微倾螺旋,使十字丝横丝在点 B 水准尺上的读数等于仪器高 v,此时,仪器的视线与设计的坡度线平行。

④分别将水准尺紧贴 1、2、3 点的木桩侧面并上下移动,当尺上读数为仪器高 v 时,沿尺底在木桩上画一红线,各桩上红线的连线就是设计的坡度线。

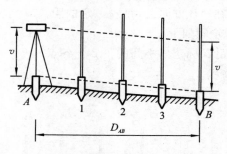

图 7-12　倾斜视线法测设坡度线

7.2　民用建筑施工测量

民用建筑是指住宅、办公楼、食堂、俱乐部、医院和学校等建筑物。

民用建筑施工测量的主要任务是建筑物的定位和放线、基础工程施工测量、墙体工程施工测量及高层建筑施工测量等。

7.2.1　施工测量控制网概述

施工测量控制网是为建立各类工程施工定位和施工放样等工程需要而布设的控制网。

施工测量控制网不仅是工程施工定位、放样的依据,也是工程沉降观测的依据,还是工程竣工测量的依据。

为了保证建筑物的测设精度,工程施工之前需要在原有测图控制网的基础上,为建(构)筑物的测设重新建立统一的施工测量控制网。施工测量控制网分为平面控制网和高程控制网。

施工测量控制网的建立,要遵循"从整体到局部、先控制后碎部"的原则,即先建立高精度控制网,后建立低精度控制网。在工程施工现场,根据建筑总平面图和施工总平面图,首先建立统一的平面和高程控制网,以此为基础,测设出建筑物的主轴线,再根据主轴线测设建筑物的细部位置。

施工测量控制网与测图控制网相比具有以下特点。

①控制范围小,控制点密度大。

②分级布网。

③精度要求和点位布设要求高。

④使用频繁,受施工干扰大。

7.2.2　建筑施工场地的平面控制测量

建筑施工场地的平面控制网,可以根据建筑物的分布、结构、高度、基础埋深和机械设备传动的连接方式、生产工艺的连续程度,分别布设一级或二级控制网。

建筑物施工平面控制网的布设形式,可根据场区的地形条件和建(构)筑物的布置情况,布设成建筑基线、建筑方格网、导线及导线网、三角网或 GPS 网等形式。平面控制网的等级,应根据工程规模和工程需要分级布设,且控制网的精度应符合下列规定。

①对于建筑场地大于 1 km² 的工程项目或重要工业区,应建立一级或一级以上精度等级的平面控制网。

②对于场地面积小于 1 km² 的工程项目或一般性建筑区,可建立二级精度的平面控制网。

③场区平面控制网相对于勘察阶段控制点的定位精度,不应大于 5 cm。

1) 施工坐标系与测量坐标系的坐标换算

施工坐标系亦称建筑坐标系,其坐标轴与主要建筑物主轴线平行或垂直,以便用直角坐标法进行建筑物的放样。

施工控制测量的建筑基线和建筑方格网一般采用施工坐标系,而施工坐标系与测量坐标系往往不一致,因此,施工测量前常常需要进行施工坐标系与测量坐标系的坐标换算。

如图 7-13 所示,设 xOy 为测量坐标系,$x'O'y'$ 为施工坐标系,x_O、y_O 为施工坐标系的原点 O' 在测量坐标系中的坐标,α 为施工坐标系的纵轴 $O'x'$ 在测量坐标系中的坐标方位角。设已知点 P 的施工坐标为 (x'_P, y'_P),则可按式(7-4)将其换算为测量坐标 (x_P, y_P):

$$\begin{cases} x_P = x_O + x'_P\cos\alpha - y'_P\sin\alpha \\ y_P = y_O + x'_P\sin\alpha + y'_P\cos\alpha \end{cases} \tag{7-4}$$

如已知点 P 的测量坐标,则可按下式将其换算为施工坐标:

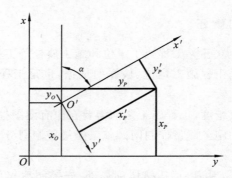

图7-13 施工坐标系与测量坐标系的换算

$$\begin{cases} x'_P = (x_P - x_O)\cos\alpha + (y_P - y_O)\sin\alpha \\ y'_P = -(x_P - x_O)\sin\alpha + (y_P - y_O)\cos\alpha \end{cases} \tag{7-5}$$

2)建筑基线

建筑基线是建筑场地的施工控制基准线,即在建筑场地布置一条或几条轴线。它适用于建筑设计总平面图布置比较简单的小型建筑场地。

(1)建筑基线的布设形式

建筑基线的布设形式,应根据建筑物的分布、施工场地地形等因素来确定。常用的布设形式有"一"字形、"L"形、"十"字形和"T"形,如图7-14所示。

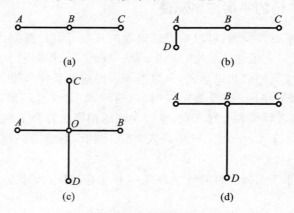

图7-14 建筑基线的布设形式

(a)"一"字形;(b)"L"形;(c)"十"字形;(d)"T"形

(2)建筑基线的布设要求

①建筑基线应尽可能靠近拟建的主要建筑物,并与其主要轴线平行,以便使用比较简单的直角坐标法进行建筑物的定位。

②建筑基线上的基线点应不少于三个,以便相互检核。

③建筑基线应尽可能与施工场地的建筑红线相连。

④基线点位应选在通视良好和不易被破坏的地方,为能长期保存,要埋设永久性的混凝土桩。

(3)建筑基线的测设方法

根据施工场地的条件不同,建筑基线的测设方法可分为以下两种。

①根据建筑红线测设建筑基线。由城市测绘部门测定的建筑用地界定基准线,称为建

筑红线。在城市建设区，建筑红线可用作建筑基线测设的依据。如图 7-15 所示，AB、AC 为建筑红线，点 1、2、3 为建筑基线点，利用建筑红线测设建筑基线的方法如下。

首先，从点 A 沿 AB 方向量取 d_2 定出点 P，沿 AC 方向量取 d_1 定出点 Q。

然后，过点 B 作 AB 的垂线，沿垂线量取 d_1 定出点 2，作出标志；过点 C 作 AC 的垂线，沿垂线量取 d_2 定出点 3，作出标志；用细线拉出直线 $P3$ 和 $Q2$，两条直线的交点即为点 1，作出标志。

最后，在点 1 安置经纬仪，精确观测 $\angle213$，其与 $90°$ 的差值应小于 $\pm20''$。

②根据附近已有控制点测设建筑基线。

在新建筑区，可以利用建筑基线的设计坐标和附近已有控制点的坐标，用极坐标法测设建筑基线。如图 7-16 所示，点 A、B 为附近已有控制点，点 1、2、3 为选定的建筑基线点。测设方法如下。

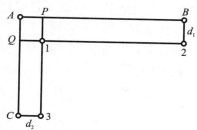

图 7-15　根据建筑红线测设建筑基线　　　　　图 7-16　根据控制点测设建筑基线

首先，根据已知控制点和建筑基线点的坐标，计算出测设数据 β_1、D_1、β_2、D_2、β_3、D_3。然后，用极坐标法测设点 1、2、3。

由于存在测量误差，测设的基线点往往不在同一直线上，且点与点之间的距离与设计值也不完全相符，因此，需要精确测出已测设直线的折角 β' 和距离 D'，并与设计值相比较。如图 7-17 所示，如果 $\Delta\beta=\beta'-180°$ 超过 $\pm15''$，则应对点 $1'$、$2'$、$3'$ 在与基线垂直的方向上进行等量调整，调整量按下式计算：

$$\delta = \frac{ab}{a+b} \times \frac{\Delta\beta}{2\rho} \tag{7-6}$$

式中：δ——各点的调整值，m；

a、b——分别为 12、23 的长度，m。

如果测设距离超限，如 $\dfrac{\Delta D}{D} = \dfrac{D'-D}{D} > \dfrac{1}{10\,000}$，则以点 2 为准，按设计长度沿基线方向调整点 $1'$、$3'$。

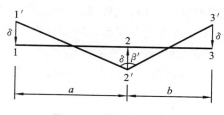

图 7-17　基线点的调整

3）建筑方格网

由正方形或矩形组成的施工平面控制网，称为建筑方格网，或称矩形网，如图 7-18 所示。建筑方格网适用于按矩形布置的建筑群或大型建筑场地。

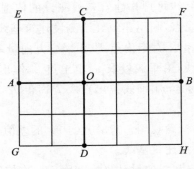

图 7-18　建筑方格网

（1）建筑方格网的布设

布设建筑方格网时，应根据总平面图上各建（构）筑物、道路及各种管线的布置，结合现场的地形条件来确定。当场地面积较大时，常分两级布设，首级可采用"十"字形、"口"字形或"田"字形，然后再加密方格网；若场地面积不大，尽量一次布设成方格网。如图 7-18 所示，先确定布设方格网的主轴线 AOB 和 COD，然后再布设方格网。

（2）建筑方格网的测设

建筑方格网的测设方法如下。

①主轴线测设。

主轴线测设与建筑基线测设方法相似。首先，准备测设数据。然后，测设两条互相垂直的主轴线 AOB 和 COD，如图 7-18 所示。主轴线实质上是由 5 个主点 A、B、O、C 和 D 组成。长轴线的定位点不得少于 3 个，点位偏离直线应在 $180°\pm5''$ 以内；短轴线应根据长轴线定向，其直角偏差应在 $90°\pm5''$ 以内；水平角观测的测角中误差不应大于 $2.5''$。最后，精确检测主轴线点的相对位置关系，并与设计值相比较，如果超限，则应进行调整。建筑方格网的主要技术要求如表 7-1 所示。

表 7-1　建筑方格网的主要技术要求

等级	边长（m）	测角中误差	边长相对中误差	测角检测限差	边长检测限差
Ⅰ级	100～300	5″	1/30 000	10″	1/15 000
Ⅱ级	100～300	8″	1/20 000	16″	1/10 000

②方格网点测设。

如图 7-18 所示，主轴线测设后，分别在主点 A、B、C、D 安置经纬仪，后视主点 O 向左右测设 90°水平角，即可交会出"田"字形方格网点。随后再做检核，测量相邻两点间的距离，看是否与设计值相等，测量其角度是否为 90°，误差均应在允许范围内，并埋设永久性标志。

建筑方格网轴线与建筑物轴线平行或垂直，因此，可用直角坐标法进行建筑物的定位，计算简单，测设比较方便，而且精度较高。其缺点是必须按照总平面图布置，点位易被破坏，而且测设工作量也较大。

7.2.3　建筑施工场地的高程控制测量

建筑施工场地的高程控制测量应与国家高程系统相联测，以便建立统一的高程系统。一般情况下，设计单位会提供相应的高程控制点，再由施工单位在施工现场内引测高程控制网,可以布设成闭合线路、附合线路或结点网,大中型施工项目的场区高程测量精度,不应低于三等水准。

施工场区的水准点可单独布设在场地相对稳定的区域,也可设置在平面控制点的标石上。水准点间距宜小于 1 km,距离建(构)筑物不宜小于 25 m,距离回填土边线不宜小于15 m。施工中,当少数高程控制点标石不能保存时,应将其高程引测至稳固的建(构)筑物上,引测的精度不应低于原高程点的精度等级。

高程控制网可分为首级网和加密网两级布设,相应的水准点称为基本水准点和施工水准点。

由于设计建筑物常以底层室内地坪高±0.000 m标高为高程起算面,为了施工引测方便,常在建筑物内部或附近测设±0.000 m水准点。

7.2.4 多层民用建筑施工测量

1.施工测量前准备工作

1)熟悉设计图纸

设计图纸是施工测量的主要依据,测设前应熟悉建筑物的设计图纸,了解施工建筑物与相邻地物的相互关系,以及建筑物的尺寸和施工的要求等,并仔细核对各设计图纸的有关尺寸。测设时必须具备如下图纸资料。

(1)总平面图

如图 7-19 所示,从总平面图上,可以查取或计算设计建筑物与原有建筑物或测量控制点之间的平面尺寸和高差,作为测设建筑物总体位置的依据。

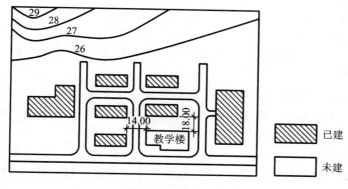

图 7-19　总平面图

(2)建筑平面图

从建筑平面图上,可以查平面图取建筑物的总尺寸,以及内部各定位轴线之间的关系尺寸,这是施工测设的基本资料。

(3)基础平面图

从基础平面图上,可以查取基础边线与定位轴线的平面尺寸,这是测设基础轴线的必要数据。

(4)基础详图

从基础详图上,可以查取基础立面尺寸和设计标高,这是基础高程测设的依据。

(5)建筑物的立面图和剖面图

从建筑物的立面图和剖面图上,可以查取基础、地坪、门窗、楼板、屋架和屋面等设计高程,这是高程测设的主要依据。

2)现场踏勘

全面了解现场情况,对施工场地上的平面控制点和水准点进行检核。

3)施工场地整理

平整和清理施工场地,以便进行测设工作。

4)制定测设方案

根据设计要求、定位条件、现场地形和施工方案等因素,制定测设方案,包括测设方法、测设数据计算和绘制测设略图,如图 7-20 所示。

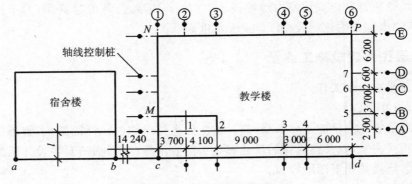

图 7-20　建筑物的定位和放线

5)仪器和工具

对测设所使用的仪器和工具进行检核。

2.定位和放线

1)建筑物的定位

建筑物的定位,就是将建筑物外廓各轴线交点(简称角桩)测设在地面上,作为基础放样和细部放样的依据。

在建筑物定位前,需要进行的准备工作有:熟悉设计图纸、进行现场踏勘、复核测量控制点、清理施工现场、拟定放样方案及绘制放样略图。而根据施工现场情况和设计条件,建筑物的定位可采用以下几种方法。

(1)根据已知测量控制点定位

当建筑区域附近有 GPS 点、导线点、三角点等已知测量控制点时,可根据控制点和建筑物各角点的设计坐标(测量坐标),反算出坐标方位角与距离,用极坐标法或角度交会法测设建筑物的平面位置。

①根据建筑方格网和建筑基线定位。如建筑场区内布设有建筑方格网(或建筑基线),由于设计建筑物轴线与方格网边线平行或垂直,可根据附近方格网点和建筑物角点的坐标采用直角坐标法测设建筑物的位置。

②根据规划道路红线定位。规划道路的红线是城市规划部门所测设的城市道路规划用地与单位用地的界址线,靠近城市道路的新建建筑物设计位置应以城市规划道路的红线为依据。如图 7-21 所示,A、B、C、D 为城市规划道路红线点,测设方法如下。

a.根据拟建建筑物四个角点坐标和图 7-21 中的数据推算 M、N、P、Q 四点的坐标。

b.在点 C 架设仪器,沿 CD 方向依次测设点 P 和 Q。

c.在 P、Q 两点分别架设仪器,转动 90°,依次测设 J_1、J_4、J_2、J_3,最后进行检查调整。

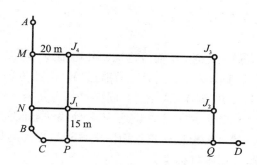

图 7-21 根据规划道路红线定位

③根据与原有建筑物的关系定位。当新建场地附近没有国家测量控制点、建筑基线、建筑方格网和建筑红线等已知条件,也没有提供新建建筑物的角点坐标,设计文件只给出了新建建筑物与附近原有建筑物的相互关系时,则根据原有建筑物外墙延长线确定建筑基线,再根据基线确定新建建筑物各定位轴线的投影位置,如图 7-22 所示的两种情况,图中绘有横线的是原有建筑物,没有横线的是新建建筑物。

如图 7-22(a)所示,新建的建筑物轴线 EF 在原有建筑物轴线 AB 的延长线上,可用延长直线法定位。为了能够准确地测设 EF,应先作 AB 的平行线 P_1P_2,即沿原有建筑物 DA 与 CB 墙面向外量出 1.5 m,在地面上定出 P_1 和 P_2 两点作为建筑基线。再安置经纬仪于点 P_1,照准点 P_2,然后沿 P_1P_2 方向,从点 P_2 用钢尺依次量距 15 m 和 60 m 测出 P_3、P_4 两点,再安置经纬仪分别于点 P_3 和 P_4,转动 90°角,依次定出点 E、H 和 F、G。

如图 7-22(b)所示,先作 AB 的平行线 P_1P_2,平行线线距 2 m,然后安置经纬仪于点 P_1,作 P_1P_2 的延长线,并按设计距离,用钢尺量距定出点 P_3,再将经纬仪安置于点 P_3,照准点 P_1,转动 90°角,丈量 4.5 m 定出点 E,继续丈量 45 m 定出点 H,最后在 E、H 两点安置经纬仪测设 90°角,量距 15 m 而定出点 F 和 G。

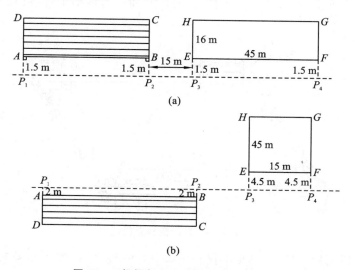

图 7-22 根据与原有建筑物的关系定位

2)建筑物的放线

建筑物的放线,是指根据已定位的外墙轴线交点桩(角桩),详细测设出建筑物各轴线的交点桩(或称中心桩),然后根据交点桩用白灰撒出基槽开挖边界线。

建筑物的放线工作主要有以下几项。

（1）测设细部轴线交点桩

如图 7-23 所示，Ⓐ轴、Ⓔ轴、①轴、⑥轴为建筑物外墙轴线，点 A_1、A_6、E_1、E_6 为通过建筑物定位所标定的主点。将经纬仪安置于点 A_1，瞄准点 A_6，沿此方向量距 4 m 定出点 A_2，再根据图 7-23 所示距离，依次定出点 A_3、A_4、A_5。同样可测出其余外墙轴线交点，各点可用木桩做点位标志。定出各点后，要通过钢尺丈量、复核各轴线交点间的距离，与设计长度比较，其误差不得超过 1/2 000。然后再根据建筑平面图上各轴线之间的尺寸，测设建筑物其他各轴线相交的中心桩的位置，并用木桩标定。

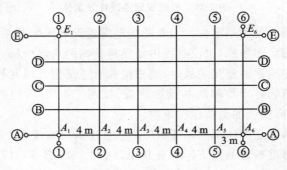

图 7-23　测设轴线交点

（2）轴线引测

基槽开挖后，角桩和中心桩将被挖掉，为了便于在施工中恢复各轴线位置，应把各轴线延长到槽外安全地点，并做好木桩标志，其方法有设置龙门板和轴线控制桩两种方法。

①设置龙门板法。如图 7-24 所示，在建筑物四角和内纵、横墙两端距基槽开挖边线以外 1~2 m（根据土质和基槽深度确定）处，牢固埋设大木桩，称为龙门桩，钉在龙门桩上的木板叫龙门板。龙门桩要埋设得牢固、竖直，桩的外侧面应与基槽平行，设置龙门板的方法如下。

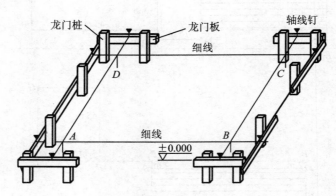

图 7-24　龙门板和龙门桩

a. 根据建筑物场地水准点，用水准仪将±0.000 m 标高线（地坪标高）测设在每个龙门桩的外侧上，并设置横线标志。若现场条件不允许，也可测设比±0.000 m 标高高或低一定数值的标高线，但同一建筑物最好只选用一个标高。如地形起伏大，须选用两个标高时，一定要标注清楚，以免使用时发生错误。

b. 根据龙门桩上测设的高程线钉设龙门板，龙门板顶面的标高应和龙门桩上的横线对齐,这样所有的龙门板顶面标高在一个水平面上,即标高为±0.000 m 标高线,或者比±0.000 m标高高或低一定数值的标高线,龙门板标高的测定误差在±5 mm 以内。

　　c.根据轴线桩,用经纬仪将墙、柱的轴线投测到龙门板顶面上,并钉小钉作为轴线标志,称为轴线钉,投点误差在±5 mm 内。对于较小的建筑物,直接采用拉细线的方法延长轴线,钉上轴线钉。

　　d.用钢尺沿龙门板顶面检查轴线钉的间距,其相对误差不应超过 1/2 000。

　　由于龙门板需要较多木料,且占地面积大,在施工过程中不易保护,所以不适用于机械化开挖的场地。

　　②设置轴线控制桩法。在建筑物施工时,沿房屋四周在建筑物轴线方向上设置的桩叫作轴线控制桩(简称控制桩,也叫引桩),它是在测设建筑物角桩和中心桩时,把各轴线延长到基槽开挖边线以外,不受施工干扰并便于引测和保存桩位的地方,桩顶面钉小钉标明轴线位置,如图 7-25 所示。如附近有固定性建筑物,应把轴线延伸到建筑物上,以便校对。轴线控制桩离基槽外边线的距离可根据施工场地的条件来定,一般情况下,轴线控制桩离基槽外边线的距离可取 2～4 m,并用木桩做点位标志,桩上钉小钉,并用水泥砂浆加固。

　　(3)基础开挖边线

　　如图 7-26 所示,基础开挖边线宽度为 2D,则

$$D = B + mh \tag{7-7}$$

式中:B——基础底部宽度,根据基础剖面图查取,m;

　　　h——基础深度,m;

　　　m——边坡坡度。

　　根据上式计算,在地面上以轴线为中心,向两侧各量距离 D,拉线并撒上白灰,即为开挖边线。

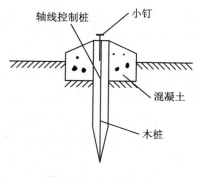

图 7-25　轴线控制桩

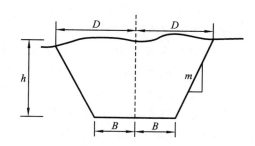

图 7-26　基础开挖断面图

3.建筑物基础施工测量

1)基槽抄平

　　建筑施工中的高程测设,又称抄平。为了控制基槽的开挖深度,当快挖到槽底设计标高时,应用水准仪根据地面上±0.000 m点,在槽壁上测设一些水平小木桩(称为水平桩),如图 7-27 所示,使木桩的上表面离槽底的设计标高为一固定值(如 0.500 m)。

　　为了施工时使用方便,一般在槽壁各拐角处、深度变化处和基槽壁上每隔 3～4 m 测设一水平桩。水平桩可作为挖槽深度、修平槽底和打基础垫层的依据。

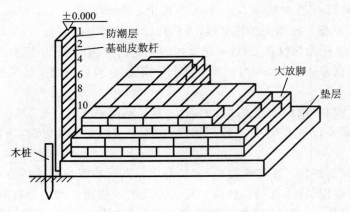

图 7-27 基础皮数杆

2）基础施工放线

（1）基坑中线、宽度的测设

基坑开挖到设计标高后，首先经政府监督部门、建设单位、设计、勘察、监理、施工等单位联合验槽合格，然后根据轴线控制桩或者龙门板将轴线投测至基坑底，打入小木桩作为标志，检查坑底断面尺寸是否符合设计要求。实际上，在基坑开挖过程中也要经常检查基坑轴线、开挖宽度是否满足设计要求。

（2）垫层顶面标高的测设

垫层顶面标高的测设以槽壁水平桩为依据在槽壁弹线，或者在槽底打入小木桩（木桩顶标高即为垫层顶面标高）进行控制，如果垫层需支模板，可以直接在模板上弹出标高控制线。

（3）垫层上投测基础中心线

在基础垫层完成后，根据龙门板上的轴线钉或轴线控制桩，用经纬仪或用拉绳挂锤球的方法，把轴线投测到垫层面上，并用墨线弹出墙中心线和基础边线，作为砌筑基础的依据。整个墙体形状及大小均以此线为准，它是确定建筑物位置的关键环节，必须严格校核。

4. 基础墙标高的控制

基础墙中心线投在垫层上，用水准仪检测各墙角垫层面标高后，即可开始基础墙（±0.000 m 以下的墙）的砌筑。基础墙的高度一般是用基础皮数杆来控制的，基础皮数杆用一根木杆制成，在木杆上标明 ±0.000 m 和防潮层及预留洞口的标高位置，按照设计尺寸将每皮砖和灰缝的厚度，分皮从上往下一一画出，每五皮砖注上皮数，基础皮数杆的层数从 ±0.000 m 向下注记，如图 7-27 所示。

立皮数杆时，可先在立杆处打一根木桩，用水准仪在木桩侧面定出一条高于垫层标高某一数值（如 0.1 m）的水平线，然后将皮数杆上标高相同于木桩上的水平线对齐，并用大铁钉把皮数杆与木桩钉在一起，作为基础墙砌筑的标高依据。

基础施工结束后，应检查基础面的标高是否符合设计要求，用水准仪测出基础面上若干点的高程，并与设计高程相比较，允许误差为 ±10 mm。若是钢筋混凝土基础，用水准仪在模板上标注基础顶设计标高的位置。

5. 墙体施工测量

1）墙体定位

①利用轴线控制桩或龙门板上的轴线和墙边线标志，用经纬仪或拉细绳挂锤球的方法，

将轴线投测到基础面上或防潮层上。

②用墨线弹出墙中线和墙边线。

③检查外墙轴线交角是否等于90°。

④把墙轴线延伸并画在外墙基础上,如图7-28所示,作为向上投测轴线的依据。

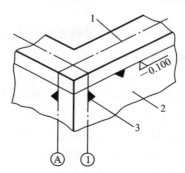

图7-28 墙体定位

1—墙中心线;2—外墙基础;3—轴线

⑤把门、窗和其他洞口的边线,也在外墙基础上标定出来。

2)墙体各部位标高控制

在墙体施工中,墙身各部位标高通常也是用皮数杆控制的。

①在墙身皮数杆上,根据设计尺寸,按砖、灰缝的厚度画出线条,并标明±0.000 m、门、窗、楼板等的标高位置,如图7-29所示。

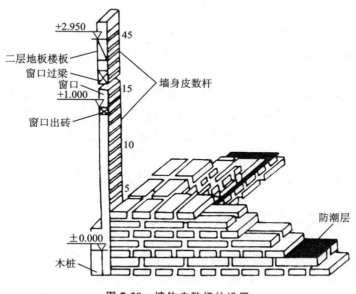

图7-29 墙体皮数杆的设置

②墙身皮数杆的设立与基础皮数杆相同,使皮数杆上的±0.000 m标高与房屋的室内地坪标高相吻合。在墙的转角处,每隔10~15 m设置一根皮数杆。

③在墙身砌起1 m以后,就在室内墙身上定出+0.500 m的标高线,为该层地面施工和室内装修用。

④在第二层以上墙体施工中,为了使皮数杆在同一水平面上,要用水准仪测出楼板四角

的标高,取平均值作为地坪标高,并以此作为立皮数杆的标志。

框架结构的民用建筑,墙体砌筑是在框架施工后进行的,故可在柱面上画线,代替皮数杆。

7.2.5 建筑物的轴线投测

在多层建筑墙身砌筑过程中,为了保证建筑物轴线位置正确,可采用吊锤球法或经纬仪投测法将轴线投测到各层楼板边缘或柱顶上。

(1)吊锤球法

将较重的锤球悬吊在楼板或柱顶边缘,当锤球尖对准基础墙面上的轴线标志时,线在楼板或柱顶边缘的位置即为楼层轴线端点位置,并画出标志线。各轴线的端点投测完后,用钢尺检核各轴线的间距,符合要求后,继续施工,并把轴线逐层自下向上传递。

吊锤球法简便易行,不受施工场地限制,一般能保证施工质量。但当有风或建筑物较高时,投测误差较大,应采用经纬仪投测法。

(2)经纬仪投测法

在轴线控制桩上安置经纬仪,严格整平后,瞄准基础墙面上的轴线标志,用盘左、盘右分中投点法,将轴线投测到楼层边缘或柱顶上。将所有端点投测到楼板上之后,用钢尺检核其间距,相对误差不得大于 1/2 000。检查合格后,才能在楼板分间弹线,继续施工。

7.2.6 建筑物的高程传递

在多层建筑施工中,要由下层向上层传递高程,以便楼板、门窗口等的标高符合设计要求。高程传递的方法有以下三种。

(1)利用皮数杆传递高程

一般建筑物可用墙体皮数杆传递高程。具体方法参照"墙体各部位标高控制"。

(2)利用钢尺直接丈量

对于高程传递精度要求较高的建筑物,通常用钢尺直接丈量来传递高程。对于二层以上的各层,每砌高一层,就从楼梯间用钢尺从下层的"+0.500 m"标高线,向上量出层高,测出上一层的"+0.500 m"标高线。按此方法用钢尺逐层向上引测。

(3)吊钢尺法

用悬挂钢尺代替水准尺,用水准仪读数,从下向上传递高程。

7.3 高层建筑的施工测量

高层建筑,是指超过一定高度和层数的多层建筑。对于高层建筑的定义,各个国家的标准不一,我国规定超过 10 层的住宅建筑和超过 24 m 的其他民用建筑为高层建筑。

高层建筑施工测量的工作内容较多,这里主要介绍建筑物定位测量、基础施工测量、轴线投测和高程传递等方面的测量工作。

7.3.1 定位测量

1)建立施工控制方格网

高层建筑的定位测量是为了确定建筑物的平面位置,主要方法是:首先依据设计提供的测量控制点(一般是城市测量控制网点),复核设计提供的平面和高程控制点;复核合格后,根据设计平面控制点和现场实际情况采用极坐标法(主要的测设方法,有时也采用直角坐标法)测设建立专用的施工控制方格网;最后根据方格网进行定位测量。施工控制方格网一般在总平面布置图上进行设计,是平行于建筑物主要轴线方向的矩形控制网,要求设在基坑开挖边界以外一定距离。

2)测设主轴线控制桩

根据建筑物四廓主要轴线与施工控制方格网的间距,测设主轴线控制桩。测设时要以施工方格网两端控制点为准,目前多数单位采用全站仪测设轴线控制桩。轴线控制桩测设完成后,施工时可快速、准确地在现场确定建筑物的四个主要角点。建筑物的中轴线等重要轴线也要根据施工控制方格网进行测设,其与四廓的轴线一起称为施工控制网中的控制线。一般要求控制线的间距为30~50 m,施工方格网控制线的测距精度不低于1/10 000,测角精度不低于±10″。

7.3.2　基础施工测量

1)测设基坑开挖边线

由于高层建筑一般设有1~2层地下室,所以需要进行基坑开挖。开挖前,首先根据建筑物的轴线控制桩测出建筑物的外墙边线,然后根据基坑开挖方案确定边坡的放坡宽度,再考虑基础施工所需工作面的宽度,最后在施工现场放出基坑的开挖边线并撒上白灰。

2)基坑开挖过程中的测量工作

高层建筑的基坑深度一般超过5 m,需要放坡并进行边坡支护加固。在开挖过程中,一方面需要定期用经纬仪(全站仪)检查边坡的位置,防止出现坑底边线内收或外放;一方面需要定期用水准仪测量开挖深度,防止超挖。

3)基础放线及标高控制

(1)基础放线

高层建筑基础通常有以下三种类型:一是先施工垫层,然后做箱形基础或筏板基础时,则要求在垫层上测出基础的各边界线、梁轴线、墙宽线等;二是在基坑底部设计桩基础,则需在坑底测设桩的中心点,桩基完工后,测设桩承台和承重梁的中心线;三是先做桩基础,然后在桩顶上做箱形基础或筏板基础,组成复合基础,这时的测量工作是前两种情况的结合。

基坑开挖完成后,不管基础设计采用何种形式,都需要在基坑中测设基础的各种轴线。测设时,首先根据基坑上主轴线控制桩,利用经纬仪(或全站仪)向坑内投测,要求盘左、盘右各投测一次;然后取中数,定出四大角点和其他主轴线;再利用经纬仪(或全站仪)检核轴线间距离和角度,检核合格后,根据主轴线放出其他细部轴线;最后根据基础详图等设计文件,测出施工中需要的各结构部位(如梁、柱、墙、电梯井)的中心线和边线。

有时为了通视和量距方便,可能需要测设基础轴线的外移平行线,这时要在现场做好标注,并在内业控制文件上显著标明,防止出错。此外,一些基础桩、梁、柱、墙的中线不一定与建筑轴线重合,而是偏移某个尺寸,因此要认真熟悉图纸,计算检核无误后方可施测,在垫层上放线时,可以将轴线和边线直接用墨线弹在垫层上。

(2)基础标高控制

基坑开挖完成后,用水准仪根据地面上的±0.000 m水平线将高程引测到坑底,并在基坑护坡的钢板或混凝土桩上做好标高为负的整米数的标高线,在基坑内要引测4个以上标高线,若基坑侧壁近乎垂直,可用悬吊钢尺代替水准尺进行测量。

7.3.3 轴线投测

高层建筑的轴线投测就是将建筑物的基础轴线准确地向高层引测。随着建筑结构的升高,要将首层轴线逐层向上投测,投测的轴线是各层放线和结构垂直度施工控制的依据。轴线竖向投测的精度指标和各施工层上放线精度指标详见表 7-2。

表 7-2 建筑物施工放样和轴线投测的允许偏差

项目	内容		允许偏差(mm)
	每层		3
轴线竖向投测	总高 H(m)	$H \leqslant 30$	5
		$30 < H \leqslant 60$	10
		$60 < H \leqslant 90$	15
		$90 < H \leqslant 120$	20
		$120 < H \leqslant 150$	25
		$H > 150$	30
各施工层上放线	外廊主轴线长度 L(m)	$L \leqslant 30$	± 5
		$30 < L \leqslant 60$	± 10
		$60 < L \leqslant 90$	± 15
		$L > 90$	± 20

高层建筑物轴线的竖向投测,主要有外控法和内控法两种,下面分别介绍这两种方法。

1)外控法

外控法是在建筑物外部,利用经纬仪,根据建筑物轴线控制桩来进行轴线的竖向投测的,亦称作"经纬仪引桩投测法"。具体操作方法如下。

(1)在建筑物底部投测中心轴线位置

高层建筑的基础工程完工后,将经纬仪安置在轴线控制桩 A_1、A_1'、B_1 和 B_1' 上,把建筑物主轴线精确地投测到建筑物的底部,并设立标志,如图 7-30 中的 a_1、a_1'、b_1 和 b_1',以供下一步施工与向上投测之用。

(2)向上投测中心线

随着建筑物不断升高,要逐层将轴线向上传递,如图 7-30 所示,将经纬仪安置在中心轴线控制桩 A_1、A_1'、B_1 和 B_1' 上,严格整平仪器,用望远镜瞄准建筑物底部已标出的轴线点 a_1、a_1'、b_1 和 b_1',用盘左和盘右分别向上投测到每层楼板上,并取其中点作为该层中心轴线的投影点,如图 7-30 中的点 a_2、a_2'、b_2 和 b_2'。

(3)增设轴线引桩

当楼房逐渐增高,而轴线控制桩距建筑物又较近时,望远镜的仰角较大,操作不便,投测精度也会降低。为此,要将原中心轴线控制桩引测到更远的安全地方,或者附近大楼的屋面。具体做法:将经纬仪安置在已经投测上去的较高层(如第十层)楼面轴线 $a_{10}a_{10}'$ 上,如图 7-31 所示,瞄准地面上原有的轴线控制桩点 A_1 和 A_1',用盘左、盘右分中投点法,将轴线延长到远处点 A_2 和 A_2',并用标志固定其位置,A_2、A_2' 即为新投测的 A_1A_1' 轴控制桩。

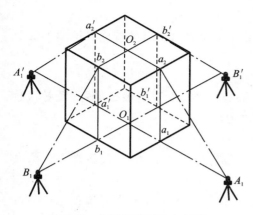

图 7-30　经纬仪投测中心轴线

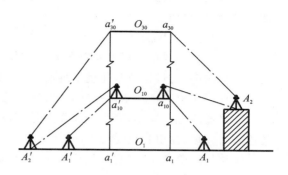

图 7-31　经纬仪引桩投测

更高各层的中心轴线,可将经纬仪安置在新的引桩上,按上述方法继续进行投测。

2)内控法

内控法是在建筑物内±0.000 m 平面设置轴线控制点,并预埋标志,以后在各层楼板相应位置上预留 200 mm×200 mm 的传递孔,在轴线控制点上直接采用吊线坠法或激光铅垂仪法,通过预留孔将其点位垂直投测到任一楼层,如图 7-32 和图 7-33 所示。

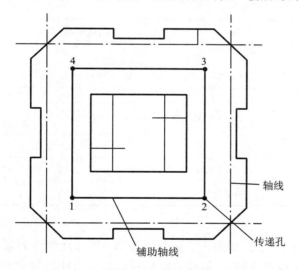

图 7-32　内控法轴线控制点的设置

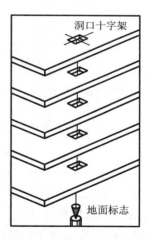

图 7-33　吊线坠法投测轴线

(1)内控法轴线控制点的设置

在基础施工完毕后,在±0.000 m 首层平面上适当位置设置与轴线平行的辅助轴线。辅助轴线距轴线 500～800 mm 为宜,并在辅助轴线交点或端点处埋设标志,如图 7-32 所示。

(2)吊线坠法

吊线坠法是利用钢丝悬挂重锤球的方法,进行轴线竖向投测的。这种方法一般用于高度在 50～100 m 的高层建筑施工中,锤球的重量为 10～20 kg,钢丝的直径为 0.5～0.8 mm。投测方法如下。

如图 7-33 所示,在预留孔上面安置十字架,挂上锤球,对准首层预埋标志。当锤球线静止时,固定十字架,并在预留孔四周做出标记,作为以后恢复轴线及放样的依据。此时,十字架中心即为轴线控制点在该楼面上的投测点。

用吊线坠法实测时,要采取一些必要措施,如用铅垂的塑料管套着坠线或将锤球沉浸于油中,以减少摆动。

(3)激光铅垂仪法

①在首层轴线控制点上安置激光铅垂仪,利用激光器底端(全反射棱镜端)所发射的激光束进行对中,通过调节基座整平螺旋,使管水准器气泡严格居中。

②在上层施工楼面预留孔处,放置接受靶。

③接通激光电源,启辉激光器发射铅直激光束,通过发射望远镜调焦,使激光束会聚成红色耀目光斑,投射到接受靶上。

④移动接受靶,使靶心与红色光斑重合,固定接受靶,并在预留孔四周做出标记,此时,靶心位置即为轴线控制点在该楼面上的投测点。

7.3.4 高程传递

在高层建筑物施工中,需要从首层地面向上传递标高,以便控制上层楼板、门窗、室内装修等工程的标高满足设计要求,施工中的标高允许偏差如表 7-3 所示。标高传递的方法有悬吊钢尺法、钢尺直接丈量法、利用皮数杆传递高程等。

表 7-3 建筑物标高传递的允许偏差

项目	内容		允许偏差(mm)
标高竖向投测	每层		±3
	总高 H(m)	$H \leqslant 30$	±5
		$30 < H \leqslant 60$	±10
		$60 < H \leqslant 90$	±15
		$90 < H \leqslant 120$	±20
		$120 < H \leqslant 150$	±25
		$150 < H$	±30

1)悬吊钢尺法

在外墙或楼梯间悬吊一根钢尺,分别在地面和楼面上安置水准仪,将标高传递到楼面上,用于高层建筑传递标高的钢尺应经过检定合格,量取高差时尺身应铅垂和使用规定的拉力,并应进行温度、尺长和拉力改正。传递点的数目应根据建筑物的大小和高度确定,一般情况下宜从三处以上分别向上传递,该方法目前在高层建筑高程传递中应用广泛。

2)用钢尺直接丈量

首层施工完成后,在结构的外墙面、电梯井或楼梯间测设"+50 m 标高线",在该水平线上方便向上挂尺的地方,沿建筑物的四周均匀布置 3~5 个点,做出明显标记,作为向上传递高程的基准点,这几个点必须上下通视,以结构面无突出为宜。以这几个基准点向上铅垂拉尺到施工面上,以确定各楼层施工标高。在施工面上首先利用水准仪进行校核,其误差应不超过±3 mm。当相对标高差小于 3 mm 时,取其平均值作为该层标高的后视读数,并抄测该层水平"+50 m 标高线"。若建筑高度超过整尺段(30 m 或 50 m),可每隔一个尺段的高度精确测设新的起始标高线,作为继续向上传递高程的依据。钢尺要检定合格,并应进行温度、尺长和拉力改正。

3)利用皮数杆传递高程

在皮数杆上自±0.000 m标高线起,将门窗、过梁、楼板等构件的标高注明,一层楼砌好后,则从一层皮数杆起一层一层往上接。

7.4　工业建筑的施工测量

工业建筑中以厂房为主体,一般工业厂房多采用构件预制后在现场装配的方法施工。厂房的预制构件有柱子、吊车梁和屋架等。因此,工业建筑施工测量的工作主要是保证这些预制构件安装到位。具体任务为厂房矩形控制网测设、厂房柱列轴线测设、柱基施工测量及厂房预制构件安装测量等。

7.4.1　厂房矩形控制网测设

工业厂房一般都应建立厂房矩形控制网,作为厂房施工测设的依据。下面介绍根据建筑方格网,采用直角坐标法测设厂房矩形控制网的方法。

如图 7-34 所示,H、I、J、K 四点是厂房的房角点,从设计图中已知 H、J 两点的坐标。S、P、Q、R 为布置在基础开挖边线以外的厂房矩形控制网的四个角点,称为厂房控制桩。厂房矩形控制网的边线到厂房轴线的距离为 4 m,厂房控制桩 S、P、Q、R 的坐标,可按厂房角点的设计坐标加减 4 m 算得。测设方法如下。

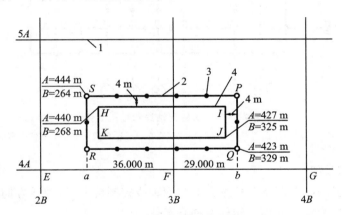

图 7-34　厂房矩形控制网测设

1—建筑方格网;2—厂房矩形控制网;3—距离指标桩;4——厂房轴线

1)计算测设数据

根据厂房控制桩 S、P、Q、R 的坐标,计算利用直角坐标法进行测设时所需测设数据,计算结果标注在图 7-34 中。

2)厂房控制点的测设

①从点 F 起沿 FE 方向量取 36 m,定出点 a;从点 F 起沿 FG 方向量取 29 m,定出点 b。

②在点 a 与点 b 上安置经纬仪,分别瞄准点 E 与点 F,顺时针方向测设90°,得两条视线方向,沿视线方向量取 23 m,定出点 R、Q。再向前量取 21 m,定出点 S、P。

③为了便于进行细部测设,在测设厂房矩形控制网的同时,还应沿控制网测设距离指标

桩,如图 7-34 所示,距离指标桩的间距一般等于柱子间距的整数倍。

3)检查

①检查∠S、∠P 是否等于 90°,其误差不得超过±10″。

②检查边 SP 的长度是否等于设计长度,其误差不得超过 1/10 000。

以上这种方法适用于中小型厂房,对于大型或设备复杂的厂房,应先测设厂房控制网的主轴线,再根据主轴线测设厂房矩形控制网。

7.4.2 厂房柱列轴线测设与柱基施工测量

1)厂房柱列轴线测设

根据厂房平面图上所注的柱间距和跨距尺寸,用钢尺沿矩形控制网各边量出各柱列轴线控制桩的位置,如图 7-35 中的 1′、2′…,并打入大木桩,桩顶用小钉标出点位,作为柱基测设和施工安装的依据。丈量时应以相邻的两个距离指标桩为起点分别进行,以便检核。

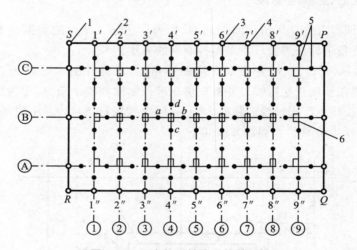

图 7-35 厂房柱列轴线和柱基测量

1—厂房控制桩;2—厂房矩形控制网;3—柱列轴线控制桩;4—距离指标桩;5—定位小木桩;6—柱基础

2)柱基定位和放线

①安置两台经纬仪,在两条互相垂直的柱列轴线控制桩上,沿轴线方向交会出各柱基的位置(即柱列轴线的交点),此项工作称为柱基定位。

②在柱基的四周轴线上,打入四个定位小木桩 a、b、c、d,如图 7-35 所示,其桩位应在基础开挖边线以外,比基础深度大 1.5 倍的地方,作为修坑和立模的依据。

③按照基础详图所注尺寸和基坑放坡宽度,用特制角尺,放出基坑开挖边界线,并撒上白灰以便开挖,此项工作称为基础放线。

④在进行柱基测设时,应注意柱列轴线不一定都是柱基的中心线,而一般立模、吊装等习惯用中心线,此时,应将柱列轴线平移,定出柱基中心线。

3)柱基施工测量

(1)基坑开挖深度的控制

当基坑挖到一定深度时,应在基坑四壁,离基坑底设计标高 0.5 m 处,测设水平桩,作为检查基坑底标高和控制垫层的依据。

（2）杯形基础立模测量

杯形基础立模测量有以下三项工作。

①基础垫层打好后，根据基坑周边定位小木桩，用拉线吊锤球的方法，把柱基定位线投测到垫层上，弹出墨线，用红漆画出标记，作为柱基立模板和布置基础钢筋的依据。

②立模时，将模板底线对准垫层上的定位线，并用锤球检查模板是否垂直。

③将柱基顶面设计标高测设在模板内壁，作为浇筑混凝土高度的依据。

7.4.3　厂房预制构件安装测量

1）柱子安装测量

（1）柱子安装应满足的基本要求

柱子中心线应与相应的柱列轴线一致，其允许偏差为±5 mm。牛腿顶面和柱顶面的实际标高应与设计标高一致，其允许误差为±（5～8）mm，柱高大于 5 m 时为±8 mm。柱身垂直允许误差为当柱高不大于 5 m 时为±5 mm；当柱高为 5～10 m 时，为±10 mm；当柱高超过 10 m 时，则为柱高的 1/1 000，但不得大于 20 mm。

（2）柱子安装前的准备工作

柱子安装前的准备工作有以下几项。

①在柱基顶面投测柱列轴线。柱基拆模后，用经纬仪根据柱列轴线控制桩，将柱列轴线投测到杯口顶面上，如图 7-36 所示，并弹出墨线，用红漆画出"▶"标志，作为安装柱子时确定轴线的依据。如果柱列轴线不通过柱子的中心线，应在杯形基础顶面上加弹柱中心线。

用水准仪在杯口内壁测设一条一般为－0.600 m 的标高线（一般杯口顶面的标高为－0.500 m），并画出"▼"标志，如图 7-37 所示，作为杯底找平的依据。

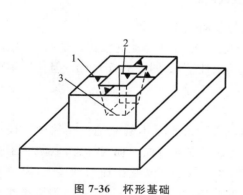

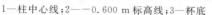

图 7-36　杯形基础
1—柱中心线；2——0.600 m 标高线；3—杯底

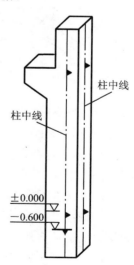

图 7-37　柱身弹线

②柱身弹线。柱子安装前，应将每根柱子按轴线位置进行编号。如图 7-37 所示，在每根柱子的三个侧面弹出柱中心线，并在每条线的上端和下端近杯口处画出"▶"标志。根据牛腿面的设计标高，从牛腿面向下用钢尺量出－0.600 m 的标高线，并画出"▼"标志。

③杯底找平。先量出柱子的－0.600 m 标高线至柱底面的长度，再在相应的柱基杯口

内量出－0.600 m标高线至杯底的高度,并进行比较,以确定杯底找平厚度。根据找平厚度,用水泥砂浆在杯底进行找平,使牛腿面符合设计高程。

(3)柱子的安装测量

柱子安装测量的目的是保证柱子的平面和高程符合设计要求,柱身铅直。

①预制的钢筋混凝土柱子插入杯口后,应使柱子三面的中心线与杯口中心线对齐,如图7-38(a)所示,用木楔或钢楔临时固定。

②柱子立稳后,立即用水准仪检测柱身上的±0.000 m标高线,其容许误差为±3 mm。

③如图7-38(a)所示,将两台经纬仪分别安置在柱基纵、横轴线上,离柱子的距离不小于柱高的1.5倍。先用望远镜瞄准柱底的中心线标志,固定照准部后,再缓慢抬高望远镜观察柱子偏离十字丝竖丝的方向,之后用钢丝绳拉直柱子,直至从两台经纬仪中观测到的柱子中心线都与十字丝竖丝重合为止。

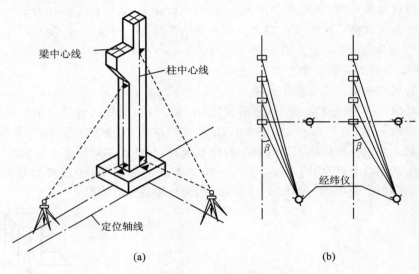

图 7-38 柱子垂直度的校正

④在杯口与柱子的缝隙中浇入混凝土,以固定柱子的位置。

⑤在实际安装时,一般是一次把许多柱子都竖起来,然后进行垂直校正。这时,可把两台经纬仪分别安置在纵横轴线的一侧,一次可校正几根柱子,如图7-38(b)所示,但仪器偏离轴线的角度,应在15°以内。

(4)柱子安装测量的注意事项

所使用的经纬仪必须经过严格校正,操作时,应使照准部水准管气泡严格居中。校正时,除注意柱子垂直外,还应随时检查柱子中心线是否对准杯口柱列轴线标志,以防柱子安装就位后,产生水平位移。在校正变截面的柱子时,经纬仪必须安置在柱列轴线上,以免产生差错。在日照下校正柱子的垂直度时,应考虑日照使柱顶向阴面弯曲的影响,为避免此种影响,宜在早晨或阴天校正。

2)吊车梁安装测量

吊车梁安装测量主要是保证吊车梁中线位置和吊车梁的标高满足设计要求。

(1)吊车梁安装前的准备工作

吊车梁安装前的准备工作有以下几项。

①在柱面上量出吊车梁顶面标高。根据柱子上的±0.000 m标高线,用钢尺沿柱面向上量出吊车梁顶面设计标高线,作为调整吊车梁面标高的依据。

②在吊车梁上弹出梁的中心线。如图7-39所示,在吊车梁的顶面和两端面上,用墨线弹出梁的中心线,作为安装定位的依据。

吊车梁中心线

图7-39 在吊车梁上弹出梁的中心线

③在牛腿面上弹出梁的中心线。根据厂房中心线,在牛腿面上投测出吊车梁的中心线,投测方法如下。

如图7-40(a)所示,利用厂房中心线 A_1A_1,根据设计轨道间距,在地面上测设出吊车梁中心线(也是吊车轨道中心线)$A'A'$ 和 $B'B'$。在吊车梁中心线的一个端点 A'(或 B')上安置经纬仪,瞄准另一个端点 A'(或 B'),固定照准部,抬高望远镜,即可将吊车梁中心线投测到每根柱子的牛腿面上,用墨线弹出梁的中心线。

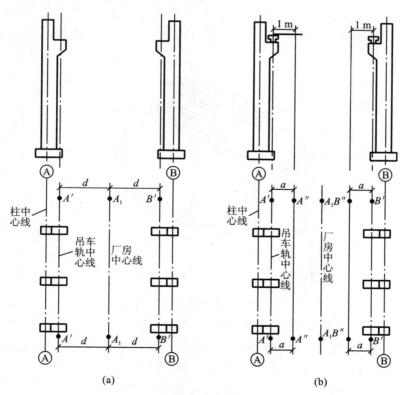

(a)   (b)

图7-40 吊车梁的安装测量

（2）吊车梁的安装测量

安装时，使吊车梁两端的梁中心线与牛腿面梁中心线重合，是吊车梁初步定位。采用平行线法，对吊车梁的中心线进行检测，校正方法如下。

①如图 7-40(b)所示，在地面上，从吊车梁中心线，向厂房中心线方向量出长度 a(1 m)，得到平行线 $A''A''$ 和 $B''B''$。

②在平行线一端点 A''（或 B''）上安置经纬仪，瞄准另一端点 A''（或 B''），固定照准部，抬高望远镜进行测量。

③此时，另外一人在梁上移动横放的木尺，当视线正对准尺上 1 m 刻划线时，尺的零点应与梁面上的中心线重合。如不重合，可用撬杠移动吊车梁，使吊车梁中心线到 $A''A''$（或 $B''B''$）的间距等于 1 m 为止。

吊车梁安装就位后，先按柱面上定出的吊车梁设计标高线对吊车梁面进行调整，然后将水准仪安置在吊车梁上，每隔 3 m 测一点高程，并与设计高程比较，误差应在 3 mm 以内。

3）屋架安装测量

（1）屋架安装前的准备工作

屋架吊装前，用经纬仪或其他方法在柱顶面上测设出屋架定位轴线。在屋架两端弹出屋架中心线，以便进行定位。

（3）屋架的安装测量

屋架吊装就位时，应使屋架的中心线与柱顶面上的定位轴线对准，允许误差为 5 mm。屋架的垂直度可用锤球或经纬仪进行检查。用经纬仪检校方法如下。

①如图 7-41 所示，在屋架上安装三把卡尺，一把卡尺安装在屋架上弦中点附近，另外两把分别安装在屋架的两端。自屋架几何中心沿卡尺向外量出一定距离，一般为 500 mm，做出标志。

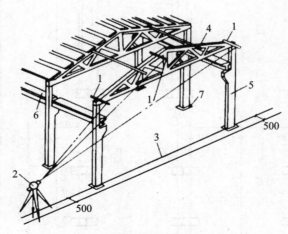

图 7-41　屋架的安装测量

1—卡尺；2—经纬仪；3—定位轴线；4—屋架；5—柱；6—吊车梁；7—柱基

②在地面上，距屋架中线同样距离处，安置经纬仪，观测三把卡尺的标志是否在同一竖直面内，如果屋架竖向偏差较大，则用机具校正，最后将屋架固定。

垂直度允许偏差：薄腹梁为 5 mm，桁架为屋架高的 1/250。

7.5　道路和管道测量

　　道路和管道测量,在勘察设计阶段的主要测量内容有踏勘、选线、中线测量、纵横断面测量以及相关的工程调查工作等。施工阶段的测量工作按照设计图纸和施工要求,测设中线和高程,作为细部放样的依据。由于道路和管道有相似之处,本节以道路测量为例进行说明。

7.5.1　道路测量

　　道路测量包括路线勘测设计测量和道路施工测量两个方面。从测量学所承担的任务角度看,前者属于测绘,后者属于测设。道路测量通过勘测设计测量为工程施工提供设计依据,最终以地形图、工程建筑设计图纸等成果的形式来体现测绘的目的。

1. 定线测量(中线测量)

　　定线测量就是根据道路的平面设计,将设计道路中线上所有这些特征点在实地标定出来,并且实测相邻转折点之间的转向角。定线测量的主要工作有:路线交点(JD)的测设、路线转点(ZD)的测设、路线转折角的测定等(见图7-42)。

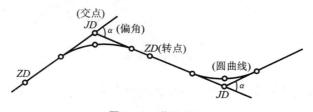

图 7-42　道路中线

　　1)路线交点(JD)的测设

　　交点(JD)是道路中心直线方向发生转折的点,对道路的直线和曲线测设起控制作用。对于等级较低的道路,其交点一般采用现场直接标定的方法;对于等级较高的道路,其交点一般先在线路设计图上选定,然后根据现场情况的不同,采取以下方法测设。

　　(1)直接测设法

　　根据附近导线点和交点的设计坐标,反算出有关测设数据,按极坐标法、角度交会法或距离交会法测设出交点。按极坐标法测设交点如图7-43所示,根据导线点6、7和JD_1三点的坐标,反算出方位角和6点到JD_1之间的距离D,按极坐标法测设JD_1。

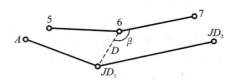

图 7-43　根据控制点测设交点

　　(2)根据附近地物测设法

　　如果事先在设计图上定出交点位置,则可在图上先量出交点到附近地物的距离(见图7-44),再到现场根据相应地物,用距离交会法测设出交点。

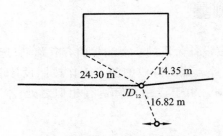

图 7-44 根据地物测设交点

（3）放点穿线法

①放点。放点可采用支距法（垂直于导线边的距离）、导线相交法或极坐标法（见图 7-45）。

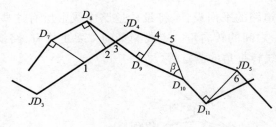

图 7-45 放点

②穿线。穿线即定出一条尽可能多地穿过或靠近直线上点（如点 P_1、P_2、P_3）的直线 AB（见图 7-46）。

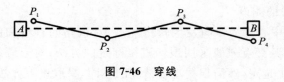

图 7-46 穿线

③定交点。

a. 如图 7-47 所示，在点 B 安置仪器，盘左照准点 A，制动照准部，纵转望远镜成前视状态。

b. 在望远镜视线方向上交点的概略位置，打下两个木桩，俗称骑马桩。在桩顶标出 a_1 和 b_1 两点。

c. 再用盘右照准点 A，制动望远镜，再次倒转望远镜成前视状态。

d. 在望远镜视线方向上于骑马桩的桩顶分别再次标出 a_2 和 b_2 两点。

e. 在骑马桩的桩顶分别取 a_1 和 a_2 的中点 a、b_1 和 b_2 的中点 b，钉上小钉。

f. 用细线将 a、b 两点连起来。

g. 将仪器置于点 C，按同样的方法定出 c、d 两点。

h. 在桩顶沿细线取 ab、cd 的相交处钉上小钉，即得交点 JD。然后去掉骑马桩。

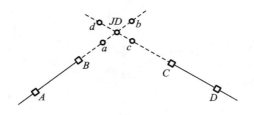

图 7-47 定交点

2) 路线转点（ZD）的测设

转点（ZD）是指当相邻两交点过长或互不通视时，需要在其连线测设一些供放线、交点、测角、量距时照准之用的点。其测设方法有以下两种。

（1）在两交点间测设转点

如图 7-48 所示，JD_5 和 JD_6 为相邻而互不通视的两个交点，在其中间适当位置，先初定转点 ZD'，然后检查 ZD' 是否在两交点的连线上。步骤是将仪器安置在 ZD' 点，以正倒镜分中法延长直线 JD_5ZD' 至 JD'_6，与 JD_6 的偏差为 f，依据 ZD' 至 JD_5 与 JD'_6 的大致距离 a 和 b，按下式计算 ZD' 应偏移的距离 e。

$$e = \frac{a}{a+b}f \qquad (7-8)$$

将 ZD' 按 e 值移到 ZD 后，再在 ZD 点安置仪器，按上法检查 ZD 是否在两交点的连线上，如有偏差，再进行调整，直到符合要求。

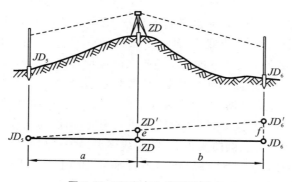

图 7-48 两交点之间测设转点

（2）在两交点延长线上测设转点

如图 7-49 所示，JD_8 和 JD_9 是相邻而不通视的两个交点，在其延长线上先初定转点 ZD'，再将仪器安置在 ZD' 点以正倒镜照准 JD_8 点，以该方向俯视 JD_9 点，盘左、盘右分中后的 JD'_9 点与 JD_9 的偏差为 f，同样依据 ZD' 至 JD_8 与 JD_9 的大致距离 a 和 b，按下式计算 ZD 应偏移的距离 e。

$$e = \frac{a}{a-b}f \qquad (7-9)$$

将 ZD' 按 e 值移至 ZD 后，再在 ZD 点安置仪器进行检查，直到满足要求。

3) 路线转折角的测定

路线转折角是指路线由一个方向偏向另一个方向时，偏转后的方向与原方向的夹角。当偏转后的方向在原方向的右侧，称为右转角 $\alpha_右$，反之为左转角 $\alpha_左$。一般转折角根据路线

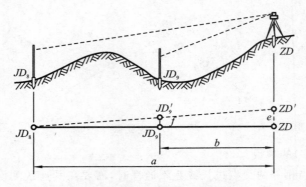

图 7-49　两交点延长线上测设转点

前进方向右侧的水平角 β 计算：当 $\beta<180°$ 时，为右转角，有 $\alpha_右=180°-\beta$；当 $\beta>180°$ 时，为左转角，有 $\alpha_左=\beta-180°$（见图 7-50）。

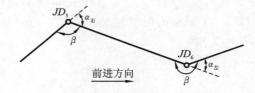

图 7-50　路线左转角和右转角

2. 中桩测设

中桩测设就是在定线测量后，从道路起点开始，沿中线设置里程桩。里程桩分为整桩和加桩。整桩是由路线起点开始，直线上每隔 20 m 或 50 m 设置一桩，曲线上根据不同的曲线半径每隔 20 m、10 m 或 5 m 设置一桩。在整桩之间地形特征点处增设的桩称为加桩。加桩分为地形加桩（标志沿中线地面起伏变化处、横竖坡度变化处以及天然河沟、陡坎等地形变化处所设置的里程桩）、地物加桩（沿中线有人工构筑物的地方，如桥梁、涵洞处，路线与其他公路、铁路、渠道、高压线等交叉处，以及土壤地质变化处，加设的里程桩）、曲线加桩（曲线上设置的主点桩，如圆曲线起点、圆曲线中点、圆曲线终点）、关系加桩（路线上的转点桩和交点桩）。所有的里程桩均按起点至该桩的距离进行编号，并用红油漆标于木桩侧面。如 1+234.56（"+"号前为千米数），即表示该桩距起点的距离为 1 234.56 m。关系加桩、重要地物的加桩、曲线主点的加桩等桩号前应加写相关点名或工程名的缩写，如图 7-51（a）、（b）、（c）所示，并以方桩标定［见图 7-51（d）］，其旁边还应再钉一板桩作为指示桩［见图 7-51（e）］。

道路发生局部地段改线或分段测量，距离斜接有误时，有可能造成道路里程桩的不连续，称为断链，桩号重叠的称为长链，桩号间断的称为短链。发生断链时，为不致使全线原有桩号发生变化，除相关文件说明外，应该在实地钉断链桩。断链桩一般不设在曲线内或者建筑物上，桩上应以等式形式注明线路来向里程和去向里程，由该等式可知该桩处的长链或短链的长度。如 1+765.43=1+750.00，即表示此处长链为 15.43 m；1+789.32=1+800.00，即表示此处短链为 10.68 m。

测设直线段中桩时的方向可用经纬仪或目测法确定，距离则用钢尺往返丈量或者光电测距进行测量。

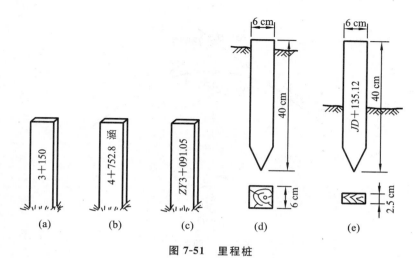

图 7-51　里程桩

7.5.2　道路曲线测设

由前所述,在方向发生转折的两条直线之间,需要用平面曲线相连接。平面曲线一般分为圆曲线和缓和曲线。当曲线的设计半径较大时,可直接采用圆曲线相连接。当曲线的设计半径较小时,则需要在直线和圆曲线之间加设缓和曲线。

1. 圆曲线

1) 曲线要素的计算

根据道路设计的圆曲线曲率半径 R 和线路的转向角 α,计算出圆曲线的曲线要素,包括切线长 T、曲线长 L、外矢距 E 和切曲差 q(见图 7-52),其计算公式如下。

$$\left. \begin{aligned} T &= R\tan\frac{\alpha}{2} \\ L &= R \times \frac{\pi\alpha}{180°} \\ E &= R(\sec\frac{\alpha}{2} - 1) \\ q &= 2T - L \end{aligned} \right\} \tag{7-10}$$

2) 圆曲线上点的桩号

圆曲线上的点分为主点和细部点。圆曲线的起点(即直圆点 ZY)、中点(即曲中点 QZ)和终点(即圆直点 YZ)称为主点,在圆曲线上其他位置加设的点统称为细部点。

根据交点桩号和圆曲线要素,可按下式推算出圆曲线主点的桩号(见图 7-52)。

$$\left. \begin{aligned} ZY\ 桩号 &= JD\ 桩号 - T \\ QZ\ 桩号 &= ZY\ 桩号 + \frac{L}{2} \\ YZ\ 桩号 &= QZ\ 桩号 - \frac{L}{2} \end{aligned} \right\} \tag{7-11}$$

依据切曲差可对桩号的计算进行检核:

$$JD\ 桩号 = YZ\ 桩号 - T + q$$

再根据 ZY 桩号加上圆曲线上某点至 ZY 点的弧长即得该细部点的桩号。

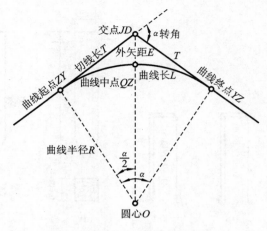

图 7-52　圆曲线

2. 缓和曲线

为缓和行车方向的突变和离心力的突然产生与消失,需要在直线(超高为 0)与圆曲线(超高为 h)之间插入一段曲率半径由无穷大逐渐变化至圆曲线半径的过渡曲线(使超高由 0 变为 h),此曲线为缓和曲线(见图 7-53)。

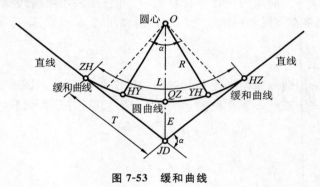

图 7-53　缓和曲线

1) 缓和曲线参数

缓和曲线上任一点的曲率半径 R' 与起点至该点的曲线长 l 成反比,即

$$R' = \frac{c}{l} \tag{7-12}$$

式中:c——缓和曲线的半径变化率,又称缓和曲线参数。

2)带有缓和曲线的圆曲线要素

带有缓和曲线的圆曲线要素包括带有缓和曲线的曲线切线长 T'、加入缓和曲线后的曲线总长 L'、曲线中点出的外矢距 E'、整个曲线的切曲差 q',以及此时圆曲线的长度 L(见图 7-54)。要想计算出上述曲线要素,需要知道道路设计给定的圆曲线曲率半径 R、线路的转向角 α 和缓和曲线长 l_0。

(1)缓和曲线常数计算

缓和曲线常数包括加入缓和曲线后的切线增长值 m(由移动后的圆心 O_2 向切线作垂线,其垂足到曲线始点 ZH 或终点 HZ 的距离)、圆曲线相对于切线的向内移动量 p 与缓和曲线角度 β_0(缓和曲线起点切线和终点切线之间的夹角),其计算公式如下。

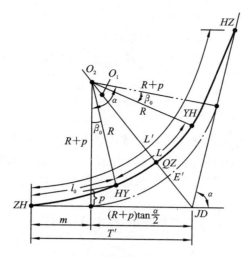

图 7-54　带有缓和曲线的圆曲线

$$\left.\begin{array}{l} m = \dfrac{l_0}{2} - \dfrac{l_0^3}{240R^2} \\[3mm] p = \dfrac{l_0^2}{24R} \\[3mm] \beta_0 = \dfrac{l_0}{2R} \cdot \rho \end{array}\right\} \tag{7-13}$$

(2)带有缓和曲线的圆曲线要素计算

带有缓和曲线的圆曲线要素计算公式如下。

$$\left.\begin{array}{l} T' = m + (R + p) \cdot \tan \dfrac{\alpha}{2} \\[3mm] L' = \dfrac{\pi R(\alpha - 2\beta_0)}{180°} + 2l_0 \\[3mm] E' = (R + p)\sec \dfrac{\alpha}{2} - R \\[3mm] q' = 2T' - L' \\[3mm] L = \dfrac{\pi R(\alpha - 2\beta_0)}{180°} \end{array}\right\} \tag{7-14}$$

3)带有缓和曲线的圆曲线上的点的桩号

带有缓和曲线的圆曲线上的点分为主点和细部点。主点包括直线与缓和曲线的连接点（即直缓点 ZH）、缓和曲线与圆曲线的连接点（即缓圆点 HY）、曲线的中点（即曲中点 QZ）、圆曲线与缓和曲线的连接点（即圆缓点 YH）和缓和曲线与直线的连接点（即缓直点 HZ）（见图 7-54）。在其他位置加设的点统称为细部点,缓和曲线一般每隔 10 m 设一细部点。

根据交点桩号和曲线要素,可根据下式计算出带有缓和曲线的圆曲线的主点的桩号。

$$\left.\begin{array}{l} ZH \text{ 桩号} = JD \text{ 桩号} - T' \\[2mm] HY \text{ 桩号} = ZH \text{ 桩号} + l_0 \\[2mm] QZ \text{ 桩号} = ZH \text{ 桩号} + \dfrac{L'}{2} \\[2mm] YH \text{ 桩号} = HY \text{ 桩号} + L \\[2mm] HZ \text{ 桩号} = ZH \text{ 桩号} + L' \end{array}\right\} \tag{7-15}$$

依据切曲差可对桩号的计算进行检核:

$$JD 桩号 = HZ 桩号 - T' + q'$$

再根据 ZH 桩号加上曲线上某点至点 ZH 的弧长即得该细部点的桩号。

7.5.3 道路纵横断面测量

1. 道路纵断面测量

道路纵断面测量主要是在道路中线进行水准测量之后,再对中线上各里程桩进行地面高程测量,最后根据测量成果绘制道路中线纵断面图。为设计路线纵坡,计算中桩处的填、挖高度提供依据。道路水准测量首先进行的是基平测量,然后进行的是中平测量。

1) 基平测量

每隔一定距离设置水准点,进行高程测量,称为基平测量。

(1) 水准点的设置

①位置。埋在距中线 50~100 m、不易破坏之处。

②设置密度。

a. 山区相隔 0.5~1 km。

b. 平原区相隔 1~2 km。

c. 每 5 km、路线起终点、重要工程处,设永久性水准点。

(2) 基平测量的方法

①布设路线——附合水准路线。

②使用仪器——不低于 DS3 精度的水准仪或全站仪。

③测量要求。

a. 水准测量。一般按三、四等水准测量规范进行,要进行往返测,闭合差不超过 $6\sqrt{n}$ mm。

b. 三角高程测量。一般按全站仪电磁波三角高程测量(四等)规范进行。

2) 中平测量

(1) 定义

在基平测量后提供的水准点高程的基础上,测定各个中桩的地面高程,称为中平测量。

(2) 方法

①水准仪法。

从一个水准点出发,按普通水准测量的要求,用"视线高法"测出该测段内所有中桩地面高程,最后附合到另一个水准点上(见图 7-55)。测量结果记录到表 7-4 中。

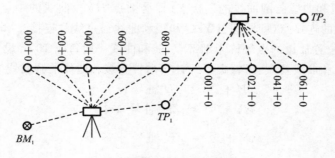

图 7-55 中平测量

表 7-4　中平测量记录表

测点	水准尺读数			视线高（m）	测点高程（m）	备注
	后视读数(m)	中视读数(m)	前视读数(m)			
BM_1	2.317			107.112	104.795	
0+000		2.16			104.952	
0+020		1.83			105.282	
0+040		1.2			105.912	
0+060		1.43			105.682	BM_1 点的高程
0+080		1.35			105.762	为 104.795 m
TP_1	0.744		1.256	106.6	105.856	
0+100		1.2			105.4	
0+120		1.75			104.85	
…	…	…	…	…	…	

水准仪法的高差闭合差的限差为：高速、一级公路，$\pm 30 \sqrt{L}$ mm；二级及以下公路，$\pm 50 \sqrt{L}$ mm。

②跨沟谷测量。

a.沟内沟外分开测和上坡下坡合并测。

b.接尺法。

③全站仪法。

先在 BM_1 上测定各转点 TP_1、TP_2 的高程，再在 TP_1、TP_2 上测定各桩点的高程。其原理即为三角高程测量原理。

3）纵断面图的绘制

以横坐标为里程，纵坐标为高程，绘制道路纵断面。主要包括图样和资料两大部分（见图 7-56）。

（1）图样部分

图样部分主要包括路线中线纵向地面线和纵坡设计线、竖曲线资料、桥涵结构物的位置及水准点资料等。

（2）资料表

资料表包括地质状况、坡长、坡度、地面高程、设计高程、填挖、里程、直线与曲线。

2. 道路横断面测量

道路横断面测量的任务是测定中桩两侧垂直于中线方向的地面起伏，然后绘制横断面图，供路基设计、土石方量计算和施工放边桩之用。横断面测量的宽度由路基宽度及地形情况确定，一般在中线两侧 15～50 m。进行道路横断面测量首先要确定横断面的方向，然后在此方向上测定中线两侧地面坡度变化点的距离和高差。

1）横断面方向的测定

直线段横断面方向即是与路中线相垂直的方向，一般用方向架测定，如图 7-57 所示，将方向架置于中桩点上，以其中一方向对准路线前方（或后方）某一中桩，则另一方向即为横断面施测方向。

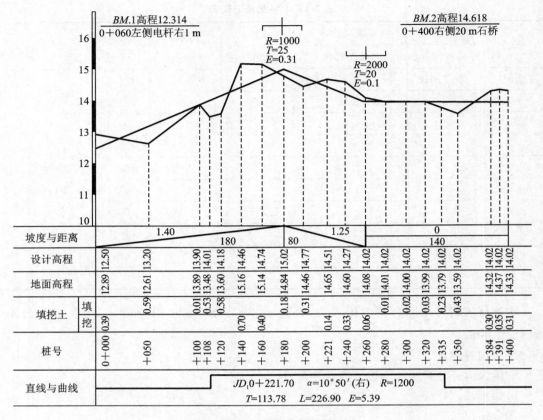

BM.1高程12.314　0+060左侧电杆右1 m

R=1000　T=25　E=0.31

R=2000　T=20　E=0.1

BM.2高程14.618　0+400右侧20 m石桥

桩号	0+000	+050	+100	+108	+120	+140	+160	+180	+200	+221	+240	+260	+280	+300	+320	+335	+350	+384	+391	+400
坡度与距离	1.40 / 180						80		1.25			0 / 140									
设计高程	12.50	13.20	13.90	14.01	14.18	14.46	14.74	15.02	14.77	14.51	14.27	14.02	14.02	14.02	14.02	14.02	14.02	14.02	14.02	14.02
地面高程	12.89	12.61	13.89	13.48	13.60	15.16	15.14	14.84	14.46	14.65	14.60	14.08	14.01	14.00	13.99	13.79	13.59	14.32	14.37	14.33
填挖土 填		0.59	0.01	0.53	0.58			0.18	0.31				0.01	0.02	0.03	0.23	0.43	0.30	0.35	0.31
填挖土 挖	0.39					0.70	0.40			0.14	0.33	0.06								

直线与曲线: JD_1 0+221.70　α=10°50′(右)　R=1200　T=113.78　L=226.90　E=5.39

图 7-56　道路纵断面图

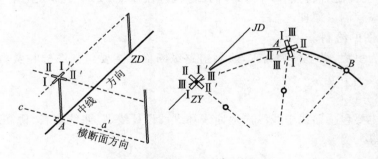

图 7-57　横断面方向的测定

2）横断面测量方法

横断面测量中的距离和高差一般精确到 0.1 m 即可满足工程的要求。因此,横断面的测量方法多采用简易的测量工具和方法,以提高工作效率。下面介绍几种常用的方法。

（1）标杆皮尺法

如图 7-58 所示,A、B、C 为横断面方向上所选定的变坡点,施测时,将标杆立于点 A,皮尺靠中桩地面拉平,量出至点 A 的平距,皮尺截取标杆的高度即为两点的高差,同法可测出 A 至 B、B 至 C……测段的距离和高差,此法简便,但精度较低。

（2）水准仪法

当横断面测量精度要求较高、横断面方向高差变化不大时,多采用水准仪法。施测时用

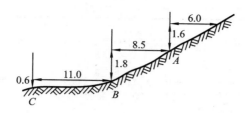

图 7-58　标杆皮尺法

钢尺(或皮尺)量距,水准仪后视中桩标尺,求得视线高程后,再分别在横断面方向的坡度变化点上立标尺,视线高程减去诸前视点读数,即得各测点高程。

（3）经纬仪法

在地形复杂、横坡较陡的地段,可采用经纬仪法。施测时,将经纬仪安置在中桩上,用视距法测出横断面方向各变坡点至中桩间的水平距离与高差。

横断面测量中高速公路、一级公路一般采用水准仪法、经纬仪法,二级及二级以下公路可采用标杆皮尺法,但检测限差应符合规定。

3）横断面图的绘制

根据横断面测量成果,在毫米方格纸上绘制横断面图,距离和高程取同一比例尺(通常取 1：100 或 1：200),一般是在野外边测边绘,这样便于及时对横断面图进行检核。绘图时,先在图纸上标定好中桩位置,然后由中桩开始,分左右两侧逐一按各测点间的距离和高程绘于图纸上,并用直线连接相邻点,即得该中桩的横断面图。图 7-59 为横断面图上绘有设计路基横断面的图形。

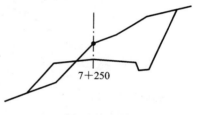

7+250

图 7-59　横断面图

7.5.4　道路施工测量

道路施工测量是指按照设计图纸进行恢复道路中线、测设路基边桩和竖曲线、工程竣工验收等的测量。

1）路线中线的恢复测量

因为从工程勘测设计到工程施工之间要经历很长一段时间,期间很多勘测阶段所埋设的桩点在进入工程的施工阶段会丢失,因此,为了施工能顺利进行,要对道路的中线进行恢复中线的测量,其所采用的测量方法与路线中线测量方法基本相同,也包括对路线水准点高程进行复核测量。

2）施工控制桩的测设放样

施工控制桩的测设放样是指在工程正式开工之前,所要进行的控制测量。施工控制桩的测设放样能够有效地控制中桩的位置,需要在不易被施工损坏、便于引测和保存桩位的地方设置施工控制桩。常用的测设方法有以下两种。

（1）平行线法

平行线法是指在设计的路基范围以外,测设两排平行于道路中线的施工控制桩。平行线法主要用于地势平坦、直线段较长的地区(见图 7-60)。

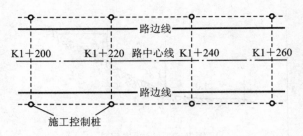

图 7-60　平行线法

（2）延长线法

延长线法是指在路线转折处的中线延长线上或者在曲线中点与交点连线的延长线上，测设两个能够控制交点位置的施工控制桩（见图 7-61）。延长线法主要用于坡度较大和直线段较短的地区。

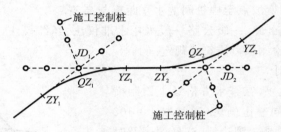

图 7-61　交点延长法

3）路基边桩测设

路基边桩测设是指在地面上将每一个横断面的路基边坡线与地面的交点用木桩标定出来。边桩的位置根据两侧边桩至中桩的距离来确定。路基边桩测设是在进入主体工程正式施工时所要进行的施工测量，道路施工测量的大量工作是在此期间完成的，贯穿于整个主体工程施工的工期。

常用的边桩测设方法如下。

（1）图解法

直接在横断面图上量取中桩至边桩的距离，在实地用皮尺沿横断面方向测定其位置。

（2）解析法

路基边桩至中桩的平距通过计算求得。

①平坦地段路基边桩的测设。

填方路基称为路堤，路堤边桩至中桩的距离为

$$D=\frac{B}{2}+mh \tag{7-16}$$

挖方路基称为路堑，路堑边桩至中桩的距离为

$$D=\frac{B}{2}+S+mh \tag{7-17}$$

式中：B——路基设计宽度，m；

　　　m——路基边坡坡度；

　　　h——填土高度或挖土深度，m；

　　　S——路堑边沟顶宽，m。

②倾斜地段路基边桩的测设。

在倾斜地段，边桩至中桩的距离随地面坡度的变化而变化。

路堤边桩至中桩的距离为

斜坡上侧

$$D_{上} = \frac{B}{2} + m(h_{中} - h_{上})$$

斜坡下侧

$$D_{下} = \frac{B}{2} + m(h_{中} + h_{下})$$

路堑边桩至中桩的距离为

斜坡上侧

$$D_{下} = \frac{B}{2} + S + m(h_{中} + h_{下})$$

斜坡下侧

$$D_{上} = \frac{B}{2} + S + m(h_{中。} - h_{上})$$

B、S 和 m 为已知，$h_{中}$ 为中桩处的填挖高度，已知 $h_{上}$、$h_{下}$ 为斜坡上、下侧边桩与中桩的高差，在边桩未定出之前为未知数。根据地面实际情况，参考路基横断面图，估计边桩的位置。测出该估计位置与中桩的高差，据此在实地定出其位置。采用逐渐趋近法测设边桩。

【思考题与习题】

1. 施工测量的基本工作有哪些？
2. 点的平面位置测设方法有哪些？
3. 如何进行施工坐标系与测量坐标系的坐标换算？
4. 高层建筑物轴线的竖向投测有几种方法？
5. 道路放样包含几个方面内容？
6. 缓和曲线的基本要素有哪些？如何进行计算？

项目八　全站仪测量及 GPS-RTK 测量

▶▶▶ 学习要求 ......

1.了解全站仪的基本组成和构造；
2.掌握全站仪的基本操作步骤；
3.熟练运用全站仪进行高差、角度、距离、坐标测量以及放样测量；
4.了解 GPS-RTK 的组成以及基准站和移动站的工作模式；
5.掌握 GPS-RTK 野外作业的主要操作步骤；
6.熟练运用 GPS-RTK 进行野外作业。

8.1　全站仪测量

全站仪，即全站型电子测距仪（electronic total station），是一种集光、机、电为一体的高技术测量仪器，是集水平角、垂直角、距离（斜距、平距）、高差测量功能于一体的测绘仪器。因其一次安置仪器就可完成该测站上的全部测量工作，所以被称为全站仪。全站仪广泛用于地上大型建筑和地下隧道施工等精密工程测量或变形监测领域。

8.1.1　预备事项

1. 部件名称

全站仪的外观及各部件名称如图 8-1 所示。

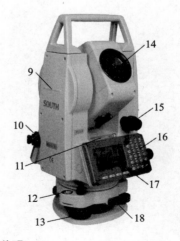

图 8-1　全站仪外观

1—电池盒；2—水平制微动手轮；3—RS232 电缆接口；4—粗瞄器；5—望远镜把手；6—目镜；
7—USB 数据线接口；8—SD 卡插口；9—仪器中心标志；10—光学对点器（可选激光对点器）；11—管水准器；
12—圆水准器；13—整平脚螺旋；14—物镜；15—垂直制微动手轮；16—键盘；17—显示屏幕；18—基座锁定钮

2. 安置仪器

将仪器安装在三脚架上，精确整平和对中，以保证测量成果的精度，应使用专用的中心连接螺旋的三脚架。操作参考仪器的对中与整平。

1）利用锤球对中与整平

（1）安置三脚架

①将三脚架打开，使三脚架的三条腿近似等距，并使顶面近似水平，拧紧三个固定螺旋。

②使三脚架的中心与测点近似位于同一铅垂线上。

③踏紧三脚架，使之牢固地支撑于地面上。

（2）将仪器安置到三脚架上

将仪器小心地安置到三脚架上，松开中心连接螺旋，在架头上轻移仪器，直到锤球对准测站点标志中心，然后轻轻拧紧连接螺旋。

（3）利用圆水准器粗平仪器

①旋转两个脚螺旋 A、B，使圆水准器气泡移到与上述两个脚螺旋中心连线相垂直的一条直线上。

②旋转脚螺旋 C，使圆水准器气泡居中。

（4）利用管水准器精平仪器

①松开水平制动螺旋，转动仪器使管水准器平行于某一对脚螺旋 A、B 的连线，再旋转脚螺旋 A、B，使管水准器气泡居中。

②将仪器绕竖轴旋转 $90°$，再旋转另一个脚螺旋 C，使管水准器气泡居中。

③再次旋转 $90°$，重复①②，直至四个位置上气泡居中为止。

2）利用光学对中器对中与整平

（1）架设三脚架

将三脚架伸到适当高度，确保三脚架的三条腿等长并打开，使三脚架顶面近似水平，且位于测站点的正上方。将三脚架腿支撑在地面上，使其中一条腿固定。

（2）安置仪器和对点

将仪器小心地安置到三脚架上，拧紧中心连接螺旋，调整光学对点器，使十字丝成像清晰。双手握住另外两条未固定的架腿，通过对光学对点器的观察调节该两条腿的位置。光学对点器大致对准测站点时，使三脚架三条腿均固定在地面上。调节全站仪的三个脚螺旋，使光学对点器精确对准测站点。

（3）利用圆水准器粗平仪器

调整三脚架三条腿的高度，使全站仪圆水准器气泡居中。

（4）利用管水准器精平仪器

①松开水平制动螺旋，转动仪器，使管水准器平行于某一对角螺旋 A、B 的连线。通过旋转角螺旋 A、B，使管水准器气泡居中。

②将仪器旋转 $90°$，使其垂直于角螺旋 A、B 的连线。旋转角螺旋 C，使管水准器气泡居中。

（5）精确对中与整平

通过对光学对点器的观察，轻微松开中心连接螺旋，平移仪器（不可旋转仪器），使仪器精确对准测站点。再拧紧中心连接螺旋，再次精平仪器。重复此项操作至仪器精确整平、对中为止。

3)利用激光对点器对中与整平(选配)

(1)架设三脚架

将三脚架伸到适当高度,确保三脚架的三条腿等长并打开,使三脚架顶面近似水平,且位于测站点的正上方。将三脚架腿支撑在地面上,使其中一条腿固定。

(2)安置仪器和对点

将仪器小心地安置到三脚架上,拧紧中心连接螺旋,开机后按"﹡"键,按"F4"(对点)键,按"F1"键打开激光对点器。双手握住另外两条未固定的架腿,通过对激光对点器光斑的观察调节这两条腿的位置。当激光对点器光斑大致对准测站点时,使三脚架三条腿均固定在地面上。调节全站仪的三个脚螺旋,使激光对点器光斑精确对准测站点。

(3)利用圆水准器粗平仪器

调整三脚架三条腿的高度,使全站仪圆水准器气泡居中。

(4)利用管水准器精平仪器

①松开水平制动螺旋,转动仪器,使管水准器平行于某一对角螺旋 A、B 的连线。通过旋转角螺旋 A、B,使管水准器气泡居中。

②将仪器旋转 $90°$,使其垂直于角螺旋 A、B 的连线。旋转角螺旋 C,使管水准器气泡居中。

(5)精确对中与整平

通过对激光对点器光斑的观察,轻微松开中心连接螺旋,平移仪器(不可旋转仪器),使仪器精确对准测站点。再拧紧中心连接螺旋,再次精平仪器。重复此项操作至仪器精确整平、对中为止。最后按"Esc"键退出,激光对点器自动关闭。

3. 设置反射棱镜

NTS-312/5 系列全站仪、NTS-312/5(R/P)系列全站仪在棱镜模式下进行距离测量等作业时,须在目标处放置反射棱镜。反射棱镜一般为单(三)棱镜组,可通过基座连接器将棱镜组连接在基座上安置到三脚架上,也可直接安置在对中杆上。棱镜组由用户根据作业需要自行配置。

南方测绘仪器公司所生产的棱镜组如图 8-2 所示。

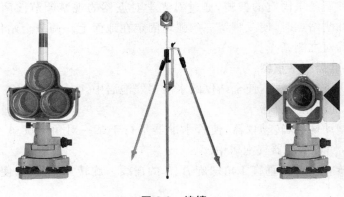

图 8-2 棱镜

4. 望远镜目镜调整和目标照准

瞄准目标的方法(供参考)如下。

①将望远镜对准明亮天空,旋转目镜筒,调焦直至十字丝清晰(逆时针方向旋转目镜筒,

再慢慢旋进调焦直至十字丝清晰）。

②利用粗瞄准器内的三角形标志的顶尖瞄准目标点,照准时眼睛与瞄准器之间应保留一定距离;

③利用望远镜调焦螺旋使目标成像清晰。当眼睛在目镜端上下或左右移动发现有视差时,说明调焦或目镜屈光度未调好,这将影响观测的精度,应仔细调焦并调节目镜筒消除视差。

5.打开和关闭电源

开机前应先确认仪器已经整平,然后再打开电源开关。开机后应确认显示窗中是否有足够的电池电量,当显示"电池电量不足"(电池用完)时,应及时更换电池或对电池进行充电。在进行数据采集的过程中,千万不能不关机而拔下电池,否则测量数据将会丢失。

6.字母和数字的输入方法

下面介绍字母和数字的输入,如仪器高、棱镜高、测站点和后视点等。

(1)条目的选择与数字的输入

【例8-1】 选择数据采集模式中的待测点的棱镜高。

①"→"指示将要输入的条目,按"▲""▼"键上下移动"→"(见图8-3)。

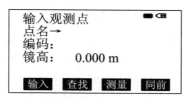

图8-3 指示将要输入的条目

②按"▼"键将"→"移动到镜高条目(见图8-4)。

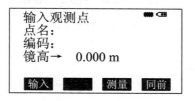

图8-4 移动"→"到镜高条目

③按"F1"键进入输入菜单(见图8-5)。

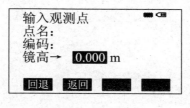

图8-5 输入镜高

按"1"输入"1",按"."输入".",按"5"输入"5",按回车键结束。此时仪高为1.5 m,仪器高输入为1.5 m。

（2）输入字符

【例 8-2】 输入数据采集模式中的待测点编码"SOUTH"。

①按"▲""▼"键上下移动"→"，移到待输入的条目（见图 8-6）。

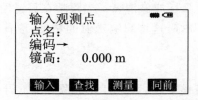

图 8-6　将"→"移到待输入的条目

② 按"F1"键进入输入菜单（见图 8-7）。

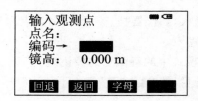

图 8-7　进入输入菜单

③ 按"1"键一次，显示"S"；按"5"键三次，显示"O"；按"1"键三次，显示"U"；按"1"键两次，显示"T"；按"9"键两次，显示"H"；按回车键，输入完成（见图 8-8）。

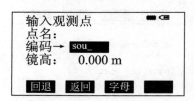

图 8-8　输入字符

8.1.2　键盘功能与信息显示

1）操作键

显示器如图 8-9 所示，操作键各个按键的名称及功能如表 8-1 所示，各个显示符号代表的含义如表 8-2 所示。

图 8-9　显 示 器

表 8-1　操作键

按键	名　称	功　能
ANG	角度测量键	进入角度测量模式
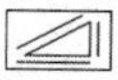 ◢	距离测量键	进入距离测量模式
∠	坐标测量键	进入坐标测量模式（▲上移键）
S.O	坐标放样键	进入坐标放样模式（▼下移键）
K1	快捷键 1	用户自定义快捷键1（◄左移键）
K2	快捷键 2	用户自定义快捷键2（►右移键）
ESC	退出键	返回上一级状态或返回测量模式
ENT	回车键	对所做操作进行确认
M	菜单键	进入菜单模式
T	转换键	测距模式转换
★	星键	进入星键模式或直接开启背景光
⏻	电源开关键	电源开关
F1—F4	软键（功能键）	对应于显示的软键信息
0—9	数字字母键盘	输入数字和字母
—	负号键	输入负号，开启电子气泡功能（仅适用 P 系列）
.	点号键	开启或关闭激光指向功能、输入小数点

表 8-2　显示符号

显示符号	内　容
V	垂直角
V%	垂直角（坡度显示）
HR	水平角（右角）
HL	水平角（左角）
HD	水平距离
VD	高差
SD	斜距
N	北向坐标
E	东向坐标
Z	高程
*	EDM（电子测距）正在进行
m/ft	米与英尺之间的转换
m	以米为单位
S/A	气象改正与棱镜常数设置
PSM	棱镜常数（以 mm 为单位）
（A）PPM	大气改正值（A 为开启温度气压自动补偿功能，仅适用于 P 系列）

2) 功能键

(1)角度测量模式(三个界面菜单)

角度测量模式的界面菜单如图 8-10 所示,角度测量模式的功能如表 8-3 所示。

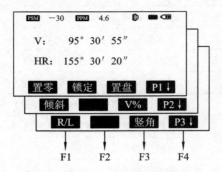

图 8-10　角度测量模式的界面菜单

表 8-3　角度测量模式的功能

页数	软键	显示符号	功　　能
第 1 页 (P1)	F1	置零	水平角置为 $0°0'0''$
	F2	锁定	水平角读数锁定
	F3	置盘	通过键盘输入设置水平角
	F4	P1↓	显示第 2 页软键功能
第 2 页 (P2)	F1	倾斜	设置倾斜改正开或关,若选择开则显示倾斜改正
	F2	---	----------------------
	F3	V%	垂直角显示格式(绝对值/坡度)的切换
	F4	P2↓	显示第 3 页软键功能
第 3 页 (P3)	F1	R/L	水平角(右角/左角)模式之间的转换
	F2	---	----------------------
	F3	竖角	高度度角/天顶距的切换
	F4	P3↓	显示第 1 页软键功能

(2)距离测量模式(两个界面菜单)

距离测量模式的界面菜单如图 8-11 所示,距离测量模式的功能如表 8-4 所示。

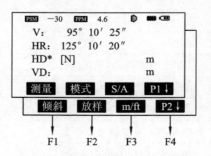

图 8-11　距离测量模式的界面菜单

表 8-4　距离测量模式的功能

页数	软键	显示符号	功　　能
第 1 页 （P1）	F1	测量	启动测量
	F2	模式	设置测距模式为"单次精测/连续精测/连续跟踪"
	F3	S/A	温度、气压、棱镜常数等设置
	F4	P1↓	显示第 2 页软键功能
第 2 页 （P2）	F1	偏心	进入偏心测量模式
	F2	放样	距离放样模式
	F3	m/ft	米与英尺之间的转换
	F4	P2↓	显示第 1 页软键功能

（3）坐标测量模式（三个界面菜单）

坐标测量模式的界面菜单如图 8-12 所示，坐标测量模式的功能如表 8-5 所示。

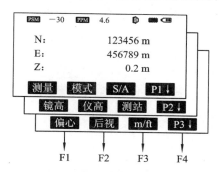

图 8-12　坐标测量模式的界面菜单

表 8-5　坐标测量模式的功能

页数	软键	显示符号	功　　能
第 1 页 （P1）	F1	测量	启动测量
	F2	模式	设置测距模式为"单次精测/连续精测/连续跟踪"
	F3	S/A	温度、气压、棱镜常数等设置
	F4	P1↓	显示第 2 页软键功能
第 2 页 （P2）	F1	镜高	设置棱镜高度
	F2	仪高	设置仪器高度
	F3	测站	设置测站坐标
	F4	P2↓	显示第 3 页软键功能
第 3 页 （P3）	F1	偏心	进入偏心测量模式
	F2	后视	设置后视方位角
	F3	m/ft	米与英尺之间的转换
	F4	P3↓	显示第 1 页软键功能

3）星键模式

NTS-312/5 系列按下星键后出现如图 8-13 所示界面。

图 8-13　星键模式界面

①对比度调节：通过按"▲"或"▼"键，可以调节液晶显示对比度。

②照明：通过按"F1"（照明）键开关背景光与望远镜照明，或按星键也能开关背景光与望远镜照明。

③倾斜：通过按"F2"（倾斜）键，按"F1"或"F2"选择开关倾斜改正，然后按"ENT"键确认。

④S/A：通过按"F3"（S/A）键，可以进入棱镜常数和温度气压设置界面。

⑤对点：如仪器带有激光对点功能，通过按"F4"（对点）键，按"F1"或"F2"选择开关激光对点器。

4）点号键模式

NTS-312/5（R/P）全站仪具有激光指向功能。在非数字、字母输入界面下按点号键，打开激光指向功能，再按一下，关闭激光指向功能。

8.1.3　初始设置

（1）设置温度和气压

预先测得测站周围的温度和气压，如温度＋25 ℃，气压 1 017.5 hPa，操作方法如表 8-6 所示。

表 8-6　设置温度和气压

操作过程	操作	显　示
进入距离测量模式	按"▱"键	PSM　−30　PPM　4.6 V:　　95° 10′ 25″ HR:　125° 10′ 20″ HD:　　　235.641 m VD:　　　　0.029 m 测量　模式　S A　P1↓
进入气象改正设置，预先测得测站周围的温度和气压	按"F3"键	气象改正设置 PSM　　　0 PPM　　　6.4 温度　　27.0 ℃ 气压　　1013.0 hPa 棱镜　PPM　　　　出
按"F3"（温度）键执行温度设置	按"F3"键	气象改正设置 PSM　　　0 PPM　　　6.4 温度　　　　0 ℃ 气压　　1013.0 hPa 回退　返回

续表

操作过程	操作	显示
输入温度,按"ENT"键确认。按照同样方法对气压进行设置。回车后仪器会自动计算大气改正值 PPM	输入温度	气象改正设置 PSM　　　　　0 PPM　　　　　3.4 温度　　　　25.0 ℃ 气压　　1017.5 hPa 　棱镜　PPM　温度　气压

（2）设置大气改正

全站仪发射光的速度随大气的温度和压力而改变,其一旦设置了大气改正值,即可自动对测距结果实施大气改正。

①气压:1 013 hPa。

②温度:20 ℃。

③大气改正的计算。

$$PPM = 277.9 - 0.290\ 0P/(1 + 0.003\ 66T) \tag{8-1}$$

式中:P——气压,hPa,若使用的气压单位是 mmHg 时,按 1 mmHg = 1.333 hPa 进行换算;

T——温度,℃。

直接设置大气改正值的方法是:测定温度和气压,然后从大气改正图上或根据改正公式求得大气改正值 PPM(见图 8-7)。

表 8-7　直接设置大气改正值的方法

操作过程	操作	显示
由距离测量或坐标测量模式按"F3"键	F3	气象改正设置 PSM　　　　　0 PPM　　　　　6.4 温度　　　　27.0 ℃ 气压　　1013.0 hPa 　棱镜　PPM　温度　气压
按"F2"［PPM］键,设置大气改正值	F2	气象改正设置 PSM　　　　　0 PPM　　　　　6.4 温度　　　　27.0 ℃ 气压　　1013.0 hPa 　回退　返回
输入数据,按"ENT"键确认	输入数据	气象改正设置 PSM　　　　　0 PPM　　　　7.8_ 温度　　　　27.0 ℃ 气压　　1013.0 hPa 　回退　返回

（3）设置反射棱镜常数

南方全站仪棱镜常数的出厂设置为－30,若使用棱镜常数不是－30 的配套棱镜,则必须设置相应的棱镜常数。一旦设置了棱镜常数,则关机后该常数仍被保存。设置方法如表8-8 所示。

表 8-8 设置反射棱镜常数的方法

操作过程	操作	显示
由距离测量或坐标测量模式按"F3"(S/A)键	F3	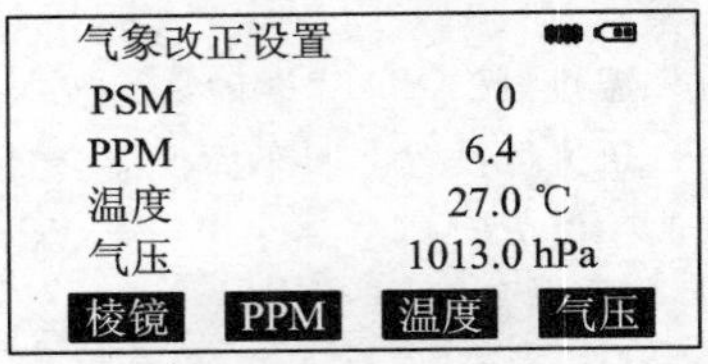 气象改正设置 PSM　　　　0 PPM　　　　6.4 温度　　　27.0 ℃ 气压　　1013.0 hPa 棱镜　PPM　温度　气压
按"F1"(棱镜)键	F1	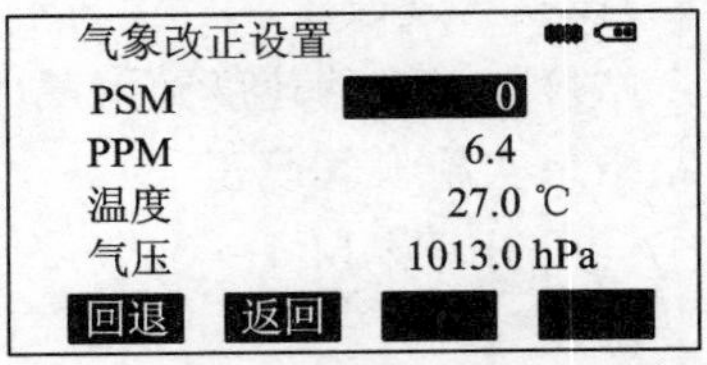 气象改正设置 PSM　　　　0 PPM　　　　6.4 温度　　　27.0 ℃ 气压　　1013.0 hPa 回退　返回
输入棱镜常数改正值,按"ENT"键确认	输入数据	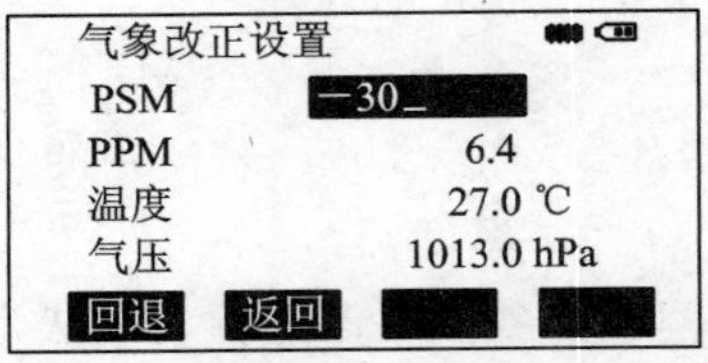 气象改正设置 PSM　　　-30_ PPM　　　　6.4 温度　　　27.0 ℃ 气压　　1013.0 hPa 回退　返回

注:对于 NTS-312/5(R/P)系列全站仪,若测量合作目标选择反射板或无合作,测量时棱镜常数自动设为 0。

(4)设置垂直角倾斜改正

设置垂直角倾斜改正的方法如表 8-9 所示。

表 8-9 设置垂直角倾斜改正

操作过程	操作	显示
在测量参数设置界面下,按"F1"键进入到倾斜补偿设置界面	F1	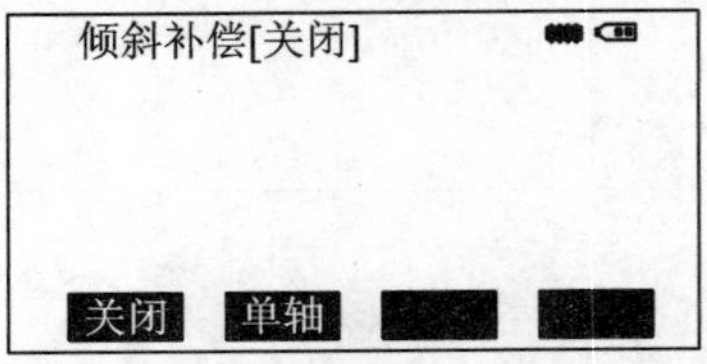 倾斜补偿[关闭] 关闭　单轴
按"F1"键打开倾斜补偿,按"F2"键关闭倾斜补偿	F1 F2	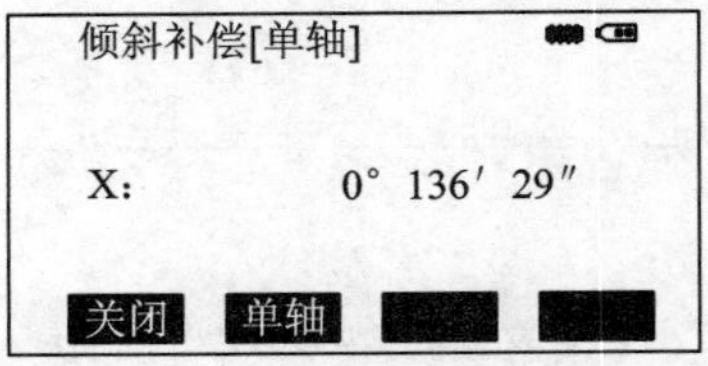 倾斜补偿[单轴] X:　　　0° 136′ 29″ 关闭　单轴

8.1.4　角度测量

1)水平角和垂直角测量

在测量水平角和垂直角前,应先确认仪器处于角度测量模式,具体方法如表 8-10 所示。

表 8-10　水平角和垂直角测量

操作过程	操作	显示
照准第一个目标 A	照准 A	PSM −30　PPM　4.6 V:　88° 30′ 55″ HR: 346° 20′ 20″ 置零　锁定　置盘　P1↓
设置目标 A 的水平角为 0°00′00″,按"F1"(置零)键和"F4"(确认)键	F1 F4	PSM −30　PPM　4.6 V:　88° 30′ 55″ HR:　0° 00′ 00″ 置零　锁定　置盘　P1↓ PSM −30　PPM　4.6 水平角置零 >OK?　　　[否]　[是]
照准第二个目标 B,显示目标 B 的 V/H	照准目标 B	PSM −30　PPM　4.6 V:　93° 25′ 15″ HR: 168° 32′ 24″ 置零　锁定　置盘　P1↓

2) 水平角(右角/左角)切换

在进行水平角切换前,应先确认仪器处于角度测量模式,具体方法如表 8-11 所示。

表 8-11　水平角(右角/左角)切换

操作过程	操作	显示
按"F4"(P1↓)键两次转到功能键第 3 页	F4 两次	PSM −30　PPM　4.6 V:　95° 30′ 55″ HR: 155° 30′ 20″ 置零　锁定　置盘　P1↓ 倾斜　　　　V%　P2↓ R/L　　　　竖角　P3↓
按"F1"(R/L)键,右角模式(HR)切换到左角模式(HL),以左角模式(HL)进行测量	F1	PSM −30　PPM　4.6 V:　95° 30′ 55″ HL: 204° 29′ 40″ R/L　　　　竖角　P3↓

注:每次按"F1"(R/L)键,HR/HL 两种模式交替切换。

3）水平角的设置

（1）通过锁定角度值进行设置

通过锁定角度值设置水平角前,应先确认仪器处于角度测量模式,具体方法如表 8-12 所示。

表 8-12　通过锁定角度值设置水平角

操 作 过 程	操作	显　　示
将水平微动螺旋转到所需的水平角	显示角度	PSM −30　PPM　4.6 V:　　95° 30′ 55″ HR:　133° 12′ 20″ 置零　锁定　置盘　P1↓
按"F2"(锁定)键	F2	PSM −30　PPM　4.6 水平角锁定 HR:　133° 12′ 20″ >设置?　　　　　[否]　[是]
照准目标	照准	
按"F4"(是)键完成水平角设置,显示窗变为正常的角度测量模式	F3	PSM −30　PPM　4.6 V:　　95° 30′ 55″ HR:　133° 12′ 20″ 置零　锁定　置盘　P1↓

注:若要返回上一个模式,可按"F4"(退出)键。

（2）通过键盘输入进行设置

通过键盘输入设置水平角前,应先确认仪器处于角度测量模式,具体方法如表 8-13 所示。

表 8-13　通过键盘输入设置水平角

操 作 过 程	操作	显　　示
照准目标	照准	PSM −30　PPM　4.6 V:　　95° 30′ 55″ HR:　133° 12′ 20″ 置零　锁定　置盘　P1↓
按"F3"(置盘)键	F3	PSM −30　PPM　4.6 水平角设置 HR= _0.0000 回退

续表

操 作 过 程	操作	显　示
通过键盘输入所要求的水平角，如 150°10′20″，则输入 150.1020，按"ENT"键确认，随后即可按所要求的水平角进行正常的测量	150.1020 F4 ENT	PSM −30　PPM 4.6 水平角设置 HR＝ ▁150.1020 回退 ──────── PSM −30　PPM 4.6 V：　　95° 30′ 55″ HR：150° 10′ 20″ 置零　锁定　置盘　P1↓

4）垂直角与斜率(V‰)的转换

在进行垂直角与斜率的转换前，应先确认仪器处于角度测量模式，具体方法如表 8-14 所示。

表 8-14　垂直角与斜率(V‰)的转换

操 作 过 程	操作	显　示
按"F4"(P1↓)键转到第 2 页	F4	PSM −30　PPM 4.6 V：　·96° 40′ 25″ HR：155° 30′ 20″ 置零　锁定　置盘　P1↓ 倾斜　　　　V%　　P2↓
按"F3"(V‰)键	F3	PSM −30　PPM 4.6 V：　　−11.70% HR：155° 30′ 20″ 倾斜　　　　V%　　P2↓

注：每次按"F3"(V‰)键，显示模式交替切换。当高度超过 45°(100‰)时，显示窗将出现"超限"(超出测量范围)。

5）天顶距和高度角的转换

垂直角的不同显示格式如图 8-14 所示。

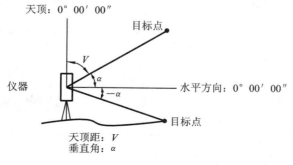

图 8-14　垂直角和天顶距

在进行天顶距和高度角的转换前,应先确认仪器处于角度测量模式,具体方法如表 8-15 所示。

表 8-15　天顶距和高度角的转换

操 作 过 程	操作	显　　　示
按"F4"(P1↓)键两次转到第三页	F4 两次	PSM　−30　PPM　4.6 V:　　82°22′25″ HR:　155°30′20″ 置零　锁定　置盘　P1↓ R/L　　　　竖角　P3↓
按"F3"(竖角)键	F3	PSM　−30　PPM　4.6 V:　　　7°37′35″ HR:　155°30′20″ R/L　　　　竖角　P1↓

注:每次按"F3"(竖角)键,显示模式交替切换。

8.1.5　距离测量

1) 距离测量(连续测量)

在测量距离前,应先确认仪器处于测角模式,具体方法如表 8-16 所示。

表 8-16　距离测量(连续测量)

操 作 过 程	操作	显　　　示
照准棱镜中心	照准	PSM　−30　PPM　4.6 V:　　95°30′55″ HR:　155°30′20″ 置零　锁定　置盘　P1↓
按◢键,距离测量开始 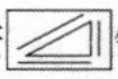	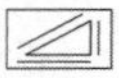 ◢	PSM　−30　PPM　4.6 V:　　95°30′55″ HR:　155°30′20″ SD:　[N]　　　　　　m 测量　模式　S/A　P1↓
显示测量的距离,再次按◢键,显示变为水平距离(HD)和高差(VD) 	 ◢	PSM　−30　PPM　4.6 V:　　95°30′55″ HR:　155°30′20″ HD:　[N]　　　　　　m VD:　　　　　　　　m 测量　模式　S/A　P1↓

注:对于 NTS-312/5(R/P)系列全站仪,合作目标选择棱镜模式时,显示▥图标;合作目标选择反射板模式时,显示▣图标;选择无合作目标模式时,显示➡图标。

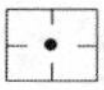

2）距离测量模式转换（连续测量/单次测量/跟踪测量）

在进行距离测量模式转换前，应先确认仪器处于测角模式，具体方法如表 8-17 所示。

表 8-17　距离测量模式转换

操　作　过　程	操作	显　　　示
照准棱镜中心	照准	PSM　−30　PPM　4.6 V:　　95° 30′ 55″ HR: 155° 30′ 20″ 置零　锁定　置盘　P1↓
按 ⟋ 键，连续测量开始	⟋	PSM　−30　PPM　4.6 V:　　95° 30′ 55″ HR: 155° 30′ 20″ SD: [N]　　　　m 测量　模式　S/A　P1↓
按"F2"（模式）键，在连续测量、单次测量、跟踪测量三个模式之间进行转换，屏幕上依次显示[N]、[1]、[T]	F2	PSM　−30　PPM　4.6 V:　　95° 30′ 55″ HR: 155° 30′ 20″ SD: [N]　　　　m 测量　模式　S/A　P1↓ PSM　−30　PPM　4.6 V:　　95° 30′ 55″ HR: 155° 30′ 20″ SD: [1]　　　　m 测量　模式　S/A　P1↓ PSM　−30　PPM　4.6 V:　　95° 30′ 55″ HR: 155° 30′ 20″ SD: [T]　　　　m 测量　模式　S/A　P1↓

3）距离放样

该功能可显示出测量的距离与输入的放样距离之差：测量距离 − 放样距离＝显示值。

放样时可选择平距（HD）、高差（VD）和斜距（SD）中的任意一种放样模式，具体方法如表 8-18 所示。

表 8-18　距离放样

操　作　过　程	操作	显　　　示
在距离测量模式下按"F4"（P1↓）键，进入第 2 页功能	F4	PSM　−30　PPM　4.6 V:　　95° 30′ 55″ HR: 155° 30′ 20″ SD:　　156.320　m 测量　模式　S/A　P1↓ 偏心　放样　m/f　P2↓

操 作 过 程	操作	显　示
按"F2"(放样)键,显示出上次设置的数据	F2	PSM −30　PPM 4.6 距离放样 HD: 　0.000　　m 回退　平距　高差　斜距
通过按"F2"~"F4"键选择测量模式。 F2:平距(HD) F3:高差(VD) F4:斜距(SD)	F4	PSM −30　PPM 4.6 距离放样 SD: 　0.000　　m 回退　平距　高差　斜距
输入放样距离,按"ENT"键确认	输入 350 ENT	PSM −30　PPM 4.6 距离放样 SD: 　350_　　m 回退　平距　高差　斜距
照准目标(棱镜)测量开始,显示出测量距离 与放样距离之差	照准 P	PSM −30　PPM 4.6 V: 　　95° 30′ 55″ HR: 155° 30′ 20″ dSD: 　　−10.25　m 测量　模式　S/A　P1↓
移动目标棱镜,直至距离差等于 0 m 为止		PSM −30　PPM 4.6 V: 　　95° 30′ 55″ HR: 155° 30′ 20″ dSD: 　　0.000　m 测量　模式　S/A　P1↓

8.1.6　坐标测量

输入测站点坐标、仪器高、棱镜高和后视坐标方位角后,用坐标测量功能可以测量目标点的三维坐标。

1) 坐标测量的步骤

通过输入仪器高和棱镜高后测量坐标,可直接测定未知点的坐标。

①要设置测站点坐标值,参见以下"测站点坐标的设置"的内容。

②要设置仪器高和目标高,参见以下"仪器高的设置"和"棱镜高的设置"的内容。

③要设置后视,并通过测量来确定后视方位角,方可测量坐标,参见以下"后视方位角的设置"的内容。

未知点的坐标由下面公式计算并显示出来(见图 8-15)。

测站点坐标:$(N0,E0,Z0)$

以仪器中心点作为坐标原点的棱镜中心坐标:(N,E,Z)

仪器高:仪高　　　　　　　　未知点坐标:(N_1,E_1,Z_1)

棱镜高:镜高　　　　　　　　高差:$Z(VD)$

$$N_1=N_0+N$$

$$E_1=E_0+E$$

$$Z_1=Z_0+仪高+Z-镜高$$

仪器中心坐标$[(N_0,E_0,Z_0)+仪器高]$

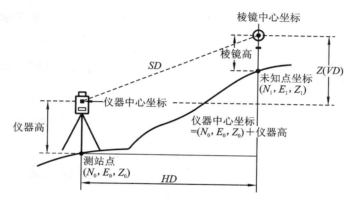

图 8-15　坐标测量

进行坐标测量时,应注意:要先设置测站坐标,然后设置测站高、棱镜高及后视方位角,具体方法如表 8-19 所示。

表 8-19　坐标测量

操 作 过 程	操作	显　示
设置已知点 A 的方向角	设置方向角	PSM　-30　PPM　4.6 V:　　95° 30′ 55″ HR:　133° 12′ 20″ 置零　锁定　置盘　P1↓
照准目标 B,按 ⌐ 键	照准棱镜 ⌐	PSM　-30　PPM　4.6 N:　　　　12.236 m E:　　　　115.309 m Z:　　　　0.126 m 测量　模式　S/A　P1↓

2) 测站点坐标的设置

设置仪器(测站点)相对于坐标原点的坐标,仪器可自动转换和显示未知点(棱镜点)在该坐标系中的坐标。电源关闭后,将保存测站点坐标。具体方法如表 8-20 所示。

表 8-20　测站点坐标的设置

操 作 过 程	操作	显　示
在坐标测量模式下，按"F4"（P1↓）键，转到第 2 页功能	F4	PSM −30 PPM 4.6 N:　2012.236 m E:　2115.309 m Z:　3.156 m 测量　模式　S/A　P1↓ 镜高　仪高　测站　P2↓
按"F3"（测站）键	F3	PSM −30 PPM 4.6 N:　_　0.000 m E:　0.000 m Z:　0.000 m 回退
输入 N 坐标，按"ENT"键确认	输入数据 ENT	PSM −30 PPM 4.6 N:　6396_　m E:　0.000 m Z:　0.000 m 回退
按同样方法输入 E 和 Z 坐标，输入数据后，显示屏返回坐标测量显示	输入数据 ENT	PSM −30 PPM 4.6 N:　6396.321 m E:　12.639 m Z:　0.369 m 回退 PSM −30 PPM 4.6 N:　6432.693 m E:　117.309 m Z:　0.126 m 镜高　仪高　测站　P2↓

3）仪器高的设置

电源关闭后，可保存仪器高。具体方法如表 8-21 所示。

表 8-21　仪器高的设置

操 作 过 程	操作	显　示
在坐标测量模式下，按"F4"（P1↓）键，转到第 2 页功能	F4	PSM −30 PPM 4.6 N:　2012.236 m E:　2115.309 m Z:　3.156 m 测量　模式　S/A　P1↓ 镜高　仪高　测站　P2↓

续表

操作过程	操作	显　示
按"F2"（仪高）键，显示当前值	F2	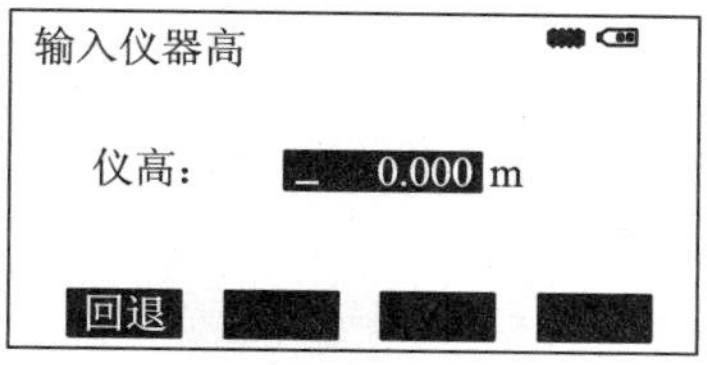 输入仪器高　▰▰▰▰ ▱▱ 仪高：　＿＿＿0.000 m 回退
输入仪器高，按"ENT"键确认，返回到坐标测量界面	输入仪器高 ENT	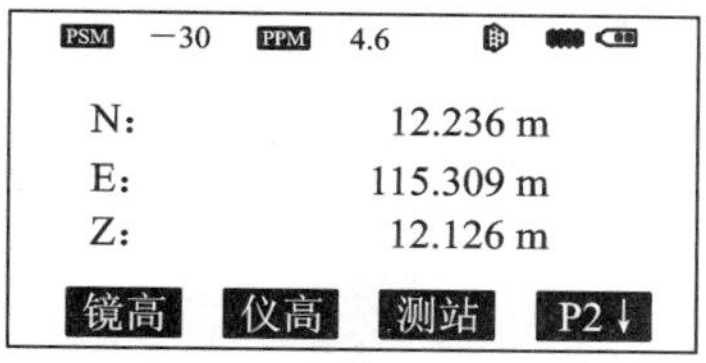 PSM　−30　PPM　4.6　🅑 ▰▰▰▰ ▱▱ N:　　　12.236 m E:　　　115.309 m Z:　　　12.126 m 镜高　仪高　测站　P2↓

4）棱镜高的设置

此项功能用于获取 Z 坐标值，电源关闭后，可保存棱镜高。具体方法如表 8-22 所示。

表 8-22　棱镜高的设置

操作过程	操作	显　示
在坐标测量模式下，按"F4"（P1↓）键，进入第 2 页功能	F4	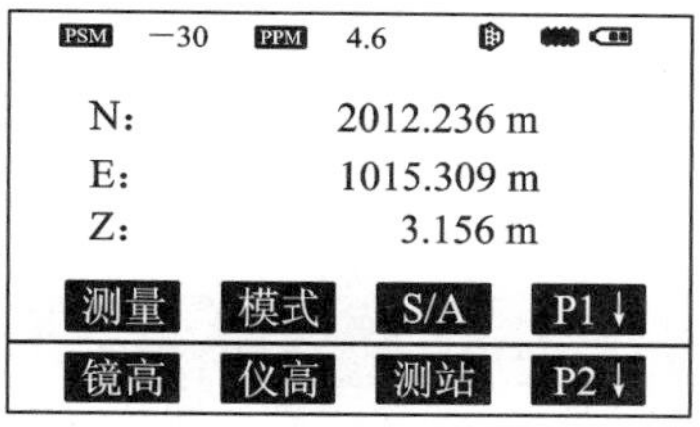 PSM　−30　PPM　4.6　🅑 ▰▰▰▰ ▱▱ N:　　　2012.236 m E:　　　1015.309 m Z:　　　3.156 m 测量　模式　S/A　P1↓ 镜高　仪高　测站　P2↓
按"F1"（镜高）键，显示当前值	F1	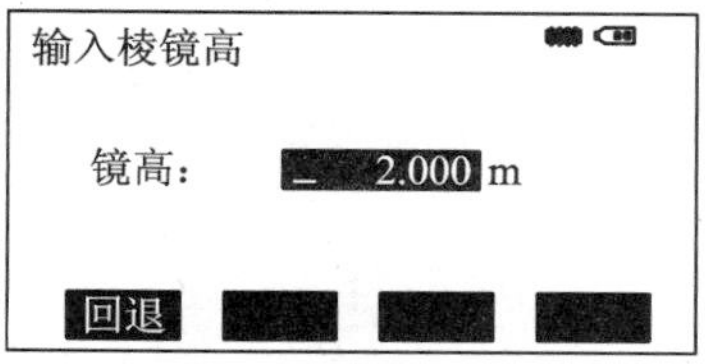 输入棱镜高　▰▰▰▰ ▱▱ 镜高：　＿＿＿2.000 m 回退
输入棱镜高，按"ENT"键确认，返回到坐标测量界面	输入棱镜高 ENT	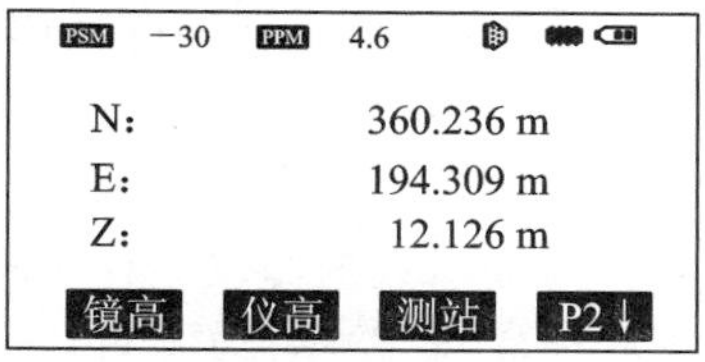 PSM　−30　PPM　4.6　🅑 ▰▰▰▰ ▱▱ N:　　　360.236 m E:　　　194.309 m Z:　　　12.126 m 镜高　仪高　测站　P2↓

5）后视方位角的设置

在这里可以快捷设置后视方位角。具体方法如表 8-23 所示。

表 8-23　后视方位角的设置

操作过程	操作	显示
在坐标测量模式下,按"F4"键两次,进入第3页功能	F4	PSM　−30　PPM N:　　　2012.236 m E:　　　1015.309 m Z:　　　3.156 m 测量　模式　S/A　P1↓ 偏心　后视　m/ft　P3↓
在坐标测量第3页中按"F2"(输入后视点)键	F2	输入后视点 点名:　SOUTH 02 回退　调用　字母　坐标
按"F4"(坐标)键	F4	输入后视点 N:　　　0.000 m E:　　　0.000 m 回退　　　　　角度
输入坐标值按"ENT"键	输入 坐标 ENT	PSM　−30　PPM　4.6 照准后视点 HB=　176° 22′ 20″ >照准?　　　[否]　[是]
照准后视点,按"F4"(是)键完成设置	照准后视点 F4	

注:第四步也可按"F4"键(角度键)直接输入后视点的坐标。

8.1.7　坐标放样

　　放样模式有两个功能,即测定放样点和利用内存中的已知坐标数据设置新点。如果坐标数据未被存入内存,则也可从键盘输入坐标。坐标数据可通过个人计算机从传输电缆装入仪器内存。

　　坐标数据被存入坐标数据文件(坐标数据文件),NTS-312/5 能够将坐标数据存入内存,内存划分为测量数据和供放样用的坐标数据。

　　坐标放样时应注意以下事项。

　　①关闭电源时,应确认仪器处于主菜单显示屏或角度测量模式,这样可以确保存储器输入、输出过程的完结,避免存储数据丢失。

　　②为安全起见,建议电池应先充足电,并准备好已充足电的备用电池。

　　③在记录新点数据时,应考虑内存可利用的存储空间。

1）放样步骤

放样的过程如图 8-16 所示，有以下几个步骤。

①选择坐标数据文件，可进行测站坐标数据及后视坐标数据的调用。

②设置测站点。

③设置后视点，确定方位角。

④输入或调用所需的放样坐标，开始放样。

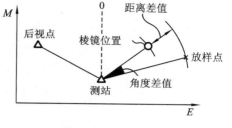

图 8-16　坐标放样

2）准备工作

（1）坐标格网因子的设置

当放样坐标经过坐标格网因子的改正后，需对坐标格网因子按照相同参数进行设置。可以在"坐标放样（2/2）"中对格网因子进行设置。

（2）坐标数据文件的选择

运行放样模式首先要选择一个坐标数据文件，用于测站以及放样数据的调用，同时也可以将新点测量数据存入所选定的坐标数据文件中。当放样模式已运行时，可以按同样的方法选择文件。具体方法如表 8-24 所示。

表 8-24　坐标数据文件的选择

操作过程	操作	显示
在坐标放样菜单（2/2）按"F1"（选择文件）键	F1	坐标放样 (2/2) F1：选择文件 F2：新点 F3：格网因子 ▲ 选择一个文件 FN： 回退　调用　字母
按"F2"（调用）键，显示坐标数据文件目录	F2	文件调用 →&FN SOUTH　.PTS　2K 　FN SOUTH1 .PTS　6K 　FN SOUTH2 .PTS　15K 查找　　　　上页
按"▲"或"▼"键可使文件表向上或向下滚动，选择一个工作文件，按"ENT"键确认，返回到坐标放样菜单（2/2）	[▲] 或 [▼]	坐标放样 (2/2) F1：选择文件 F2：新点 F3：格网因子 ▼

注：①如果要直接输入文件名，可按"F1"（输入）键，然后输入文件名。

　　②如果菜单文件已被选定，则在该文件名的右边显示一个"&"符号。

（3）设置测站点

设置测站点的方法有如下两种。

①调用内存中的坐标设置，具体方法如表 8-25 所示。

②直接键入坐标数据，具体方法如表 8-26 所示。

测站坐标保存在选择的坐标数据文件中。

表 8-25　调用内存中的坐标设置测站点

操　作　过　程	操　作	显　　示
在坐标放样菜单（1/2）按"F1"（输入测站点）键，即显示原有数据	F1	输入测站点 点名：　SOUTH 01 回退　调用　字母　坐标
输入点名，按"ENT"键确认	ENT	FN: FN SOUTH N:　　152.258 m E:　　376.390 m Z:　　2.362 m >OK?　　　[否]　[是]
按"F4"（是）键，进入到仪高输入界面	F4	输入仪器高 仪高：　_1.236_ m 回退
输入仪器高，显示屏返回到放样单（1/2）	输入仪高 ENT	坐标放样 (1/2) F1：输入测站点 F2：输入后视点 F3：输入放样点 　　　　　　▼

表 8-26　直接键入坐标数据设置测站点

操　作　过　程	操　作	显　　示
由坐标放样菜单（1/2）按"F1"（输入测站点）键，即显示原有数据	F1	输入测站点 点名：　SOUTH 01 回退　调用　字母　坐标

续表

操作过程	操作	显 示
按"F4"（坐标）键	F4	输入测站点 N: 156.987 m E: 232.165 m Z: 55.032 m 回退
输入坐标值按"ENT"键，进入到仪高输入界面	输入 坐标 ENT	输入仪器高 仪高： _ 1.220 m 回退
按同样方法输入仪器高，显示屏返回到坐标放样菜单(1/2)	输入 仪高 ENT	坐标放样 (1/2) F1： 输入测站点 F2： 输入后视点 F3： 输入放样点 ▼

（4）设置后视点

后视点的设置方法有如下三种（见图 8-17）。

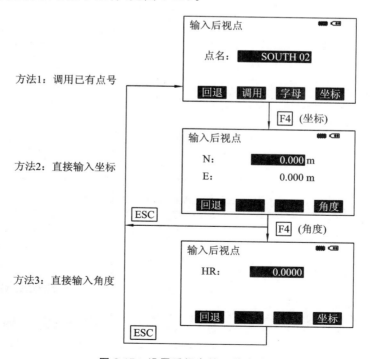

图 8-17 设置后视点的三种方法

①利用内存中的坐标数据文件设置后视点,如表 8-27 所示。
②直接键入坐标数据设置后视点,如表 8-28 所示。
③直接键入设置角设置后视点。
每按一下"F4"键,输入后视定向角方法与直接键入后视点坐标数据依次更变。

表 8-27 利用内存中的坐标数据文件设置后视点

操作过程	操作	显示
由坐标放样菜单(1/2)按"F2"(输入后视点)键	F2	输入后视点 点名:　SOUTH 02 回退　调用　字母　坐标
输入点名,按"ENT"键确认	输入 点名 ENT	FN:FN SOUTH N:　　103.210 m E:　　21.963 m Z:　　1.012 m >OK?　　　[否]　[是]
按"F4"(是)键,仪器自动计算,显示后视点设置界面	F4	PSM　−30　PPM　4.6 照准后视点 HB= 125° 12′ 20″ >照准?　　　[否]　[是]
照准后视点,按"F4"(是)键显示屏返回到坐标放样菜单(1/2)	照准 后视点 F4	坐标放样 (1/2) F1:输入测站点 F2:输入后视点 F3:输入放样点 ▼

表 8-28 直接键入坐标数据设置后视点

操作过程	操作	显示
由坐标放样菜单(1/2)按"F2"(输入后视点)键,即显示原有数据	F2	输入后视点 点名:　SOUTH 02 回退　调用　字母　坐标

续表

操作过程	操作	显示
按"F4"（坐标）键	F4	输入后视点 N:　　　　0.000 m E:　　　　0.000 m 回退　　　　　　角度
输入坐标值按"ENT"键	输入 坐标 ENT	PSM　－30　PPM　4.6 照准后视点 HB=　176°22′20″ ＞照准?　　　　[否]　[是]
照准后视点	照准后视点	
按"F4"（是）键，显示屏返回到坐标放样菜单（1/2）	照准 后视点 F4	坐标放样（1/2） F1：输入测站点 F2：输入后视点 F3：输入放样点 ▼

3）实施放样

放样点位坐标的输入有如下两种方法。

①通过点号调用内存中的坐标值，如表 8-29 所示。

②直接键入坐标值。

表 8-29　通过点号调用内存中的坐标值

操作过程	操作	显示
由坐标放样菜单（1/2）按"F3"（输入放样点）键	F3	输入放样点 点名：　SOUTH 19 回退　调用　字母　坐标 输入放样点 点名：　SOUTH 19 回退　调用　字母　坐标
输入点号，按"ENT"键，进入棱镜高输入界面	输入 点号 ENT	输入棱镜高 镜高：　　　0.000 m 回退

操 作 过 程	操作	显　　示
按同样方法输入反射镜高,当放样点设定后,仪器就进行放样元素的计算 　*HR*:放样点的方位角计算值 　*HD*:仪器到放样点的水平距离计算值	输入 镜高 ENT	PSM　－30　PPM　4.6 放样参数计算 HR:　155°30′20″ HD:　　122.568 m 　　　　　　　　继续
照准棱镜,按"F4"键继续 　*HR*:放样点方位角 　*dHR*:当前方位角与放样点位的方位角之差＝实际水平角－计算的水平角 　当 *dHR*＝0°00′00″时,即表明放样方向正确	照准	PSM　－30　PPM　4.6 角度差调为零 HR:　155°30′20″ dHR:　0°00′00″ 　　距离　坐标　换点
按"F2"(距离)键 　*HD*:实测的水平距离 　*dH*:对准放样点尚差的水平距离 　*dZ*＝实测高差－计算高差	F1	PSM　－30　PPM　4.6 HD:　　169.355 m dH:　　－9.322 m dZ:　　0.336 m 测量　角度　坐标　换点
按"F1"(模式)键进行精测	F1	PSM　－30　PPM　4.6 HD*:　　169.355 m dH:　　－9.322 m dZ:　　0.336 m 测量　角度　坐标　换点
当显示值 *dHR*、*dH* 和 *dZ* 均为 0 时,则放样点的测设已经完成		PSM　－30　PPM　4.6 HD*:　　169.355 m dH:　　0.000 m dZ:　　0.000 m 测量　角度　坐标　换点 PSM　－30　PPM　4.6 角度差调为零 HR:　155°30′20″ dHR:　0°00′00″ 　　距离　坐标　换点
按"F3"(坐标)键,即显示坐标值,可以和放样点值进行核对	F3	PSM　－30　PPM　4.6 N:　　236.352 m E:　　123.622 m Z:　　1.237 m 测量　角度　　　换点
按"F4"(换点)键,进入下一个放样点的测设	F4	输入放样点 点名: 回退　调用　字母　坐标

8.1.8　注意事项

①日光下测量应避免将物镜直接瞄准太阳。若在太阳下作业,应安装滤光镜。

②避免在高温和低温下存放仪器,亦应避免温度骤变(使用时气温变化除外)。

③仪器不使用时,应将其装入箱内,置于干燥处,注意防震、防尘和防潮。

④若仪器工作处的温度与存放处的温度差异太大,应先将仪器留在箱内,直至它适应环境温度后再使用。

⑤仪器长期不使用时,应将仪器上的电池卸下,分开存放。电池应每月充电一次。

⑥仪器运输时应装于箱内进行,运输时应小心避免挤压、碰撞和剧烈震动,长途运输最好在箱子周围使用软垫。

⑦仪器安装至三脚架或拆卸时,要一只手先握住仪器,以防仪器跌落。

⑧外露光学件需要清洁时,应用脱脂棉或镜头纸轻轻擦净,切不可用其他物品擦拭。

⑨仪器使用完毕后,用绒布或毛刷清除仪器表面灰尘。仪器被雨水淋湿后,切勿通电开机,应用干净软布擦干并在通风处放一段时间。

⑩作业前应仔细、全面地检查仪器,确信仪器各项指标、功能、电源、初始设置和改正参数均符合要求后再进行作业。

⑪即使发现仪器功能异常,非专业维修人员不可擅自拆开仪器,以免发生不必要的损坏。

⑫NTS-312/5(R/P)系列全站仪发射光是激光,使用时不得对准眼睛。

8.2　GPS-RTK 测量

RTK(real time kinematic)是一种实时动态差分法。这是一种新的常用的 GPS 测量方法,以前的静态、快速静态、动态测量都需要事后进行解算才能获得厘米级的精度,而 RTK 是能够在野外实时得到厘米级定位精度的测量方法。它采用了载波相位动态实时差分方法,速度快、精度高,是 GPS 应用的重大里程碑。它的出现为工程放样、地形测图,各种控制测量带来了便利,极大地提高了外业作业效率。

8.2.1　GPS-RTK 平面控制测量

(1)RTK 卫星状态要求(见表 8-30)

表 8-30　RTK 卫星状态要求

观测窗口状态	截止高度角 15°以上卫星个数	PDOP 值
良好	≥6	<4
可用	5	≥4 且≤6
不可用	<5	>6

(2)RTK 平面控制测量主要技术要求(见表 8-31)

表 8-31 RTK 平面控制测量主要技术要求

等级	相邻点间平均距离(m)	点位中误差(cm)	边长相对中误差	起算点等级	流动站到单基站间距离(km)	测回数
一级	≥500	≤±5	≤1/20 000	四等及以上	≤5	≥4
二级	≥300	≤±5	≤1/10 000	一级及以上	≤5	≥3
三级	≥200	≤±5	≤1/6 000	二级及以上	≤5	≥2

(3)测区坐标系统参数的获取

RTK 测量前,一般先采用静态相对定位方法建立控制网,各控制点均有 WGS-84 及当地坐标系坐标,可直接用来计算转换参数。转换参数的求解,应采用不少于 3 点的高等级起算点两套坐标系成果,所选起算点应分布均匀,且能控制整个测区。转换时应根据测区范围及具体情况,对起算点进行可靠性检验,采用合理的数学模型,进行多种点组合方式分别计算和优选。不得采用现场点校正的方法求解转换参数。

(4)RTK 平面控制测量基准站的技术要求

①采用网络 RTK 时,基准站的设立按《全球导航卫星系统连续运行参考站网建设规范》(CH/T 2008—2005)执行。

②自设基准站如需长期和经常使用,宜埋强制对中的观测墩。

③自设基准站应设在高一级控制点上。

④用电台传输数据时,基准站宜选择在测区相对较高的位置。

⑤用移动通信进行数据传输时,基准站必须选择在测区有移动通信接收信号的位置。

⑥选择无线电台通讯方法时,应按约定的工作频率进行数据链设置,以避免串频。

⑦应正确设置随机软件中对应的仪器类型、电台类型、电台频率、天线类型、数据端口、蓝牙端口等。

⑧应正确设置基准站坐标、数据单位、尺度因子、投影参数和接收机天线高等参数。

⑨网络 RTK 测量的流动站应获得系统服务的授权。

⑩网络 RTK 测量的流动站应在有效服务区域内进行,并实现数据与服务控制中心的通信。

⑪用数据采集器设置流动站与当地坐标的转换参数,设置与基准站的通信。

⑫RTK 测量流动站不宜在隐蔽地带、成片水域和强电磁波干扰源附近观测。

⑬观测开始前应对仪器进行初始化,并得到固定解;当长时间不能获得固定解时,宜断开通信链路,再次进行初始化操作。

⑭每次观测之间流动站应重新初始化。

⑮作业过程中,如出现卫星信号失锁,应重新初始化,并经重合点检测合格后,方能继续作业。

⑯每次作业开始前或重设基准站后,均应进行一个以上已知点的检核,平面坐标较差不应大于 7 cm。

⑰RTK 平面控制点测量平面坐标转换残差不应大于±2 cm。

⑱数据采集器设置控制点单次观测的平面收敛精度不应大于±2 cm。

⑲RTK 平面控制点测量流动站观测时应采用三脚架对中、整平,每次观测历元数应不少于 20 个,采样间隔 2~5 s,各次测量的平面坐标较差不应大于±4 cm。

⑳应取各次测量的平面坐标中数作为最终结果。

㉑进行后处理动态测量时,流动站应先在静止状态下观测 10～15 min,然后在不丢失初始化状态的前提下进行动态测量。

8.2.2　GPS-RTK 高程控制测量

(1)GPS-RTK 高程控制测量主要技术要求(见表 8-32)

表 8-32　GPS-RTK 高程控制测量主要技术要求

大地高程中误差(cm)	与基准站的距离(km)	观测次数	起算点等级
≤±3	≤5	≥3	四等水准及以上

(2)GPS-RTK 高程控制测量基准站、流动站技术要求

GPS-RTK 高程控制测量基准站、流动站技术要求参见 GPS-RTK 平面控制测量的相应要求。

(3)RTK 高程控制点高程的测定

①RTK 控制点高程的测定,是将流动站测得的大地高减去流动站的高程异常获得的。

②流动站的高程异常可以采用数学拟合、似大地水准面精化模型内插等方法获取。

③当采用数学拟合方法时,拟合的起算点平原地区一般不少于 6 点,拟合的起算点点位应均匀分布于测区四周及中间,间距一般不宜超过 5 km。地形起伏较大时,应按测区地形特征适当增加拟合的起算点数。当测区面积较大时,宜采用分区拟合的方法。

④RTK 高程控制点测量高程异常拟合残差及设置高程收敛精度应不大于±3 cm。

⑤RTK 高程控制点测量流动站观测时应采用三脚架对中、整平,每次观测历元数应不少于 20 个,各次测量的高程较差应小于±4 cm 要求后取中数作为最终结果。

⑥当采用似大地水准面精化模型内插测定高程时,似大地水准面模型内符合精度应小于±2 cm。如果当地某些区域高程异常变化不均匀,拟合精度和似大地水准面模型精度无法满足高程精度要求,可对 RTK 测量大地高数据进行后处理或用几何水准测量方法进行补充。

8.2.3　GPS-RTK 控制测量成果处理与检查

①RTK 控制测量外业采集的数据应及时进行备份和内外业检查。

②RTK 控制测量外业观测记录采用仪器自带内存卡或测量手簿,记录项目及成果输出包括下列内容。

a.转换参考点的点名(号)、残差、转换参数。

b.基准站点名(号)、天线高、观测时间。

c.流动站点名(号)、天线高、观测时间。

d.基准站发送给流动站的基准站地心坐标、地心坐标增量。

e.流动站的平面、高程收敛精度。

f.流动站的地心坐标、平面和高程成果。

g.测区转换参考点、观测点网图。

③RTK 控制测量成果质量检查要求如表 8-33 所示。用 RTK 技术施测的控制点成果应进行 100%的内业检查和不少于总点数 10%的外业检测。平面控制点外业检测可采用相

应等级的静态(快速静态)技术测定坐标、全站仪测量边长和角度等方法,高程控制点外业检测可采用相应等级的三角高程、几何水准测量等方法,检测点应均匀分布在测区内。

表 8-33 RTK 控制测量成果质量检测要求

等级	边长校核		角度校核		坐标校核
	测距中误差(mm)	边长相对误差	测角中误差(″)	角度较差限差(″)	坐标较差中误差(cm)
一级	≤±15	≤1/14 000	≤±5	14	≤±5
二级	≤±15	≤1/7 000	≤±8	20	≤±5
三级	≤±15	≤1/5 000	≤±12	30	≤±5

8.2.4 GPS-RTK 地形测量

RTK 地形测量内容分为图根点测量和碎部点测量。

(1)RTK 地形测量的主要技术要求(见表 8-34)

表 8-34 RTK 地形测量主要技术要求

等级	点位中误差(mm)	高程中误差	与基准站的距离(km)	观测次数	起算点等级
图根	≤±0.1	1/10 等高距	≤7	≥2	平面三级高程等外以上
碎部	≤±0.5	符合相应比例尺成图要求	≤10	≥1	平面图根高程图根以上

(2)RTK 图根点测量

①图根点标志宜采用木桩、铁桩或其他临时标志,必要时可埋设一定数量的标石。

②RTK 图根点测量时,平面、高程的转换关系可以在测区现场通过点校正的方法获取。

③RTK 平面控制点测量流动站观测时应采用三脚架对中、整平,每次观测历元数应大于 20 个。

④RTK 图根点测量平面坐标转换残差不应大于图上±0.07 mm。RTK 图根点测量高程拟合残差应不大于 1/12 等高距。

⑤RTK 图根点测量的平面测量各次测量点位较差不应大于图上±0.1 mm,高程测量各次测量高程较差不应大于 1/10 等高距,各次结果取中数作为最后成果。

(3)RTK 碎部测量

①RTK 碎部测量时,转换关系可以在测区现场通过点校正的方法获取。当测区面积较大,采用分区求解转换参数时,相邻分区应不少于 2 个重合点。

②RTK 碎部点测量平面坐标转换残差不应大于图上±0.1 mm。RTK 碎部点测量高程拟合残差不应大于 1/10 基本等高距。

③RTK 碎部点测量流动站观测时可采用固定高度对中杆对中、整平,每次观测历元数应大于 5 个。

④连续采集一组地形碎部点数据超过 50 点时,应重新进行初始化,并检核一个重合点。当检核点位坐标较差不大于图上 0.5 mm 时,方可继续测量。

(4)RTK 图根和碎部成果数据处理与检查

①RTK 地形测量外业采集的数据应及时从数据记录器中导出,并进行数据备份,同时

对数据记录器内存进行整理。

②RTK 地形测量外业观测记录采用仪器自带内存卡和测量手簿,记录项目及成果输出包括下列内容。

a.转换参考点的点名(号)、残差、转换参数。

b.基准站、流动站的天线高和观测时间。

c.流动站的平面、高程收敛精度。

d.流动站的地心坐标、平面和高程成果数据。

③导出的成果数据在计算机中用相应的成图软件编辑成图。

(5)RTK 图根点检查要点

RTK 图根点检查要点如表 8-35 所示。用 RTK 技术施测的图根点应进行 100% 的内业检查和不少于总点数 10% 的外业检测,平面点外业检测采用相应等级的全站仪测量边长和角度等方法进行,高程点外业检测采用图根三角高程、图根水准测量等方法进行,检测点应均匀分布在测区内。

表 8-35　RTK 图根点检查要点

等级	边长校核		角度校核		坐标校核
	测距中误差 (mm)	边长相对误差	测角中误差 (″)	角度较差限差 (″)	图上平面坐标较差 (mm)
图根	≤±20	≤1/3 000	≤±20	60	≤±0.15

8.2.5　GPS-RTK 系统使用说明

1)接收机外观

GPS-RTK 外观分为四个部分:上盖、下盖、防护圈和控制面板。

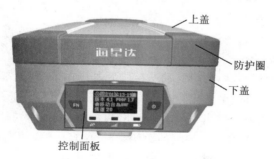

图 8-18　GPS-RTK 外观

2)基准站作业方案

①使用内置 UHF 电台/GSM 的基准站模式(见图 8-19)。

②使用外挂 UHF 数据链基准站模式(见图 8-20)。

3)移动站作业方案(见图 8-21)

4)GPS-RTK 简易操作流程

以下只是软件的简易操作流程,详细使用步骤请参照详细说明。此流程只是提供给我们的一种解决方案,在熟练使用本软件后,可以不依照此步骤操作。在作业过程中,通常的使用方法如下。

图 8-19　使用内置 UHF 电台/GSM 的基准站

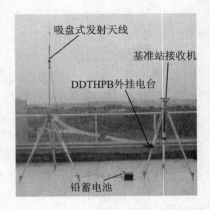

图 8-20　使用外挂 UHF 数据链基准站

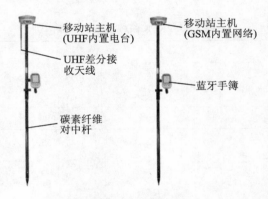

图 8-21　移动站

①架设基准站,设置好 GPS 主机工作模式。

②打开手簿软件,连接基准站、新建项目,设置坐标系统参数,设置好基准站参数,使基准站发射差分信号。

③连接移动站,设置移动站,使得移动站接收到基准站的差分数据,并达到窄带固定解。

④移动站到测区已知点上测量出窄带固定解状态下的已知点原始坐标。

⑤根据已知点的原始坐标和当地坐标求解出两个坐标系之间的转换参数。

⑥打开坐标转换参数,则 RTK 测出的原始坐标会自动转换成当地坐标。

⑦至少到一个已知点检查所得到的当地坐标是否正确。

⑧在当地坐标系下进行测量、放样等操作,得到当地坐标系下的坐标数据。

⑨将坐标数据在手簿中进行坐标格式转换,得到想要的坐标数据格式。

⑩将数据经过 ActiveSync 软件传输到电脑中,进行后续成图操作。

其中 RTK 野外作业的主要步骤为:设置基准站、求解坐标转换参数、碎部测量、点放样、线放样。由于大部分情况下使用的坐标系都为国家坐标系或地方坐标系,而 GPS 所接收到的为 WGS84 坐标系下的数据,因此,如何进行坐标系的转换成为 RTK 使用过程中很重要的一个环节。一般情况下,可以根据已知条件的不同而使用不同的坐标转换方法,主要转换方法有平面四参数转换＋高程拟合、三参数转换、七参数转换、一步法转换、点校验,而碎部测量、点放样、线放样在不同参数模式下的操作方法大概相同。下面就 RTK 在平面四参数转换＋高程拟合的转换方法时的作业步骤作详细说明。

5）平面四参数转换＋高程拟合法（工程用户通用方法）

（1）架设基准站

基准站可架设在已知点或未知点上。如果需要使用求解好的转换参数，则基准站位置最好和上次位置一致，打开上次新建好的项目，在设置基准站时，只需要修改基准站的天线高，确定基准站发射差分信号，则移动站可直接进行工作，不用重新求解转换参数。

基准站架设点必须满足以下要求。

①高度角在 15°以上开阔，无大型遮挡物。

②无电磁波干扰（200 m 内没有微波站、雷达站、手机信号站等，50 m 内无高压线）。

③在用电台作业时，位置比较高，基准站到移动站之间最好无大型遮挡物，否则差分传播距离迅速缩短。

④至少有两个已知坐标点（已知点可以是任意坐标系下的坐标，最好为三个或三个以上，可以检校已知点的正确性）。

⑤不管基站架设在未知点上还是已知点上，坐标系统也不管是国家坐标还是地方施工坐标，此方法都适用。

将 GPS 基准站架设、连接好，将主机工作模式通过面板上的按键调成基准站所需要的工作模式，等待基准站锁定卫星。

（2）手簿主程序的打开

点击手簿桌面的"Hi-RTK Road. exe"快捷图标，打开手簿程序。

（3）新建项目

通常情况下，每做一个工程都需要新建一个项目。

①点击【项目】→【新建】→ 输入项目名 →【√】（见图 8-22、图 8-23）。

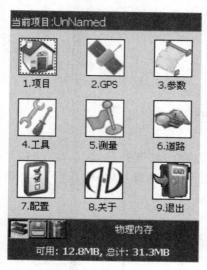

图 8-22 软件桌面

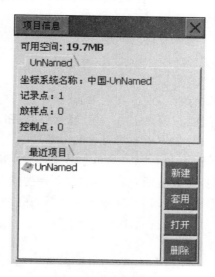

图 8-23 项目信息

注：请将新建的项目放在默认路径（\NandFlash\Project\Road）下，否则在手簿没电或硬复位的情况下，除"NandFlash"文件夹外的数据都会丢失。

②点击左上角下拉菜单【坐标系统】，设置坐标系统参数（见图 8-24、图 8-25）。

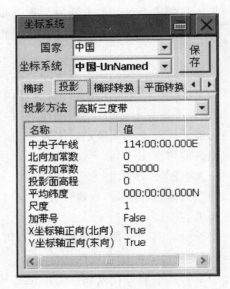

图 8-24 椭球   图 8-25 投影

"坐标系":选择国家,输入坐标系统名称,格式为"国家-××××",源椭球一般为WGS84,目标椭球和已知点一致,如果目标坐标为自定义坐标系,则可以不更改此项选择,设置为默认值:北京 54(见图 8-24)。

"投影":选择投影方法,输入投影参数,如图 8-25 所示(中国用户投影方法一般选择高斯自定义,输入中央子午线经度,通常需要更改的只有中央子午线经度。中央子午线经度是指测区已知点的中央子午线。若自定义坐标系,则输入该测区的平均经度,经度误差一般要求小于 30′。地方经度可用 GPS 实时测出,手簿通过蓝牙先连上 GPS,在【GPS】→【位置信息】中获得)。

"椭球转换":不输。

"平面转换":不输。

"高程拟合":不输。

"保存":点击右上角的【保存】按钮,保存设置好的参数。

注:记得点击右上角的【保存】按钮,否则坐标系统参数设置无效。

(4)GPS 和基准站主机连接

【GPS】→"左上角下拉菜单"→连接【GPS】,设置仪器型号、连接方式、端口、波特率,点击【连接】(见图 8-26),出现"蓝牙搜索"窗口后,点击【搜索】出现机号后,选择机号,点击【连接】(见图 8-27)。如果连接成功,在接收机信息窗口会显示连接 GPS 的机号。

蓝牙连接应注意以下事项。

①连接之前先在"配置"→"手簿选择"选择手簿类型。

②手簿与 GPS 主机距离最好在 10 m 内。

③选择串口连接时,周围 30 m 内无第三个蓝牙设备开启(包括同类手簿、GPS 主机都不能打开)。

④如果连接不上,请重新启动接收机或手簿程序。

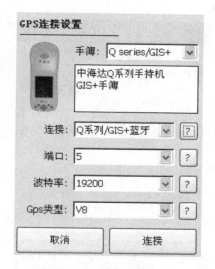

图 8-26　连接 GPS

图 8-27　蓝牙搜索

（5）设置基准站

①点击左上角下拉菜单，点击【基准站设置】（见图 8-28）。

②点击【平滑】，平滑完成后点击右上角【√】（见图 8-29）。

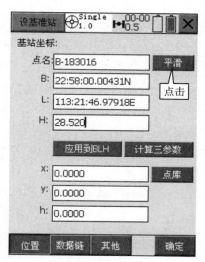

图 8-28　基准站设置

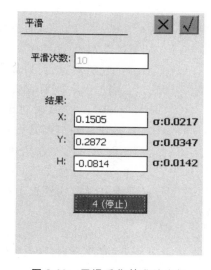

图 8-29　平滑采集基准站坐标

　　③点击【数据链】，选择数据链类型，输入相关参数。例如，用中海达服务器传输数据作业时，需设置参数（见图 8-30）；选择内置网络时，其中分组号和小组号可变动，分组号为七位数，小组号为小于 255 的三位数；用电台作业时则数据链选择内置电台，选择电台频道。

　　④点击【其他】（见图 8-31），选择差分模式和电文格式（默认为 RTK、RTCA，则不需要改动），点击【天线高（米）】，选择天线类型，输入天线高，应用、确定后回到右上图界面，点击右下角【确定】，软件提示设置成功。

　　⑤查看主机差分灯是否每秒闪一次黄灯，用电台时，电台收发灯每秒闪一次，如果正常，则基准站设置成功。

　　⑥点击左上角菜单，点击【断开 GPS】，断开手簿与基准站 GPS 主机的连接。

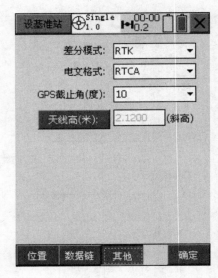

图 8-30　基准站数据链　　　　　图 8-31　基准站其他设置

（6）GPS 和移动站主机连接

①连接手簿与移动站 GPS 主机（使用 UHF 电台时，将差分天线与移动站 GPS 主机连接好；使用 GPRS 时，不需要差分天线）。

打开移动站 GPS 主机电源，调节好仪器工作模式，等待移动站锁定卫星。按左上角下拉菜单→【连接 GPS】，将手簿与移动站 GPS 主机连接。当手簿与 GPS 主机连接正常时，如果连接成功会在"接收机信息"窗口显示连接 GPS 的机号，连接方法和基准站的类似。

②移动站设置：使用菜单【移动站设置】，弹出"设置移动站"对话框。在【数据链】界面，选择、输入的参数和基准站一致（对于连接 CORS 的用户，则在网络选项选择 CORS，输入 CORS 的 IP、端口号，点击右方的【设置】按钮，输入源列表名称、用户名、密码）。

点击【其他】界面，选择、输入和基准站一样的参数，修改移动站天线高（如果是 CORS 用户，则选中"发送 GGA"，选择发送间隔，通常为 1 s）。

按右下角【确定】按钮，软件提示移动站设置成功，点击右上角按钮【×】，回退到软件主界面。

（7）采集控制点源坐标

点击主界面上的【测量】按钮，进入"碎部测量"界面（见图 8-32）。

$\bigoplus_{1.0}^{\text{Single}}$ 表示单点定位；Fix 表示固定坐标（基准站）；Int 表示 RTK 固定解；Float 表示 RTK 浮动解；RTD 表示伪距差分模式；WAAS 表示 WAAS 星站差分模式；None 表示没有 GPS 数据；UNKNOWN 表示未知数据类型。

查看屏幕上方的解状态，在 GPS 达到"Int" RTK 固定解后，在需要采集点的控制点上，对中、整平 GPS 天线，点击右下角的 📠 或手簿键盘"F2"键保存坐标可以弹出设置"记录点信息"对话框（见图 8-33），输入点名序号和天线高并选择天线类型，下一点采集时，点名序号会自动累加，而天线高与上一点保持相同，确认，此点坐标将存入记录点坐标库中。在至少两个已知控制点上保存两个已知点的源坐标到记录点库。

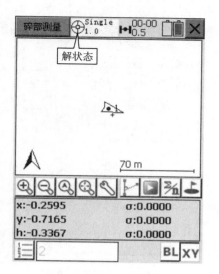

图 8-32　碎部测量

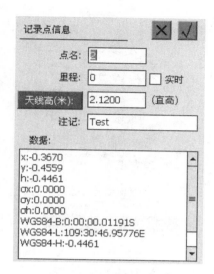

图 8-33　保存控制点

（8）求解转换参数和高程拟合参数

回到软件主界面，点击【参数】→"左上角下拉菜单"→【坐标系统】→【参数计算】，进入"参数计算"视图（见图 8-34）。

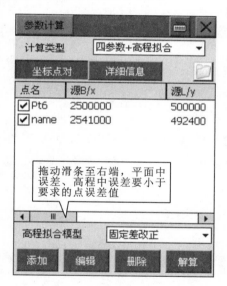

图 8-34　求解转换参数

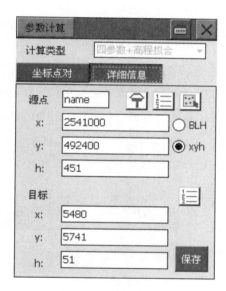

图 8-35　添加控制点

点击【添加】按钮，弹出图 8-35 所示界面，要求分别输入源点坐标和目标点坐标，点击 图标从坐标点库提取点的坐标，从记录点库中选择控制点的源点坐标，在目标坐标中输入相应点的当地坐标。点击【保存】，重复添加，直至将参与解算的控制点加完，点击右下角【解算】按钮，弹出求解好的四参数，点击【运用】（见图 8-36）。

注意：四参数中的缩放比例为一非常接近 1 的数字，越接近 1 越可靠，一般为 0.999x 或 1.000x。平面中误差、高程中误差表示点的平面和高程残差值，如果超过要求的精度限定值，说明测量点的原始坐标或当地坐标不准确。残差大的控制点，不选中点前方的小勾，不让其参与解算，这对测量结果的精度有决定性的影响。

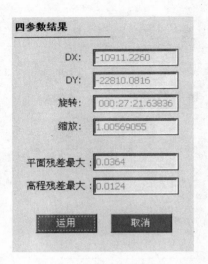

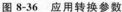

图 8-36　应用转换参数

图 8-37　检查转换参数

在弹出的参数界面(见图 8-37)中,查看"平面转换"和"高程拟合"是否应用,确认无误后,点击右上角【保存】,再点击右上角【×】,回退到软件主界面。

注意:小于 3 个已知点,高程只能作固定差改正;大于等于 3 个已知点,则可作平面拟合;大于等于 6 个已知点,则可作曲面拟合。作平面拟合或曲面拟合时,必须在求转换参数前预先进入【参数】→【高程拟合】菜单进行设置。

(9)碎部测量、点放样

①碎部测量:点击主界面上的【测量】按钮,进入"碎部测量"界面,在需要采集的碎部点上,对中、整平 GPS 天线,点击右下角的 📐 或手簿键盘"F2"键保存坐标。可点击屏幕左下角的 📋 碎部点库按钮,查看所采集的记录点坐标。

②点放样:点击左上角下拉菜单,点击【点放样】,弹出界面(见图 8-38),点击左下角 ➡️ (表示放样下一点),弹出图 8-39 所示界面,输入放样点的坐标或点击【点库】从坐标库取点进行放样。

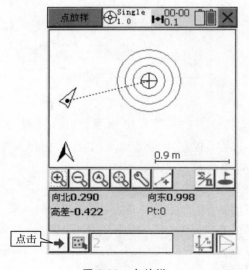

图 8-38　点放样

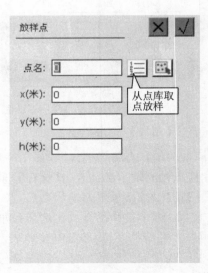

图 8-39　选择点

③线放样:点击左上角下拉菜单,选择【线放样】。

如图 8-40 所示,点击 📄 按钮,选择线段类型,输入线段要素,然后点击 ➡ 下一点,弹出图 8-41 所示界面,输入里程,定义里程加常数,确定,根据左上图的"放样指示"进行放样。

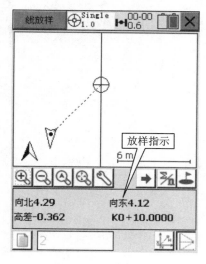

图 8-40 线放样

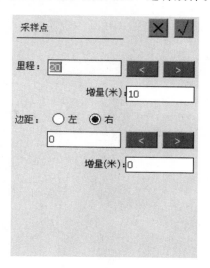

图 8-41 放样点选择

注意:一般来说,当求解好一组参数后,假如还要在同一测区作业,建议将基准站位置作记号,将基准站坐标、投影参数、转换参数等信息都记录下来,当下次作业时,建议将基准站架设在相同的位置,打开原来使用过的项目,设置基准站,修改基准站天线高,检查参数正确后,移动站即可得到正确的当地坐标。

8.2.6 使用和注意事项

①虽然 H32 系列接收机采用耐化学剂和抗冲击性的材料,但是精密的仪器还需要我们小心地使用和维护。

②为保证对卫星的连续跟踪观测和确保卫星信号的质量,要求测站上空应尽可能开阔,在 15°高度角以上不能有成片的障碍物;为减少各种电磁波对 GNSS 卫星信号的干扰,在测站周围约 200 m 的范围内不能有强电磁波干扰,如电视塔、微波站、高压输电线;为避免或减少多路径效应的发生,测站应远离对电磁波信号反射强烈的地形、地物,如高层建筑、成片水域等。

【思考题与练习】

1.全站仪有什么基本功能?

2.全站仪较其他仪器有什么特点?

3.全站仪如何进行放样?

4.利用 GPS 可以进行什么工作?

5.简述 RTK 放样的步骤。

第二篇　测量理论强化

项目九　测量中级理论练习

一、单项选择题

1.测量学按研究对象和应用范围的不同,可分为大地测量学、普通测量学、摄影测量学和(　　)等学科。

A.建筑测量　　　　　B.地理　　　　　　C.工程测量学　　　D.物理学

2.测量学是研究如何确定地面点之间的相对位置,将地球表面的地形及其信息制成地形图,以及确定地球形状和大小的(　　)。

A.学术　　　　　　　B.学科　　　　　　C.课题　　　　　　D.问题

3.对工程建设而言,测量学的主要任务按性质可分为测定和(　　)。

A.测设　　　　　　　B.测角　　　　　　C.测高　　　　　　D.测水平

4.测量学在工程中应用广泛,适用于工程规划和(　　)阶段、施工阶段和管理阶段等。

A.测绘　　　　　　　B.设计　　　　　　C.计算　　　　　　D.估计

5.利用摄影获得相片来研究地球表面形状和大小的学科称为(　　)。

A.大地测量学　　　　B.普通测量学　　　C.摄影测量学　　　D.工程测量学

6.普通测量学是研究地球表面(　　)内测绘工作的基本理论、技术、方法和应用的学科。

A.较小区域　　　　　B.较大区域　　　　C.很大区域　　　　D.全球范围

7.工程测量学研究测量学的理论、技术和方法在各种(　　)中的应用。

A.市政建设　　　　　B.航道建设　　　　C.城乡建设　　　　D.工程建设

8.研究在广大地区上建立国家大地控制网,测定地球的形状、大小和地球重力场的理论、技术与方法的学科,称为(　　)。

A.大地测量学　　　　B.普通测量学　　　C.摄影测量学　　　D.工程测量学

9.测定就是用测量仪器和工具,通过实地测量和计算,以各种测量方法测出地球表面的地物和(　　)的位置,按一定的比例尺缩绘成地形图。

A.房屋　　　　　　　B.地貌　　　　　　C.河流　　　　　　D.山丘

10.测设是把图纸上设计好的建筑物、构筑物的平面和高程位置,按设计要求把它们标定在地面上作为(　　)的依据。

A.精度　　　　　　　B.施工　　　　　　C.建筑物　　　　　D.场地

11.在工程建设中,测量的精度和速度直接影响到整个工程的质量和(　　)。

A.精度　　　　　　　B.检验　　　　　　C.规模　　　　　　D.进度

12.地貌是指地面的形状、(　　)、高低起伏。

A.大小　　　　　　　B.多少　　　　　　C.上下　　　　　　D.高差

13.人工构筑和自然形成的物体称为(　　)。

A.建筑物　　　　　　B.构筑物　　　　　C.地物　　　　　　D.自然物体

14.在以下的选项中,(　　)不属于地物。

    A.房屋   B.湖泊   C.平原   D.桥梁

15.在以下的选项中,( )不属于地貌。

    A.山丘   B.河谷   C.洼地   D.河流

16.在工程建设中,测量的精度和速度直接影响到整个工程的( )和进度。

    A.精度   B.检验   C.规模   D.质量

17.在一项工程中,根据测量工作的程序,应首先测设的轴线是( )。

    A.基础轴线   B.主轴线   C.柱中轴线   D.柱边线

18.在一个新开发区内,为了使区内有一个统一的整体,首先应在区内建立( )。

    A.控制网   B.厂房主轴线   C.建筑物主轴线   D.道路中心线

19.测量工作有内业、外业之分,下列选项中,( )不属于外业工作。

    A.测角   B.量距   C.高程计算   D.高差计算

20.测量工作无论是外业或内业,都必须坚持( )。

    A.从整体到局部 B.边工作边校核 C.先控制后碎部 D.边测量边记录

21.学习测量的基本要求是:掌握测量学的基本理论、基本知识和( ),掌握常用测量仪器和工具的使用方法。

    A.基本常识   B.基本论点   C.基本思维   D.基本技能

22.测量工作的顺序是( )。

    A.从整体到局部 B.边工作边校核 C.先碎部后控制 D.边测量边记录

23.以下比例尺中,( )为大比例尺。

    A.1∶500   B.1∶20 000   C.1∶50 000   D.1∶100 000

24.测量的三项基本工作,包括高程测量、距离测量和( )。

    A.三角测量   B.水平角测量   C.外业测量   D.导线测量

25.自动安平水准仪是在望远镜中设置一个( ),使视线水平。

    A.水准管   B.水准器   C.阻尼器   D.补偿装置

26.自动安平水准仪具有许多优点,其最大的优点是只需要调节( )。

    A.符合气泡   B.水准盒气泡   C.微动螺旋   D.仪器脚架

27.精密水准仪又称因钢尺,该尺全长为( )。

    A.5 m   B.4 m   C.3 m   D.1 m

28.DS1精密水准仪主要用于( )水准测量和高精度的工程测量中。

    A.图根   B.四等   C.等外   D.二等

29.DS1精密水准仪配用的水准尺应该是( )。

    A.3 m双面尺   B.4 m铝合金尺 C.精密水准尺   D.5 m木塔尺

30.DS1精密水准仪的水准管分划值不大于( )。

    A.10″/2 mm   B.20″/2 mm   C.30″/2 mm   D.5″/2 mm

31.DS1精密水准仪装有光学测微器,可直读( )。

    A.10 mm   B.1 mm   C.0.1 mm   D.0.01 mm

32.自动安平水准仪补偿器的作用是取代了( ),使视线能保持水平状态。

    A.水准管   B.水准盒   C.水平微动螺旋 D.定平螺旋

33.DJ2级光字经纬仪的"2"代表( )。

    A.第二代   B.直读到2″   C.精度   D.二次测回

34. DJ2级光学经纬仪利用水平度盘180°对径分划影像的（　　）来确定正确读数。

A. 重合法　　　　　B. 测回法　　　　　C. 分划值法　　　　D. 方向法

35. DJ2级光学经纬仪可直读到（　　）。

A. 1′　　　　　　B. 1″　　　　　　C. 2″　　　　　　D. 20″

36. DJ2级光学经纬仪比DJ6型光学经纬仪的精度（　　）。

A. 不分上下　　　　　　　　　B. 在不同的条件各异

C. 低　　　　　　　　　　　　D. 高

37. 常用于精密工程测量和控制测量中的经纬仪型号是（　　）。

A. DJ6　　　　　　B. DJ2　　　　　　C. DZS3　　　　　D. DS1

38. DJ2级与DJ6级光学经纬仪的读数窗有一个很明显的差异是（　　）。

A. 只显示水平读数　　　　B. 只显示竖盘读数

C. 平盘和竖盘同时显示　　D. 前者通过换盘手轮可得所需读数后者是双盘同时显示

39. DJ2级光学经纬仪利用水平度盘（　　）对径分划影像的重合法来确定正确读数。

A. 180°　　　　　　B. 测回法　　　　　C. 360°　　　　　D. 方向法

40. （　　）级光学经纬仪直读数为1″。

A. DJ6　　　　　　B. DJ2　　　　　　C. DZS3　　　　　D. DS1

41. 既表示地物的平面位置,又表示地貌形态情况的图,称为（　　）。

A. 平面图　　　　　B. 施工图　　　　　C. 地形图　　　　D. 地物图

42. 地形图（　　）反映地面的实际情况,特别是大比例尺图。

A. 能客观地　　　　B. 能简易地　　　　C. 能直观地　　　D. 能粗略地

43. 地球表面各种物体种类繁多,地势起伏形态各异,但总体上可分为（　　）和地貌两大类。

A. 建筑工程类　　　B. 地物　　　　　　C. 市政工程类　　D. 构筑类

44. （　　）是进行规划和设计的重要基础资料之一。

A. 地物图　　　　　B. 施工图　　　　　C. 地形图　　　　D. 导游图

45. 地形图中的地物、地貌特征点统称为（　　）。

A. 地物点　　　　　B. 地貌点　　　　　C. 地形图点　　　D. 碎部点

46. 地形图中的（　　）、地貌特征点统称为碎部点。

A. 地物点　　　　　B. 地貌点　　　　　C. 地形图点　　　D. 图上十字交点

47. 地形图能客观地反映地面的实际情况,特别是（　　）。

A. 小比例尺图　　　B. 简易地图　　　　C. 导游图　　　　D. 大比例尺图

48. 地球表面各种物体种类繁多,地势起伏形态各异,但总体上可分为地物和（　　）两大类。

A. 地貌　　　　　　B. 建筑工程类　　　C. 市政工程类　　D. 构筑物

49. 为了保证展点的精度,应先在图纸上精确绘制（　　）的直角坐标格网。

A. 1 cm×1 cm　　B. 10 mm×10 mm　　C. 10 cm×10 cm　　D. 20 cm×20 cm

50. 控制点的展绘以（　　）为依据。

A. 实际地形　　　　B. 坐标格网　　　　C. 高程控制点　　D. 平面控制点

51. 坐标格网的绘制方法除了用坐标格网尺法外,还可以用（　　）。

A. 从上到下,从左到右划分　　　　　B. 从下到上,从左到右划分

C. 以左边为基础划分　　　　　　　　　　D. 对角线法

52. 绘制方格网时,各方格网实际长度与名义长度之差不超过(　　)。

A. 0.01 mm　　　　B. 0.1 mm　　　　C. 0.2 mm　　　　D. 0.3 mm

53. 绘制方格网时,图廓对角线长度与理论长度之差不应超过(　　)。

A. 0.1 mm　　　　B. 0.01 mm　　　　C. 0.2 mm　　　　D. 0.3 mm

54. 控制点绘制后,应进行检核,用比例尺量出各相邻控制点之间的长度与坐标反算长度之差,图上不应超过(　　)。

A. 0.01 mm　　　　B. 0.1 mm　　　　C. 0.2 mm　　　　D. 0.3 mm

55. 测图前应整理本测区的(　　)成果及测区内可利用的成图资料,勾出测区范围。

A. 地貌点　　　　B. 控制点　　　　C. 地形点　　　　D. 地物点

56. 测图前应整理本测区的控制点成果及测区可利用的(　　),勾出测区范围。

A. 地貌点　　　　B. 成图资料　　　　C. 地形点　　　　D. 地物点

57. 地貌主要以(　　)来表示。

A. 地物符号　　　　B. 用点的多少　　　　C. 等高线　　　　D. 坡度

58. 等高线是高程相等的各相邻点连接而成的(　　)。

A. 折线　　　　B. 直线　　　　C. 圆弧线　　　　D. 平滑、封闭的曲线

59. 同一幅地形图中,其等高线的(　　)都相等。

A. 平距　　　　B. 等高距　　　　C. 高程　　　　D. 坡度

60. 等高线的勾绘方法除了图解法和目估法外,还有(　　)。

A. 解析法　　　　B. 计算法　　　　C. 平行线法　　　　D. 垂直内插法

61. 目估法勾绘等高线的要领是(　　)。

A. 取中间向两边分　　B. 取头尾等分　　C. 从尾向头分　　D. 取头定尾中间等分

62. 一般地,等高线应在(　　)改变方向。

A. 等高距小处　　　　B. 平距小处　　　　C. 山脊和山谷线处　　D. 悬崖峭壁处

63. 根据实测数据,转换成点的坐标在图上表示出来,称之为(　　)。

A. 测绘　　　　B. 测图　　　　C. 展点　　　　D. 勾绘

64. 相邻两条等高线的最小等高线平距 $d=h/i \cdot M$ 中,"i"代表(　　)。

A. 比例系数　　　　B. 仪器高　　　　C. 限制坡度　　　　D. 棱镜高

65. 测图为了保证成图质量和提高测图效果,应正确选择(　　)。

A. 控制点　　　　B. 高程点　　　　C. 碎部点　　　　D. 地物点

66. 若测定一个矩形建筑物,其碎部点应选择(　　)。

A. 地物轮廓点上的转折点　　　　　　　　B. 该建筑物门口位置

C. 该建筑物中心位置　　　　　　　　　　D. 建筑物各柱位置

67. 一般规定地物凹凸在图上小于(　　)的转折点可以按直线表示。

A. 0.1 mm　　　　B. 0.2 mm　　　　C. 0.3 mm　　　　D. 0.3 mm

68. 碎部点测量精度与测图比例尺的关系是(　　)。

A. 成正比　　　　B. 成反比　　　　C. 不成比例　　　　D. 不一定成比例

69. 地貌特征点,应选在最能反映地貌特征的(　　)等地形线上。

A. 等高线　　　　　　　　　　　　　　　B. 等高线平距大的位置

C. 山脊线和山谷线　　　　　　　　　　　D. 有等高线值的地方

70. 在平坦或坡度无明显变化的地方,为了真实地反映实地情况,一般规定图上每隔( )选一碎部点。

A. 5～10 mm B. 5～10 cm C. 2～3 mm D. 2～3 cm

71. 一幅 1:500 地形图,地貌点的最大间距为( )。

A. 10 m B. 15 m C. 20 m D. 25 m

72. 采用小平板仪与经纬仪联测时,小平板仪应安置在( )。

A. 测站点旁 B. 距测站点约 2 m 的地方

C. 碎部点上 D. 控制点上

73. 测距仪出厂的标称精度为 $A+B \cdot ppm \cdot D$,其中( )为比例误差。

A. B B. A C. ppm D. D

74. 测距仪出厂标称的精度为 $A+B \cdot ppm \cdot D$,其中 1 ppm＝( )。

A. 10^3 B. 10^{-3} C. 10^{-6} D. 10^6

75. 在四等水准测量中,一个测站上要求后、前视距差应小于( )。

A. ±1 m B. ±2 m C. ±3 m D. ±5 m

76. 在四等水准测量中,一个测站上要求同一根尺黑、红面读数差小于( )。

A. ±2 mm B. ±3 mm C. ±4 mm D. ±5 mm

77. 在四等水准测量中,一个测站上要求黑、红面高差应小于( )。

A. ±3 mm B. ±4 mm C. ±5 mm D. ±6 mm

78. 三等高程测量中的观测值有( )项。

A. 2 B. 3 C. 4 D. 5

79. 经纬仪长水准管轴在两个方向上水平,则水平度盘( )。

A. 竖直 B. 水平 C. 不一定水平 D. 一定水平

80. 精确测定控制点( )的测量工作,称为高程控制测量。

A. 高程 B. 角度 C. 距离 D. 平面位置

81. 利用望远镜内视距丝装置,根据几何学原理,同时测定水平距离和高差的方法称为( )。

A. 角度测量 B. 地形测量 C. 视距测量 D. 高程测量

82. 视距测量的相对精度约为( )。

A. 1/2 000 B. 1/1 000 C. 1/500 D. 1/300

83. 视距测量中水平距离和高差的计算与( )有关。

A. 视线是否水平 B. 地面是否水平 C. 天气是否适合 D. 地质是否坚固

84. 当视线水平时,视距测量水平距离计算公式为( )。

A. $D=H_i-v$ B. $D=\cos 2\alpha$ C. $D=rl$ D. $D=l/2r\sin 2\alpha$

85. 视距测量公式 $D=rl$ 中,"r"表示( )。

A. 数据加常数 B. 仪器焦距 C. 标尺高度 D. 视距乘常数

86. 视距测量公式 $D=rl$ 中,"l"表示( )。

A. 视距尺读数 B. 尺间隔 C. 上丝读数 D. 下丝读数

87. 视距测量公式 $h=i-v$ 中,"i"表示( )。

A. 视距尺高度 B. 中丝读数 C. 仪器高度 D. 瞄准高

88. 视距测量时,已知视线水平的尺间隔为 0.232 m,则其水平距离是( )。

A.232 m   B.23.2 m   C.2.32 m   D.0.232 m

89.碎部测量的方法有很多,其中经纬仪测绘法是将经纬仪安置在(　　)测得的方向和距离。

A.测站点旁   B.碎部点上   C.控制点上   D.主要地物点上

90.已知 $x_A=2\ 000$ m, $y_A=1\ 150$ m, $y_B=1\ 100$ m,则 AB 的直线坐标方位角 α_{AB} 为(　　)。

A.38°02′49″   B.350°32′16″   C.141°57′11″   D.170°32′16″

91.利用(　　)测碎部时,可以直接得到测点坐标。

A.微倾式水准仪   B.电子水准仪   C.光学经纬仪   D.全站仪

92.在现场实测的碎部点展绘在图纸后,即需要对照实地随时描绘(　　)和等高线。

A.碎部点   B.高程点   C.地貌   D.地物

93.地物要按(　　)规定的符号表示。

A.地形图图式   B.地物实形   C.测图美观   D.几何图形

94.地物描绘时,河流、道路的弯曲部分应用(　　)连接。

A.折线   B.圆弧线   C.抛物线   D.圆滑的曲线

95.对于不能按比例描绘的地物,应按相应的(　　)符号表示。

A.依比例尺   B.依比例尺再小的 C.不依比例尺   D.文字表达

96.若地物符号的底部呈直角,则其点位应在直角形的(　　)。

A.顶点   B.底部   C.中线   D.左端点

97.已知 $x_A=2\ 160.7$ m, $y_A=1\ 148.6$ m, $x_B=2\ 300$ m, $y_B=1\ 300$ m,则 AB 的水平距离 D_{AB} 为(　　)。

A.205.73   B.206.73   C.207.73   D.208.73

98.水准仪置于两尺中间观测,可消除或减弱(　　)对高差的影响。

A. i 角误差   B.读数误差   C.照准误差   D.视差

99.用图解法在图上量得直线 AB 的坐标角 α'_{AB} 和直线 BA 的方位角 α'_{BA},则直线 AB 的方位角是(　　)。

A. $\alpha_{AB}=1/2(\alpha'_{AB}-\alpha'_{BA}\pm180°)$ B. $\alpha_{AB}=1/2(\alpha'_{AB}-\alpha'_{BA})\pm180°$

C. $\alpha_{AB}=1/2(\alpha'_{AB}+\alpha'_{BA}\pm180°)$ D. $\alpha_{AB}=1/2(\alpha'_{AB}+\alpha'_{BA})\pm180°$

100.已知 $x_1=500.000$ m, $y_1=500.000$ m; $x_2=515.000$ m, $y_2=505.000$ m; $x_3=505.000$ m, $y_3=510.000$ m,该多边形的面积是(　　)。

A.1250 m²   B.62.5 m²   C.125 m²   D.12.5 m²

101.求积仪是一种专供测量图形(　　)用的仪器。

A.标高   B.方向   C.面积   D.体积

102.求积仪有机械求积仪和(　　)。

A.光学求积仪   B.全自动求积仪 C.激光求积仪   D.电子求积仪

103.已知 $h=1$ m, $i=4\%$;比例尺为1∶2 000,则相邻两条等高线的最小平距为(　　)。

A.125 mm   B.12.5 mm   C.1.25 mm   D.0.125 mm

104.已知 $h_{AB}=2$ m, $D_{AB}=200$ m,则 AB 直线的坡度为(　　)。

A.0.01%   B.0.1%   C.1%   D.10%

105.地形图上的高程可根据(　　)求得。

A. 控制点的高程　　　　　　　　　　　B. 主要地物点的高程

C. 等高线高程　　　　　　　　　　　　D. BM 点高程

106. 图形面积计算方法有（　　　）。

A. 一种　　　　　B. 两种　　　　　C. 三种　　　　　D. 多种

107. 水平角是一点到两目标的方向线垂直投影在（　　　）上的夹角。

A. 水准面　　　　B. 水平面　　　　C. 倾斜面　　　　D. 圆锥面

108. 根据水平角测量原理，用经纬仪测水平角时，其目标位置的高低（　　　）影响水平角的值。

A. 不会　　　　　B. 会　　　　　　C. 可能会　　　　D. 可能会，可能不会

109. 测量水平角的仪器，必须具备一个水平度盘和用于照准目标的（　　　）。

A. 放大镜　　　　B. 望远镜　　　　C. 潜水镜　　　　D. 天文望远镜

110. 水准管圆弧半径越大，水准管分划值越小，灵敏度越高，精度（　　　）。

A. 愈差　　　　　B. 愈高　　　　　C. 一般　　　　　D. 愈低

111. 测量水平角时，要求水平度盘放置水平，且度盘中心要位于水平角（　　　）的铅垂线上。

A. 顶点　　　　　B. 末端点　　　　C. 直角顶点　　　D. 直线上一点

112. 能测量水平角，又能测量竖直角的仪器称为（　　　）。

A. 水准仪　　　　B. 求积仪　　　　C. 经纬仪　　　　D. 垂准仪

113. 确定地球表面点位关系的三个基本要素是（　　　）。

A. 距离、角度、高程　　　　　　　　　B. 水平距离、竖直角、高程

C. 水平距离、水平角、高差　　　　　　D. 距离、水平角、高差

114. 1985 年国家高程基准水准原点高程为（　　　）。

A. 72.260 m　　　B. 72.289 m　　　C. 72.117 m　　　D. 72.312 m

115. 测量的基准面和基准线分别是指（　　　）。

A. 大地水准面、水准线　　　　　　　　B. 大地水准面、铅垂线

C. 水平面、水平线　　　　　　　　　　D. 水准面、铅垂线

116. 1985 年国家高程基准水准原点高程比 1956 年黄海高程系统水准原点高程要小（　　　）。

A. 0.021 m　　　B. 0.023 m　　　C. 0.027 m　　　D. 0.029 m

117. 经研究分析可得出结论：在半径为（　　　）的圆面积内可以用水平面代替水准面。

A. 10 km　　　　B. 20 km　　　　C. 50 km　　　　D. 100 km

118. 大地水准面有（　　　）个。

A. 一　　　　　　B. 二　　　　　　C. 三　　　　　　D. 无数

119. 绝对高程是以（　　　）为基准面，地面点到它的铅垂线距离。

A. 水准面　　　　B. 大地水准面　　　C. 水平面　　　　D. 地球

120. 绝对高程通常又称为（　　　）。

A. 假定高程　　　B. 高差　　　　　C. 相对高程　　　D. 海拔

121. 我国的水准原点设在（　　　）。

A. 北京　　　　　B. 上海　　　　　C. 青岛　　　　　D. 大连

122. 精确测定地面点高程的一种主要方法是（　　　）。

A. 测回测量   B. 气压高程测量   C. 水准测量   D. 三角高程测量

123. 地面上两点间的高差 h 与前视读数 b 和后视读数 a 的关系是（　　）。

A. $h=a+b$ B. $h=a-b$ C. $h=a\times b$ D. $h=b-a$

124. 已知地面上两点 A、B，且点 B 高于点 A，则下列正确的是（　　）。

A. $h_{AB}=h_B-h_A<0$ B. $h_{BA}=h_B-h_A<0$ C. $h_{AB}=h_B-h_A>0$ D. $h_{BA}=h_B-h_A>0$

125. 竖直角是在同一竖直面内，一点到目标的方向线与（　　）之间的夹角，又称为倾角。

A. 铅垂线   B. 铅垂面   C. 水平线   D. 水平面

126. 竖直角角值的取值范围是（　　）。

A. $0°\sim90°$ B. $0°\sim180°$ C. $0°\sim270°$ D. $0°\sim360°$

127. 光学经纬仪竖直度盘的装置不包括（　　）。

A. 竖直度盘   B. 竖直度盘指标水准管

C. 读数指标   D. 基座

128. 竖盘水准管与竖盘指标应满足的条件是当视准轴水平，竖盘指标水准管气泡居中时盘左时的竖盘读数一定为（　　）。

A. 90°或90°的整数倍   B. 90°或270°

C. 0°或180°   D. 0°或90°

129. 规范规定，竖直角观测时，DJ6级光学经纬仪指标差互差不得超过（　　）。

A. $\pm15''$ B. $\pm18''$ C. $\pm25''$ D. $\pm36''$

130. 一根名义长度为 30 m 的钢尺，经检定得实际长度为 29.994 m，用这把钢尺丈量两点的距离为 64.592 m，则改正后的水平距离为（　　）。

A. 64.597 m   B. 64.605 m   C. 64.598 m   D. 64.586 m

131. 下列情况会使钢尺丈量结果比实际距离减小的是（　　）。

A. 定线不准   B. 钢尺不水平   C. 钢尺比标准尺短   D. 温度比检定时高

132. 钢尺精密方法量距相对误差要求达到（　　）以上。

A. 1/2 000   B. 1/5 000～1/2 000

C. 1/5 000   D. 1/10 000

133. 钢尺精密量距内业计算时不需考虑的改正数是（　　）。

A. 尺长改正数   B. 温度改正数   C. 气压改正数   D. 倾斜改正数

134. 钢尺量距精密方法要求每段至少读（　　）组读数。

A. 2   B. 3   C. 4   D. 5

135. 钢尺量距精密方法 3 组读数测得的长度之差应小于（　　），否则重测。

A. 2 mm   B. 3 mm   C. 4 mm   D. 5 mm

136. 钢尺精密量距往、返测结果分别为 $D_{往}=134.9085$ m，$D_{返}=134.9868$ m，则量距相对误差为（　　）。

A. 1/10 000   B. 1/17 000   C. 1/18 000   D. 1/211 000

137. 1：2 000 比例尺的地形图的比例尺精度为（　　）。

A. 0.1 m   B. 0.2 m   C. 1 m   D. 2 m

138. 要求在地形图上能表示出 0.1 m 的精度，则所用的测量图比例尺应为（　　）。

A. 1：1 000   B. 1：2 000   C. 1：500   D. 1：5 000

139. 在 1∶500 地形图上,量得基本建筑用地面积为 179.24 cm²,其实地面积为(　　)m²。

A. 358.48　　　　　　B. 3584.80　　　　　　C. 4481.00　　　　　　D. 448.10

140. 地面上 A、B 两点间平距为 89.735 m,在 1∶500 和 1∶1 000 地形图上,它的长度分别为(　　)cm。

A. 17.94,35.88　　B. 8.97,17.94　　C. 17.94,8.97　　D. 35.88,17.94

141. 数字比例尺分母越大,比例尺越(　　),反应实地情况越(　　)。

A. 大,详细　　　　B. 小,详细　　　　C. 大,不详细　　　　D. 小,不详细

142. 数字比例尺分母小,比例尺越(　　),缩小的倍数越(　　)。

A. 大,大　　　　　B. 大,小　　　　　C. 小,大　　　　　D. 小,小

143. 一幅 1∶500 地形图(50 cm×50 cm)相当于实地面积为(　　)。

A. 0.062 5 km²　　B. 0.25 km²　　　C. 0.5 km²　　　　D. 6.25 km²

144. 一幅 1∶5 000 地形图(40 cm×40 cm)的地形图,如测成 1∶1 000(50 cm×50 cm)的地形图需(　　)幅。

A. 4　　　　　　　B. 8　　　　　　　C. 12　　　　　　　D. 16

145. 下列地物中不属于半依比例尺绘制符号的地物是(　　)。

A. 围墙　　　　　　B. 篱笆　　　　　　C. 河流　　　　　　D. 管线

146. ⊢┬┬┬┬┬┬┤ 符号表示的是(　　)地物。

A. 未加固陡坎　　B. 加固陡坎　　　C. 未加固斜坡　　　D. 加固斜坡

147. 地形图拼接时,先用宽 3~4 cm 的两张透明纸分别蒙在被拼接图幅的(　　)图边上。

A. 东,北　　　　　B. 东,南　　　　　C. 西,北　　　　　D. 西,南

148. 地形图拼接时,平坦地区要求等高线的高程中误差为(　　)等高距。

A. 1/3　　　　　　B. 1/2　　　　　　C. 2/3　　　　　　D. 1

149. 地形图拼接时,接边差值应不超过所规定的平面与高程中误差的(　　)倍时,才可以平均配幅,修改接边处地物地貌的位置。

A. 2　　　　　　　B. 2　　　　　　　C. 3　　　　　　　D. 3

150. (　　)是确定地面点位关系的必要元素。

A. 距离　　　　　　B. 倾斜距离　　　C. 水平距离　　　　D. 视距

151. (　　)是指地面上两点垂直投影到水平面上的直线距离。

A. 倾斜距离　　　　B. 水平距离　　　C. 竖直距离　　　　D. 视距

152. 下列工具不属于距离丈量常用工具的是(　　)。

A. 钢尺　　　　　　B. 皮尺　　　　　C. 水准尺　　　　　D. 测钎

153. 钢尺量距目估定线时,走近定线法比走远定线法更(　　)。

A. 准确　　　　　　B. 粗略　　　　　C. 精度相同　　　　D. 无法对比

154. 在平坦地区,钢尺量距一般方法量距的相对误差至少不应大于(　　)。

A. 1/1 000　　　　B. 1/3 000　　　　C. 1/5 000　　　　D. 1/7 000

155. 在困难地区,钢尺量距一般方法量距的相对误差至少不应大于(　　)。

A. 1/1 000　　　　B. 1/2 000　　　　C. 1/3 000　　　　D. 1/4 000

156. 由 30 m 长的钢尺往返丈量 A、B 两点间的距离,丈量结果分别为往测 77.813 m,返

测 77.795 m,则量距相对误差为（　　　）。

    A. 1/1 000　　　　　B. 1/2 500　　　　　C. 1/3 200　　　　　D. 1/4 300

157. 当量距精度要求较高时,数应读至 mm,并以不同起点读 3 组读数,3 组读数算得的长度之差应不超过（　　　）mm。

    A. 3　　　　　　　B. 4　　　　　　　C. 5　　　　　　　D. 6

158. 已知某钢尺的尺长方程式为 $l_t = 30\text{ m} + 0.0037\text{ m} + 1.230 \times (t - 20)\text{ m}$,用该钢尺测得 AB 的长度为 26.856 m,钢尺丈量时的温度为 27.5 ℃,则 AB 实际长度为（　　　）。

    A. 26.772 m　　　B. 26.862 m　　　C. 26.832 m　　　D. 26.882 m

159. 钢尺量距的一般方法精度不高,相对误差一般只能达到（　　　）。

    A. 1/2 000～1/1 000　　　　　　　　　B. 1/3 000～1/1 000

    C. 1/3 000～1/2 000　　　　　　　　　D. 1/5 000～1/2 000

160. 钢尺检定时的温度,一般为（　　　）℃。

    A. 10　　　　　　　B. 15　　　　　　　C. 20　　　　　　　D. 25

161. 观测成果中主要存在（　　　）。

    A. 偶然误差　　　　B. 系统误差　　　　C. 绝对误差　　　　D. 相对误差

162. 为了消除经纬仪视准轴不垂直于水平轴、水平轴不垂直于竖轴及准照部偏心差等的影响,可采用（　　　）取平均值的方法。

    A. 往、返观测　　　B. 改变仪器　　　　C. 盘左、盘右观测　　　D. 连续多次观测

163. 据大量观测统计分析,偶然误差绝对值相等的正误差比负误差出现的机会（　　　）。

    A. 多　　　　　　　B. 少　　　　　　　C. 相等　　　　　　　D. 无法对比

164. 据大量测量统计分析,偶然误差绝对值小的误差比绝对值大的误差出现的机会（　　　）。

    A. 多　　　　　　　B. 少　　　　　　　C. 相等　　　　　　　D. 无法对比

165. 用盘左、盘右观测取平均值的方法,不可以消除（　　　）的影响。

    A. 照准目标偏左,偏右的照准误差　　　　　B. 照准部偏心差

    C. 视准轴不垂直于水平轴　　　　　　　　　D. 水平轴不垂直于竖轴

166. 偶然误差的算术平均值随着观测次数的无限增加而（　　　）。

    A. 接近真实值　　　B. 增大　　　　　　C. 减小　　　　　　　D. 趋向于零

167. 在同一次观测中,（　　　）的大小和符号保持一个常数或按一定的规律变化。

    A. 系统误差　　　　B. 偶然误差　　　　C. 绝对误差　　　　D. 相对误差

168. 下列观测措施,（　　　）不能尽量从测量中消除系统误差。

    A. 在量得的距离中加入尺长改正数

    B. 取经纬仪盘左、盘右两次读数的平均值消除照准部偏心误差

    C. 观测竖直角时,选择折光系数变化小的中午进行

    D. 水准测量时,尽量贴近地面,以便限制或减弱的光误差的影响

169. （　　　）可尽量减小偶然误差对观测误差的影响。

    A. 盘左、盘右观测　　B. 往返观测　　　C. 连续多次观测　　　D. 换用仪器观测

170. 下列不属于偶然误差特性的是（　　　）。

    A. 在一定的观测条件下,偶然误差的绝对值不会超过一定的限值

    B. 绝对值大的误差比绝对值小的误差出现的机会多

C. 绝对值相等的正误差和负误差出现的机会相等

D. 偶然误差的算术平均值随着观测次数的无限增加而趋于零

171. 一般来说,在观测成果中主要是存在(　　)。

A. 系统误差　　　　　　B. 偶然误差　　　　　　C. 中误差　　　　　　D. 相对误差

172. 不属于测量工作的基本原则的是(　　)。

A. 从整体到局部　　　B. 先控制后碎部　　　C. 由高级到低级　　　D. 先测绘后测设

173. 国家平面控制网按控制次序和施测精度可分为(　　)。

A. 一、二、三等　　　B. 一、二、三、四等　　　C. 一、二、三级　　　D. 一、二、三、四级

174. 直接为测图建立的控制网,称为(　　)。

A. 平面控制网　　　B. 高程控制网　　　C. 图根控制网　　　D. 测图控制网

175. 在平坦开阔地区对于 1∶1 000 测图比例尺的图根密度要求至少(　　)。

A. 15 点/km²　　　B. 50 点/km²　　　C. 80 点/km²　　　D. 150 点/km²

176. 为大比例尺测图和工程建设而建立的控制网,称为小地区控制网,其控制范围一般在(　　)以内。

A. 10 km²　　　　B. 15 km²　　　　C. 20 km²　　　　D. 25 km²

177. 小地区高程控制网应视测区大小和工程要求分级建立,一个测区至少应设立(　　)个水准点。

A. 3　　　　　　B. 5　　　　　　C. 9　　　　　　D. 12

178. 视距测量精度较低,其相对误差一般只能达到(　　)。

A. 1/300　　　　B. 1/500　　　　C. 1/800　　　　D. 1/1 200

179. 视距测量相对钢尺量距不具有以下哪个优点(　　)。

A. 操作简单　　　B. 精度较高　　　C. 迅速　　　D. 不受地形限制

180. 视线水平,视距测量时理论上要求仪器视线与视距尺应保持(　　)关系。

A. 垂直　　　　　B. 平行　　　　　C. 成一夹角　　　　D. 无关系

181. 已知视距 $rl=123.8$ m,竖直角 $\alpha=+5°12'24''$,仪器高 $i=1.45$ m,瞄高 $v=1.400$ m,则此段水平距离为(　　)。

A. 121.67 m　　　B. 123.29 m　　　C. 119.76 m　　　D. 122.78 m

182. 已知视距测量上丝读数为 1.423,下丝读数为 1.755,经纬仪盘左竖直度盘读数为 $86°12'36''$(经纬仪盘左仰视时读数减小),仪器高 $i=1.45$ m,瞄高 $v=1.45$ m 则可知此段水平距离和高差各为(　　)m。

A. 33.055,2.190　　B. 33.127,2.051　　C. 33.055,2.051　　D. 33.127,2.190

183. 已知视距测量上下丝读数差 $L=0.386$,竖直角 $\alpha=-5°27'06''$,则此段水平距离为(　　)m。

A. 38.25　　　　B. −38.25　　　　C. 38.44　　　　D. −38.44

184. 视线倾斜时视距测量要求视距尺(　　)。

A. 与视线垂直　　　B. 与视线平行　　　C. 铅垂竖立　　　D. 随便竖立

185. 经纬仪视准轴检验的目的是使(　　)。

A. 水平轴⊥竖轴　　B. 视准轴⊥水平轴　　C. 消除指标差　　D. 水准管轴⊥竖轴

186. 水准测量时,通常认为高程已知点就是(　　)。

A. 前视点　　　　B. 后视点　　　　C. 转点　　　　D. 碎部点

187.水准测量后视读数为 1.576 m,前视读数为 1.067 m,则高差应该是(　　)m。

A.0.509　　　　　　B.−0.509　　　　　　C.0.511　　　　　　D.−0.511

188.经纬仪望远镜仰起时,竖盘读数减小,若盘左观测某点竖盘读数为 $93°17'36''$,则望远镜视线的竖直角是(　　)。

A.$3°17'36''$　　　　B.$−3°17'36''$　　　　C.$7°42'24''$　　　　D.$−7°42'24''$

189.在测量竖直角时,用盘左、盘右测得竖直角的平均值可以消除(　　)的影响。

A.度盘偏心差　　B.照准误差　　C.竖盘指标差　　D.对中偏差

190.已知经纬仪测得某点竖盘盘左读数为 $97°13'24''$,盘右读数为 $262°46'48''$,则竖盘指标差 x 为(　　)。

A.$+15''$　　　　　　B.$−15''$　　　　　　C.$−6''$　　　　　　D.$+6''$

191.规范规定,竖直角观测时,DJ2级光学经纬仪指标差互差不得超过(　　)。

A.$15''$　　　　　　　B.$18''$　　　　　　　C.$25''$　　　　　　　D.$36''$

192.如果要在图上能表示出 0.05 m 的长度,则所采用的测图比例尺应为(　　)。

A.1/500　　　　　　B.1/1 000　　　　　　C.1/2 000　　　　　　D.1/5 000

193.(　　)是测量外业工作的基准线。

A.水平线　　　　B.铅垂线　　　　C.法线　　　　D.地心引力

194.精平水准仪转动微倾螺旋,使水准管气泡居中,则一定是(　　)。

A.视准轴水平　　　　　　　　B.视线水平

C.视准轴平行水准管轴　　　　D.水准管轴水平

195.使用微倾式水准仪时,调平长水准管,说明了(　　)。

A.视线水平　　　　B.水准管轴水平　　　　C.竖轴铅垂　　　　D.圆水准轴铅垂

196.使用微倾式水准仪时,调微倾螺旋,使气泡两端影像吻合,其目的是(　　)。

A.使视线水平　　　B.使水准管轴铅垂　　　C.使竖轴铅垂　　　D.使圆水准轴铅垂

197.当眼睛在目镜端上、下移动时,若十字丝与目标影像有相对运动,则说明存在(　　)。

A.视差现象　　　　B.照准误差　　　　C.调焦误差　　　　D.视准轴误差

198.用望远镜十字丝照准目标时,产生视差的原因是(　　)。

A.十字丝模糊　　　　　　　　B.目标模糊

C.调焦不准　　　　　　　　　D.目标影像没成像于十字丝平面上

199.消除视差的方法是(　　)螺旋,直至读数不变为止。

A.转动物镜对光　　　　　　　B.转动目镜对光

C.交替调节目镜和物镜对光　　D.转动微倾

200.微倾式水准仪在水准管的上方设置一组棱镜,其目的是(　　)。

A.易于观察气泡居中情况　　　B.保护水准管

C.提高水准管居中精度　　　　D.使视线水平

201.水准测量是从(　　)开始,引测其他点的高程。

A.已知点　　　　B.高程点　　　　C.控制点　　　　D.一直水准点

202.支水准路线必须按(　　)进行,以资检核。

A.水准网　　　　B.闭合路线　　　　C.附合路线　　　　D.往返观测

203.附合水准路线,高差闭合差的计算公式为:$f_h=$(　　)。

A. $\sum h_{测} - (h_{始} - h_{终})$　　　　　B. $\sum h_{测}$

C. $h_{往} + h_{返}$　　　　　D. $\sum h_{测} - (h_{终} - h_{始})$

204.闭合水准路线,高差闭合差的计算公式为:$f_h = ($ 　　$)$。

A. $\sum h_{测} - (h_{始} - h_{终})$　　　　　B. $\sum h_{测}$

C. $h_{往} + h_{返}$　　　　　D. $\sum h_{测} - (h_{终} - h_{始})$

205.支水准路线,高差闭合差的计算公式为:$f_h = ($ 　　$)$。

A. $\sum h_{测} - (h_{始} - h_{终})$　　　　　B. $\sum h_{测}$

C. $h_{往} + h_{返}$　　　　　D. $\sum h_{测} - (h_{终} - h_{始})$

206.用双面尺法,作测站检核时,要求黑、红面两次测得高差之差不超过(　　)。

A. ±6 mm　　　B. ±5 mm　　　C. ±4 mm　　　D. ±3 mm

207.水准测量中,高差闭合差的调整原则是按(　　)到各段高差中。

A.测站数或距离成正比例反符号分配　　B.测站数成正比例分配

C.测站数或距离成正比例分配　　　　D.测站数或距离反比例反符号分配

208.水准仪观测时,为了测得精准数据,水准仪必须满足(　　)这个主要条件。

A.圆水准轴平行于竖轴　　　　B.圆水准轴平行于水准管轴

C.视准轴垂直于竖轴　　　　D.水准管轴平行于视准轴

209.DJ6级光学经纬仪分微尺的最小刻划值是1′,则读数时可估读到(　　)。

A.6″　　　B.1″　　　C.2″　　　D.10″

210.经纬仪的安置工作包括(　　)。

A.对中　　　B.整平　　　C.对中和整平　　　D.仪器置于测站上

211.对中的目的是使仪器中心与(　　)中心位于同一铅垂线上。

A.测站点　　　B.水平度盘　　　C.目标　　　D.竖直度盘

212.安置经纬仪时,整平的目的是使仪器(　　),水平度盘水平。

A.对准地面点　　　B.竖轴铅垂　　　C.横轴水平　　　D.圆水准轴铅垂

213.测回法适用于观测(　　)间的水平角。

A.两个方向　　　B.三个方向　　　C.三个以上方向　　　D.单方向

214.测绘法观测水平角时,当两个半回的角值差小于(　　)时,才能取其平均值作为该角的最后结果。

A. ±30″　　　B. ±40″　　　C. ±50″　　　D. ±60″

215.测回法观测水平,盘左照准左边目标的读数是327°25′24″,照准右边目标的读数是58°54′48″,则其半测回水平角是(　　)。

A.268°30′56″　　　B. −268°30′56″　　　C.268°30′36″　　　D.91°29′56″

216.在一个测站上,当观测方向在(　　)时,采用方向观测法。

A.两个　　　　　B.三个以上

C.三个以上,六个以下　　　　D.一个

217.观测某目标竖直角,盘左读数 $L = 93°18′42″$,盘右读数 $R = 268°40′54″$,则该仪器的竖盘指标差 $x = ($ 　　$)$。

A. −12″　　　B.12″　　　C.24″　　　D. −24″

218.经纬仪的视准轴误差是由于（　　）产生的。

A.调焦引起视准轴变化　　　　　　　　B.十字丝交点位置不正确

C.横轴不水平　　　　　　　　　　　　D.视准轴不垂直横轴

219.经纬仪的横轴与仪器竖轴的正确关系是（　　）。

A.相互平行　　　　B.相互垂直　　　　C.横轴误差　　　　D.相互倾斜

220.用 DJ2 级光学经纬仪观测水平角时,需计算 2C 值,2C 是指（　　）。

A.两倍照准差　　　　B.视准轴误差　　　　C.横轴误差　　　　D.竖盘指标差

221.直线定线的目的是（　　）。

A.定出若干中间点　　　　　　　　　　B.使若干中间点位于被测直线上

C.便于水平丈量　　　　　　　　　　　D.获得准确数据

222.普通钢尺量距,其丈量的精度一般只能达到（　　）。

A.1/1 000　　　　　　　　　　　　　　B.1/2 000

C.1/5 000～1/2 000　　　　　　　　　　D.1/5 000 以上

223.用钢尺丈量距离 $D_{AB} = 250$ m,产生的误差为 25 mm,则其相对误差为（　　）。

A.1/1 000　　　　B.1/1 000　　　　C.1/25 000　　　　D.1/50 000

224.直线定向的实质是为了确定直线与（　　）之间的夹角。

A.x 轴方向　　　　B.y 轴方向　　　　C.任意方向　　　　D.标准方向

225.被测量的观测值与其真值之差,称为（　　）。

A.观测误差　　　　B.系统误差　　　　C.偶然误差　　　　D.相对误差

226.在实行观测中,系统误差和偶然误差总是（　　）。

A.系统误差大于偶然误差　　　　　　　B.系统误差小于偶然误差

C.同时产生　　　　　　　　　　　　　D.交替产生

227.下列误差中,（　　）为偶然误差。

A.水准管不平行于视准轴　　　　　　　B.估读毫米不准

C.尺垫下沉　　　　　　　　　　　　　D.仪器下沉

228.相对误差一般用于评定（　　）的精度。

A.水平角　　　　B.高差　　　　C.距离　　　　D.竖直角

229.一般来说,地形图是将地面上的地物和地貌（　　）一定比例绘在图纸上。

A.放大　　　　　　　　　　　　　　　B.缩小

C.既不放大也不缩小　　　　　　　　　D.没有

230.为了便于地形图的索取,将在接合图表画在图幅的北图廓（　　）,标明该图幅的四邻图名或图号。

A.外右上方　　　　B.内右上方　　　　C.内左上方　　　　D.外左上方

231.面积在 15 km² 的范围内,为大比例尺测图或工程建设而建立的控制网,称为（　　）。

A.城市控制网　　　　B.国家控制网　　　　C.图根控制网　　　　D.小区域控制网

232.在城区,特别是在建筑物密集地区和平坦而通视条件较差的隐蔽区,布设（　　）作为平面控制最为适宜。

A.小三角　　　　B.导线　　　　C.前方交汇　　　　D.后方交汇

233.闭合导线为一五边形,测得其内角和闭合差 $f_b = \pm 50''$,则评价每个角度的改正值为（　　）。

  A. $-50''$ B. $+50''$ C. $-10''$ D. $+10''$

  234. 附合导线按测量的前进方向,可测左角或右角,在闭合导线中,则应测（　　）,以便组成图形条件。

  A. 左角或者右角   B. 水平角   C. 左角   D. 内角

  235. 导线和高级控制点连接时,必须测出连接角,以便推算导线各边的（　　）。

  A. 方位角   B. 水平距离   C. 高差   D. 坐标方位角

  236. 测得一单元三角形的内角和为 $179°59'33''$,则该三角形的角度闭合差为（　　）。

  A. $+27''$ B. $-27''$ C. $+11''$ D. $-11''$

  237. 在导线的角度闭合差改正计算中,由于观测角是在相同的观测条件下进行的,所以可将闭合差反向（　　）分配到各观测角中。

  A. 平均   B. 按比例   C. 按正比例   D. 按反比例

  238. 已知两点间的距离为 S_{AB},BA 方向的坐标方位角为 α_{BA},则 $\Delta x_{AB} =$（　　）。

  A. $S_{BA} \cdot \cos\alpha_{BA}$ B. $S_{BA} \cdot \sin\alpha_{BA}$ C. $S_{AB} \cdot \cos\alpha_{BA}$ D. $S_{AB} \cdot \sin\alpha_{BA}$

  239. 导线测量中,外业测量值有两项,它们是（　　）。

  A. 距离和高差   B. 角度和高差

  C. 水平距离和水平角   D. 距离和角度

  240. 就目前一般情况而论,相位式测距仪的测距精度（　　）脉冲式测距仪。

  A. 高于   B. 低于   C. 低于或等于   D. 等于

  241. 测设一个水平角,采用的方法是（　　）。

  A. 测回法   B. 正倒镜分中法   C. 方向观测法   D. 全圆观测法

  242. 当建筑物附近已有彼此垂直的主轴线时,点位的测设可采用（　　）。

  A. 极坐标法   B. 直角坐标法   C. 角度交会法   D. 距离交会法

  243. 当待测点离控制点较远或不便量距时,点位的测设可采用（　　）。

  A. 极坐标法   B. 直角坐标法   C. 角度交会法   D. 距离交会法

  244. 当测区内只有两个控制点,且待测点离控制点较近时,点位的测设可采用（　　）。

  A. 极坐标法   B. 直角坐标法   C. 角度交会法   D. 距离交会法

  245. 用测回法观测水平角,当只剩最后方向测设时,发现水准管气泡偏离 2 格,此时应（　　）。

  A. 迅速测完   B. 整平后观测下半侧面

  C. 整平后重新观测   D. 整平后测最后方向

  246. 若在一个测回中,超限方向数超过总方向数的（　　）时,应重测该测回。

  A. 1/2   B. 1/3   C. 2/3   D. 1/4

  247. 进行水准仪圆水准器的校正时,转动基座螺旋,使气泡向零点处退回一半,此时（　　）处于竖直位置。

  A. 竖轴   B. 圆水准轴   C. 视准轴   D. 水准管轴

二、判断题

  1. 偶然误差可以通过计算改正或用一定的观测程序和观测方法来消除。（　　）

  2. 地球曲率对高程的影响很小,在短距离高程测量时可不考虑地球曲率对高程的影响。（　　）

3. 测量平面直角坐标系与数学平面直角坐标系的象限编号方向不同,坐标轴相反,故数学有关三角公式和符号规则不适合测量计算。(   )

4. 在半径为 15 km 的圆面积内,可以以水平面代替水准面。(   )

5. 地面点相对大地水准面的铅垂距离称为此点的相对高程。(   )

6. 我国现在"1985 年国家高程基准"的水准原点高程是 72.289 m。(   )

7. 水准面有无数多个,而大地水准面只有一个。(   )

8. 测量平面直角坐标系与数学直角坐标系一样,没有具体区别。(   )

9. 平面坐标 x、y 和高程 H 是确定地面点位置的三个基本要素。(   )

10. 竖直度盘固定在水平轴上,不随望远镜的转动而转动。(   )

11. 测设建筑基线距误差要求达到 1/10 000 以上,若用钢尺量距,必须用一段方法进行往返丈量。(   )

12. 经纬仪视准轴水平时,无论是盘左还是盘右,竖盘的读数都是个定值。(   )

13. 钢尺量距时必须加入拉力改正数,才能达到精度要求。(   )

14. 同一幅图内,等高线平距越小,表示地面坡度越大。(   )

15. 钢尺经过长期使用后,尺长改正数会改变,故钢尺使用一段时间后必须重新检定,以求得新的尺长方程式。(   )

16. 倾斜改正数一定是个负值。(   )

17. 钢尺量距精密方法要求往、返丈量,不能采用目估定线。(   )

18. 系统误差主要是由仪器工具不完善带来的。(   )

19. 误差按产生的性质可分为绝对误差和相对误差。(   )

20. 观测误差按其产生的来源可分为人差、仪器误差和外界(环境)误差。(   )

21. 观测值所包含的主要误差是偶然误差。(   )

22. 采用多次观测,取观测结果的算术平均值作为最终结果可尽量减小偶然误差的影响。(   )

23. 决定观测结果质量的主要因素是系统误差。(   )

24. 在测量误差理论中,通常以偶然误差作为研究对象。(   )

25. 偶然误差的四个特性是整个误差理论研究的基础。(   )

26. 视距测量的精度比钢尺量距的精度高。(   )

27. 视距测量具有操作简单、迅速、不受地形限制等优点。(   )

28. 确定地面的三个基本要求是平面坐标 x、y 和高程 H。(   )

29. 所谓高差,是指以大地水准面为基准面,地面点引到大地水准面的铅垂距离。(   )

30. 尺长方程式的一般形式为 $l_t = l + \Delta l + \alpha \cdot (t - t_0) \cdot l$,其中 l 是指钢尺的名义长度。(   )

31. 实测拉力等于钢尺检定拉力时,拉力改正数为零。(   )

32. 为保证相邻图幅的相互拼接,在施测时要求每一幅图的各边均须测出图廓 5 mm。(   )

33. 地形图的检查可以分为室内检查、巡视检查和普查三部分。(   )

34. 如果在图上能表示出 0.1 的长度,则所用测图比例尺为 1∶1 000。(   )

35. 除悬崖、峭壁外,不同高程的高等线不能相交。(   )

36. 倾斜平面上额等高线是间距相等的平行直线。（　　　）

37. 视距测量时,无论视线水平或倾斜,视距尺都应垂直于视线方向。（　　　）

38. 在 1:500 地形图上量得某范围图上面积为 $25\ cm^2$,则此范围的实地面积为 $125\ m^2$。（　　　）

39. 视距尺应装置水准器,观测时要将视距尺立成竖直状态。（　　　）

40. 视距测量时为保证成像稳定,视线应尽量贴近地面。（　　　）

41. 水准仪长水准管气泡居中,视线就一定水平。（　　　）

42. 水准管分划值与水准管圆弧半径成反比,半径愈小,分划值愈大,灵敏度愈低。（　　　）

43. 消除视差的方法是交替调节目镜和物镜对光螺旋,直到眼睛上、下移动时,读数不变为止。（　　　）

44. 水准尺要扶直,因为水准尺前倾时,使读数变小,而后倾时,使读数变大。（　　　）

45. 水准测量时,前、后视点和仪器都必须设置在同一直线上,才能进行观测。（　　　）

46. 水准仪上的水准管轴应平行于竖轴。（　　　）

47. 作任何一种观测,水准管气泡都必须严格居中。（　　　）

48. 水准仪安置的高低,与观测高差的结果无关。（　　　）

49. 水准仪的主要轴线有竖轴、圆水准轴、长水准管轴。（　　　）

50. 水准仪的 i 角与距离成正比。（　　　）

51. 在水准测量中,要求一个测站上,前、后视大致相等,其目的是消除或减弱 i 角对读数的影响。（　　　）

52. 高差闭合调整的原则是使闭合差按距离或测站数成正比,改正到各相应测段的高差上。（　　　）

53. 在同一个竖直面内,高低不同的点,在水平度盘上的读数相同。（　　　）

54. 在同一个竖直面内,高低不同的点,在竖直度盘上的读数不相同。（　　　）

55. 水平角的大小,与地面点的位置有关。（　　　）

56. 竖直角由仪器横轴中心的铅垂线起算,有正、负之分。（　　　）

57. 电子经纬仪采用分离式三爪基座,基座上装有光学对中器,因此可直接用基座进行对中作业。（　　　）

58. 经纬仪的对中与整平相互影响,即对中影响整平,整平又会影响对中。（　　　）

59. 观测者面对望远镜目镜时,竖盘位于望远镜左侧,称为盘左位置。（　　　）

60. 半测回中,起始方向两次读数之差称为半测回归零差。（　　　）

61. 两倍照准差 2C,即为同一目标两次读数之差。（　　　）

62. 测水平角,水平度盘随照准部一起旋转。（　　　）

63. 竖盘安装在横轴一端,随望远镜在竖直面内一起旋转。（　　　）

64. 当望远镜视线水平,竖盘指标水准管气泡居中时,竖盘读数应为 90° 的倍数。（　　　）

65. 测某目标竖直角时,用十字丝竖丝照准目标,即可读数。（　　　）

66. 视准轴不垂直于横轴,所偏离的角值 C,称为视准轴误差。（　　　）

67. 经纬仪的横轴与仪器竖轴的关系是相互垂直。（　　　）

68. 在水准角观测中,边长愈短,目标偏心误差对水平角的影响愈小。（　　　）

69. 在量距中,将若干个中间点确定在待量直线上,称为直线定向。（　　　）

70. 普通钢尺量距时,钢尺尽量沿地面丈量。(　　)

71. 普通钢尺量距,其精度为 1/5 000~1/2 000。(　　)

72. 1947 年,世界上诞生了第一台光电测距仪。(　　)

73. 相位式测距仪,计算距离公式为 $D=1/2ct$。(　　)

74. 测距仪的出厂标称精度的一般表达式为 $A+B \cdot ppm \cdot D$。(　　)

75. 地面上任何一点都有各自的真子午线方向,一般互不平行。(　　)

76. 测量与数学上的平面直角坐标系是相同的,所以数学中的全部公式都适合于测量。(　　)

77. 方位角的取值为 0°~360°,而象限角的取值为 0°~180°。(　　)

78. 中误差不是误差,而是衡量精度的标准。(　　)

79. 中误差愈大,观测的精度愈高。(　　)

80. 中误差相等,真误差一般不会相等。(　　)

81. 导线测量是小区域平面控制测量的唯一手段。(　　)

82. 闭合导线有图形条件自行检核,所以图形条件最好。(　　)

83. 闭合导线测角时,无论测左角或是右角,都应测闭合多边形的外角。(　　)

84. 三、四等水准量除用于国家高程控制网加密外,还用于建立小区域高程控制网。(　　)

85. 四等水准测量,一个站点上的观测顺序,简称为后、后、前、前。(　　)

86. 三等高程测量中的观测值有距离、竖直角、仪器高、目标高。(　　)

87. 三等高程测量时,当两点间距离大于 300 m 时,必须进行往返观测,这样可以消除仪器误差。(　　)

88. 三角高程测量中,由待测点观测已知点,称为直觇。(　　)

89. 在小三角测量中,观测三个方向时,应采用全圆方向观测法。(　　)

90. 在水准测量中,采用"后前前后"的观测程序,可减弱尺垫下沉对高差的影响。(　　)

91. 在水准测量中,采用往返观测方法,取高差中数,可减弱仪器下沉对高差的影响。(　　)

92. 施工平面控制网的坐标系统,应与工程设计所采用的坐标系统相同。(　　)

93. 一般规定,安置经纬仪时,对中的偏差应小于 5 mm,整平时气泡偏离不应超过 2 格。(　　)

94. 仪器的微动螺旋必须在制动螺旋制动的前提下才有效。(　　)

95. 若中误差相等,则精度一定相等。(　　)

96. 只有当竖直度盘指标水准管的气泡居中时,读数指标才正确,才能正确读数。(　　)

97. 精密量距一般由三人共同进行,前、后尺手拉紧尺后同时读数。(　　)

98. 某把钢尺经检定发现实际长度比名义长度要小,则用此把钢尺量距得到的结果将会偏小。(　　)

99. 任何一个观测值都含有误差,误差是不可避免的。(　　)

100. 误差与错误的根本区别在于:误差是仪器不完善带来的,而错误是人为因素带来的。(　　)

101. 砖砌体围墙在1∶2 000的地形图上应采用依比例尺符号绘制。（　　）

102. 测量误差越大,测量精度越低;误差越小,测量精度越高。（　　）

103. 在大比例尺地形图上,水塔应采用不依比例尺符号绘制。（　　）

104. 山脊和山谷的等高线与山脊线或山谷线成正交。（　　）

三、多项选择题

1. 导线测量外作业工作包括（　　）。

A. 选埋点　　　　B. 量边　　　　C. 测角　　　　D. 测高　　　　E. 联测

2. 测设的基本工作,就是测设（　　）。

A. 已知水平距离　　　　　　B. 极坐标法　　　　　　C. 已知水平角

D. 已知高程　　　　　　　　E. 角度交会法

3. 在地面上测设点的平面位置常用的方法有（　　）。

A. 双仪高法　　B. 极坐标法　　C. 直角坐标法　　D. 角度交会法　　E. 距离交会法

4. 场地平整绘制方格网时,各方格交点上除标注交点编号在左下方外,左上方填
（　　）,右上方填（　　）,右下方填（　　）。

A. 高程　　　　B. 高差　　　　C. 地面标高　　　　D. 设计标高　　　　E. 等高线高程

5. 场地平整绘制方格网的方格大小,应根据（　　）而定。

A. 要求的精度　　　　　　B. 地形复杂程度　　　　　　C. 地形图比例尺

D. 地形的走势　　　　　　E. 钢尺的长短

6. 场地平整绘制方格网,其方格的方向尽量与（　　）一致。

A. 施工坐标方向　　　　　　B. 主要建筑物方向　　　　　　C. 要求的精度

D. 边界方向　　　　　　　　E. 地形的走势

7. 下列哪些是属于确定地面点位置的基本要素（　　）。

A. 平面坐标　　B. 水平距离　　C. 高程　　　　D. 水平角　　　　E. 高差

8. 下列角度值可能是竖直角的有（　　）。

A. 2°12′36″　　B. 93°33′18″　　C. 178°24′24″　　D. −12°43′56″　　E. 270°31′6″

9. 下列各项属于钢尺量距时直线定线方法的有（　　）。

A. 走近定线　　B. 走远定线　　C. 经纬仪定线　　D. 平视定线　　　E. 水准仪定线

10. 在水平角观测中,用经纬仪盘左、盘右观测取平均值的方法可以消除（　　）。

A. 照准偏左、偏右的影响　　　　　　　　　B. 视准轴不垂直于水平轴的影响

C. 水平轴不垂直于竖轴的影响　　　　　　　D. 水平度盘偏心差的影响

E. 圆水准器不垂直于仪器竖轴的影响

11. 下列属于系统误差特点的是（　　）。

A. 系统误差的数值大小和符号或保持一个数或按一定规律变化

B. 系统误差的算术平均值随着观测次数的无限增加而趋近于零

C. 系统误差绝对值相等的正误差和负误差出现的机会相等

D. 系统误差具有累计性,对观测成果影响很大

E. 系统误差可以利用改正或用一定的观测程序和观测方法来消除

12. 下列属于测量工作基本原则的是（　　）。

A. 从整体到局部　　　　　　B. 先控制后碎部　　　　　　C. 由低级到高级

D. 先平面后高程　　　　　　E. 先测定后测设

13. 下列不属于大比例尺的是（　　　　）。

A. 1：200　　　　B. 1：2 000　　　C. 1：5 000　　　D. 1：10 000　　　E. 1：20 000

14. 下列地物可以不依比例尺符号绘制的有（　　　）。

A. 独立树　　　B. 湖泊　　　C. 森林　　　D. 管线　　　E. 水塔

15. 等高线有以下哪几种分类（　　　）。

A. 首曲线　　　B. 计曲线　　　C. 竖曲线　　　D. 分曲线　　　E. 间曲线

16. 视线倾斜时视距测量需要读数的数值有（　　　）。

A. 上丝读数　　　　　　B. 下丝读数　　　　　　C. 中丝读数

D. 水平度盘读数　　　　E. 竖直度盘读数

17. 视距测量具有下列哪些特点（　　　）。

A. 操作简单　　　　　　B. 方便迅速　　　　　　C. 不易受地形限制

D. 精度较高　　　　　　E. 读数较少

18. 微倾式水准仪由以下哪几部分构成（　　　）。

A. 望远镜　　　B. 视准轴　　　C. 基座　　　D. 水准管　　　E. 水准器

19. 粗略整平水准仪的目的是（　　　）。

A. 使竖轴铅垂　　　　　B. 使圆水准轴铅垂　　　　C. 使视线大致水平

D. 使水准管轴水平　　　E. 使竖轴平行圆水准轴

20. 水准测量中，要求一个测站上，前、后视大致相等，可以消除或减弱（　　　）。

A. i 角误差　　　　　　B. 圆水准轴不平行竖轴　　　C. 大气折光

D. 地球曲率　　　　　　E. 视差

21. 在高差的观测中，读完后视，照准前视时，发现圆气泡偏离中心，其原因是（　　　）。

A. 仪器粗平不准　　　　B. 仪器不均匀下沉　　　　C. 水准管轴没精平

D. 圆水准轴不平行竖轴　E. 中丝与竖轴不垂直

22. 在高差的观测中，读完后视，照准前视时，发现圆气泡偏离中心，正确的处理方法是（　　　）。

A. 偏离不大时，继续观测　　　　　　　B. 重新调平圆气泡，观测前视

C. 不管偏离大小，观测前视　　　　　　D. 查明原因，重新观测后、前视

E. 重新调平气泡后，再观测后、前视

23. 水准仪各轴正确的几何关系是（　　　）。

A. 圆水准轴∥竖轴　　　B. 水准管轴∥圆水准轴　　　C. 视准轴∥竖轴

D. 圆水准轴⊥竖轴　　　E. 水准管轴∥视准轴

24. 单一水准路线的布设形式有（　　　）。

A. 附合水准路线　　　　B. 闭合水准路线　　　　C. 支水准路线

D. 水准网　　　　　　　E. 带有结点的水准路线

25. 光学对中器与垂球对中相比，具有（　　　）优点。

A. 对中精度高　　　　　B. 对中精度低　　　　　C. 操作简便

D. 不受风吹摆　　　　　E. 受地势限制较少

26. 为保证经纬仪的视准面是一个铅垂面，要求它的一些轴线满足（　　　）。

A. 视准轴∥横轴　　　　B. 视准轴⊥横轴　　　　C. 横轴∥竖轴

D. 竖轴铅垂　　　　　　E. 横轴⊥竖轴

27. 常见的光学经纬仪上的测微装置有（　　）。
　　A. 单平板玻璃测微器　　　　　　B. 分微尺　　　　　　　C. 度盘对径分划重合
　　D. 游标　　　　　　　　　　　　E. 自动补偿器

28. 经纬仪整平的目的是使仪器（　　）位置。
　　A. 竖轴竖直　　　　　　　　　　B. 圆水准轴竖直　　　　　C. 水准管轴竖直
　　D. 水平度盘处于水平　　　　　　E. 视准轴水平

29. 水平角观测 n 个测回时，各测回按 $180°/n$ 变动起始方向的水平度盘位置，这是为了
（　　）。
　　A. 消除读数误差　　　　　　　　B. 提高测角精度　　　　　C. 竖轴不动
　　D. 消除度盘刻划不均匀误差　　　E. 消除仪器隙动差

30. 常用的水平角观测方法有（　　）。
　　A. 测回法　　　　　　　　　　　B. 方向法　　　　　　　　C. 全组合测角法
　　D. 分组方向观测法　　　　　　　E. 全圆方向法

31. 在距离测量中，能达到 1/1 000 精度以上的测距方法有（　　）。
　　A. 光学视距测量　　　　　　　　B. 普通钢尺测距　　　　　C. 光电测距
　　D. 因瓦尺测距　　　　　　　　　E. 视差法测距

32. 精密测距的成果计算是将每一尺段丈量结果经过（　　）换算成水平距离。
　　A. 尺长改正　　B. 定线改正　　C. 温度改正　　D. 拉力改正　　E. 倾斜改正

33. 测量工作中常用的标准方向有（　　）。
　　A. 真子午线方向　　　　　　　　B. 赤道方向　　　　　　　C. 磁子午线方向
　　D. 坐标纵轴方向　　　　　　　　E. 任意方向

34. 测量误差按其性质分为（　　）。
　　A. 粗差　　　　B. 系统误差　　C. 相对误差　　D. 偶然误差　　E. 绝对误差

35. 就下列误差来源，判定是系统误差的是（　　）。
　　A. 视差　　　　　　　　　　　　B. 前、后视距不等　　　　C. i 角误差
　　D. 水平尺下沉　　　　　　　　　E. 仪器下沉

36. 系统误差具有规律性，所以消除或减弱其对观测值影响的方法有（　　）。
　　A. 求其改正数并加到观测值中　　　　　　B. 求其平均值
　　C. 采用一定的程序观测　　　　　　　　　D. 严格检核仪器
　　E. 用数学模型观测

37. 直接作为测绘地形图用的控制点称为图根点，这种控制点（网）可采用（　　）的方法
来建立。
　　A. 导线测量　　B. 边角网　　　C. 小三角测量　　D. 交会定点　　E. 高程测量

38. 在水平角观测中，取盘左、盘右观测值的平均值，可消除或减弱（　　）对角度的影
响。
　　A. 指标差　　　　　　　　　　　B. 视准轴误差　　　　　　C. 竖轴倾斜
　　D. 水准管轴不垂直于竖轴　　　　E. 横轴误差

39. 经纬仪有四条主要轴线，它们之间的几何关系为（　　）。
　　A. 水准管轴⊥竖轴　　　　　　　B. 视准轴⊥水准管轴　　　C. 视准轴⊥横轴
　　D. 横轴⊥水准管轴　　　　　　　E. 横轴⊥竖轴

40.单一导线的布设形式有（　　）。

A.支导线　　　　B.带结点导线　C.闭合导线　　　D.导线网　　　E.附合导线

四、综合题

1.施工测量包括哪些内容？

2.测设与测定有何不同？

3.测设的基本工作有哪些项目？

4.测设点的平面位置有哪几种方法？

5.何谓直角坐标法？其适用于什么场合？

6.何谓角度交会法？其适用于什么场合？

7.何谓极坐标法？其适用于什么场合？

8.何谓距离交会法？其适用于什么场合？

9.水准测量主要的误差来源和注意事项是什么？

10.符合水准管气泡居中，视线是否一定水平？为什么？

11.如何将经纬仪视线调至水平？

12.光波测距仪按精度划分可分为哪几级？

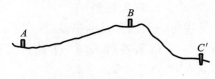

图 9-1　题 17 图

17.如图 9-1 所示，A、B、C 三点在一直线上，已知点 B 和点 A 的高程分别为 13.467 m、8.815 m，且 B、C 两点间水平距离为 18.000 m，根据现场 A、B 两点定出 C' 的位置，以及量得 A、C' 两点斜距为 22.236 m，则如何在地面准确定出点 C 的位置？

13.闭合导线与附合导线的内业计算有哪些共同点？

14.设水准点高程 $H_A = 10.786$ m，待测点与它相距 1.2 km，用等外级工程水准进行了往返测，$h_{往} = -3.684$ m，$h_{返} = 3.702$ m，求待测点高程。

15.为标定建筑物混凝土底板木桩 B 的设计高程为 28 m。已知 $BM1$ 的高程为 29.557 m，水准尺安置在 $BM1$ 点上，其后视读数为 0.769 m，问前视尺读数为多少时，水准尺零点处于 28 m 的高程上。

16.设仪器安置在距 A、B 两尺等距离处，测得 A 尺读数为 1.482 m，B 尺读数为 1.873 m。将仪器搬至 B 尺附近，测得 A 尺读数为 1.143 m，B 尺读数为 1.520 m。问水准管轴是否平行于视准轴？A 尺正确读数应为多少？

18.如图 9-2 所示，A、B、C 三点在一直线上，已知 B、C 点间水平距为 20 m，根据现场 A、B 两点，定出 C' 的位置，置经纬仪于点 B 上，测得 C' 点的竖直角为 $-12°34'20''$ 以及 B、C' 两点间斜距为 20.350 m，如何确定点 C 的正确位置？

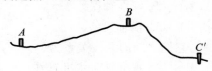

图 9-2　题 18 图

19. 如图 9-3 所示，欲将原地面平整成某一高程的水平面，使其填挖土石方量基本平衡，计算设计高程，绘出其填挖边界线。方格尺寸为 20 m×20 m，以正确的方法将计算结果注在图上。

50
A1
A2
A3
B1
B2
B3
C1
C2
C3
52
D1
D2

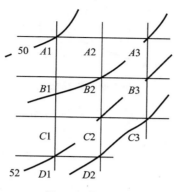

图 9-3　题 19 图

20. 欲将方格网范围内平整为倾斜场地，倾斜面坡度从北到南为 −2%，从西到东为 −1.5%，各方格网(尺寸为 20 m×20 m)交点的高程如图 9-4 所示，求倾斜面设计高程(根据土石方量基本平衡)，确定填挖边界线，并将计算结果注在图上。

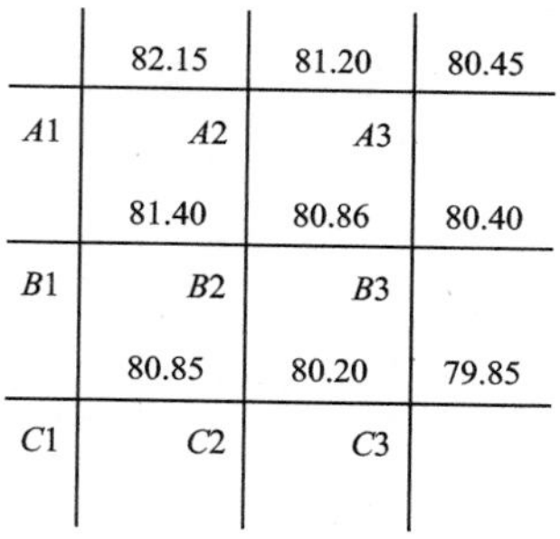

82.15
81.20
80.45
A1
A2
A3
81.40
80.86
80.40
B1
B2
B3
80.85
80.20
79.85
C1
C2
C3

图 9-4　题 20 图

21. 绘制如图 9-5 所示地形图上 AB 方向的断面图(x、y 坐标可按不同比例)。

75
B
A
80

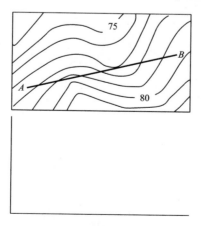

图 9-5　题 21 图

22. 已知 $\alpha_{AB}=73°26'00''$，$x_B=287.36$ m、$y_B=364.25$ m，$x_P=303.62$ m、$y_P=338.28$ m。试计算仪器安置在点 B，用极坐标法测设点 P 所需的数据，并在图 9-6 上注明。

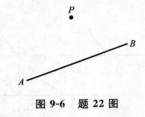

图 9-6　题 22 图

23. 如图 9-7 所示，已知地面上 A、B 两点（点位已标定），先将经纬仪置于点 B，测设 BC $\perp BA$，试述测设方法与步骤。

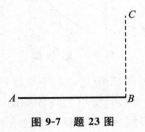

图 9-7　题 23 图

项目十　测量高级理论练习

一、选择题

1."1985 年国家高程基准"水准原点高程比"1956 年黄海高程系统"水准原点要低（　　）。

A. 0.029 m　　　　B. 0.027 m　　　　C. 0.023 m　　　　D. 0.021 m

2."1985 年国家高程基准"水准原点高程是依据（　　）年的潮汐水位观测资料来确定的。

A. 1952—1985　　B. 1952—1984　　C. 1952—1980　　D. 1952—1979

3.1985 年国家高程基准水准原点高程为（　　）。

A. 72.260 m　　　B. 72.289 m　　　C. 72.117 m　　　D. 72.312 m

4.当建筑施工场地有彼此垂直的主轴线或建筑方格网,待测设的建筑物的轴线平行而又靠近基线或方格网边线时,常用（　　）测设点位。

A. 直角坐标法　　B. 极坐标法　　　C. 前方交会法　　D. 后方交会法

5.直角坐标法测设点位是根据方格顶点和建筑物角点的坐标,计算出测设数据,然后利用经纬仪和钢尺测设（　　）。

A. 直角和高程　　B. 直角和距离　　C. 竖直角和高程　　D. 竖直角和距离

6.用直角坐标法测设点位时,经纬仪需要搬动（　　）次。

A. 不用搬动　　　B. 1　　　　　　C. 3　　　　　　D. 视情况而定

7.用极坐标法测设点位时,经纬仪需要搬动（　　）次。

A. 不用搬动　　　B. 1　　　　　　C. 3　　　　　　D. 视情况而定

8.已知 A 点、B 点坐标分别为 (x_A, y_A),(x_B, y_B) 在 A、B 两点上设站,观测出 α 和 β,通过三角形的余切公式求出加密点 P 的坐标,这种方法称为（　　）。

A. 直角坐标法　　B. 极坐标法　　　C. 前方交会法　　D. 后方交会法

9.A、B、C、D 为已知点,在待定点 P 上设站,分别观测已知点 A、B、C,观测出 α 和 β,然后根据已知点的坐标计算出点 P 的坐标,这种方法称为（　　）。

A. 直角坐标法　　B. 极坐标标　　　C. 前方交会法　　D. 后方交会法

10.如果拟建建筑物与原有建筑物有垂直关系,则可用（　　）测设主轴线。

A. 极坐标法　　　B. 距离交会法　　C. 直角坐标法　　D. 前方交会法

11.施工现场建筑物与控制点距离较远,不便量距时,采用（　　）定位较好。

A. 极坐标法　　　B. 距离交会法　　C. 直角坐标法　　D. 角度交会法

12.利用距离交会法测设点的平面位置时,使用（　　）计算出测设距离。

A. 坐标正算　　　B. 坐标反算　　　C. 直角坐标法　　D. 极坐标法

13.利用全站仪测设点的平面位置时,全站仪的计算方法是（　　）。

A. 直角坐标法　　B. 极坐标法　　　C. 前方交会法　　D. 后方交会法

14.工地常用的勾股定理作垂线,所使用的方法属于（　　）。

A. 直角坐标法　　B. 极坐标法　　　C. 距离交会法　　D. 角度交会法

15.利用角度交会法测设点的平面位置时,使用(　　)计算出测设角值。

A. 坐标正算　　　　　B. 坐标反算　　　　　C. 直角坐标法　　　　　D. 极坐标法

16.在场地平坦,量距方便,且控制点离待测设点的距离较近,常用(　　)测设点的平面位置。

A. 直角坐标法　　　　B. 极坐标法　　　　　C. 距离交会法　　　　　D. 都可以

17.新建房屋与原有建筑物一线对齐,通常用(　　)测设主轴线。

A. 延长直线法　　　　B. 极坐标法　　　　　C. 距离交会法　　　　　D. 直角交会法

18.在量距方便时,用(　　)来测设主轴线是最方便的。

A. 延长直线法　　　　B. 极坐标法　　　　　C. 距离交会法　　　　　D. 角度交会法

19.用附近的控制点测设建筑基线时,可采用(　　)。

A. 极坐标法　　　　　B. 角度交会法　　　　C. 距离交会法　　　　　D. 以上三种都可以

20.测设主方格网时,一般采用(　　)定出方格网点。

A. 角度交会法　　　　B. 距离交会法　　　　C. 极坐标法　　　　　　D. 以上三种都可以

21.在后方交会法中,为了保证交会点 P 的坐标精度,后方交会还应该用第(　　)个已知点进行检核。

A. 2　　　　　　　　　B. 3　　　　　　　　　C. 4　　　　　　　　　D. 5

22.所谓角度交会法,就是利用已知坐标求出所需测设角值,再使用(　　)方法交会出测设点。

A. 已知水平距离测设　　　　　　　　B. 已知高程测设

C. 已知坐标测设　　　　　　　　　　D. 已知水平角测设

23.利用角度交会法测设点的平面位置时,由于测设有误差,往往三个方向不交于一点,形成三角形,如果三角形最长边不超过 1 cm,则取三角形的(　　)作为点 P 的最终位置。

A. 垂心　　　　　　　B. 中心　　　　　　　C. 重心　　　　　　　D. 圆心

24.小区域控制网是为满足大比例尺测图和(　　)需要而建立的控制网。

A. 城市规划　　　　　B. 建设工程某直线　　C. 给水排水　　　　　D. 工业厂房

25.在小范围内(面积一般在 15 km² 以内)建立的控制网称为(　　)。

A. 小区域控制网　　　B. 小范围控制网　　　C. 平面控制网　　　　D. 图根控制网

26.以下不是高层建筑高程传递常用方法的是(　　)。

A. 钢尺法　　　　　　B. 皮数杆法　　　　　C. 悬吊钢尺法　　　　D. 垂准仪法

27.用盘左、盘右取平均值的方法,不可以消除(　　)的影响。

A. 照准部偏心差　　　　　　　　　　B. 视准轴不垂直于水平轴

C. 照准目标偏左、偏右的照准误差　　D. 水平轴不垂直于竖轴

28.下列选项不属于测量误差因素的是(　　)。

A. 测量仪器　　　　　　　　　　　　B. 观测者的技术水平

C. 外界环境　　　　　　　　　　　　D. 测量方法

29.测量误差产生的原因概括起来有三个方面,它们是(　　)。

A. 仪器、观测者、温度　　　　　　　B. 仪器、观测者、地球表面的不水平

C. 仪器、观测者、外界条件　　　　　D. 观测者粗心、仪器较旧、地球曲率

30.测量误差按其性质可分为(　　)和系统误差。

A. 偶然误差　　　　　B. 中误差　　　　　　C. 粗差　　　　　　　D. 平均误差

31. 下列哪个不是水准测量误差的主要来源（　　　）。

A. 仪器本身的误差　　B. 观测误差　　　　　C. 外界条件　　　　　D. 天气

32. 引起测量误差的主要因素是仪器、观测者、外界条件，人们习惯把这三方面的因素称为（　　　）。

A. 观测条件　　　　　B. 观测因素　　　　　C. 误差因素　　　　　D. 观测水平

33. 钢尺量距目估定线时，走近定线法比走远定线法更（　　　）。

A. 准确　　　　　　　B. 粗略　　　　　　　C. 精度相同　　　　　D. 无法对比

34. 下列不属于钢尺量距常用工具的是（　　　）。

A. 钢尺　　　　　　　B. 皮尺　　　　　　　C. 水准尺　　　　　　D. 测钎

35. 钢尺量距的下列误差中，属于随机误差的有（　　　）。

A. 拉力不准、尺端投点不准、测温不准、司尺员配合不齐

B. 拉力不准、测温不准、司尺员配合不齐、尺身下垂

C. 拉力不准、尺端投点不准、司尺员配合不齐、尺身下垂

D. 尺端投点不准、拉力偏小、测温不准、司尺员配合不齐

36. 钢尺精密方法量距相对误差要求达到（　　　）以上。

A. 1/2 000

B. 1/5 000～1/2 000

C. 1/5 000

D. 1/10 000

37. 钢尺量距时的倾斜改正数的特点是（　　　）。

A. 恒正性　　　　　　B. 恒负性　　　　　　C. 偶然发生　　　　　D. 符号不确定

38. 在困难地区，钢尺量距一般方法量距的相对误差至少不应大于（　　　）。

A. 1/1 000　　　　　B. 1/2 000　　　　　C. 1/3 000　　　　　D. 1/4 000

39. 在平坦地区，钢尺量距一般方法量距的相对误差一般不应大于（　　　）。

A. 1/1 000　　　　　B. 1/3 000　　　　　C. 1/5 000　　　　　D. 1/7 000

40. 钢尺量距时的温度为 10℃，则其温度改正数为（　　　）。

A. 正值　　　　　　　B. 负值　　　　　　　C. 不确定　　　　　　D. 零

41. 钢尺量距时的温度为 30℃，则其温度改正数为（　　　）。

A. 正值　　　　　　　B. 负值　　　　　　　C. 不确定　　　　　　D. 零

42. 根据两点坐标计算边长和坐标方位角的计算称为（　　　）。

A. 坐标正算　　　　　B. 导线计算　　　　　C. 前方交会　　　　　D. 坐标反算

43. 测量工作对精度的要求是（　　　）。

A. 没有误差最好　　　　　　　　　　B. 越精确越好

C. 根据需要，精度适当　　　　　　　D. 仪器能达到什么精度就尽量达到

44. 中国国家水准测量按精度要求不同分成了（　　　）。

A. 一、二、三等　　　　　　　　　　B. 一、二、三、四等

C. 一、二、三、四、五等　　　　　　D. 一 A、一 B、二、三、四等

45. 三、四等水准测量的起算点高程应尽量从附近的（　　　）等级水准点引测。

A. 一　　　　　　　　B. 二　　　　　　　　C. 一、二　　　　　　D. 等外

46. 三等水准测量测站观测顺序简称为（　　　），其优点是可消除或减弱仪器和尺垫下沉误差的影响。

A. 后—前—前—后　　B. 后—后—前—前　　C. 后—前—后—前　　D. 前—后—前—后

47. 四等水准测量测站观测顺序简称为（   ）。

A. 后—前—前—后   B. 后—后—前—前   C. 后—前—后—前   D. 前—后—前—后

48. 四等水准测量采用单面水准尺时，可用变动仪器高法进行检核，变动仪高所测得的两次高差之差不得超过（   ）。

A. −5 mm   B. 5 mm   C. 1 mm   D. 25 mm

49. 进行四等水准测量时，如果采用单面尺法观测，在每一测站上需变动仪器高为（   ）以上。

A. 20 cm   B. 10 cm   C. 5 cm   D. 25 cm

50. 规范规定，四等水准测量一站的前后视距差不得大于（   ）。

A. 2 m   B. 3 m   C. 4 m   D. 5 m

51. 四等水准测量每公里高差中误差为（   ）。

A. ±2 mm   B. ±4 mm   C. ±8 mm   D. ±10 mm

52. 使用双面水准尺进行四等水准测量中，黑、红面所测高差允许值为（   ）。

A. 3 mm   B. 4 mm   C. 5 mm   D. 6 mm

53. 水准测量的前提是（   ）提供了水平的视线来读取水准尺读数。

A. 望远镜   B. 显微镜   C. 水准仪   D. 经纬仪

54. 利用水准测量方法进行沉降观测时，观测点应设置在（   ）。

A. 房屋转角和变形缝两侧   B. 地质条件较为稳定处

C. 建筑物平面的中心点   D. 公路旁

55. 水准测量时，为了消除 i 角误差对一测站高差值的影响，可将水准仪安置在（   ）处。

A. 靠近前尺   B. 两尺中间   C. 靠近后尺   D. 任意一处

56. 角度测量包括水平角测量和（   ）。

A. 方位角测量   B. 象限角测量   C. 竖直角测量   D. 三角测量

57. 根据几何学原理，利用望远镜内视距丝装置同时测定水平距离和高差的方法称为（   ）。

A. 角度测量   B. 地形测量   C. 视距测量   D. 高程测量

58. 若进行水平角测量，照准目标时应尽量照准目标的（   ）。

A. 顶部   B. 中心点   C. 底部   D. 最左边

59. 根据水平角测量原理，用经纬仪测水平角时，目标的位置高低（   ）影响水平角的值。

A. 会   B. 不会   C. 可能会   D. 有时会，有时不会

60. 以下测量中不需要进行对中操作的是（   ）。

A. 水平角测量   B. 水准测量   C. 垂直角测量   D. 坐标测量

61. 测量的三项基本工作，包括高程测量、距离测量和（   ）。

A. 三角测量   B. 水平角测量   C. 外业测量   D. 导线测量

62. 水准测量中，一对水准标尺的零点差对观测结果的影响可通过（   ）消除。

A. 前后视距相等   B. 摇尺法   C. 对中整平   D. 偶数站上点

63. 水准测量中，同一测站，当后尺读数大于前尺读数时，说明后尺点（   ）。

A. 高于前尺点   B. 低于前尺点   C. 高于测站点

64.四等水准观测若采用 DS3 型水准仪,其视线长度不得超过(   )。

A.50 m B.70 m C.80 m D.100 m

65.四等水准观测,其视线离地面最低高度为(   )。

A.0.2 m B.0.3 m C.0.4 m D.0.5 m

66.等高线平距是指相邻两等高线之间的(   )。

A.高差 B.水平距离 C.倾斜距离 D.垂直距离

67.既反映地物的平面位置,又反映地面高低起伏形态的正射投影图称为地形图。地形图上的地貌符号用(   )表示。

A.不同深度的颜色 B.晕消线 C.等高线 D.示坡线

68.地形图是按一定的比例尺,用规定的符号表示(   )的平面位置和高程的正射投影图。

A.地物、地貌 B.房屋、道路、等高线

C.人工建筑物、地面高低 D.地物、等高线

69.一组闭合的等高线是山丘还是盆地,可根据(   )来判断。

A.助曲线 B.首曲线 C.高程注记 D.比例尺

70.地形图的等高线是地面上高程相等的相邻点连成的(   )。

A.闭合曲线 B.曲线 C.闭合折线 D.折线

71.两点之间的绝对高程之差与相对高程之差(   )。

A.相等 B.不相等 C.不一定 D.可以相等亦可以不等

72.在地图上,地貌通常用(   )来表示。

A.高程值 B.等高线 C.任一直线 D.地貌符号

73.一组闭合的等高线,如由内向外,等高线所注记的高程是增加的,则所表示地形为(   )。

A.山地 B.盆地 C.平地 D.无法判断

74.一组封闭的且高程由外向内逐步增加的等高线表示(   )。

A.山谷 B.山脊 C.鞍部 D.山头

75.等高线的平距小,表示地面坡度(   )。

A.陡 B.缓 C.均匀 D.不确定

76.下列叙述中,哪个不符合等高线特性(   )。

A.不同高程的等高线绝不会重合 B.高程相等

C.一般不相交 D.自行闭合

77.等高距是两相邻等高线之间的(   )。

A.高程之差 B.平距 C.间距 D.斜距

78.地形图上相邻两条等高线的高程之差称为(   )。

A.等高距 B.坡度 C.等高线平距 D.方向之差

79.下列说法正确的是(   )。

A.等高距越大,表示坡度越大 B.等高距越小,表示坡度越大

C.等高线平距越大,表示坡度越小 D.等高线平距越小,表示坡度越小

80.在地形图上,等高线重合的地方表示(   )。

A.鞍部 B.山头 C.悬崖

81.(　　)指的是地表起伏形态和地物位置、形状在水平面上的投影图。

A.地形图 　　　　　B.平面图 　　　　　C.地图 　　　　　D.交通图

82.地面上的物体在地形图上表示的方法是用(　　)。

A.比例符号、非比例符号、线形符号和地物注记

B.地物符号和地貌符号

C.计曲线、首曲线、间曲线、助曲线

D.等高线

83.在一张图纸上等高距不变时,等高线平距与地面坡度的关系是(　　)。

A.平距大则坡度小 　　　　　　　　B.平距大则坡度大

C.平距大则坡度不变 　　　　　　　D.没关系

84.用(　　)来区分山头与洼地的等高线。

A.示坡线 　　　B.图形 　　　C.色彩 　　　D.标注

85.下列对等高线描述不正确的是(　　)。

A.不同等高线上的高程一定不相等 　　B.同一条等高线上的高程一定相等

C.除悬崖外,等高线不能相交 　　　　D.等高线通过山脊或山谷时改变方向

86.一组等高线向高程低的方向凸,则表示地形为(　　)。

A.山脊 　　　B.山谷 　　　C.鞍部 　　　D.无法判断

87.等高线是地面上(　　)相等的(　　)的连线。

①高程 　　②线段 　　③高差 　　④相邻点

A.①,② 　　　B.③,② 　　　C.①,④ 　　　D.③,④

88.DJ2级与DJ6级光学经纬仪的读数窗有一个明显的差异是(　　)。

A.只显示水平读数

B.只显示竖盘读数

C.水平读数和竖盘读数同时显示

D.前者通过换盘手轮可得所需读数,后者则双盘同时显示

89.DJ2级光学经纬仪,"2"代表(　　)。

A.可直读到2″ 　　　　　　　　　B.2″内可完成一个测绘角度测量

C.测角观测中误差不超过2″ 　　　D.可完成水平角和竖直角2种角度的测量

90.DJ2级光学经纬仪是利用水平度盘(　　)对径分划影像的重合法来确定正确读数的。

A.90° 　　　B.180° 　　　C.270° 　　　D.360°

91.DJ2级光学经纬仪可直读到(　　)。

A.1′ 　　　B.1″ 　　　C.2′ 　　　D.2″

92.用DJ2级光学经纬仪测设一级方格网时,其角度观测值各测回方向互差不大于(　　)。

A.6″ 　　　B.9″ 　　　C.12″ 　　　D.15″

93.常用于精密工程测量和控制测量的经纬仪是(　　)级光学经纬仪。

A.DS1 　　　B.DJ2 　　　C.DZS3 　　　D.DJ6

94.中国按精度不同把经纬仪分成几种类型,包括以下的(　　)。

A.DS1 　　　B.DS3 　　　C.DZS3 　　　D.DJ2

95.施工控制网与测图控制网相比,不具备以下(　　)特点。

A. 控制范围大　　　 B. 精度要求高　　　 C. 受施工干扰大　　 D. 控制点密度大

96. 使用 DJ6 级光学经纬仪观测水平角时,半侧回归零差要求不超过(　　)。

A. 12″　　　　　 B. 24″　　　　　 C. 24″　　　　　 D. 48″

97. 使用 DJ6 级光学经纬仪观测水平角时,半测回归零差要求不超过(　　)。

A. 12″　　　　　 B. 18″　　　　　 C. 24″　　　　　 D. 6″

98. DS1 精密水准仪主要用于(　　)水准测量和高精度的工程测量。

A. 图根　　　　　 B. 四等　　　　　 C. 三等　　　　　 D. 二等

99. 电子经纬仪相比光学经纬仪的特点在于(　　)。

A. 可自动显示测角结果　　　　　　 B. 可同时进行高程测量

C. 外业劳动时不需考虑作业时间　　 D. 对中后即可进行观测

100. 电子经纬仪提供了多项简单的测量程序,不包括(　　)。

A. 同时显示水平、竖直角的测量结果　　 B. 可进行角度、坡度两种模式切换

C. 方便快捷地实现置零　　　　　　　 D. 测角的同时也给出距离测量结果

101. 根据测量距离方法的不同,三角高程测量分为(　　)和经纬仪三角高程测量两种。

A. 测距仪三角高程测量　　　　　　 B. 水准仪三角高程测量

C. 全站仪三角高程测量　　　　　　 D. 钢尺三角高程测量

102. 三角高程测量一般应采用(　　)。

A. 直接观测法　　 B. 间接观测法　　 C. 对向观测法　　 D. 同向观测法

103. 在三角高程测量中,当距离超过(　　)时,就要考虑地球曲率及观测视线受大气折光的影响。

A. 300 m　　　　　 B. 400 m　　　　　 C. 500 m　　　　　 D. 600 m

104. 三角高程测量针对竖直角测量的技术要求,一般分为两个等级,即(　　)等。

A. 一、二　　　　 B. 二、三　　　　 C. 三、四　　　　 D. 四、五

105. 经纬仪三角高程测量主要用于(　　)。

A. 一、二等水准测量　　　　　　　 B. 三等水准测量

C. 四等水准测量　　　　　　　　　 D. 山区或丘陵地区的图根高程控制

106. 水准测量是由点 A 到点 B 方向。点 A 高程为 1.500 m,后视读数为 2.572,前视读数为 1.965,则点 B 高程是(　　)m。

A. 0.893　　　　　 B. −0.893　　　　 C. 2.107　　　　　 D. −2.107

107. 三角高程测量的观测与计算应按以下步骤进行,其中哪个步骤有误(　　)。

A. 安置仪器于测站上,量出仪器高 i;觇标立于测点上,量出觇标高 v

B. 用经纬仪或测距仪采用测回法观测竖直角 α,取平均值为最后观测成果

C. 采用同向观测,其方法同前两点

D. 用式 $h_{AB} = D\tan\alpha + i - v$ 和式 $H_B = H_A + D\tan\alpha + i - v$ 计算高差和高程

108. 经纬仪三角高程测量主要用于(　　)。

A. 一、二等水准测量　　　　　　　 B. 三等水准测量

C. 四等水准测量　　　　　　　　　 D. 山区或丘陵地区的图根高程控制

109. 三角高程测量根据两点间的水平距离和(　　)计算两点的高差,然后求出所求点的高程。

A. 水平角　　　　 B. 竖直角　　　　 C. 象限角　　　　 D. 观测角

110.下列地物中不属于半依比例尺绘制符号的地物是(　　　)。

A.围墙　　　　　　B.篱笆　　　　　　C.河流　　　　　　D.管线

111.比例尺的种类有数字比例尺和(　　　)。

A.比例尺大小　　　B.直线比例尺　　　C.比例尺精度　　　D.图示比例尺

112.地形测量中,若比例尺精度为b,测图比例尺为$1:M$,则比例尺精度与测图比例尺大小的关系为(　　　)。

A.b与M无关　　B.b与M成正比　　C.b与M成反比　　D.不确定

113.在测图比例尺为$1:1\,000$时,图根点密度应为(　　　)点$/km^2$。

A.150　　　　　　　B.50　　　　　　　C.15　　　　　　　D.5

114.当地物为带状延伸物,其宽度不能按比例尺绘制,长度可按比例绘制时,常用(　　　)来表示。

A.比例符号　　　　B.半依比例符号　　C.非比例符号　　　D.注记符号

115.地形图上的表示符号分为(　　　)。

A.比例尺符号、非比例尺符号、线型符号地物注记

B.地物符号和地貌符号

C.计曲线、首曲线、间曲线、助曲线

116.下列关于比例尺精度的说法正确的是(　　　)。

A.比例尺精度指的是图上距离和实地水平距离之比

B.比例尺为$1:500$的地形图,其比例尺精度为$5\,cm$

C.比例尺精度与比例尺大小无关

D.比例尺精度可以任意确定

117.在观测次数相对不多的情况下,可以认为大于(　　　)倍中误差的偶然误差实际是不可能出现的。

A.1　　　　　　　　B.2　　　　　　　　C.3　　　　　　　　D.4

118.对同一个量进行重复观测,其结果总是存在一定差异,这是因为任何测量都必然带有(　　　)。

A.粗差　　　　　　B.观测误差　　　　C.精度不足　　　　D.差异

119.下列误差中,(　　　)为偶然误差。

A.照准误差和估读误差　　　　　　　B.横轴误差和指标差

C.水准管轴不平行与视准轴的误差　　D.计算错误

120.经纬仪对中误差属(　　　)。

A.偶然误差　　　　B.系统误差　　　　C.中误差　　　　　D.相对误差

121.通常取(　　　)倍或2倍中误差作为极限误差。

A.1　　　　　　　　B.3　　　　　　　　C.4　　　　　　　　D.6

122.(　　　)可以解释为"某量的误差大小与该量的比值,并换算成分子为1的分数"。

A.相对误差　　　　B.极限误差　　　　C.真误差　　　　　D.中误差

123.普通水准尺的最小分划为$1\,cm$,估读水准尺mm位的误差属于(　　　)。

A.偶然误差　　　　　　　　　　　　B.系统误差

C.可能是偶然误差也可能是系统误差　D.既不是偶然误差也不是系统误差

124.基线丈量的精度用相对误差来衡量,其表示形式为(　　　)。

A. 平均值中误差与平均值之比　　　　　B. 丈量值中误差与平均值之比

C. 平均值中误差与丈量值之和之比　　　D. 丈量值中误差与丈量值之和之比

125. 为防止控制点被破坏或丢失,施工控制网的设计点位应标在( ),以便破坏后重新布点。

　　A. 建筑物外围　　　　　　　　　　　B. 基坑边

　　C. 施工设计的总平面图　　　　　　　D. 不易被发现的地方

126. 进行施工放样之前应熟悉建筑物的( )和各个建筑物的结构设计图。

　　A. 总体布置图　　　B. 建筑平面图　　　C. 基础平面图　　　D. 建筑立面图

127. 竣工总平面图绘制的依据不包括( )。

　　A. 设计总平面图　　　　　　　　　　B. 设计变更资料

　　C. 施工放样及竣工实测资料　　　　　D. 工程施工方案

128. 设计变更资料使用垂准仪法进行轴线传递时,应在底层建立稳固的轴线标志,在标志上方每层楼板预留( )的垂准孔,以供视线通过。

　　A. 20 cm×20 cm　　　B. 30 cm×30 cm　　　C. 40 cm×40 cm　　　D. 50 cm×50 cm

129. 墙体的标高,主要是用( )进行控制和传递的。

　　A. 钢尺　　　　　B. 皮数杆　　　　　C. 铅球　　　　　D. 水准尺

130. 当测设水平角的精度要求较高时,应采用( )方法。

　　A. 正倒镜分中法　　　　　　　　　　B. 盘左、盘右取平均值

　　C. 作垂线改正　　　　　　　　　　　D. 取两点连线的中点

131. 当测设水平角的精度要求不高时,可用( )的方法,获得欲测设的角度。

　　A. 盘左　　　　　　　　　　　　　　B. 盘右

　　C. 盘左、盘右取平均值　　　　　　　D. 都可以

132. 为了控制导线的方向,在导线起、止的已知控制点上必须测定( ),该项工作称为导线定向。

　　A. 连接角　　　　B. 内角　　　　　C. 转折角　　　　D. 方位角

133. 平面控制测量常用的方法有( )。

　　A. 闭合导线和附合导线　　　　　　　B. 支导线和无定向附合导线

　　C. 小区域测量和导线测量　　　　　　D. 三角测量和导线测量

134. 在工业厂房和高层建筑中的测量工作内容和步骤是( )。

　　A. 规划设计—运营管理—施工建筑　　B. 施工建筑—规划设计—运营管理

　　C. 规划设计—施工建筑—运营管理　　D. 运营管理—规划设计—施工建筑

135. 支水准路线必须按( )布设,便于检核。

　　A. 水准网　　　　B. 闭合路线　　　　C. 附合路线　　　　D. 往返观测

136. 展绘控制点时,应在图上标明控制点的( )。

　　A. 点号与坐标　　　B. 点号与高程　　　C. 坐标与高程　　　D. 高程与方向

137. 施工控制网不是以( )为依据的。

　　A. 施工放样　　　　　　　　　　　　B. 工程竣工测量

　　C. 沉降观测以及将来建筑物改建、扩建　　D. 测绘地形图

138. 高差闭合差是指( )。

　　A. 高差的代数和　　　　　　　　　　B. 各测站的后视读数之和

C. 各测站前视读数之和　　　　　　　　　D. 实际测出高差和已知理论高差之差

139. 尺垫通常用于(　　)上。

A. 测站点　　　　　　B. 转点　　　　　　C. 已知高程点　　　　　　D. 未知高程点

140. 高层建筑物轴线竖向投测方法按使用的仪器和设备不同可分为经纬仪投测法、吊锤球投测法和(　　)。

A. 水准仪投测法　　B. 拉钢尺投测法　　C. 垂准仪法　　　　　　D. 直线传递法

141. 使用微倾式水准仪时,调平水准管,则说明了(　　)。

A. 水准管轴水平　　B. 视线水平　　　　C. 竖轴铅垂　　　　　　D. 圆水准管轴铅垂

142. 微倾式水准仪在水准管的上方设置了一组棱镜,目的是(　　)。

A. 保护水准管　　　　　　　　　　　　　B. 使视线水平

C. 反射光线　　　　　　　　　　　　　　D. 提高水准管居中精度

143. 在全国范围内测定一系列统一而精确的地面点的(　　)所构成的网称为高程控制网。

A. 高差　　　　　　　B. 高程　　　　　　C. x 轴　　　　　　　　D. y 轴

144. 施工坐标系是以建筑物的(　　)为坐标轴建立起来的坐标系统。

A. 测图坐标　　　　　B. 主轴线　　　　　C. 控制坐标　　　　　　D. 外边线

145. (　　)有三个检核条件,分别为一个多边形内角和条件和两个坐标增量条件。

A. 闭合导线　　　　　B. 附合导线　　　　C. 支导线　　　　　　　D. 无定向附合导线

146. 根据研究对象和应用范围的不同,测量学分为大地测量学、(　　)、摄影测量学、工程测量学等学科。

A. 建筑测量学　　　　B. 地貌测量学　　　C. 普通测量学　　　　　D. 土木测量学

147. 竖直角的范围是(　　)。

A. $0°\sim90°$　　　　B. $0°\sim\pm90°$　　　C. $0°\sim180°$　　　D. $0°\sim\pm180°$

148. 方位角的范围是(　　)。

A. $0°\sim90°$　　　　B. $0°\sim180°$　　　C. $0°\sim360°$　　　D. $180°\sim360°$

149. 双面水准尺的红面底部读数为(　　)。

A. 4 687 mm　　　　　　　　　　　　　　B. 4 778 mm

C. 4 678 mm 或 4 778 mm　　　　　　　　D. 4 687 mm 或 4 787 mm

150. 使用垂准仪法进行轴线传递时,应在底层建立稳固的轴线标志,在标志上方每层楼板预留(　　)的垂准孔,以供视线通过。

A. 20 cm×20 cm　　B. 30 cm×30 cm　　C. 40 cm×40 cm　　D. 50 cm×50 cm

151. 经研究分析可得出结论:在进行短距离测量时,用水平面代替水准面,对(　　)有很大的影响。

A. 水平角　　　　　　　　　　　　　　　B. 水平距离

C. 高程　　　　　　　　　　　　　　　　D. 水平角、水平距离、高程

152. 引测轴线的方法有(　　)和设置轴线控制桩。

A. 撒白灰　　　　　　B. 弹墨线　　　　　C. 拉钢尺　　　　　　　D. 设置龙门板

153. 以下不是直线定向所用的标准方向的是(　　)。

A. 真子午线方向　　B. 磁子午线方向　　C. 坐标纵轴方向　　　　D. 地球纬线方向

154. 倾斜地面距离丈量的方法有(　　)。

A. 平量法、斜量法　　　　　　　　　　B. 平量法、横量法

C. 平量法、横量法、纵量法　　　　　　D. 平量法、斜量法、横量法、纵量法

155. 测图时,为了保证成图质量和提高测图效果,应正确选择(　　　)。

A. 控制点　　　　　B. 高程点　　　　　C. 碎部点　　　　　D. 地物点

156. 按观测值之间的关系,观测类型分为(　　　)。

A. 直接观测和间接观测　　　　　　　　B. 独立观测和相关观测

C. 必要观测和多余观测　　　　　　　　D. 等精度观测与不等精度观测

157. 按照获得观测值的方式,观测类型分为(　　　)。

A. 直接观测和间接观测　　　　　　　　B. 必要观测和多余观测

C. 独立观测和相关观测　　　　　　　　D. 等精度观测与不等精度观测

158. 布置建筑方格网时,先在建筑场地的(　　　)选定两条互相垂直的主轴线,再全面布设方格网。

A. 前部　　　　　　B. 背部　　　　　　C. 中部　　　　　　D. 西南部

159. 导线的坐标增量闭合差调整后,应使纵、横坐标增量改正数之和等于(　　　)。

A. 纵、横坐标增值量闭合差,其符号相同　　B. 导线全长闭合差,其符号相同

C. 纵、横坐标增量闭合差,其符号相反　　　D. 导线全长闭合差,其符号相反

160. 转动目镜对光螺旋的目的是(　　　)。

A. 看清十字丝　　　B. 看清远处目标　　C. 消除视差　　　　D. 消除残差

161. 经纬仪视准轴检验的目的是使(　　　)。

A. 水平轴⊥竖轴　　B. 水平轴⊥视准轴　C. 水准管轴⊥竖轴　D. 消除指标差

162. 横断面的绘图顺序是从图纸的(　　　)依次按桩号绘制。

A. 左上方自上而下、由左向右　　　　　B. 右上方自上向下、由左向左

C. 左下方自下而上、由左向右　　　　　D. 没有要求

163. 当用钢尺测设已知水平距离时,改正数为正,说明(　　　)。

A. 向外改正　　　　B. 向内改正　　　　C. 向左改正　　　　D. 向右改正

164. 距离丈量的结果是求得两点间的(　　　)。

A. 水平距离　　　　B. 斜线距离　　　　C. 折线距离　　　　D. 铅垂距离

165. 导线测量是在地面上选择一系列(　　　),将相邻点连成直线而构成折线形,称为导线。

A. 控制点　　　　　B. 大地点　　　　　C. 基准点　　　　　D. 地面点

166. 消除视差的方法是(　　　),使十字丝和目标影像清晰。

A. 制动望远镜　　　　　　　　　　　　B. 转动物镜对光螺旋

C. 转动目镜对光螺旋　　　　　　　　　D. 反复交替调节目镜及物镜对光螺旋

167. 精密水准尺又称为因钢尺,该尺全长为(　　　)。

A. 5 m　　　　　　　B. 4 m　　　　　　　C. 3 m　　　　　　　D. 2 m

168. 当施工坐标系和国家测量坐标系不一致时,在施工方格网测设之前,应(　　　),以便求得测设数据。

A. 把主点的施工坐标换算成测量坐标　　B. 把主点按施工坐标计算

C. 把主点按测量坐标计算　　　　　　　D. 把主点的测量坐标换算成施工坐标

169. 视距测量的相对精度约为(　　　)。

A. 1/2 000　　　　B. 1/1 000　　　　C. 1/500　　　　D. 1/300

170. 视距测量中水平距离和高差的计算与（　　）有关。

A. 视线是否水平　　B. 地面是否水平　　C. 天气是否合适　　D. 地质是否坚固

171. 采用偏角法测设圆曲线时，其偏角应等于相应弧长所对圆心角的（　　）。

A. 2 倍　　　　B. 1/2　　　　C. 2/3　　　　D. 1 倍

172. 建筑方格网选择坐标原点时，应保证建筑区内任何一点的坐标不出现（　　）值。

A. 正　　　　B. 负　　　　C. 0　　　　D. 以上均可

173. 在（　　）半径的范围内进行距离测量，可以把水准面当作水平面，可不考虑地球曲率对距离的影响。

A. 10 km　　　　B. 20 km　　　　C. 50 km　　　　D. 2 km

174. 实地选点的任务是（　　）。

A. 踏勘测区　　　　　　　　B. 确定观测方法

C. 确定最适当的点位　　　　D. 制定观测计划

175. 已知地面上两点 A 与 B，且点 A 高于点 B，则以下正确的是（　　）。

A. $h_{AB}=H_A-H_B>0$　　　　　　B. $h_{AB}=H_A-h_B<0$

C. $h_{AB}=H_B-H_A>0$　　　　　　D. $h_{AB}=H_B-H_A<0$

176. 高层建筑物轴线的投测常用（　　）。

A. 吊锤线法　　　　　　　　B. 经纬仪引桩投测法

C. 激光铅垂仪法　　　　　　D. 钢尺法

177. 在使用仪器时，下列行为不规范的是（　　）。

A. 仪器在三脚架上安装时，要一只手握住照准部，另一只手旋动三脚架的中心螺旋，防止仪器滑落

B. 在严寒冬季观测时，室内外温差较大，仪器在搬到室外或搬入室内时，应隔段时间后才能开箱

C. 观测时，应避免阳光直晒仪器上

D. 观测时，旋转仪器应用望远镜转仪器

178. 在使用仪器时，下列行为不规范的是（　　）。

A. 在出外测量之前，对使用的仪器先进行校检

B. 不需从脚架上拆下仪器就可以搬站

C. 仪器的内包装箱内应放置干燥剂

D. 仪器使用完毕后，要清除仪器表面的灰尘后再把仪器装入箱内

179. 在搬运仪器时，下列行为不规范的是（　　）。

A. 坐在仪器盒上或三脚架上　　　　B. 把仪器随意放在车厢里

C. 仪器随人放在合理的位置上　　　　D. 仪器要轻拿轻放，防止剧烈震动

180. 大地水准面有（　　）个。

A. 一　　　　B. 二　　　　C. 三　　　　D. 无数

181. 使用光学对中器对中的安置顺序为（　　）。

A. 对中—粗平—检查对中情况—精平

B. 连接仪器和三脚架—对中—粗平—检查对中情况

C. 连接仪器和三脚架—对中—粗平—检查对中情况—精平

D. 连接仪器和三脚架—对中—粗平—精平—检查对中情况

182. 测设已知坡度直线的方法有（　　　）。

A. 高程传递法　　　　B. 水平视线法　　　　C. 倾斜视线法　　　　D. B 和 C

183. 厂房矩形控制网的测设方案通常是根据厂区的总平面图、厂区控制网、厂房施工图和（　　　）等资料来确定的。

A. 现场地形情况　　B. 工业厂房的性质　　C. 现场地质情况　　D. 厂房的规模

184. 圆水准器轴与管水准器轴的几何关系为（　　　）。

A. 互相垂直　　　　B. 互相平行　　　　C. 相交　　　　D. 无关

185. 用全站仪测设水平距离时，反射棱镜在已知方向上（　　　）移动，使仪器显示值等于测设距离即可。

A. 前、后　　　　B. 上、下　　　　C. 左、右　　　　D. 随便

186. 视距测量相对于钢尺量距不具有以下哪个优点（　　　）。

A. 操作简便　　　　B. 精度较高　　　　C. 迅速　　　　D. 不受地形限制

187. 水准测量中高差闭合差的调整原则是按（　　　）到各段高差中。

A. 测站数或距离成正比例正符号分配　　　B. 测站数或距离成反比例正符号分配

C. 测站数或距离成正比例反符号分配　　　D. 测站数或距离成反比例反符号分配

188. 地面水准点的标志，按保存时间长短可分为（　　　）。

A. 一般性标志和特殊性标志　　　　B. 地方级标志和国家级标志

C. 一年标志和多年标志　　　　　　D. 临时性标志和永久性标志

189. 测量中把相同观测条件下进行的观测称为（　　　）。

A. 同等级观测　　B. 等误差观测　　C. 等精度观测　　D. 同类型观测

190. 高差与水平距离之（　　　）为坡度。

A. 和　　　　B. 差　　　　C. 比　　　　D. 积

191. 确定地面点位置的基本要素包括水平角、水平距离和（　　　）。

A. 高程　　　　B. 高差　　　　C. 坐标　　　　D. 导线

192. 轴线引测就是（　　　）。

A. 根据现场已测设好的建筑物定位点测设其他轴线交点

B. 以细部轴线为依据，放出基础开挖边线

C. 基础开挖时挖掉细部轴线桩，开挖后恢复细部轴线桩

D. 基础开挖前把轴线延长到开挖范围以外并做好标志

193. 基础墙的标高一般是由（　　　）来控制的。

A. 龙门桩　　　　B. 水平桩　　　　C. 垂直桩　　　　D. 基础皮数杆

194. 首级高程控制网点距离建筑物、构筑物不宜小于（　　　）。

A. 10 m　　　　B. 15 m　　　　C. 20 m　　　　D. 25 m

195. 距离丈量的精度是用（　　　）来衡量的。

A. 相对误差　　　　B. 绝对误差　　　　C. 中误差　　　　D. 往返较差

196. 测量的基准面和基准线是（　　　）。

A. 水准面、水平面和铅垂线　　　　B. 大地水准面、水准线

C. 大地水准面、水平面和水准线　　D. 大地水准面、水平面和铅垂线

197. 衡量一组观测值的精度的指标是（　　　）。

A. 中误差　　　　　　　　　　　B. 允许误差

C.算术平均值中误差　　　　　　　　　　D.闭合差

198.国家控制网采用精密测量仪器和方法,依照规范施测,按精度可分为(　　)个等级。

A.二　　　　　　　B.三　　　　　　　C.四　　　　　　　D.五

199.三角网按"逐级控制,分级布网"的原则分为(　　)个等级。

A.三　　　　　　　B.四　　　　　　　C.五　　　　　　　D.六

200.测图前的准备工作主要有(　　)。

A.图纸准备、方格网绘制、控制点展绘　　B.组织领导、场地划分、后勤供应

C.资料、仪器工具、文具用品的准备　　　D.场地准备

201.用附近的控制点测设建筑基线时,丈量长度与设计长度之差的相对误差大于(　　),按设计长度调整。

A.1/2 000　　　　　B.1/5 000　　　　　C.1/20 000　　　　　D.1/50 000

202.竖直度盘安装在横轴的一端,(　　)望远镜转动而转动。

A.随　　　　　　　　　　　　　　　B.不随

C.可能随　　　　　　　　　　　　　D.有时候随,有时候不随

203.墙体到达一定高度(1.5 m)后,应在内外墙测设出＋0.500 m标高的水平线,称为(　　)。

A.水平零线　　　　B.起始标高线　　　　C.室内地坪线　　　　D.50线

204.圆曲线的测设元素是指切线长、曲线长、外距和(　　)。

A.切曲差　　　　　B.半径　　　　　　C.转角　　　　　　D.里程

205.由于建筑方格网是根据场地主轴线布置的,因此在测设时,应首先根据场地原有的测图控制点测设出主轴线的(　　)个主点。

A.2　　　　　　　　B.3　　　　　　　C.4　　　　　　　D.5

206.龙门板上中心钉的位置应在(　　)。

A.龙门板的顶面上　B.龙门板的内侧面　C.龙门板的外侧面　D.龙门板的下面

207.研究各种工程建设中测量方法和理论的学科称为(　　)。

A.建筑测量学　　　B.地貌测量学　　　C.工程测量学　　　D.土木测量学

208.道路路中线测量在纸上定好线后,用穿线交点法在实地放线的工作程序为(　　)。

A.放点、穿线、交点　　　　　　　　B.计算、放点、穿线

C.计算、交点、放点　　　　　　　　D.计算、交点、穿线

209.在高斯平面直角坐标系中,为避免中国地区的点的 y 坐标出现负值,规定把 x 轴(　　)。

A.向东平移 500 m　B.向东平移 500 km　C.向西平移 500 m　D.向西平移 500 km

210.当视线水平时,视距测量理论上要求仪器视线与视距尺应保持(　　)关系。

A.垂直　　　　　　B.平行　　　　　　C.成一夹角　　　　D.无关系

211.下面测量读数的做法正确的是(　　)。

A.用经纬仪测水平角,用横丝照准目标读数

B.用水准仪测高差,用竖丝切准水准尺读数

C.水准测量时,每次读数前都要使水准管气泡居中

D.经纬仪测竖直角时,尽量照准目标的底部

212. 在导线测量外业工作选点时应注意以下方面,其中( )有误。

A. 相邻点间要通视,地势也要较平坦,以便于量边和测角

B. 点位应选在土质坚实、视野开阔处,以便于保存点的标志和安置仪器,同时也便于碎部测量和施工放样

C. 导线边长应大致相等,相邻边长度之比不要超过2,其平均边长要符合规定

D. 导线点要有足够的密度,便于控制整个测区

213. 转动三个脚螺旋使水准仪圆水准气泡居中的目的是( )。

A. 使仪器竖轴处于铅垂位置　　　　　B. 提供一条水平视线

C. 使仪器竖轴平行于圆水准轴　　　　D. 消除视差

214. 水平角观测的测回法适用于( )。

A. 单方向　　　　　　　　　　　　　B. 两个方向之间的夹角

C. 三个方向之间的夹角　　　　　　　D. 多方向水平角

215. 当经纬仪竖轴与目标点在同一竖直面时,不同高度的水平度盘读数( )。

A. 相等　　　　　B. 不相等　　　　C. 有时不相等　　　　D. 差不多

216. 在后方交会中,要避免交会点 P 处在危险圆上或危险圆附近,一般要求点 P 至危险圆的距离应大于该圆半径的( )。

A. 1/3　　　　　　B. 1/4　　　　　　C. 1/5　　　　　　D. 1/6

217. 为了便于检查建筑基线点位有无变动,基线点不得少于( )个。

A. 2　　　　　　　B. 3　　　　　　　C. 4　　　　　　　D. 5

218. 纵断面测量( )。

A. 测定各中桩沿中线方向的地面起伏情况

B. 测定各中桩垂直于路中线方向的地面起伏情况

C. 也是横断面测量

D. 测量路线的平面位置

219. 路线中平测量的观测顺序是( ),转点的高程读数读到毫米位,中桩点的高程读数读到厘米位。

A. 沿路线前进方向按先后顺序观测

B. 先观测中桩点,后观测转点

C. 先观测转点高程,后观测中桩点高程

D. 先观测中桩及交点高程,后观测转点高程

220. 路线纵断面水准测量分为( )和中平测量。

A. 基平测量　　　B. 水准测量　　　C. 高程测量　　　　D. 线路测量

221. 当建筑场地面积不大时,施工高程控制网一般按( )水准测量来布设。

A. 一、二等　　　B. 三、四等　　　C. 等外　　　　　D. 四等、等外

222. 当建筑场地面积较大时,可分为两级布设,即( )。

A. 一等和二等高程控制网　　　　　　B. 三等和四等高程控制网

C. 首级和加密高程控制网　　　　　　D. 四等和等外高程控制网

223. 建筑基线的布置主要根据建筑物的分布、场地的地形和( )的情况而定。

A. 原有测图控制点　　　　　　　　　B. 施工坐标控制点

C. 导线点　　　　　　　　　　　　　D. 轴线

224. 在工业与民用建筑中,通常用(　　)来标定点的位置。

A. 铁钉 　　　　　　B. 花杆 　　　　　　C. 龙门板

225. 直线方位角与该直线的反方位角相差(　　)。

A. ±90° 　　　　B. ±270° 　　　　C. ±360° 　　　　D. ±180°

226. 若建筑基线长度为 100 m,则量距相对误差不应大于(　　),测角误差不应超过 ±20″。

A. 1/10 000 　　　B. 1/5 000 　　　C. 1/2 000 　　　D. 1/12 000

227. 方格网可布置成正方形或矩形,其主轴线方向应与主要建筑物的轴线平行或垂直,并且长轴线上的定位点不得少于(　　)个。

A. 2 　　　　　　B. 3 　　　　　　C. 4 　　　　　　D. 5

228. 建筑物沉降观测时布置水准点的数量和位置应以(　　)为原则。

A. 观测方便 　　　　　　　　　B. 全面反映建筑物沉降情况

C. 尽量多 　　　　　　　　　　D. 选在建筑物边缘

229. 建筑物沉降观测时布置水准点的数量为不少于(　　)个。

A. 1 　　　　　　B. 2 　　　　　　C. 3 　　　　　　D. 4

230. 根据"从整体到局部,先控制后碎部"的原则,在施工以前,必须首先建立测量控制网作为放样的基准,通常称这类控制网为(　　)。

A. 平面控制网 　　B. 高程控制网 　　C. 施工控制网 　　D. 整体控制网

231. 测量工作的顺序是(　　)。

A. 从整体到局部 　　B. 从碎部到控制 　　C. 边工作边校核 　　D. 边测量边记录

232. 在测量工作中,不论外业还是内业,都必须坚持(　　)。

A. 从整体到局部 　　B. 从碎部到控制 　　C. 边工作边校核 　　D. 边测量边记录

233. 在建筑工程设计施工的过程中,为了使用和计算方便,测设已知高程时一般采用(　　)。

A. 直接法 　　　　B. 视线高法 　　　　C. 高程传递法 　　　　D. 都可以

234. 两个不同高程的点,其坡度应为两点(　　)之比,再乘以 100%。

A. 高差与其平距 　　B. 高差与其斜距 　　C. 平距与其斜距 　　D. 纵坐标与横坐标

235. 自动安平水准仪补偿器的作用是,取代了(　　),使视线能保持水平状态。

A. 水准管 　　　　B. 圆水准器 　　　　C. 水平微动螺旋 　　　D. 水平制动螺旋

236. 一般情况下,建筑基线与建筑红线相(　　)。

A. 平行 　　　　　B. 垂直 　　　　　C. 平行或垂直 　　　　D. 成 45°角

237. 直线定线的目的是(　　)。

A. 定出若干中间点 　　　　　　　B. 使若干中间点位于被测直线上

C. 便于水平丈量 　　　　　　　　D. 获得准确数据

238. 控制点的加密可以采用导线测量,也可以采用(　　)。

A. 闭合导线测量 　　B. 附合导线测量 　　C. 支导线测量 　　D. 交会定点法

239. 经纬仪的横轴与仪器竖轴的正确关系是(　　)。

A. 相互平行 　　　B. 相互垂直 　　　C. 相互水平 　　　D. 相互倾斜

240. 经研究分析可得出结论,测区范围在(　　)km² 内时,可以用水平面代替水准面。

A. 50 　　　　　　B. 100 　　　　　　C. 150 　　　　　　D. 200

241. 根据使用的工具和方法的不同,常用的距离测量方法不包括以下哪项(　　)。

A. 钢尺量距　　　　B. 视距测量　　　　C. 气压测距　　　　D. 光电测距

242. 导线测量可分为四个等级,即一、二、三、四等,其中二等导线为(　　)。

A. 密集导线测量　　B. 次密集导线测量　C. 精密导线测量　　D. 次精密导线测量

243. 将图纸上设计好的(建)构筑物的平面位置和高程按设计要求在实地上用桩点或线条标示出来作为施工的依据,这种方法称为(　　)。

A. 测定　　　　　　B. 测设　　　　　　C. 设计　　　　　　D. 实施

244. 建筑总平面(　　)。

A. 标出了相邻建筑物间的尺寸关系　　　B. 注明了各栋建筑物的室内地坪高程

C. 给出了建筑物和道路的平面位置　　　D. 尺寸采用毫米为单位

245. 工程建筑物的高程放样,主要采用(　　)方法。

A. 极坐标　　　　　B. 直角坐标　　　　C. 水准测量　　　　D. 测角交会

246. 当施工控制多采用导线网时,若建筑场地大于 1 km² 或为重要工业区,需按(　　)级导线建立。

A. 一　　　　　　　B. 二　　　　　　　C. 三　　　　　　　D. 四

247. 为了保证建筑物的放样精度,必须在施工之前重新建立(　　)。

A. 平面控制网　　　B. 施工控制网　　　C. 测图坐标　　　　D. 施工坐标

248. 直线定向的实质是为了确定直线与(　　)之间的夹角。

A. x 轴方向　　　　B. y 轴方向　　　　C. 任一方向　　　　D. 标准方向

249. 在实践中,为了校核和提高点 P 坐标的精度,通常采用(　　)个已知点的前方交会图形。

A. 2　　　　　　　　B. 3　　　　　　　　C. 4　　　　　　　　D. 5

250. 电子水准仪与传统水准仪比较,优点有(　　)。

A. 不需电池,有光线即可工作　　　　　B. 不需照准,自动读数

C. 不需脚架,手持即可工作　　　　　　D. 不需记录,仪器提供自动记录

251. 电子水准仪与传统仪器相比,(　　)不是它的特点。

A. 精度高　　　　　B. 速度快　　　　　C. 效率高　　　　　D. 不需要水准尺

252. 施工控制网的精度要求应以(　　)来确定。

A. 一级控制网　　　B. 二级控制网　　　C. 建筑限差　　　　D. 全长相对闭合差

253. 施工现场复杂,测量标志容易被毁。因此,测量标志从形式、选点到埋设均应考虑使其便于(　　)。

A. 使用　　　　　　B. 保管　　　　　　C. 检查　　　　　　D. 使用、保管和检查

254. 测量学在工程中应用广泛,在工程规划和(　　)阶段、施工阶段和管理阶段等都有应用。

A. 测绘　　　　　　B. 设计　　　　　　C. 计算　　　　　　D. 估计

255. 工程测量对保证工程规划、设计、施工等方面的质量与安全运营都具有十分重要的(　　)。

A. 意义　　　　　　B. 意见　　　　　　C. 措施　　　　　　D. 保证

256. 在测量竖直角时,用盘左、盘右测得竖直角的平均值可以消除(　　)的影响。

A. 度盘偏心差　　　B. 照准误差　　　　C. 竖盘指标差　　　D. 对中误差

257. 容许误差是指在一定观测条件下（　　　）绝对值不应超过的限值。

　　A. 中误差　　　　　　B. 偶然误差　　　　　C. 相对误差　　　　　D. 对中误差

258. 基础垫层打完以后，把建筑物的各轴线从龙门板投测到基础垫层上，此项工作俗称（　　　）。

　　A. 基础放样　　　　　B. 弹线　　　　　　　C. 撂底　　　　　　　D. 打标高

259. 经研究分析可得出结论，在半径为（　　　）的区域内，地球曲率对水平距离的影响可以忽略不计。

　　A. 5 km　　　　　　　B. 10 km　　　　　　　C. 15 km　　　　　　　D. 20 km

260. 算术平均值中误差比单位观测值中误差缩小 444 倍，由此得出结论是（　　　）。

　　A. 观测次数越多，精度提高越多

　　B. 观测次数增加可以提高精度，但无限增加效果不佳

　　C. 精度提高与观测次数成正比

　　D. 无限增加次数来提高精度，会带来好处

261. 建筑物主轴线投测到楼面，弹出墨线后，要求用钢尺再检查轴线间的距离，一般要求相对误差不得大于（　　　）。

　　A. 1/300　　　　　　　B. 1/1 000　　　　　　C. 1/3 000　　　　　　D. 1/5 000

262. 在施工阶段所进行的测量工作称为施工测量，又称（　　　）。

　　A. 测绘　　　　　　　B. 测设　　　　　　　C. 测定　　　　　　　D. 测量

263. 测定地面点高程的方法有多种，其中（　　　）的精度最高。

　　A. 水准测量　　　　　B. 三角高程测量　　　C. GPS 高程测量　　　D. 气压高程测量

264. 在精确测设已知水平角时，$\Delta\beta=\beta-\beta_1<0$ 时（β 为要测设的角值，β_1 为实测各测回平均值），说明应从铅垂方向（　　　）改正。

　　A. 向外　　　　　　　B. 向内　　　　　　　C. 向左　　　　　　　D. 向右

265. 下列不属于距离丈量常用工具的是（　　　）。

　　A. 钢尺　　　　　　　B. 温度计　　　　　　C. 弹簧秤　　　　　　D. 水准尺

266. 建筑方格网的布置应根据（　　　）的分布情况，并结合现场地形情况来确定。

　　A. 建筑设计总平面图　　　　　　　　　　B. 施工设计总平面图

　　C. 建筑物轮廓　　　　　　　　　　　　　D. 施工结构图布置

267. 等外水准测量用于工程水准测量或测定图根控制点的高程，其精度低于（　　　）等水准测量。

　　A. 一　　　　　　　　B. 二　　　　　　　　C. 三　　　　　　　　D. 四

268. 转动物镜对光螺旋的目的是（　　　）。

　　A. 看清十字丝　　　　B. 看清远处目标　　　C. 消除视差　　　　　D. 消除残差

269. 在水准测量中转点的作用是传递（　　　）。

　　A. 方向　　　　　　　B. 角度　　　　　　　C. 高程　　　　　　　D. 距离

270. 目前工程单位常用的建立平面控制网的方法是（　　　）。

　　A. 测角网和 GPS 网　　　　　　　　　　B. 测角网和导线网

　　C. 导线网和 GPS 网　　　　　　　　　　D. 测边网和 GPS 网

271. 测量的基准面和基准线是（　　　）。

　　A. 原有测图控制点　　B. 施工坐标控制点　　C. 导线点　　　　　　D. 轴线

272.在等精度观测的条件下,正方形一条边 a 的观测中误差为 m,则正方形的周长($S=4a$)的中误差为(　　)。

A. m　　　　　　B. $2m$　　　　　　C. $3m$　　　　　　D. $4m$

273.倾斜视线法测设已知坡度直线,就是利用视线与已知坡度(　　)原理测设的。

A.垂直　　　　B.平行　　　　C.成 45°角　　　　D.成 60°角

274.极限误差是指在一定观测条件下,(　　)绝对值不应超过的限值。

A.中误差　　　　B.偶然误差　　　　C.相对误差　　　　D.观测值

275.在测量工作中要确定两点平面位置的相对关系,仅测得两点间的距离是不够的,需要知道这条直线的(　　)。

A.方向　　　　B.长度　　　　C.宽度　　　　D.角度

276.(　　)是建筑物变形观测的主要内容之一。

A.沉降观测　　　　B.倾倒观测　　　　C.移动观测　　　　D.高程观测

277.水准点的符号,采用英文字母(　　)表示。

A. BM　　　　B. M　　　　C. AB

278.一幅 1∶2 000 地形图实地面积含有 1∶500 图的幅数是(　　)。

A. 4 幅　　　　B. 8 幅　　　　C. 18 幅　　　　D. 24 幅

279.既可测量水平角又可测量竖直角的仪器称为(　　)。

A.水准仪　　　　B.求积仪　　　　C.经纬仪　　　　D.垂准仪

280.当确认水准管气泡居中,应立即读取十字丝(　　)在水准仪的读数。

A.上丝　　　　B.中丝　　　　C.下丝　　　　D.竖丝

281.在高层建筑轴线传递时,要求层间垂直度偏差不应超过(　　),以保障总的竖向施工误差不超限。

A. 1 mm　　　　B. 2 mm　　　　C. 3 mm　　　　D. 4 mm

282.路线中水平测量是测定路线(　　)的高程。

A.水准点　　　　B.转点　　　　C.各中桩　　　　D.边桩点

283.尺长误差具有(　　)。

A.不确定性　　　　B.恒正性　　　　C.累积性　　　　D.恒负性

284.导线测量坐标增量闭合差调整的方法是(　　)。

A.按边长平均分配闭合差　　　　　　B.反符号按边数平均分配闭合差

C.按边长比例分配　　　　　　　　　D.反符号按边长比例分配闭合差

285.加密高程控制网要按(　　)等水准测量进行观测,一般不能单独埋设,要与建筑方格网合并,并附合在首级水准点上,作为推算高程的依据。

A.一　　　　B.二　　　　C.三　　　　D.四

286.在基础垫层上和基础上放样轴线的允许偏差,当 30 m<L<60 m,则允许偏差为(　　)。

A. ±5 mm　　　　B. ±10 mm　　　　C. ±15 mm　　　　D. ±20 mm

287.测量工作要遵循的原则是(　　)。

A.由整体到局部　　B.从高级到低级　　C.先控制后碎部　　D.以上所有

288.钢尺精密量距内业计算时不需考虑的改正数是(　　)。

A.尺长改正数　　B.温度改正数　　C.气压改正数　　D.倾斜改正数

289. 地面上两相交直线的水平角是( )夹角。

A. 这两条直线的实际
B. 这两条直线在水平面的投影线
C. 这两条直线在同一竖直上的投影
D. 这两条直线在无限远处

290. 国家高程控制网按施测次序和施测精度分为四个等级,即一、二、三、四等,其中二等为( )。

A. 国家高程控制网的基础
B. 国家高程控制的骨干
C. 国家密集高程控制网
D. 国家次密集高程控制网

291. 垂准仪法就是利用能提供( )的专用测量仪器,进行竖向投测。

A. 水平视线
B. 铅垂往上
C. 铅垂往下
D. 铅垂往上或往下

292. 建筑物沉降观测的周期应考虑建(构)筑物的特征、观测精度、变形速率及工程地质情况等综合因素,并根据( )适当调整。

A. 工程进度
B. 沉降量的变化情况
C. 观测人员的忙闲
D. 观测仪器的精度

293. 1954年北京坐标系,其坐标原点在( )。

A. 北京
B. 西安
C. 苏联的普尔科沃
D. 泾阳县永乐

294. ( )是建筑物按设计标高施工的依据。

A. 平面控制网
B. 高程控制网
C. 临时水准点
D. 沉降观测点

295. 施工控制网的主要任务是放样各建筑工程的中心线和各建筑工程之间的连接轴线,对于精度要求较高的建筑工程内部的安装测量,可采用( )。

A. 单独建立各系统工程的控制网
B. 原施工控制网
C. 在原控制网的基础上按"从高级到低级"的原则进行加密布网
D. 国家控制网的等级形式布网

296. 运用各种测量仪器和工具,通过实地测量和计算,把地物和地貌按一定比例尺测绘成地形图,这种方法称为( )。

A. 施工
B. 测定
C. 测设
D. 设计

297. 当用钢尺测设已知水平距离精度要求较高时,可在定出点 B' 后,用经过检定后的钢尺精确往返丈量 AB' 的距离,并加三项改正数,以下( )不属于这三项改正数之一。

A. 尺长改正
B. 温度改正
C. 倾斜改正
D. 伸缩改正

298. 地面点到高程基准面的垂直距离称为该点的( )。

A. 相对高程
B. 绝对高程
C. 高差
D. 差距

299. 钢尺的尺长误差对距离测量产生的影响属于( )。

A. 偶然误差
B. 偶然误差也可能是系统误差
C. 系统误差
D. 既不是偶然误差也不是系统误差

300. 在道路路中线测量中,设置转点的作用是( )。

A. 传递高程
B. 传递方向
C. 加快观测速度
D. 确保精度

301. 计算土方时,数值前带正号表示该点( )。

A. 挖土
B. 填土
C. 绝对高程
D. 相对高程

302. 为避免外界条件对测角精度产生影响,不应该( )。

A.选择稳定的天气条件和时段进行观测　　B.观测中给仪器打伞以避免阳光直接照射

C.关注天气预报以便安排测量工作　　　　D.晚上打电筒坚持在测量第一线

303.在民用建筑的施工测量中,下列不属于测设前的准备工作的是(　　)。

A.设立龙门桩　　　B.平整场地　　　C.绘制测设略图　　　D.熟悉图纸

304.建筑物产生变形的原因是自身重量、风力、地震、(　　)等。

A.阳光　　　　　　B.雨水　　　　　　C.生产过程中的反复荷载

305.当地面两点之间的距离大于钢尺的一个尺段或地势起伏较大时,在距离丈量之前,需在地面两点连线的方向上定出若干分段点的位置,这项工作称为(　　)。

A.直线的定向　　　B.直线的定线　　　C.距离测量　　　D.直线的放样

306.水平角是一点到两目标的方向线垂直投影到(　　)上的夹角。

A.水准面　　　　　B.水平面　　　　　C.倾斜面　　　　　D.圆锥面

307.地物描绘时河流、道路的弯曲部分应用(　　)连接。

A.折线　　　　　　B.圆弧线　　　　　C.抛物线　　　　　D.圆滑的曲线

308.以中央子午北端作为基本方向,顺时针方向量至直线的夹角称为(　　)。

A.真方位角　　　B.子午线收敛角　　C.磁方向角　　　D.坐标方位角

309.在测区面积为 0.5~2 km² 的首级控制应为(　　)。

A.一级导线　　　B.二级导线　　　C.两级图根　　　D.图根控制

310.当施工场地较为开阔时,高层建筑轴线竖向传递可以采用(　　)。

A.经纬仪法　　　B.钢尺法　　　　C.锤球法　　　　D.直线传递法

311.控制测量的一项基本原则是(　　)。

A.高低级任意混合　　　　　　　　　B.不同测量工作可以采用同样的控制测量

C.从高级控制到低级控制　　　　　　D.从低级控制到高级控制

312.微倾水准仪精平操作是旋转(　　),使水准泡居中,符合影像符合。

A.制动螺旋　　　B.微倾螺旋　　　C.旋转螺旋

313.纵断面图不包括下面哪一项内容(　　)。

A.直线与曲线　　B.里程桩与里程　　C.地面高程　　　D.测量员

314.吊装柱子时,首先将柱子(　　)对准杯口上的轴线,而后轻轻放下。

A.边线　　　　　B.中线　　　　　C.测线

315.在施工过程中,为了使施工控制网点不易受干扰或破坏,施工控制网点应(　　)。

A.分布合理,有足够的密度　　　　　B.建立混凝土观测墩

C.计算精确　　　　　　　　　　　　D.经常检查

316.对三角形进行 5 次等精度观测,其真误差(闭合差)为:+4″、-3″、+1″、-2″、+6″,则该组观测值的精度(　　)。

A.不相等　　　　B.相等　　　　　C.最高为+1″　　D.不确定

317.在水准测量中,每站观测高差的中误差为±5 mm,若从已知点推算待定点高程,要求高程中误差不大于 20 mm,所设站数最大不能超过(　　)。

A.4 站　　　　　B.8 站　　　　　C.16 站　　　　　D.24 站

318.坐标方位角是指从(　　)起,顺时针旋转到某直线所转过的水平角。

A.坐标纵轴方向的北端　　　　　　　B.真子午线方向的北端

C.坐标纵轴方向　　　　　　　　　　D.真子午线方向

319. 钢尺检定时的温度一般为（　　　）。

A. 10 ℃   B. 15 ℃   C. 20 ℃   D. 25 ℃

320. 以下（　　　）不属于工程建设的三个阶段之一。

A. 控制测量阶段   B. 勘测规划设计阶段

C. 施工阶段   D. 运行管理阶段

321. 在地形图上对地物进行标注说明的数字、文字称为（　　　）。

A. 比例符号   B. 半比例符号   C. 非比例符号   D. 注记符号

322. 测量学是研究如何测定地面点的点位，将地球表面的各种地物、地貌及其他信息测绘成图以及确定地球形状和大小的（　　　）。

A. 科学   B. 学科   C. 课程   D. 课题

323. 在测设时，如果建筑红线完全符合作为建筑基线的条件时，可直接用建筑红线进行建筑物的（　　　）。

A. 测绘   B. 放样   C. 打标高   D. 测高程

324. 施工坐标系与测图坐标系之间的夹角其实是（　　　）。

A. 真方位角   B. 磁方位角   C. 坐标方位角   D. 象限角

325. 直线段的方位角是（　　　）。

A. 两个地面点构成的直线段与方向线之间的夹角

B. 指北方向线按顺时针方向旋转至线段所得的水平角

C. 指北方向线按顺时针方向旋转至直线段所得的水平角

D. 指北方向线与线段之间的夹角

326. 测量水平角的仪器，必须具有一个水平度盘以及用于照准目标的（　　　）。

A. 放大镜   B. 望远镜   C 显微镜   D. 潜水镜

327. 施工控制网的布设形式应以（　　　）为原则，根据建筑设计总平面图和施工现场的地形条件来确定。

A. 经济   B. 合理   C. 适用   D. 经济、合理和适用

328. 经纬仪安置时，整平的目的是使仪器的（　　　）。

A. 水平度盘水平   B. 水准管气泡居中

C. 竖盘指标处于正确位置   D. 竖轴位于铅垂位置

329. 经纬仪安置时，对中的目的是使仪器的（　　　）。

A. 水平度盘水平   B. 水准管气泡居中

C. 竖盘指标处于正确位置   D. 使仪器中心与测站中心位于同一铅垂线上

330. 用于小区域的高程控制网通常是先以国家水准点为基础，在测区内建立（　　　）水准路线，再以其水准点为基础，测定等外水准点的高程。

A. 一、二等   B. 二、三等   C. 三、四等   D. 四、图根等

331. 对某量进行 n 次观测，若观测值的中误差为 m，则该量的算术平均值的中误差为（　　　）。

A. m B. m/n C. $\sqrt{m/n}$ D. $m \cdot n$

332. 真误差为（　　　）与真值之差。

A. 改正数   B. 算术平均数   C. 中误差   D. 观测值

333. 在前方交汇法中，通过三角形的（　　　）求出未知点 P 的坐标。

A. 正弦公式　　　　　B. 余弦公式　　　　　C. 正切公式　　　　　D. 余切公式

334. 绝对高程就是(　　)。

A. 地面点沿铅垂线方向至水准面的距离

B. 地面点沿法线方向至水准面的距离

C. 地面点沿铅垂线方向至大地水准面的距离

D. 地面点沿法线方向至大地水准面的距离

335. 自动安平水准仪最大的优点是只需要调(　　)。

A. 符合气泡　　　　　B. 圆水准器气泡　　　　　C. 微动螺旋　　　　　D. 仪器脚架

336. 尺长误差和温度误差属(　　)。

A. 偶然误差　　　　　B. 系统误差　　　　　C. 中误差　　　　　D. 相对误差

337. 两点间的水平距离 D 和倾斜距离 S 的关系是(　　)。

A. 相等　　　　　B. $D>S$　　　　　C. $D<S$　　　　　D. 不确定

338. 采用 6° 带分带时,高斯投影的投影带是从起始子午线开始,每隔经度 6° 划分为一带,自西向东将整个地球划分为(　　)个带。

A. 30　　　　　B. 60　　　　　C. 90　　　　　D. 120

339. 在进行大(小)平板仪定向时,直线定向时所用图上的直线长度有关,定向多用的直线愈短,定向度(　　)。

A. 愈精确　　　　　B. 愈差　　　　　C. 不变　　　　　D. 不确定

340. 高层建筑各施工层的标高是从底层(　　)m 标高线传递上来的。

A. ±0.000　　　　　B. +0.500　　　　　C. +1.0000　　　　　D. +1.150

341. 以下不是建筑施工控制网的特点的是(　　)。

A. 控制点密度大、控制范围小、精度要求高

B. 使用频率

C. 易受施工干扰或破坏

D. 分为两级控制

342. 公路中线里程桩测设时,短链是指(　　)。

A. 实际里程大于原桩号　　　　　B. 实际里程小于原桩号

C. 原桩号错误　　　　　D. 因设置圆曲线使公路的距离缩短

343. 观测 A、B 两点间的高差,从点 A 到点 B 共计观测了 10 个测站,其观测中误差均为 ±2 mm,则该测量段高差中误差为(　　)。

A. ±20 mm　　　　　B. ±28 mm　　　　　C. ±40 mm　　　　　D. ±14 mm

344. 用于在不平坦的地面直接量水平距离时,将平拉钢尺的端点投影到地面上的工具是(　　)。

A. 标杆　　　　　B. 测钎　　　　　C. 锤球　　　　　D. 以上三种均可

345. 测设的质量将直接影响到施工的(　　)。

A. 精度　　　　　B. 质量　　　　　C. 进度　　　　　D. 质量和进度

346. 坐标反算是根据直线的起、终点平面坐标,计算直线的(　　)。

A. 斜距、水平角　　　　　B. 水平距离、方位角

C. 斜距、方位角　　　　　D. 水平距离、水平角

347. 控制点的展绘以(　　)为依据。

A. 实际地形　　　　B. 坐标方格　　　　C. 高程控制点　　　　D. 平面控制点

348. 为了消除经纬仪视准轴误差和横轴误差等影响,可采用(　　)取平均值的方法。

A. 往返观测　　　　　　　　　　B. 盘左、盘右观测

C. 连续多次观测　　　　　　　　D. 多台仪器观测

349. 精平水准仪是转动微倾螺旋使水准管气泡居中,则一定是(　　)。

A. 视准轴水平　　　　　　　　　B. 视线水平

C. 水准管轴水平　　　　　　　　D. 视准轴与水准管轴水平

350. (　　)是测量中最为常用的衡量精度的标准。

A. 系统误差　　　　B. 偶然误差　　　　C. 中误差　　　　D. 限差

351. 在施工现场,根据建筑设计总平面图和现场的实际情况,以(　　)为定向条件,建立起统一的施工平面控制网和高程控制网。

A. 原有的测图控制网点　　　　　B. 施工坐标控制网

C. 建筑物主轴线　　　　　　　　D. 建筑物的细部

352. 当周围建筑物较为密集,施工场地窄小时,高层建筑轴线竖向传递可以采用(　　)。

A. 经纬仪法　　　　B. 钢尺法　　　　C. 锤球法　　　　D. 直线传递法

353. 读取水准尺的读数应(　　)。

A. 先读取米、分米、厘米,然后默估出毫米数

B. 先默估出毫米数,再依次把米、分米、厘米、毫米四位数报出

C. 不需要估读出毫米数

D. 读数后不需要检查气泡是否符合

354. 全站仪就是(　　)的组合。

A. 水准仪和测距仪　　　　　　　B. 水准仪和经纬仪

C. 经纬仪和测距仪　　　　　　　D. 水准仪、经纬仪和测距仪

355. 竖直角角值从水平线算起,(　　)。

A. 往左为正,往右为负　　　　　B. 往右为正,往左为负

C. 往上为正,往下为负　　　　　D. 往下为正,往上为负

356. 导线测量的外业工作不包括(　　)。

A. 踏勘选点　　　　B. 建立标志　　　　C. 测边和测角　　　　D. 计算

357. 在城市建设中,建筑用地的界址是由(　　)确定的,并由拨地单位在现场直接标定出用地边界点。

A. 规划部门　　　　B. 设计院　　　　C. 建设单位　　　　D. 施工单位

358. 定位依据指的是(　　)。

A. 与新建建筑物有关的原有建筑物和红线桩

B. 新建工程与原有建筑物之间的相关尺寸

C. 原有建筑物的完好程度

D. 新建工程的轴线

359. 测设的基本工作就是(　　)。

A. 测设已知水平距离、已知竖直角和已知高程

B. 测设已知水平距离、已知水平角和已知高程

C. 测设已知倾斜距离、已知水平角和已知高程

D. 测设已知水平距离、已知水平角和已知高差

360. 对于地形较平坦而通视较困难的建筑场地,可采用(　　)。

A. 导线网　　　　　　　　　　　　　B. 扩展原有的测图控制网

C. 布置建筑基线　　　　　　　　　　D. 建筑方格网

361. 建筑物变形观测不包括(　　)。

A. 沉降观测　　　　　　　　　　　　B. 倾斜和位移观测

C. 裂缝观测　　　　　　　　　　　　D. 高度观测

362. 为了控制挖槽深度,一般在槽壁设置(　　)。

A. 龙门桩　　　　　B. 水平桩　　　　　C. 垂直桩　　　　　D. 基础皮数杆

363. 加密高程控制网各点间距宜在(　　)左右,以便施工时安置一次仪器即可测出所需高程。

A. 100 m　　　　　B. 150 m　　　　　C. 200 m　　　　　D. 250 m

364. 视准轴是指(　　)的连线。

A. 物镜光心与目镜光心　　　　　　　B. 十字丝光心与水准尺

C. 目镜光心与十字丝中心　　　　　　D. 物镜光心与十字丝中心

365. 下列特性中不属于偶然误差的特性的是(　　)。

A. 累积性　　　　　B. 有界性　　　　　C. 聚中性　　　　　D. 抵偿性

366. 同等级的测量工作中,地形图测绘比施工测量精度要求要(　　)。

A. 一样　　　　　　B. 高　　　　　　　C. 低　　　　　　　D. 无此说法

367. 用经纬仪观测水平角时,尽量照准目标的底部,其目的是为了消除(　　)误差对测角的影响。

A. 对中　　　　　　B. 照准　　　　　　C. 铅垂　　　　　　D. 目标偏离中心

368. 水准测量通常是从(　　)开始,测其他点的高程。

A. 测站点　　　　　B. 转点　　　　　　C. 已知高程点　　　D. 未知高程点

369. 设想有一个静止的没有潮汐和风浪等影响的海洋表面,向陆地延伸并处处保持与铅垂线方向正交的封闭曲面,称为(　　)。

A. 水准面　　　　　B. 水平面　　　　　C. 大地水准面　　　D. 平均海平面

370. 在目前情况下,测设高程精度最高的仪器是(　　)。

A. GPS　　　　　　B. 罗盘仪　　　　　C. 水准仪　　　　　D. 陀螺经纬仪

371. 用经纬仪或水准仪望远镜在标尺读数时,首先都应消除视差,产生视差的原因是(　　)。

A. 外界亮度不够　　　　　　　　　　B. 标尺的像面与十字丝平面没能重合

C. 标尺不稳　　　　　　　　　　　　D. 物镜调焦不好

372. 产生视差的原因是(　　)。

A. 仪器校正不完善　　　　　　　　　B. 物像有十字丝面未重合

C. 十字丝分划板位置不正确　　　　　D. 目标模糊

373. 经纬仪视准轴误差是由于(　　)产生的。

A. 调焦引起视准轴变化　　　　　　　B. 十字丝交点位置不正确

C. 横轴不水平　　　　　　　　　　　D. 视准轴不垂直于横轴

374. 建筑基线应尽量靠近建筑场地中拟建的主要建筑物,且与其轴线( )。

A. 平行 B. 垂直 C. 平行或垂直 D. 成45°

375. 建筑方格网是大型、( )建筑工程中常用的施工控制网。

A. 微型 B. 中型 C. 小型 D. 任意

376. 整个建筑场地至少要设置( )个永久性的水准点,并应布设成闭合水准路线或附合水准路线,以控制整个场地。

A. 2 B. 3 C. 4 D. 5

377. 建筑物的定位,就是将建筑物外廓各轴线的( )测设在地面上,然后再根据这些点进行细部放样。

A. 中点 B. 边点 C. 坐标点 D. 交点

378. 为满足小区域测图和施工需要而建立的( )称为小区域平面控制网。

A. 高程控制网 B. 三角网 C. 导线网 D. 平面控制网

379. 多层民用建筑是指( )。

A. 2～3层 B. 2～4层 C. 4～6层 D. 4～8层

380. 高斯平面直角坐标系中直线的方位角是按以下哪种方式量取的( )。

A. 纵坐标北端起逆时针 B. 横坐标东端起逆时针

C. 纵坐标北端起顺时针 D. 横坐标东端起顺时针

381. 建筑基线的主轴线定位点应不少于( )个,以便复查建筑基线是否有变动。

A. 5 B. 3 C. 2 D. 7

382. 用测回法观测水平角,测完上半测回后,发现水准管气泡偏离2格多,在此情况下应( )。

A. 继续观测下半测回 B. 整平后观测下半测回

C. 整平后全部重测 D. 迅速测完

383. 在相同的观测条件下进行一系列的观测,如果误差出现的符号和大小没有一致的倾向,表面上没有任何规律,这种误差称为( )。

A. 偶然误差 B. 极限误差 C. 相对误差 D. 系统误差

384. 建筑场地的施工平面控制网的主要形式有建筑方格网、导线和( )。

A. 建筑轴线 B. 建筑红线 C. 建筑基线 D. 建筑法线

385. 水准点一般不应设置在( )。

A. 墙角上 B. 坚硬的岩石上 C. 塔吊基座上 D. 有车往来的路上

386. 导线的布置形式有( )。

A. 一级导线、二级导线、三级导线、图根导线

B. 单向导线、往返导线、多边形导线、网状导线

C. 闭合导线、附合导线、支导线、无定向附合导线

D. "一"字形导线、"L"形导线、"十"字形导线、"T"形导线

387. 建筑基线点相对于起点的纵横方向上的偏差不应超过( )cm。

A. ±1.0 B. ±0.5 C. ±1.5 D. ±2.0

388. 交会角是指待定点至两相邻已知点方向的夹角,在选用交会法时,必须注意交会角不应小于( )或大于150°。

A. 0° B. 20° C. 30° D. 60°

389. 电子水准仪读数时采用的是（　　　）。

A. 塔尺　　　　　　　B. 双面尺　　　　　　　C. 因钢尺　　　　　　　D. 钢尺

390. 建筑方格网主轴线上至少选（　　　）个主轴点。

A. 5　　　　　　　　B. 4　　　　　　　　　C. 3　　　　　　　　　D. 2

391. 水准测量通常是从（　　　）开始,引测其他点的高程。

A. 测站点　　　　　　B. 转点　　　　　　　C. 已知高程点　　　　　D. 未知高程点

392. 导线角度闭合差的调整方法是将闭合差反符号后（　　　）。

A. 按角度大小成正比例分配　　　　　　B. 按角度个数平均分配

C. 按边长成正比例分配　　　　　　　　D. 按边长成反比例分配

393. 下列情况会使钢尺丈量结果比实际距离减少的是（　　　）。

A. 定线不准　　　　B. 钢尺不水平　　　　C. 钢尺比标准尺短　　D. 温度比检定时高

394. 在高层建筑施工中,用激光垂准仪作轴线竖向传递,具有以下哪项以外的优点
（　　　）。

A. 测量方法简单　　B. 测量速度快　　　　C. 测量精度高　　　　D. 测量自动化

395. 山脊线也称（　　　）。

A. 示坡线　　　　　　B. 集水线　　　　　　C. 山谷线　　　　　　D. 分水线

396. 高差闭合差的分配原则为（　　　）成正比例进行分配。

A. 与测站数　　　　　B. 与高差的大小　　　C. 与距离或测站数　　D. 坐标大小

397. 烟筒、水塔等主体筒身高度很大的构筑物,其施工测量的主要工作是（　　　）。

A. 控制筒身高度　　　　　　　　　　B. 控制筒身中心线的垂直度

C. 控制基础面积大小　　　　　　　　D. 高差测量

398. 测量标志引用错误或点位、高程变化（　　　）质量事故范畴。

A. 属于　　　　　　　B. 不属于　　　　　　C. 不一定属于　　　　D. 不知道

399. 测距仪的出厂标算精度为 $A+B \cdot ppm \cdot D$,其中（　　　）为比例误差。

A. B　　　　　　　　B. A　　　　　　　　C. ppm　　　　　　　　D. D

400. 测距仪的出厂标算精度为 $A+B \cdot ppm \cdot D$,其中 D 为测程,D 的单位是（　　　）。

A. mm　　　　　　　B. m　　　　　　　　C. 100 m　　　　　　　D. km

401. 激光垂准仪器由多个基本部件组成,用（　　　）来转动仪器。

A. 底座　　　　　　　B. 底角螺旋　　　　　C. 长水准器　　　　　D. 提手

402. 方格网设计高程是指土地平整后,各方格网交点处的（　　　）。

A. 地面高差　　　　　B. 地面高程　　　　　C. 填挖分界线　　　　D. 土方量

403. 控制测量分为（　　　）和高程测量。

A. x 轴控制　　　　B. y 轴控制　　　　　C. 检查　　　　　　　D. 距离

404. 控制测量分为（　　　）和高程控制。

A. x 轴控制　　　　B. y 轴控制　　　　　C. 平面控制　　　　　D. 小区域控制

405. 采用下列哪种方法可尽量减小偶然误差对观测误差的影响（　　　）。

A. 盘左、盘右观测　　B. 往返观测　　　　　C. 连续多次观测　　　D. 换用仪器观测

406. 一般地形图的方格网是由（　　　）的方格组成。

A. 5 cm×5 cm　　　　B. 10 cm×10 cm　　　C. 15 cm×15 cm　　　D. 20 cm×20 cm

407. 利用摄影获得的影片来研究地球表面形状和大小的学科称为（　　　）。

A. 大地测量学　　　B. 普通测量学　　　C. 摄影测量学　　　D. 工程测量学

408. 观测量的观测值与其真值之差,称为(　　　)。

A. 观测误差　　　B. 系统误差　　　C. 偶然误差　　　D. 相对误差

409. 若测定一个矩形建筑物,其碎部点应选择(　　　)。

A. 地物轮廓点上的转折点　　　　　　　B. 该建筑物门口位置

C. 该建筑物中心位置　　　　　　　　　D. 建筑物各柱位置

410. 平整土地测量,对于面积较大又无地形图时,一般应是先布设方格网,然后进行面水准测量,即(　　　)。

A. 用水准仪直接测量方格顶点高程

B. 用水准仪测量方格顶点间的高差

C. 先布置闭合水准路线进行测量,然后再测各方格顶点的高程

411. 某段距离丈量的平均值为 100 m,其往返较差为 +4 mm,其相对误差为(　　　)。

A. 1/25 000　　　B. 1/25　　　C. 1/2 500　　　D. 1/250

412. 下面是三个小组丈量距离的结果,只有(　　　)组测量的相对误差不低于 1/5 000 的要求。

A. 100 m±0.025 m　　　B. 200 m±0.040 m　　　C. 150 m±0.035 m

413. 用视距测量方法进行倾斜距离测量时需要读取上、下丝读数和(　　　)。

A. 水平角　　　B. 竖直角　　　C. 方位角　　　D. 中丝读数

414. 从观察窗看到符合水准气泡影像错动间距较大时,需(　　　),使符合水准气泡影像符合。

A. 转动微倾螺旋　　　B. 转动微动螺旋　　　C. 转动三个螺旋　　　D. 转动脚螺旋

415. 普通测量学是研究地球表面(　　　)内测绘工作的基本理论、技术、方法和应用的学科。

A. 较小区域　　　B. 较大区域　　　C. 很大区域　　　D. 全球范围

416. 导线坐标增量闭合差的调整方法是将闭合差反符号后(　　　)。

A. 按角度个数平均分配　　　B. 按导线边数平均分配　　　C. 按边长成正比例分配

417. 在地形图上,要求将某地区整理成水平面,确定设计高程的主要原则是(　　　)。

A. 考虑原有地形条件　　　B. 考虑填挖方量基本平衡　　　C. 考虑工程的实际需要

418. 吊装柱子时,柱子下端中心线与杯口定位中心线偏差不应大于(　　　)。

A. 2 mm　　　B. 5 mm　　　C. 3 mm

419. 导线测量外业结束后,要进行导线内业计算,其目的是根据外业观测结果和已知起始点的数据,通过(　　　),计算出各导线点的平面坐标。

A. 误差调整　　　　　　　　　　　　B. 修改外业观测结构

C. 理论计算坐标　　　　　　　　　　D. 确定导线点的坐标

420. 对不规则曲线可采用(　　　)计算面积。

A. 坐标计算法　　　B. 几何图形法　　　C. 透明方格纸法　　　D. 求积仪法

421. 据大量观测统计分析,偶然误差绝对值相等的正误差比负误差出现的机会(　　　)。

A. 多　　　B. 少　　　C. 相等　　　D. 无法对比

422. 观测沉降的精度取决于沉降量的大小(　　　)。

A. 沉降的种类　　　B. 观测的目的　　　C. A、B 均不对

423.坡度线的测设是根据水准点( )、设计坡度和坡度线端点的设计高程,用高程测设的方法将坡度线上各点的设计高程标定在地面上。

A.高程 B.距离 C.角度 D.方向

424.设地面上已有 OA 方向线,测设水平角 $\angle AOC$ 等于已知角值 β,采用直接测设法的做法是将经纬仪安置在 O 点,盘左照准 A 点,置零,转过 β 角值,在视线方向上定出 C' 点。盘右照准( )点,置零,转过 β 角值,在视线方向上定出 C'' 点,取 C' 和 C'' 两点连线的中点 C,则 $\angle AOC$ 就是要测设的 β 角。

A. A B. O C. C D. C'

425.根据测角、测边的不同,交会法定点可分为( )。

A.测角前方交会、测角侧方交会、测角后方交会、测边交会

B.测边前方交会、测角侧方交会、测边后方交会、测边交会

C.测角前方交会、测边侧方交会、测角后方交会、测角交会

D.测边前方交会、测角侧方交会、测边后方交会、测角交会

426.《城市测量规范》(CJJ/T 8—2011)规定,在山地每千米测站数超过 16 站时,图根水准测量路线的高差闭合差的允许值为( )。

A. $\pm 40l$ B. $\pm 40n$ C. $\pm 12l$ D. $\pm 12n$

427.在平原进行水准测量一般高差允许闭合差为( )mm。

A. $\pm 10n$ B. $\pm 12n$ C. $\pm 16n$

428.电磁波测距三角高程导线观测中,仪器高和站牌高应在观测前后用经过检验的量杆各量测一次,精确计数至 1 mm,当较差不大于( )时,取中数作为最后的结果。

A.1 mm B.2 mm C.3 mm D.4 mm

429.用电磁波测距仪测设 AB 水平距离时,当应测设的水平距离 AB 与计算水平距离 AB' 之差 $\Delta D = AB - AB' = 0.015$ m 时,说明( )。

A.在点 B' 处用钢尺沿 AB 方向向左改正 0.015 m 为点 B

B.在点 B' 处用钢尺沿 AB 方向向右改正 0.015 m 为点 B

C.在点 B' 处用钢尺沿 AB 方向向内改正 0.015 m 为点 B

D.在点 B' 处用钢尺沿 AB 方向向外改正 0.015 m 为点 B

430.用电磁波测距仪测设 AB 水平距离,其做法是( )。

A.安置测距仪于点 A,瞄准 AB 方向,指挥棱镜前后移动,使仪器显示值略大于测设的距离,定出点 B',计算 AB' 的水平距离。求出 AB 与 AB' 之差 $\Delta D = AB - AB'$,根据 ΔD 将点 B' 改正至点 B

B.安置测距仪于点 A,瞄准某一方向,指挥棱镜前后移动,使仪器显示值略大于测设的距离,定出点 B',计算 AB' 的水平距离。求出 AB 与 AB' 之差 $\Delta D = AB - AB'$,根据 ΔD 将点 B' 改正至点 B

C.安置测距仪于点 A,瞄准 AB 方向,指挥棱镜前后移动,使仪器显示值略小于测设的距离,定出点 B',计算 AB' 的水平距离。求出 AB 与 AB' 之差 $\Delta D = AB - AB'$,根据 ΔD 将点 B' 改正至点 B

D.安置测距仪于点 A,瞄准某一方向,指挥棱镜前后移动,使仪器显示值略小于测设的距离,定出点 B',计算 AB' 的水平距离。求出 AB 与 AB' 之差 $\Delta D = AB - AB'$,根据 ΔD 将点 B' 改正至点 B

431. 测量上采用的平面直角坐标系是（　　）。

A. 纵轴为 y 轴，与南北方向一致，横轴为 x 轴，与东西方向一致；向北为负，向东为负

B. 纵轴为 y 轴，与南北方向一致，横轴为 x 轴，与东西方向一致；向北为正，向东为正

C. 纵轴为 x 轴，与南北方向一致，横轴为 y 轴，与东西方向一致；向北为负，向东为负

D. 纵轴为 x 轴，与南北方向一致，横轴为 y 轴，与东西方向一致；向北为正，向东为正

432. 设地面上已有 OA 方向线，测设水平角 $\angle AOC$ 等于已知角值 β，采用直接测设法的做法是（　　）。

A. 将经纬仪安置在点 O，盘左照准点 A，置零，转过 β 角值，在视线方向上定出点 C'。盘右照准点 C'，转过 β 角值，在视线方向上定出点 C''，取 C' 和 C'' 两点连线的中点 C，则 $\angle AOC$ 就是要测设的 β 角

B. 将经纬仪安置在点 O，盘左照准点 A，置零，转过 β 角值，在视线方向上定出点 C'。盘右照准点 A，置零，转过 β 角值，在视线方向上定出点 C''，取 C' 和 C'' 两点连线的中点 C，则 $\angle AOC$ 就是要测设的 β 角

C. 将经纬仪安置在点 A，盘左照准点 O，置零，转过 β 角值，在视线方向上定出点 C'。盘右照准点 C'，转过 β 角值，在视线方向上定出点 C''，取 C' 和 C'' 两点连线的中点 C，则 $\angle AOC$ 就是要测设的 β 角

D. 将经纬仪安置在 A 点，盘左照准点 O，置零，转过 β 角值，在视线方向上定出点 C'。盘右照准点 O，置零，转过 β 角值，在视线方向上定出点 C''，取 C' 和 C'' 两点连线的中点 C，则 $\angle AOC$ 就是要测设的 β 角

433. A、B 为坡度线的两端点，其水平距离为 D，分成四段，每段距离为 d，设 A 点的高程为 H_A，要沿 AB 方向测设一条坡度为 i 的坡度线，则先根据点 A 的高程、坡度 i 及 A、B 两点间的距离计算点 B 的设计高程，即（　　）。

A. $H_B = H_A + id$　　　B. $H_B = H_A + 2id$　　　C. $H_B = H_A + iD$　　　D. $H_B = H_A + 2iD$

434. 利用水平视线测设已知坡度直线时，A、B 为设计坡度线的两端点，其设计高程分别为 H_A 和 H_B，AB 设计坡度为 i，把 AB 距离 D 分隔成三段，每段距离为 d，即第二段的高差为（　　）。

A. id　　　　　　B. $2id$　　　　　　C. iD　　　　　　D. $H_B - H_A$

435. 欲根据某水准点的高程 H_R 测设点 A，使其高程为设计高程 H_A。在水准点上后视读数为 a，则 A 点尺上应读的前视读数为（　　）。

A. $b = (H_R + a) - H_A$　　　　　　　B. $b = (H_A + a) - H_R$

C. $b = (H_R - a) - H_A$　　　　　　　D. $b = (H_A - a) - H_R$

436. 地面上两点间的高差 h 与前视读数 b 和后视读数 a 之间的关系是（　　）。

A. $h = a + b$　　　　　B. $h = a - b$　　　　　C. $h = b - a$　　　　　D. $h = a \times b$

437. 在精确测设已知水平角，计算该正值 $CC' = OC' \cdot \Delta\beta / P$ 公式中，$\Delta\beta$ 为（　　）。

A. 已知水平角值　　　　　　　　　　B. 实测水平角值

C. 实测水平角值－已知水平角值　　　　D. 已知水平角值－实测水平角值

438. 计算闭合导线角度闭合差公式为（　　）。

A. $f_\beta = \sum \beta_测 - (n-2) \times 180°$　　　　B. $f_\beta = \alpha'_始 + \sum \beta_测 - n \times 180° - \alpha_终$

C. $f_\beta = nV_\beta$　　　　　　　　　　D. $f_\beta = \alpha'_始 - n \times 180° - \alpha_终$

439. 计算闭合导线坐标增量闭合差公式为（　　）。

A. $V\Delta x_i = -f_x/\sum D \times D_{ij}$, $V\Delta y_i = -f_y/\sum D \times D_{ij}$

B. $f_x = \sum \Delta x_{测} - (x_终 - x_始)$, $f_y = \sum \Delta y_{测} - (y_终 - y_始)$

C. $x_前 = x_后 + \Delta x_{ij}$, $y_前 = y_后 + \Delta y_{ij}$

D. $f_x = \sum \Delta x_测$, $f_y = \sum \Delta y_测$

440. 计算附合导线角度闭合差公式为（　　　　）。

A. $f_\beta = \sum \beta_测 - (n-2) \times 180°$　　　　B. $f_\beta = \alpha'_始 + \sum \beta_测 - n \times 180° - \alpha_终$

C. $f_\beta = nV_\beta$　　　　D. $f_\beta = \alpha'_始 - n \times 180° - \alpha_终$

441. 附合水准路线高差闭合差的计算公式为（　　　　）。

A. $f_h = h_往 - h_返$　　　　B. $f_h = \sum h$　　　　C. $f_h = \sum h - (h_终 - h_始)$

442. 在进行高差闭合差调整时，某一测站数计算每站高差改正数的公式为（　　　　　　）。

A. $V_i = f_h/n$（n 为测站数）　　　　B. $V_i = f_h/i$（i 为测段距离）

C. $V_i = -f_h/n$

443. 附合水准路线高差闭合差的计算公式是（　　　　）。

A. $\sum h_测$　　　　B. $h_往 + h_返$

C. $\sum h_测 - (h_始 - h_终)$　　　　D. $\sum h_测 - (h_终 - h_始)$

444. 闭合水准路线高差闭合差的计算公式是（　　　　）。

A. $\sum h$ 测　　　　B. $h_往 + h_返$

C. $\sum h_测 - (h_始 - h_终)$　　　　D. $\sum h_测 - (h_终 - h_始)$

445. 电磁波测距的基本公式 $D = 1/2ct$ 中，c 表示（　　　　）。

A. 距离　　　　B. 时间　　　　C. 速度　　　　D. 温度

446. 电磁波测距的基本公式 $D = 1/2ct$，式中 t 为（　　　　）。

A. 温度　　　　B. 光从仪器到目标传播的时间

C. 光速　　　　D. 光从仪器到目标往返传播的时间

447. 钢尺量距时的高差改正公式为（　　　　）。

A. $\Delta lh = -h2/(2D')$　　　　B. $\Delta lh = +h2/(2D')$

C. $\Delta lh = -h/(2D')$　　　　D. $\Delta lh = h/D'$

448. 用钢尺丈量两点间的水平距离的公式是（　　　　）。

A. $D = nl + q$　　　　B. $D = kl$　　　　C. $D = nl$　　　　D. $D = nl - q$

449. 用导线全长相对闭合差来衡量导线测量精度的公式是（　　　　）。

A. $K = M/D$　　　　B. $K = 1/(D/\sum D)$

C. $K = 1/(\sum D/f_D)$　　　　D. $K = 1/(f_D/\sum D)$

450. 有测回法观测水平角，若右方目标的方向值 $\alpha_右$ 小于左方目标的方向值 $\alpha_左$ 时，水平角 β 的计算方法是（　　　　）。

A. $\beta = \alpha_左 - \alpha_右$　　　　B. $\beta = \alpha_右 - \alpha_左$

C. $\beta = \alpha_右 - 180° - \alpha_左$　　　　D. $\beta = \alpha_右 + 360° - \alpha_左$

451. 当视线倾斜时，视距测量高差计算公式为（　　　　）。

A. $h=1/2rl\sin2\alpha+i-v$ B. $h=rl\sin2\alpha+i-v$

C. $h=1/2rl\sin2\alpha$ D. $h=1/2rl\sin\alpha+i-v$

452. 当视线倾斜时,视距测量水平距离计算公式为( )。

A. $D=rl\cos2\alpha$ B. $D=1/2rl\cos\alpha$ C. $D=1/2rl\cos2\alpha$ D. $D=rl\cos\alpha$

453. 当视线水平时,视距测量水平距离计算公式为( )。

A. $D=Hi-v$ B. $D=rl\cos2\alpha$ C. $D=rl+s$ D. $1/2rl\sin2\alpha$

454. 当视线水平时,视距测量水平距离计算公式 $D=rl+s$ 中,"l"表示( )。

A. 视距尺读数   B. 尺间隔   C. 上丝读数   D. 下丝读数

455. 当视线水平时,视距测量水平距离计算公式 $D=rl+s$ 中,"r"表示( )。

A. 视距加常数   B. 仪器焦距   C. 标尺高度   D. 视距乘常数

456. 视距测量计算公式 $h=i-v$ 中,"i"表示( )。

A. 视距尺高度   B. 中丝读数

C. 仪器高度   D. 瞄准高用钢尺丈量两点间的水准点

457. 一直线 AB 的正方位角是 $30°$,它的反方位角的读数是( )。

A. $30°$ B. $120°$ C. $210°$ D. $300°$

458. 直线 AB 的正方位角是 $360°$,它的反方位角的读数是( )。

A. $90°$ B. $270°$ C. $180°$ D. $360°$

459. 用陀螺经纬仪测得 PQ 的真北方位角为 $\angle APQ=62°11'08''$,计算得点 P 的子午线收敛角 $\gamma_P=-0°48'14''$,则 PQ 的坐标方位角 $\alpha_{PQ}=($)。

A. $62°59'22''$ B. $61°22''54'$ C. $61°06'16''$ D. $62°37'06''$

460. 某直线 AB 在第三象限,其象限角 $R=86°32'16''$,则其坐标方位角 α_{AB} 为( )。

A. $273°27'44''$ B. $106°32'16''$ C. $266°32'16''$ D. $176°32'16''$

461. 某直线的坐标方位角为 $121°23'36''$,则反坐标方位角为( )。

A. $238°36'24''$ B. $301°23'36''$ C. $58°36'24''$ D. $-58°36'24''$

462. 已知 $x_A=2160.7$ m,$y_A=1148.6$ m,$x_B=2\,300$ m,$y_B=1\,300$ m,则 AB 的水平距离 D_{AB} 为( )m。

A. 205.73 B. 206.73 C. 207.73 D. 208.73

463. 某直线 AB 的坐标方位角 $\alpha_{AB}=286°32'16''$,则其象限角为( )。

A. $73°27'44''$ B. $106°32'16''$ C. $163°27'44''$ D. $16°32'16''$

464. 某直线 AB 的坐标方位角 $\alpha_{AB}=236°32'16''$,则其象限角为( )。

A. $33°27'44''$ B. $56°327'16''$ C. $123°277'44''$ D. $-56°32'16''$

465. 地面上有 A、B、C 三点,已知 AB 边的坐标方位角 $\alpha_{AB}=35°23'$,测得左夹角 $\angle ABC=89°34'$,则 CB 边的坐标方位角 $\alpha_{CB}=($)。

A. $124°57'$ B. $304°57'$ C. $-54°11'$ D. $305°49'$

466. 已知两点间距离为 S_{AB},BA 方向的坐标方位角为 α_{BA},则 $\Delta x_{AB}=($)。

A. $S_{AB}\cdot\cos\alpha_{BA}$ B. $S_{AB}\cdot\sin\alpha_{BA}$

C. $S_{AB}\cdot\sin(\alpha_{BA}\pm180°)$ D. $S_{AB}\cdot\cos(\alpha_{BA}\pm180°)$

467. 地面上有 D、E、F 三点,已知 DE 边的坐标方位角为 $90°$,在点 E 测得左夹角 $\angle DEF=180°$,则 EF 的坐标方位角( )。

A. $90°$ B. $180°$ C. $270°$ D. $0°$

468. 直线 AB 的象限角 $R_{AB}=30°$，方向为西南，则其坐标方位角 $\alpha_{AB}=($ $)$。

    A. 240°   B. 210°   C. 150°   D. 120°

469. 直线 AB 的象限角为(   )，则 AB 的方位角为 315°。

    A. NW45°   B. SE45°   C. NE45°   D. SE45°

470. 已知 A、B 两点的坐标为 $A(500.00,835.50)$、$B(455.38,950.25)$，则 AB 边的坐标方位角为(   )。

    A. $68°45'06''$ B. $-68°45'06''$ C. $245°45'06''$ D. $111°14'54''$

471. 地面上 A、B、C 三点，已知 AB 边的坐标方位角为 $35°23'$，在点 B 测得右夹角 $\angle ABC=89°34'$，则 BC 边的坐标方位角为(   )。

    A. $125°49'$ B. $304°57'$ C. $-54°11'$ D. $305°49'$

472. 已知某直线的坐标方位角为 $289°20'$，则该直线的反坐标方位角为(   )。

    A. $70°40'$ B. $109°20'$ C. $19°20'$ D. $119°20'$

473. 已知一直线的坐标方位角是 $200°23'37''$，则该直线上的坐标增量符号是(   )。

    A. $(+,+)$ B. $(-,+)$ C. $(-,+)$ D. $(+,-)$

474. 已知一直线的坐标方位角是 $150°23'37''$，则该直线上的坐标增量符号是(   )。

    A. $(+,+)$ B. $(-,+)$ C. $(-,+)$ D. $(+,-)$

475. 已知 $x_A=2\,000$ m，$y_A=1\,150$ m，$x_B=2\,300$ m，$y_B=1\,100$ m，则 AB 的直线方位角 α_{AB} 为(   )。

    A. $38°02'49''$ B. $350°32'16''$ C. $141°57'11''$ D. $170°32'16''$

476. 已知 AB 两点的边长为 188.43 m，方位角为 $146°07'06''$，则 AB 的坐标增量为(   )。

    A. -156.433 m   B. 105.176 m   C. 105.046 m   D. -156.345 m

477. 点 A 坐标为 $(1\,961.59,1\,102.386)$，点 B 坐标为 $(2\,188.00,1\,036.41)$，那么 AB 边方位角在第(   )象限。

    A. 二   B. 三   C. 四   D. 五

478. 已知点 A 坐标为 $(2\,032.154,3\,213.258)$，AB 两点的边长为 188.43 m，方位角为 $146°07'06''$，则点 B 坐标为(   )。

    A. $(1\,875.721,3\,318.304)$ B. $(2\,137.200,3\,056.825)$

    C. $(1\,927.108,3\,369.691)$ D. $(2\,188.587,3\,108.212)$

479. 已知点 A 的坐标为 $(100,100)$，点 A 到点 B 的水平距离为 100 m，方位角为 315°，则点 B 的 x、y 坐标为(   )。

    A. 170.711,29.289   B. 29.289,70.711   C. 50,250   D. 250,50

480. 直线 AB 的象限角为 30°，它的方位角是(   )。

    A. 210°   B. 150°   C. 330°   D. 30°

481. 经纬仪望远镜仰起时，竖盘读数增大，若盘右观测某点竖盘读数为 $273°17'36''$，则望远镜视线的竖盘角是(   )。

    A. $3°17'36''$ B. $-3°17'36''$ C. $7°42'24''$ D. $-7°42'24''$

482. 经纬仪的竖盘按顺时针方向注记，当视线水平时，盘左竖盘读数为 90°，用该仪器观测一高处目标，盘左读数为 $75°10'24''$，则此目标的竖角为(   )。

    A. $-57°10'24''$ B. $57°10'24''$ C. $-14°49'36''$ D. $14°49'36''$

483. 已知视距测量上、下丝读数差 $l=0.386$，竖直角 $\alpha=-5°27'06''$，此段水平距离为（　　）m。

A. 38.25　　　　　　B. -38.25　　　　　　C. 38.44　　　　　　D. -38.44

484. 已知视距 $kl=123.8$ m，竖立角 $\alpha=+5°12'24''$，仪器高 $i=1.45$ m，瞄高 $v=1.400$ m，则此段水平距离为（　　）。

A. 121.67 m　　　　B. 123.29 m　　　　C. 119.76 m　　　　D. 122.78 m

485. 已知视距 $kl=123.8$ m，竖立角 $\alpha=+5'12''$，此段水平距离为（　　）。

A. 121.67 m　　　　B. 123.29 m　　　　C. 119.76 m　　　　D. 122.78 m

486. 已知视距测量上丝读数为 1.423，下丝读数为 1.755，经纬仪盘左竖直度盘读数为 $86°12'36''$（经纬仪盘左仰视时读数减小），仪器高 $i=1.45$ m，瞄高 $v=1.400$ m，则可知此段水平距离和高差各为（　　）m。

A. 33.055,2.190　　B. 33.127,2.051　　C. 33.055,2.051　　D. 33.127,2.190

487. 观测某目标竖直角，盘左读数 $L=93°13'24''$，盘右读数 $R=262°46'48''$，则该仪器的竖盘指标差 $x=$（　　）。

A. $-15''$　　　　　B. $15''$　　　　　　C. $-6''$　　　　　　D. $6''$

488. 观测某目标竖直角，盘左读数 $L=93°18'42''$，盘右读数 $R=266°40'54''$，则该仪器的竖盘指标差 $x=$（　　）。

A. $-12''$　　　　　B. $12''$　　　　　　C. $-24''$　　　　　　D. $24''$

489. 水准测量后视读数为 1.576，前视读数为 1.067，则高差是（　　）m。

A. 0.509　　　　　　B. -0.509　　　　　　C. 0.511　　　　　　D. -0.511

490. 用经纬仪观测某交点的右角，若后视读数为 $200°00'00''$，前视读数为 $0°00'00''$，则外距方向的读数为（　　）。

A. 100°　　　　　　B. 80°　　　　　　　　C. 280°　　　　　　D. 180°

491. 下列各种比例尺的地形图中，比例尺最大的是（　　）。

A. 1：5 000　　　　B. 1：2 000　　　　C. 1：1 000　　　　D. 1：500

492. 1：500 比例尺地形图上 0.2 mm，在实地为（　　）。

A. 10 m　　　　　　B. 10 dm　　　　　　C. 10 cm　　　　　　D. 10 mm

493. 比例尺为 1：5 000 的地形图的比例尺精度是（　　）。

A. 5 m　　　　　　　B. 0.1 mm　　　　　　C. 5 cm　　　　　　D. 50 cm

494. 比例尺为 1：1 000 的地形图，它的比例尺精度是（　　）。

A. 0.01 m　　　　　B. 0.1 m　　　　　　C. 0.001 m　　　　　D. 0.000 1 m

495. 若地形点在图上的最大距离不能超过 3 cm，对于比例尺为 1：500 的地形图，相应地形点在实地的最大距离应为（　　）。

A. 15 m　　　　　　B. 20 m　　　　　　　C. 30 m　　　　　　D. 10 m

496. 在 1：1 000 的比例尺图上，量得某绿地规划区的边长为 60 mm，则其实际水平距离为（　　）。

A. 80 m　　　　　　B. 60 m　　　　　　　C. 40 m　　　　　　D. 6 m

497. 在 1：2 000 的比例尺图上，量得 A、B 两点间的距离为 50 mm，则 A、B 两点的实际水平距离为（　　）。

A. 100 m　　　　　　B. 50 m　　　　　　　C. 25 m　　　　　　D. 50 mm

498.在比例尺为1∶2 000,等高距为2 m的地形图上,如果按照指定坡度0.2%,从坡脚A到坡顶B来选择路线,其通过相邻等高线时在图上的长度为(   )。

A.10 mm   B.20 mm   C.25 mm   D.15 mm

499.在1∶1 000地形图上,设等高距为1 m,现量得某相邻两条等高线上A、B两点间的图上距离为0.01 m,则A、B两点的地面坡度为(   )。

A.1%   B.5%   C.10%   D.20%

500.在地形图上,量得点A高程为21.17 m,点B高程为16.84 m,A、B两点距离为279.50 m,则直线AB的坡度为(   )。

A.6.8%   B.1.5%   C.−1.5%   D.−6.8%

501.在地形图上有高程分别为26 m、27 m、28 m、29 m、30 m、31 m的等高线为(   )m。

A.26、31   B.27、32   C.29   D.30

502.有1∶1 000的比例尺的地形图,设其图上一方格左下角的坐标为(500 m,1 000 m),方格中内有一P点,量得点P至方格左侧边线距离为60 mm,P点至方格下侧边线距离为30 mm,则点P的坐标为(   )。

A.(560 m,1 030 m) B.(530 m,1 060 m) C.(530 m,1 060 m) D.(500 m,1 000 m)

503.在1∶5 000地形图上要选一条坡度不超过2%的输水线路,若地形图的等高距为2 m,则线路通过相邻等高线间的最短平距为(   )。

A.5 mm   B.10 mm   C.15 mm   D.20 mm

504.某地形图中点A、B、C三点位于等高线89和88之间,其中点A距离89等高线最近,点C位于等高线89与等高线88中间,点B距离等高线88最近,则A、B、C三点高程(   )。

A.A>B>C   B.A>C>B   C.A<C<B   D.A=B=C

505.通过计算,地形图中点坐标为(14 562,37 210,25.8),下列说法正确的是(   )。

A.点A的坐标$y=14\ 562.322,x=37\ 210.105$

B.地形图中点位计算坐标精度高但计算高程精度不高

C.点A的坐标是根据地形图上标注的坐标格网的坐标值确定的

D.点A的坐标$E=14\ 562.322,N=37\ 210.105$

506.一根名义长度为30 m的钢尺,经检定得实际长度为29.994 m,用这把钢尺丈量两点距离为64.592 m,则改正后的水平距离为(   )m。

A.64.579   B.64.605   C.64.598   D.64.586

507.一根名义长度为50 m的钢尺,经检定得实际长度为50.005 m,用这把钢尺丈量两点距离为180.592 m,则改正后的水平距离为(   )m。

A.180.579   B.180.574   C.180.598   D.180.586

508.某点的高斯平面直角坐标为$x=3\ 263\ 245$ m,$y=21\ 534\ 357$ m,表示该点位于第(   )个6°带上。

A.32   B.21   C.45   D.57

509.某点所在的6°带的高斯坐标值为366 712.48 m,21 331 229.75 m,则该点位于(   )。

A.21带,在中央子午线以东   B.36带,在中央子午线以东

C. 21 带,在中央子午线以西　　　　　　　　D. 36 带,在中央子午线以西

510. 某点的高斯平面直角坐标为 $x=3\,263\,245$ m,$y=21\,534\,357$ m,表示该点在该带中央子午线的(　　)。

A. 东侧　　　　　　B. 南侧　　　　　　C. 西侧　　　　　　D. 北侧

511. 利用水准仪进行基础标高控制,若槽底设计高程为 0.5 m,在基槽边安置水准仪,在槽边已知高程点上放置水准尺,读出后视读数 a 为 1.352 m,该点的已知高程为 2.532 m,那么当前视读数为(　　)时,水准尺底即槽底设计高程之处。

A. 0.680 m　　　　B. 1.852 m　　　　C. 2.784 m　　　　D. 3.884 m

512. 在电磁波测距三角高程导线观测中,仪器高和觇牌高应在观测前后用经过检验的量杆各量测一次,精确计数至 1 mm,当较差不大于(　　)时,取中数作为最后的结果。

A. 1 mm　　　　　B. 2 mm　　　　　C. 3 mm　　　　　D. 4 mm

513. 分段丈量一直线上两段距离 AB、BC,丈量结果及其中误差为 $AB=185.12$ m$\pm$0.10 m,$BC=200.18$ m$\pm$0.13 m,则直线全长 AC 的误差为(　　)。

A. ±0.13 m　　　　B. ±0.10 m　　　　C. ±0.17 m　　　　D. ±0.13 m

514. 对某角观测 4 测回,每测回的观测中误差为 $\pm8.5''$,则其算术平均值中误差为(　　)。

A. $\pm2.1''$　　　　B. $\pm1.0''$　　　　C. $\pm4.2''$　　　　D. $\pm8.5''$

515. 观测一四边形的 3 个内角,中误差分别为 $\pm4''$、$\pm5''$、$\pm6''$,则计算得第 4 个内角角值的中误差为(　　)。

A. $\pm5''$　　　　　B. $\pm7''$　　　　　C. $\pm9''$　　　　　D. $\pm15''$

516. 由 30 m 长的钢尺往返丈量 A、B 两点间的距离。丈量结果分别为往测 77 813 m,返测 77.795 m,则量距相对误差为(　　)。

A. 1/2 000　　　　B. 1/2 800　　　　C. 1/3 200　　　　D. 1/4 300

517. 钢尺精密量距往、返测结果分别为 $D_{往}=134.908\,5$,$D_{返}=134.986\,8$,则量距相对误差为(　　)。

A. 1/10 000　　　B. 1/17 000　　　C. 1/18 000　　　D. 1/211 000

518. 利用高程传递法开挖基槽时,已知水准点 A 的高程为 H_A,深基坑内点 B 的设计高程为 H_B。坑口的水准仪读取点 A 水准尺和钢尺上读数分别为 a、c,坑底的水准仪在钢尺上的读数为 d。点 B 所立尺上的前视读数 b 应为(　　)。

A. $b=H_A+a-(c-d)-H_B$　　　　　B. $b=H_A+a-(d-c)-H_B$

C. $b=H_B+a-(c-d)-H_A$　　　　　D. $b=H_B+a-(d-c)-H_A$

519. 利用高程传递法开挖基槽时,点 A 为水准点,点 B 为设计高程点,当把点 B 测设完后,可将位置变动 10～20 cm 进行检核,两次求得的差值不得大于(　　)。

A. 2 mm　　　　　B. 3 mm　　　　　C. 4 mm　　　　　D. 5 mm

520. 利用水平视线测设已知坡度直线时,已知水准点 BM1 的高程为 73.378 m,A、B 为设计坡度的两端点,点 A 的设计高程为 72.981 m,AB 的设计坡度为 -4%,把 AB 距离 $D=100$ m 分隔成四段,每段距离为 $d=25$ m,水准仪照准已知水准点的读数为 0.875 m,即第三段前视点的设计高程为(　　)。

A. 71.981 m　　　　B. 70.981 m　　　　C. 69.981 m　　　　D. 68.981 m

521. 已知 A、B 两点,量得两点间的斜距为 50 m,高差为 5 m,则倾斜改正数为(　　)。

A. -0.25 m　　　B. $+0.25$ m　　　C. -0.15 m　　　D. $+0.15$ m

522.已知 A、B 两点,用斜量法测得两点间的斜距为 50 m,高差为 5 m,则 A、B 两点间的水平距离为(　　)。

A. 49.749 m　　B. 49.989 m　　C. 50 m　　　D. 48.769 m

523.若某中桩距路线起点的线路长度为 15 276.321 m,则该中桩里程表示为(　　)。

A. K15+276.321　B. K1+5276.321　C. K152+76.321　D. 152+76.321

524.测设建筑方格网的三个主点 A、O、B 时,$\angle AOB$ 与 $180°$ 的差应在(　　)之内。

A. $\pm 5''$　　　B. $\pm 10''$　　　C. $\pm 15''$　　　D. $\pm 20''$

525.闭合导线内业计算中,根据外业观测数据计算角度闭合差,已知外业测得 $\sum \beta = 360°00'38''$,此闭合导线有 4 个内角,则此闭合导线角度闭合差为(　　)。

A. $+38''$　　　B. $-38''$　　　C. $+180°22'38''$　　D. $-180°22'38''$

526. A、B 两点水平距离为 100 m,斜距为 100.125 m,高差为 5 m,则直线 AB 的坡度 i 为(　　)。

A. 5.000%　　B. 4.994%　　C. 2.498%　　D. 2.500%

527.已知某弯道的转角为 α,圆曲线的半径为 80 m,查表所得测设元素值为 T、L、E、D,则该圆曲线的实际测设元素值应为(　　)。

A. 0.80T、0.80L、0.08E、0.80D　　　　B. 1.25T、1.25L、1.25E、1.25D

C. T、L、E、D　　　　　　　　　　　D. 0.5T、0.5L、0.5E、0.5D

528.在水准测量中设点 A 为后视点,点 B 为前视点,并测得后视点读数为 1.124 m,前视读数为 1.428 m,则点 B 比点 A(　　)。

A. 高　　　　B. 低　　　　C. 等高

529.若某中桩桩号为 K3+257.6,则该中桩距路线起点的线路长度为(　　)。

A. 3 257.6 m　B. 32 570.6 m　C. 32 576 m　　D. 32 5760 m

530.某边长丈量若干次,计算得到平均值为 540 m,平均值的中误差为 0.05 m,则该边长的相对误差为(　　)。

A. 0.000 092 5　B. 1/10 800　　C. 1/10 000　　D. 1/500

531.水准测量中,设每个测站高差的中误差为 ± 5 mm,若每千米设 16 个测站,则每千米高差的中误差为(　　)。

A. ± 80 mm　　B. ± 20 mm　　C. ± 5 mm　　　D. ± 10 mm

二、判断题

1.钢尺量距时,温度改正数的大小随温度的升高而增加。(　　)

2.坐标反算是根据已知点的坐标、已知边长及该边的坐标方位角计算未知点坐标的方法。(　　)

3.水准尺要扶直,因为水准尺前倾,会使读数变小;水准尺后倾,会使读数变大。(　　)

4.摄影测量学是中国测绘国家基本地形图的主要方法。(　　)

5.距离交会法是在两个控制点上各测设已知长度交会出点的平面位置。(　　)

6.地形图在场地平整的应用中,只能对设计成水平场地时进行土方平衡的计算,如设计成倾斜场地,则不能进行计算。(　　)

7.偶然误差具有累积性,可通过一定的方法消除或减弱。(　　)

8.系统误差具有累积性,可通过一定的方法消除或减弱。(　　)

9.采用视距测量的方法测定地面上两点间水平距离,当一次所测的水平距离越远,其测量精度越高。(　　　)

10.钢尺量距时直线定线的方法有目估定线、经纬仪定线和水准仪定线等方法。(　　　)

11.建筑物的详细放样根据是定位时确定的轴线、放样建筑物各部位的轴线和边线。(　　　)

12.三角高程路线应组成闭合测量路线或附合测量路线,可以起闭于同一等级的水准点上。(　　　)

13.某基线丈量若干次计算得到平均长为 540 m,平均值的中误差为 0.05 m,则该基线的相对误差为 1/10 000。(　　　)

14.在水平角测量中,边长越短,目标偏心误差对水平角的影响越小。(　　　)

15.DJ2 级光学经纬仪比 DJ6 级光学经纬仪的精度高。(　　　)

16.因为水准点必须选在地质坚实处,所以建筑物沉降观测前不需要检查水准点的高程是否变化。(　　　)

17.施工测设与地形图测绘的工作目的是一样的。(　　　)

18.小区域平面控制网由高级到低级分级建立。(　　　)

19.1∶2 000 地形图的比例尺精度是 0.2 m。(　　　)

20.三、四等水准测量除了应用于国家高程控制网的加密外,还能够应用于建立小区域首级高程控制网。(　　　)

21.地形图既表示地物的平面位置,又表示地貌的形态。(　　　)

22.导线测量在测转折角当中,以前进方向的导线点为左目标时,此转折角为右角。(　　　)

23.同一条直线的正反方位角相差 360°。(　　　)

24.中平测量遇到跨沟谷时,通常采用沟内、沟外同时分别设转点分开施测的方法,以提高测量的精度。(　　　)

25.施工层标高的传递,宜采用悬挂钢尺替代水准尺测量方法进行,并应对钢尺读数进行温度、尺长和拉力改正。(　　　)

26.测量水平角时,水平度盘随照准部一起旋转。(　　　)

27.DJ2 级光学经纬仪可直读到 2″。(　　　)

28.规范规定,竖直角观测时,DJ6 级光学经纬仪指标差互差不得超过 24″。(　　　)

29.在施工场地建立平面控制网的同时还必须重新建立施工高程控制网。(　　　)

30.地面点相对大地水准面的铅垂距离称为该点的相对高程。(　　　)

31.对测绘仪器工具,必须做到及时检查校正、加强维护、定期检修。(　　　)

32.相邻两条等高线的高程之差称为等高线平距。(　　　)

33.已知水平角的测设就是根据地面已知的一条直线方向,在该直线的一个端点安置经纬仪,定出另外一个方向,使得两方向线间的水平角等于设计的水平角值。(　　　)

34.水准仪安置的高与低,与观测高差的结果无关。(　　　)

35.当开挖较深的基槽,将高程引测到建筑物的上部时,由于测设点与水准点之间的高差很大,无法用水准尺测定点位的高程,此时应采用视线高法。(　　　)

36.坐标反算是根据已知点的坐标、已知边长及该边的坐标方位角计算未知点坐标的方法。(　　　)

37.等精度观测是指系统误差相同的观测。（　　）

38.视距测量时,要求视距尺严格垂直。若视距尺发生倾斜,对当视线水平时的所测得水平距离会比一般的实际距离偏大。（　　）

39.用皮数杆或线杆来控制砌墙的高度和砖行的水平。（　　）

40.大地水准面有无数个。（　　）

41.在三角高程测量中,采用对向观测的方法可以减弱仪器下沉和大气折光的影响。（　　）

42.在同一个竖直面内,高低不同的点在竖直度盘上的读数不同。（　　）

43.工业建筑厂房测设的精度一般要低于民用建筑。（　　）

44.建筑方格网设计时,坐标原点应尽可能与现有的导线或三角点重合。（　　）

45.无论是闭合导线、附合导线还是支导线,都有检核条件。（　　）

46.在建筑场地中没有建筑红线时,就需要在建筑设计总平面图上根据建筑物的设计坐标和附近已有的测图控制点来选定建筑基线的位置。（　　）

47.观测者面对目镜时,竖盘位于望远镜左侧,称为盘左位置。（　　）

48.地形图测量时,碎部点的选择是保证成图和提高测量效率的关键。碎部点应尽量选在地势较高、容易看见的地方。（　　）

49.为工程建设和工程放样而布设的平面控制网称为施工控制网。（　　）

50.目前水平距离的测设,尤其是长距离的测设,多采用经纬仪测设。（　　）

51.地球曲率对高程的影响很小,在短距离高程测量时可不考虑地球曲率对高程的影响。（　　）

52.两倍照准差,即为同一目标两次读数之差。（　　）

53.在视距测量中,水准尺宜选用厘米分划的整体尺,使用塔尺时应检查接口处是否准确密合。（　　）

54.钢尺量距的一般方法中,一般需进行往返测。（　　）

55.为了便于建筑物的设计和施工放线,设计总平面图上建(构)筑物的平面位置常采用测图坐标系来表示。（　　）

56.闭合导线计算需考虑已知点的高程。（　　）

57.等高线稀疏,说明地形平缓;等高线密集,说明地形陡急。（　　）

58.电子水准仪不可以采用普通的双面尺进行测量,必须采用条码水准尺进行测量。（　　）

59.在水准测量中采用往返观测方法,取高差中数,可以减弱仪器下沉对高差产生的影响。（　　）

60.水平角的大小与地面点的位置无关。（　　）

61.地形图上直接量取求得 A、B 两点间的图纸距离乘以比例尺分母所得 A、B 两点的实际距离,如两点的高程不同,则其为斜距;如两点的高程相同,则其为平距。（　　）

62.为了便于以后使用时查找,水准点埋设后应绘制点之记。（　　）

63.三、四等水准测量一般采用双面尺法进行观测,四等水准测量的观测顺序为"后一前一前一后"。（　　）

64.测量误差总是存在的,是不可避免的,但是随着科学技术的进步,总有一天会消除测量误差。（　　）

65. 在后方交会法中,如果选定的交会点 P 与已知点 A、B、C 三点恰好在同一圆周上时,则点 P 无定解,此圆称为安全圆。(　　)

66. 观测误差的大小受观测条件的制约,观测条件好时,误差就小,所获得的观测结果的质量就高;反之,误差就大,观测结果的质量就低。(　　)

67. 视准轴不垂直于横轴,所偏离的角度 C,称为视准轴误差。(　　)

68. 微倾式水准仪整平时只需要调圆水准器。(　　)

69. 水平角的取值范围为 $0°\sim180°$。在工程建设中,测量的精度和速度直接影响到整个工程的质量和规模。(　　)

70. 横断面的测量方法有花杆皮尺法、水准仪法、经纬仪法、目估法。(　　)

71. 地形图比例尺表示图上两点之间距离 d 与地面两点倾斜距离 D 的比值。(　　)

72. 当望远镜视线水平,竖盘指标水准管气泡居中时,竖盘读数应为 $90°$ 的倍数。(　　)

73. 高层建筑物施工的竖向投测精度与其结构形式和高度有关。(　　)

74. 视距测量时,已知视线水平的尺间隔为 0.232 m,则该水平距离是约 232 m。(　　)

75. 在工程建设中,要将建筑物的平面位置标定在实地上,其实质就是将建筑物的一些轴线交叉点、拐角点在实地标定出来。(　　)

76. 测定控制点平面 x 轴和 y 轴位置的工作称为平面控制测量。(　　)

77. 测量精度的高低,是对于不同的观测组而言的,对于同一观测组的若干个观测值,每个观测值的精度是相同的。(　　)

78. 坡度线的测设是根据附近水准点的高程、设计坡度和坡度线端点的设计高程,用高程测设的方法将坡度线上各点的设计高程标定在地面上。(　　)

79. 钢尺量距的常用工具中,测钎和标杆的作用相同。(　　)

80. 建筑方格网的主轴线选定后,就可根据建筑物的大小和分布情况而加密方格网。(　　)

81. 水准仪不需要进行对中操作,而经纬仪则需要在读数前进行对中和整平。(　　)

82. 碎部测量就是根据图上控制点的位置,测定碎部点的平面位置和高差,并按图式规定的符号绘成地形图。(　　)

83. 在山区或高程建筑物上,若用水准测量作高程控制,可采用三角高程测量的方法测定两点间的高差和点的高程。(　　)

84. 钢尺量距的一般方法精度不高,相对误差一般只能达到 $1/3\,000\sim1/1\,000$。(　　)

85. 导线点应均匀布设在测区,导线边长必须大致相等。(　　)

86. 厂房矩形控制网是为了满足厂区内单个厂房建设需要而建立的独立矩形控制网。(　　)

87. 根据相对误差的概念,若等精度观测 $\angle A$ 和 $\angle B$ 的两个角,则大角的相对误差小,小角的相对误差大。(　　)

88. 水准点高程必须和国家水准点联测,取得国家统一高程,每隔约 20 km 与国家水准点再次联测,进行检核。(　　)

89. 钢尺量距时的倾斜改正数永远为负数。(　　)

90. 测量工作包括测定和测设。(　　)

91. 坐标正算根据已知点的坐标计算出两点间的水平距离及其方位角。(　　)

92. 导线测量是建立小地区平面控制网常用的一种方法,特别是在地物分布复杂的建筑

区,平坦而通视条件差的隐蔽区,多采用导线测量的方法。(　　)

93.视距测量可同时测定地面上两点间的水平距离和高差。但其操作受地形限制,精度较高。(　　)

94.布置建筑方格网时,当建筑场地占地面积较大,通常是分两级布设的。(　　)

95.用切线支距法测设圆曲线一般是以曲线的起点或终点为坐标原点,以切线方向为 y 轴,以垂直于切线方向的半径方向为 x 轴。(　　)

96.在精确测设已知水平角时,当 $\Delta\beta=\beta-\beta_1>0$ 时(β 为要测设的角值, β_1 为实测各测回平均值),说时应从垂线方向向外改正。(　　)

97.用垂球法进行高层建筑轴线投测,具有占地小、精度高、速度快等优点。(　　)

98.电磁波测距所用的测距仪,其测距原理可分为脉冲式和相位式两种,两种在计算距离时均要算得调制光往返传播所用的时间。(　　)

99.施工阶段的测量任务是进行选线的测量工作。(　　)

100.当视线倾斜时,视距测量要求视距尺竖立时与视线垂直。(　　)

101.在一列等精度观测中,若发现该列某个误差超过三倍中误差,则相应的观测应舍去。(　　)

102.水准仪安置的高与低,与观测高差的结果无关。(　　)

103.若是机械开挖基槽,应在施工现场安置水准仪,边挖边测,随时指挥挖土机调整挖土深度。(　　)

104.地面上有 A、B 两点, A、B 两点的连线 AB 与 BA 的方向相同。(　　)

105.用双面尺法进行三、四等水准测量所使用的标尺为红黑面区格式木质标尺,两根标尺黑面的底数均为 0.1,红面的底数一根为 4.687,另一根为 4.787,相差 0.2 m。(　　)

106.图上不仅表示出地物的平面位置,同时还把地貌用规定的符号表示出来,这种图称为平面图。(　　)

107.水准测量中高差闭合差的调整原则是按测站数或距离成正比例反符号分配到各段高差中。(　　)

108.工程建筑物的施工放样也必须遵循"由整体到局部,先控制后碎部"的原则和工作程序。(　　)

109.等高线的平距均匀,表示地面坡度水平。(　　)

110.主轴线确定后,先在主方格网内进行方格网的加密,然后再进行主方格网的测设。(　　)

111.已知水平距离的测设就是从地面一已知点开始,直接定出另外一点,使得两点间的水平距离为给定的已知值。(　　)

112.钢尺的名义长度与实际长度不符,将产生尺长误差,尺长误差的大小与所丈量的距离无关。(　　)

113.利用角度交会法测设点的平面位置,是在两个控制点上用两台经纬仪测设出两个已知数值的竖直角,交会出待定点的地面位置。(　　)

114.已知高程的测设就是根据已给定的点位,利用附近已知水准点,在点位上标定出给定高程的位置。(　　)

115.地形图的比例尺用分子为 1 的分数形式表示时,分母大,比例尺大,表示地形详细。(　　)

116. 使用电子全站仪进行角度测量,可以实现全天候不间断角度测量工作。(　　)

117. 应用前方交会法计算坐标时,必须注意实测图形的编号与推导公式的编号要一致。(　　)

118. 地面上高程相等的相邻各点连接而成的闭合曲线叫作等高线。(　　)

119. 用 DJ2 级光学经纬仪观测水平角时需考虑视准轴误差,即 $2C$。(　　)

120. 在实际的测量误差计算中,中误差计算时是用算术平均值代替真值的。(　　)

121. 人眼分辨两个点的最小视角约为 60″,以此作为眼睛的鉴别角。(　　)

122. 确定地面点位置的基本要素包括水平角、水平距离和高程。(　　)

123. 公路中线测设时,里程加桩应设置在中线的边坡点处、地形点处、桥涵位置处、曲线主点处、交点和转点处。(　　)

124. 多层建筑从下往上进行轴线传递时可以使用吊锤球法。(　　)

125. 中误差不等于真误差,中误差的大小反映了该组观测值精度的高低。(　　)

126. 极坐标法是在控制点上测设一个角度和一段距离来确定点的平面位置的。(　　)

127. 建筑场地的施工控制基准线称为建筑基线。(　　)

128. DS1 型水准仪的"1"代表的是读数可直读到 1 mm。(　　)

129. 在三角高程测量中,采用对向观测的方法可以减弱仪器下沉和大气折光的影响。(　　)

130. 图根点的密度应根据测图比例尺和地形条件而定,对于地形复杂、隐蔽以及城市建筑区,可适当加大图根点的密度。(　　)

131. 竣工测量的目的是反映建筑物(构筑物)、道路地下管线和工程实际情况,为工程将来交付使用后进行检修、改建或扩建等提供实际资料。(　　)

132. 在坐标计算之前,应先检查外业记录和计算是否正确,观测成果是否符合精度要求,检查无误后,才能进行计算。(　　)

133. 施工控制网是在工程总体布置已经确定的情况下进行布设的,与测图控制网所控制的范围相比较,施工控制网的范围较小。(　　)

134. 建筑物的定位方法有根据原有建筑物定位和根据建筑方格网定位两种。(　　)

135. 在全国范围内建立起来的控制网称为国家控制网。(　　)

136. 成果检核也称路线检核,其目的是以规定的限差为标准,鉴别一条水准路线观测成果的正确性。(　　)

137. 地形图的基本应用中,在图上确定两点间的直线距离和直线的坐标方位角时,均需先求出相应两点坐标,再来计算。(　　)

138. 三等水准测量一测站两次测得高差之差,不得超过 1 mm。(　　)

139. 控制测量分为 x 轴控制和 y 轴控制。(　　)

140. 地面点的高程通常是指该点到参考椭球面的垂直距离。(　　)

141. 测量误差经过传播后,有时会增大,有时会减小。(　　)

142. 路线上里程桩的加桩有地形加桩、地物加桩、人工结构物加桩和工程地质加桩等。(　　)

143. 用罗盘仪测定磁方位角时,一定要根据磁针南端读数。(　　)

144. 基坑内采用高程传递法,要求此法的误差小于 ±2 cm。(　　)

145. 同一直线的正反坐标方位角值相差 180°。(　　)

146.高压线路在地形图上用非比例符号加注记符号来表示。（　　）

147.水准仪经过检验校正,可以彻底清除 i 角误差对高差的影响。（　　）

148.地面上过一点的真子午线方向与磁子午线方向是一致的。（　　）

149.龙门板钉设在建筑物四角和隔墙基础两端基坑外 2～3 m 处。（　　）

150.象限角为锐角。（　　）

151.对于 6°带的高斯平面直角坐标系,为避免中国地区的点的 y 坐标出现负值,规定把 x 轴向东平移 500 km。（　　）

152.系统误差可以消除或减弱,偶然误差也可以消除或减弱。（　　）

153.高层建筑的高程传递,多层民用建筑宜从 2 处分别向上传递,高层民用建筑宜从 3 处分别向上传递。（　　）

154.水准测量时,前后视点、仪器都必须设置在同一直线上才可以进行观测。（　　）

155.竖直角由仪器横轴中心的铅垂线起算,有正负之分。（　　）

156.钢尺量距精密方法三组读数测得长度之差应小于 2 mm,否则重测。（　　）

157.视距测量的精度与标尺是否严格竖直有关,标尺向前倾斜则所测距离值减小,向后倾斜则所测距离值增大。（　　）

158.基本水准点设置的位置应选择在施工范围以外。（　　）

159.倾斜视线法测设已知坡度直线,就是利用视线与已知坡度平行原理测设的。（　　）

160.基坑内采用高程传递法,要求此法的误差小于±2 cm。（　　）

161.导线测量只能用全站仪进行导线转折角和边长的测量。（　　）

162.当 h_{AB} 为正时,说明点 B 高于点 A。（　　）

163.距离丈量的精度是用绝对误差来衡量的。（　　）

164.轴线控制桩一般应设在开挖边线 1～2 m 以外的地方,并用水泥砂浆加固。（　　）

165.路线纵断面测量的任务是测定中线各里程桩的地面高程、绘制路线纵断面图、根据纵坡设计计算设计高程。（　　）

166.平面控制网一般分两级布设,首级网作为基本控制,目的是放样各个建筑物的主要轴线;第二级网为加密控制,它直接用于放样建筑物的特征点。（　　）

167.水准仪有四条主要轴线。（　　）

168.在施工过程中,不能用建筑红线作为建筑基线来测设。（　　）

169.施工层标高的传递,宜采用悬挂钢尺替代水准尺的水准测量方法进行。（　　）

170.在设计图纸上的坐标一般是施工坐标。（　　）

171.按路线前进方向,后一条延长线与前一条延长线的水平夹角叫转角,在延长线左侧的转角叫左转角,在延长线右侧的转角叫右转角。（　　）

172.三、四等水准测量除了应用于国家高程控制网的加密外,还能够用于建立小区域首级高程控制网。（　　）

173.高程控制测量的主要方法是导线测量。（　　）

174.地物在地形图上的表示方法分为等高线、半比例符号、非比例符号。（　　）

第三篇　实操强化

测量实验须知

一、基本事项

①实验仪器、训练场所准备。每小组一套适合训练的测量仪器设备和训练场所。

②测量技术训练实验或实习前,预习相应的项目,了解学习的内容、方法和注意事项。

③分组实验。测量技术训练分小组(4人)进行。各班学习委员提供分组名单,确定小组负责人。

④领取设备,接受实验管理。领取设备,按要求登记,清点无误。

⑤认真观看示范操作,在训练场所使用仪器设备,严格按操作规程进行。

⑥注意安全。如实验时损坏仪器设备,立即报告,听候处理。

二、使用测量仪器规则

测量仪器是精密光学仪器,或是光、机、电一体化贵重设备。对仪器的正确使用、精心爱护和科学保养,是测量人员必须具备的素质,也是保证测量成果质量、提高工作效率的必要条件。在使用测量仪器时应养成良好的工作习惯,严格遵守下列规则。

(1)仪器的携带

携带仪器前,检查仪器箱是否扣紧,拉手和背带是否牢固。

(2)仪器的安装

①安放仪器的三脚架必须稳固可靠,特别注意伸缩腿的稳固。

②仪器安置在三脚架上后,必须有人在场护理。关好仪器箱盖,仪器箱不准坐人。

(3)仪器的使用

①仪器安装在三脚架上之后,无论是否观测,观测者必须守护仪器。

②应撑伞,给仪器遮阳。雨天禁止使用仪器。

③仪器镜头上的灰尘、污痕,只能用软毛刷和镜头纸轻轻擦去,不能用手指或其他物品擦拭。

④旋转仪器各部分螺旋要有手感。制动螺旋不要拧得太紧,微动螺旋不要旋转至尽头。

(4)仪器的搬迁

①贵重仪器或搬站距离较远时,必须把仪器装箱后再搬。

②水准仪近距离搬站,先检查连接螺旋是否旋紧,然后松开各制动螺旋,收拢三脚架,一手握住仪器基座或照准部,一手抱住脚架,稳步前进。

(5)仪器的装箱

①从三脚架上取下仪器时,先松开各制动螺旋,一手握住仪器基座或支架,一手拧松连接螺旋,双手仪器从架头上取下装箱。

②在箱内将仪器正确就位后,拧紧各制动螺旋,关箱扣紧。

三、外业记录规则

①观测数据按规定的表格现场记录。记录应采用2H或3H硬度的铅笔。记录者听到观测数据后应复述一遍记录的数字,避免记错。

②记录者记录一个测站的数据后，当场应进行必要的计算和检核，确认无误，观测者才能搬站。

③对错误的原始记录数据，不得涂改，也不得用橡皮擦掉，应用横线划去错误数字，把正确的数字写在原数字的上方，并在备注栏说明原因。

实验一　DS3 型水准仪的认识和使用

一、技能目标

能使用 DS3 型水准仪。

二、内容

①了解 DS3 型水准仪各部件及有关螺旋的名称和作用。

②掌握水准仪的安置和使用方法。

③练习用水准仪测定地面两点间高差。

三、安排

①时数:课内 2 学时。

②小组:2～4 人/组。

③仪器:每组领 DS3 型水准仪 1 台、测伞 1 把、记录板 1 块。

④场地:在一较平整场地不同高度的 3～5 个地面点上分别竖立水准尺,仪器至水准尺的距离不宜超过 50 m。

四、步骤

(1)安置仪器

①水准仪的安置:水准仪安置在三脚架上,要求高度适当、大致水平、稳固可靠。

②竖立标尺:要求竖直、稳当。

仪器安置完毕,应认识仪器各部件的名称和作用,认识标尺的刻划及读数的方法。

(2)粗略整平

①相对转动两个脚螺旋,使圆水准器的水准气泡移向两脚螺旋的中间位置。

②转动第三个脚螺旋,使气泡移到圆水准器的中心。

操作熟练后,可以将上述两个步骤合二为一,同时进行。即在相对转动两个脚螺旋的同时,转动第三个脚螺旋,使圆水准气泡居中。

(3)瞄准标尺

瞄准标尺即瞄准后视尺,开始的瞄准工作要经历粗瞄、对光、精瞄的过程,同时应注意消除视差,使望远镜十字丝纵丝对准标尺的中央。

(4)精确整平

转动微倾旋钮,观察符合气泡影像是否符合,实现望远镜视准轴精确整平。

(5)读数和记录

根据望远镜视场中十字丝横丝所截取的标尺刻划,读取该刻划的数字。读数的方法:先小后大。按读数的先后顺序回报,回报无异议及时记录。

以上(3)至(5)步骤是观测后视尺的操作,获得一次后视读数 a。后续是观测前视尺的操作。

（6）瞄准标尺

此瞄准标尺即瞄准前视尺。一测站前、后视距基本相等,瞄准前视尺不必重新对光。

（7）精确整平

方法同（4）步骤。

（8）读数和记录

方法同（5）步骤。

（9）改变仪器高

该法在测站观测中获得一次高差观测值 h' 之后,变动水准仪的高度再进行二次高差观测,获得新的高差观测值 h''。具体观测步骤如下。

①一次观测:后视读数 a' —前视读数 b'。

②变动三脚架高度（10 cm 左右）,重新安置水准仪。

③二次观测:前视读数 b'' —后视读数 a''。

④计算与检核:按记录的顺序（1）、（2）……进行,其中视距差 d、高差变化值 δ_2 是主要限差。检核合格则计算 $h,h=(h'+h'')/2$;否则重测。

变动三脚架高度约 10 cm 的二次观测,目的在于检核和限制读数（尤其是分米读数）的可能差错,提高观测的可靠性和精确性。

五、注意事项

①标尺读数前都应检查是否存在视差,如有视差,一定要通过物镜反复调焦,予以消除。

②标尺中丝读数前都应旋转微倾螺旋使符合气泡符合,不符合不能读数。

六、实验记录

水准仪测定高差的实验数据记入表 S-1 中。

表 S-1　水准仪测定高差练习

测站	点号		后视读数 （m）	前视读数 （m）	高差 h （m）	Δh （mm）	备注
第 1 次		后					
		前					
第 2 次		后					
		前					

实验二　普通水准测量

一、技能目标

能进行普通水准测量的外业观测和内业计算。

二、内容

每小组完成一条闭合路线水准测量的观测,每人独自完成其内业计算。

三、安排

①时数:课内 3 学时(外业 2 小时,内业 1 小时)。

②小组:4~5 人/组。

③仪器:每组领 DS3 型水准仪 1 台、水准尺 1 对、尺垫 2 只、测伞 1 把、记录板 1 块。

④场地:在一较平整场地设置一条闭合水准路线,设起始点 A 为已知点,中间设两个待定点 B 和 C(A、B、C 均应有地面标志或打有木桩),闭合路线全长约 300 m。

四、步骤

(1)外业部分

①从已知点 A 出发,以普通水准测量经 B、C 点,再测回点 A。全线分为 3 个测段,第 1、3 测段各有 1 个转点,第 2 测段无转点,计 5 个测站。每测站均用变动仪高法测定两次高差进行检核,将有关读数和算得的高差记入表 S-2 中。

②注意事项。

a.除已知点 A 和待定点 B、C 外,现场临时设置的立尺点称为转点(用 TP_i 表示),作传递高程用。点 A、B、C 上立尺不用尺垫,转点上立尺需用尺垫。

b.应尽量靠路边设置转点和安置测站。测站安置仪器时,应使前、后视距离大致相等。

c.测站变动仪器高前、后所得两次高差的较差应不大于 ±6 mm。记录员应当场计算高差及其较差,符合要求方能迁站。

d.迁站时,前视尺(连同尺垫)不动,即变为下一测站的后视尺,而将本站的后视尺调为下一站的前视尺。

e.观测完毕后,应对整个记录进行计算检核,所有测站两次观测的后视读数之和 $\sum a$ 减去前视读数之和 $\sum b$ 应等于所有测站高差平均值之和的两倍,即 $2\sum h_{均}$。

f.照准标尺读数前务必注意消除视差和使水准管气泡符合。

(2)内业部分

假设点 A 已知高程 $H_A = 70.000$ m,将其高程、每测段内的测站数及由各测段高差取和得到的测段高差观测值,填入表 S-3 中,进行高差闭合差的调整和计算待定点 B、C 的高程。其计算步骤如下:

①高差闭合差的计算与检核。高差闭合差的容许值为$\pm 12\sqrt{n}$ mm（n 为测站数）。

②高差闭合差的调整。将闭合差反号，按与各测段所含测站数成正比的原则进行分配，得到各测段的高差改正数。

③计算待定点高程。

五、注意事项

①如果由于凑整误差，使高差改正数与高差闭合差的绝对值不完全相符，可将其差值凑到距离长的测段高差改正数中。

②高程计算栏最后一行起始点高程的计算值应和其已知值完全吻合，否则应检查计算是否有误。

六、实验记录

水准测量的实验数据记入表 S-2 中，高差闭合差调整及待定点高程的计算数据记入表 S-3 中。

表 S-2　水准测量记录

测站	点号		后视读数（m）	前视读数（m）	高差 h（m）	平均高差 $h_{均}$（m）	备注
	仪高（1）						
	仪高（2）						
	仪高（1）						
	仪高（2）						
	仪高（1）						
	仪高（2）						
	仪高（1）						
	仪高（2）						
	仪高（1）						
	仪高（2）						

续表

测站	点号		后视读数(m)	前视读数(m)	高差 h(m)	平均高差 $h_{均}$(m)	备注
	仪高 (1)						
	仪高 (2)						
	仪高 (1)						
	仪高 (2)						
检核	$\sum a - \sum b =$				$2\sum h_{均} =$		

表 S-3　高差闭合差调整及待定点高程计算

计算＿＿＿＿＿＿＿＿＿　检查＿＿＿＿＿＿＿＿＿

点号	测站数	距离 (km)	实测高差 (m)	改正数 (mm)	改正后高差 (mm)	高程 (m)
$\sum$						
辅助 计算	$f_h =$ $f_{h容} = \pm 12\sqrt{n} =$ 　　　　或　$f_{h容} = \pm 40\sqrt{l} =$					

实验三　微倾式水准仪的检验和校正

一、技能目标

能进行微倾式水准仪的检验和校正。

二、内容

①了解微倾式水准仪主要轴线的名称和所在的位置,并对仪器的各组成部分和相关螺旋的有效性进行一般检查。

②然后进行水准仪的三项检验校正。

三、安排

①时数:课内 2 学时。

②小组:4~5 人/组。

③仪器:每组领 DS3 型水准仪 1 台、水准尺 1 对、尺垫 2 只、校正针 1 根、测伞 1 把、记录板 1 块。

④场地:较平整,距离约 80 m。

四、步骤

1) 圆水准轴的检验和校正

(1)检验

先转动脚螺旋,使圆水准器气泡居中,再将望远镜旋转 180°,看圆水准器气泡是否仍居中。如仍居中,说明条件满足;若气泡偏离黑圈外,说明条件不满足,需要校正。

(2)校正

稍许松动圆水准器底部固定螺丝,用校正针拨动圆水准器校正螺丝,令气泡返回偏离量的一半,使条件满足;再旋转脚螺旋令气泡居中,使仪器整平,最后将底部固定螺丝旋紧。重复该项检校,直至条件满足为止。

检验和校正情况绘图如表 S-4 所示。

2) 十字丝横丝的检验和校正

(1)检验

将望远镜十字丝横丝一端对准某点状标志,固紧制动螺旋,旋转微动螺旋,使望远镜水平微动,看该点状标志是否偏离横丝。如不偏离,说明条件满足;否则说明条件不满足,需要校正。

(2)校正

卸下目镜护罩,松开十字丝分划板的固定螺丝,稍许转动十字丝环,使点状标志相对中横丝的偏离量减少一半,重复该项检校,直至条件满足为止。最后,将固定螺丝旋紧,装上目镜护罩。

检验和校正情况绘图如表 S-5 所示。

3）水准管轴的检验和校正

（1）检验

地面选 J_1、A、B、J_2 四点，总长 61.8 m，相邻点间距均为 20.6 m，其中点 A、B 放置尺垫并竖立水准尺，再实施以下步骤。

① 将仪器安置于点 J_1，照准二尺，分别进行四次读数，取平均得 a_1、b_1，并算得点 A、B 的第 1 次高差 $h_{AB} = a_1 - b_1$。

② 将仪器安置于点 J_2，再次照准二尺，分别进行四次读数，取平均得 a_2、b_2，并算得点 A、B 的第 2 次高差 $h'_{AB} = a_2 - b_2$。

③ 计算。

仪器的 i 角对近端标尺读数的影响值为 $\Delta = \dfrac{h'_{AB} - h_{AB}}{2}$，仪器的 i 角为 $i'' = 10\Delta$。若 $i'' > \pm 20''$，即需进行校正。

（2）校正

校正的步骤如下。

① 计算此时 A 尺的正确读数 $a'_2 = a_2 - 2\Delta$。

② 旋转微倾螺旋，使十字丝中丝对准 A 尺的正确读数 a'_2，水准管气泡自然不再居中。

③ 用校正针拨动水准管上、下校正螺丝，使气泡左、右影像重新符合。

④ 使仪器照准 B 尺，检查其读数是否变为正确读数 $b'_2 = b_2 - \Delta$，如不相等，重复该项检校，直至条件满足为止。

检验和校正数据记录于表 S-6。

五、注意事项

①仪器如需校正，应在老师指导下进行。

②三项检验校正依上述顺序进行，不应颠倒。

③用校正针拨动校正螺丝时，应先松后紧，少许用力，以免损坏螺丝。

六、实验记录

（1）圆水准轴检验和校正

圆水准轴检验和校正绘图说明记入表 S-4 中。

表 S-4 圆水准轴检验和校正绘图说明

	整平后圆水准气泡位置	望远镜转 180° 后气泡位置
检验时		
校正后		

(2)十字丝横丝检验和校正

十字丝横丝检验和校正绘图说明记入表 S-5 中。

表 S-5　十字丝横丝检验和校正绘图说明

	检验时	校正后
点状标志偏离中横丝的情况		

(3)水准管轴检验和校正

水准仪 i 角误差检验结果记入表 S-6 中。

表 S-6　水准仪 i 角误差检验记录

第 1 次（校正前）				第 2 次（校正后）			
测站	点号	读数（m）	高差（mm）	测站	点号	读数（m）	高差（mm）
		$a_1=$	$h_{AB}=a_1-b_1$ $=$			$a_1=$	$h_{AB}=a_1-b_1$ $=$
		$b_1=$				$b_1=$	
		$a_2=$	$h'_{AB}=a_2-b_2$ $=$			$a_2=$	$h'_{AB}=a_2-b_2$ $=$
		$b_2=$				$b_2=$	
$\Delta=\dfrac{h'_{AB}-h_{AB}}{2}=$			$i''=10\Delta$ $=$	$\Delta=\dfrac{h'_{AB}-h_{AB}}{2}$ $=$			$i''=10\Delta$ $=$

实验四　DJ6 级光学经纬仪的认识和使用

一、技能目标

能使用 DJ6 级光学光学经纬仪。

二、内容

①了解 DJ6 级光学经纬仪各部件及有关螺旋的名称和作用。

②掌握经纬仪的对中、整平、瞄准和读数方法。

③练习用经纬仪盘左位置测量两个方向之间的水平角。

三、安排

①时数：课内 2 学时。

②小组：2～4 人/组。

③仪器：每组领 DJ6 级光学经纬仪 1 台、测伞 1 把、记录板 1 块。

④场地：设测站点为 O，远处选择两个背景清晰的直立目标 A 与 B。

四、步骤

1）认识经纬仪

（1）安置

松开架腿，调节其长度后拧紧架腿螺旋；将三脚架张开，使其高度约与胸口平，移动三脚架，使其中心大致对准地面测站点标志，架头基本水平，然后将架腿的尖部踩入土中（或插在坚硬路面的凹陷处）；从仪器箱中取出经纬仪，用中心连接螺旋将其固连到脚架上。

（2）认识

了解仪器各部件及有关螺旋的名称、作用和使用方法；熟悉读数窗内度盘和分微尺影像的刻划和注记。

2）使用经纬仪

（1）对中

先练习使用悬挂在中心连接螺旋挂钩上的锤球进行对中。

（2）整平

安置经纬仪时挪动架腿，使脚架头表面大致水平，旋转脚螺旋使圆水准器气泡居中，使仪器粗略整平；再使照准部水准管与任意两脚螺旋的连线平行，按照左手法则，旋转该两脚螺旋使照准部水准管气泡居中，将照准部旋转 90°，旋转第三个脚螺旋使气泡居中。反复操作，直至仪器旋转至任意方向，水准管气泡均居中，仪器即精确整平。

（3）照准

先松开照准部和望远镜的制动螺旋，将望远镜指向明亮的背景或天空，旋转目镜调焦螺旋，使十字丝清晰；然后转动照准部，用望远镜上的瞄准器对准目标，再通过望远镜瞄准，使目标影像位于十字丝竖丝附近,旋转对光螺旋,进行物镜调焦,使目标影像清晰,消除视差;最后旋转水平和望远镜微动螺旋,使十字丝竖丝单丝与较细的目标精确重合,或双丝将较粗的目标夹在中央。

(4)读数

打开反光镜,调节反光镜的角度,使读数窗明亮,旋转读数显微镜的目镜,使读数窗内影像清晰。上方注有"H"的小窗为水平度盘影像,下方注有"V"的小窗为竖直度盘影像。采用分微尺读数法,首先读取分微尺所夹的度盘分划线之度数,再读取该度盘分划线在分微尺上所指的小于1°的分数(估读至0.1′),二者相加,即得到完整的读数。

3)测量水平角

以经纬仪的盘左位置(使竖直度盘位于望远镜的左侧为盘左,倒转望远镜使竖直度盘位于望远镜的右侧为盘右)先照准左面的目标 A,令其读数为 a,再照准右面的目标 B,令其读数为 b,然后计算其间的水平角 $\beta=b-a$,将读数和计算值记入表 S-7 相应的栏目中。

五、注意事项

①用光学对中器同时进行仪器的对中和整平,最后松开中心连接螺旋,使仪器在脚架上面做少量平移,精确对中,其后一定要再拧紧连接螺旋,以防仪器脱落。

②照准目标时,应尽量照准目标的底部。

③计算角值时,总是右目标读数 b 减去左目标读数 a,若 $b<a$,则应加 360°。

六、实验记录

水平角观测实验数据记入表 S-7 中。

表 S-7　水平角观测记录

目标	水平度盘读数(° ′ ″)	水平角值(° ′ ″)	备　注
A			
B			
A			
B			

实验五　水平角测量(测回法)

一、技能目标

能用测回法测量水平角。

二、内容

①练习经纬仪的安置。

②按测回法测量一个水平角,测量两个测回。

三、安排

①时数:课内 2 学时。

②小组:2~4 人/组。

③仪器:每组领 DJ6 级光学经纬仪 1 台、测伞 1 把、记录板 1 块。

④场地:设点 O 为测站,远处选择两个背景清晰的竖直目标 A 与 B。

四、步骤

1) 安置经纬仪

在测站点上安置经纬仪,对中、整平,方法同实验四。

2) 测回法测量水平角——两个测回

(1)第 1 测回

①盘左,瞄准左目标 A,将水平度盘读数配置在 $0°00'$ 附近(可稍大若干秒),读取水平度盘读数为 a_1;顺时针转动照准部,瞄准右目标 B,读取水平度盘读数为 b_1,计算上半测回角值 $\beta_{左1}=b_1-a_1$。

②盘右,瞄准右目标 B,读取水平度盘读数为 b_2;逆时针转动照准部,瞄准左目标 A,读取水平度盘读数为 a_2,计算下半测回角值 $\beta_{右1}=b_2-a_2$。

③计算第 1 测回角度平均值 $\beta_1=\dfrac{\beta_{左1}+\beta_{右1}}{2}$。

(2)第 2 测回

①仍以盘左开始,瞄准左目标 A,将水平度盘读数配置在 $90°00'$ 附近(可稍大若干秒),然后以与第 1 测回相同的步骤,测定 $\beta_{左2}$、$\beta_{右2}$,并计算第 2 测回角度平均值 $\beta_2=\dfrac{\beta_{左2}+\beta_{右2}}{2}$。

②计算两个测回角度的平均值 $\beta_{均}=\dfrac{\beta_1+\beta_2}{2}$。

在上述观测的同时,将读数和计算值记入表 S-8 相应的栏目中。

五、注意事项

①如需观测 n 个测回,在每个测回开始即盘左的起始方向,应旋转度盘变换手轮配置水

平度盘读数,使其递增 $180°/n$。配置完毕,应将度盘变换手轮的盖罩关上,以免碰动度盘。同测回内由盘左变为盘右时,不得重新配置水平度盘读数。

②同测回内两个半测回角值较差应不大于 $±40''$,各测回之间角值较差应不大于 $±24''$。

六、实验记录

测回法观测实验数据记入表 S-8 中。

表 S-8   测回法观测手簿

测站	目标	竖盘位置	水平度盘读数 ($°′″$)	半测回角值 ($°′″$)	一测回角值 ($°′″$)	备注
		左				
		右				
		左				
		右				

实验六 竖直角测量和竖盘指标差的测定

一、技能目标

能进行竖直角测量和竖盘指标差的测定。

二、内容

①了解 DJ6 级光学经纬仪与竖盘有关部件及螺旋的名称和作用。

②每小组在指定测站测量两个以上目标点的竖直角,各 1 个测回。

③同时计算不同目标点观测的竖盘指标差。

三、安排

①时数:课内 2 学时。

②小组:2～4 人/组。

③仪器:每组领 DJ6 级光学经纬仪 1 台、校正针 1 根、测伞 1 把、记录板 1 块。

④场地:设测站点为 O,远处选择 2 个背景清晰,分别为高于测站的目标 A 和低于测站的目标 B。

四、步骤

(1) 认识和使用与竖盘有关的部件及螺旋

①安置。在场地上安置经纬仪,整平。

②认识。了解竖盘的特点和竖盘指标水准管及其微动螺旋等的作用和使用方法。

③照准。松开照准部和望远镜制动螺旋,通过望远镜瞄准目标,旋转水平和望远镜微动螺旋,使十字丝中横丝与目标顶端(或需要测量竖直角的部位)精确相切。

④读数。旋转竖盘指标水准管微动螺旋,使指标水准管气泡居中,仍采用分微尺读数法,读取读数窗下方注有"V"的竖直度盘读数(估读至 $0.1'$)。

(2) 竖直角测量

①盘左,瞄准目标 A,使中横丝与目标顶端相切,指标水准管气泡居中,读取竖盘读数为 L,计算盘左竖角值 $\alpha_L = 90° - L$。

②倒转望远镜成盘右,仍使中横丝与目标 A 顶端相切,指标水准管气泡居中,读取竖盘读数为 R,计算盘右竖角值 $\alpha_R = R - 270°$。

③计算一测回角度平均值 $\alpha = \dfrac{\alpha_L + \alpha_R}{2}$。

在上述观测的同时,将读数和计算值记入表 S-9 相应的栏目中。

④按相同步骤测定目标 B 的竖直角。

(3) 竖盘指标差测定

根据观测所得同一目标盘左、盘右竖角值,或盘左和盘右的竖盘读数,代入式 $x=$

$\dfrac{\alpha_R-\alpha_L}{2}$ 或式 $x=\dfrac{(L+R)-360°}{2}$ 计算竖盘指标差。计算结果即为竖盘指标差的测定值,将其记入表 S-9。

五、注意事项

①照准目标时,盘左、盘右必须均照准目标的顶端或同一部位。

②凡装有竖盘指标水准管的经纬仪,必须旋转指标水准管微动螺旋,使气泡居中,方能进行竖盘读数。

③算得的竖直角和指标差应带有符号,尤其是负值的"—"号不能省略。

④如测量两个以上目标(或同一目标多个测回)的竖直角,可以根据各自算得的竖盘指标差之间的较差,检查观测成果的质量。DJ6 级光学经纬仪竖盘指标差之间的较差应不大于 $\pm30''$。

六、实验记录

竖直角观测实验数据记入表 S-9 中。

表 S-9　竖直角观测手簿

测站	目标	竖盘位置	竖盘读数 (° ′ ″)	半测回竖角 (° ′ ″)	一测回竖角 (° ′ ″)	$x=\dfrac{d_R-d_L}{2}$ (° ′ ″)
		左				
		右				
		左				
		右				

实验七　光学经纬仪的检验和校正

一、技能目标

能进行光学经纬仪的检验和校正。

二、内容

①了解 DJ6 级光学经纬仪主要轴线名称和所在的位置,并对仪器各组成部分和相关螺旋的有效性进行一般检查。

②进行经纬仪的五项检验校正。

三、安排

①时数:课内 2 学时。

②小组:2～4 人/组。

③仪器:每组领 DJ6 级光学经纬仪 1 台、校正针 1 根、测伞 1 把、记录板 1 块。

④场地:一较平整场地,可观测到远处不同高度的直立目标。

四、步骤

1) 照准部水准管轴检验和校正

(1)检验

先转动照准部,使照准部水准管平行于一对脚螺旋;然后旋转该对脚螺旋,使水准管气泡居中;再将照准部旋转 180°,看气泡是否仍居中。如仍居中,说明条件满足;若气泡偏离中心 1 格以上,说明条件不满足,需要校正。

(2)校正

用校正针拨动照准部水准管上、下校正螺丝,令气泡返回偏离量的一半,使条件满足;再旋转脚螺旋,令气泡居中,使仪器整平。重复该项检校,直至条件满足为止。

检验和校正情况绘图说明于表 S-10。

2) 视准轴检验和校正

(1) 检验

以盘左、盘右观测大致位于水平方向的同一目标 P,分别得读数 M_1、M_2,代入式 $c = \dfrac{M_1 - (M_2 \pm 180°)}{2}$ 中,如算得的 c 值超过允许范围(一般为 $\pm 30''$),即说明存在视准轴误差。

(2)校正

此时望远镜仍处于盘右位置,校正按以下步骤进行。

先根据算得的 c 值代入式 $M_正 = M_2 + c$,计算盘右的正确读数;再旋转照准部微动螺旋,使平盘读数变为 $M_正$,十字丝交点必然偏离目标 P;之后用校正针拨动十字丝环左、右校正螺丝,一松一紧推动十字丝环左、右平移,直至十字丝交点对准原目标 P。重复该项检校,直至条件满足为止。

检验和校正的数据记录于表 S-11。

3）横轴检验和校正

（1）检验

以盘左、盘右观测较高处，即竖角较大的同一目标 P，分别得读数 M_1、M_2，代入式 $c=\dfrac{M_1-(M_2\pm180°)}{2}$ 中，如算得的 c 值超过允许范围（一般为 $\pm30''$），即说明存在（或和视准轴误差同时存在）横轴误差。

（2）校正

由于需调节支撑横轴的偏心环，而偏心环在仪器内部，构造较复杂，因此遇此问题，应送工厂维修。

检验的数据记录于表 S-12。

4）十字丝竖丝检验和校正

（1）检验

用望远镜十字丝竖丝一端对准某点状标志，固紧制动螺旋，旋转望远镜微动螺旋，使望远镜上、下微动，看该点状标志是否偏离竖丝。如不偏离，说明条件满足；否则说明条件不满足，需要校正。

（2）校正

卸下目镜护罩，松开十字丝分划板的固定螺丝，稍许转动十字丝环，使点状标志相对竖丝的偏离量减少一半。重复该项检校，直至条件满足为止。最后，将固定螺丝旋紧，装上目镜护罩。

检验和校正的情况绘图说明于表 S-13。

5）竖盘指标水准管轴检验和校正

（1）检验

如实验六中竖盘指标差的测定，安置经纬仪，盘左、盘右照准同一目标得其竖盘读数 L、R，计算得竖角 α_L、α_R，按式 $x=\dfrac{\alpha_R-\alpha_L}{2}$ 或式 $x=\dfrac{(L+R)-360°}{2}$ 计算竖盘指标差 x。

（2）校正

若 $|x|>1'$，应予校正，其步骤如下。

①依旧在盘右位置，照准原目标点，计算盘右的竖盘正确读数 $R_正=R-x$。

②转动竖盘指标水准管微动螺旋，使竖盘读数由 R 变为 $R_正$。此时指标水准管气泡将不再居中。

③用校正针拨动指标水准管上、下校正螺丝，使气泡居中，指标水准管轴和竖盘指标线即相互垂直。重复该项检校，直至条件满足为止。

检验和校正的数据记录于表 S-14。

五、注意事项

①仪器如需校正，应在老师指导下进行。

②前四项检验校正依上述顺序进行，不应颠倒。

③用校正针拨动校正螺丝时，应先松后紧，少许用力，以免损坏螺丝。

六、实验记录

（1）照准部水准管轴的检验和校正

照准部水准管轴的检验和校正绘图说明记入表 S-10 中。

表 S-10　照准部水准管轴的检验和校正绘图说明

	整平后水准管气泡位置	照准部转 180°后气泡位置
检验时		
校正后		

（2）视准轴的检验和校正

视准轴的检验和校正数据记入表 S-11 中。

表 S-11　视准轴的检验和校正记录

第 1 次（校正前）					第 2 次（校正后）				
测站	平点目标	盘位	水平度盘读数 （° ′ ″）	c （″）	测站	平点目标	盘位	水平度盘读数 （° ′ ″）	c （″）
		左					左		
		右					右		
		左					左		
		右					右		

注：表内 $c = \dfrac{M_1 - (M_2 \pm 180°)}{2}$。

（3）横轴的检验和校正

横轴的检验和校正数据记入表 S-12 中。

表 S-12　横轴的检验和校正记录

第 1 次（校正前）					第 2 次（校正后）				
测站	高点目标	盘位	水平度盘读数 （° ′ ″）	c （″）	测站	高点目标	盘位	水平度盘读数 （° ′ ″）	c （″）
		左					左		
		右					右		
		左					左		
		右					右		

注：表内 $c = \dfrac{M_1 - (M_2 \pm 180°)}{2}$。

（4）十字丝竖丝的检验和校正

十字丝竖丝的检验和校正绘图说明记入表 S-13 中。

表 S-13   十字丝竖丝的检验和校正绘图说明

	检验时	校正后
点状标志偏离竖丝的情况		

（5）竖盘指标水准管轴检验和校正

竖盘指标水准管轴检验和校正数据记入表 S-14 中。

表 S-14   竖盘指标水准管轴检验和校正记录

第 1 次（校正前）						第 2 次（校正后）					
测站	目标	盘位	竖盘读数 (° ′ ″)	竖角 α (° ′ ″)	x (″)	测站	目标	盘位	竖盘读数 (° ′ ″)	竖角 α (° ′ ″)	x (″)
		左						左			
		右						右			
		左						左			
		右						右			

注：表内 $x = \dfrac{\alpha_R - \alpha_L}{2}$ 或 $x = \dfrac{(L+R) - 360°}{2}$。

实验八 四等水准测量

一、技能目标

能进行四等水准测量的外业观测和内业计算,并熟悉等级水准测量和普通水准测量的异同点。

二、内容

每小组完成一条闭合路线的四等水准测量,每人独自完成其内业计算。

三、安排

①时数:课内 2 学时(内业计算课外完成)。

②小组:4～5 人/组。

③仪器:每组领 DS3 型水准仪 1 台、双面水准尺 1 对、尺垫 2 只、测伞 1 把、记录板 1 块。

④场地:与普通水准测量闭合水准路线相同。

四、步骤

①从已知点 A 出发,以四等水准测量经点 B、C,再测回点 A。全线共计 6 个测站,即每个测段各含 2 个测站。将有关读数和算得的测站高差记入表 S-15。

②整条路线观测完成后,应计算高差闭合差,其容许值为 $\pm 20\sqrt{l}$(l 为全长公里数)。

③若高差闭合差符合要求,则将各测段内的测站高差取和成为测段高差。将三个测段的高差和测站数分别填入表 S-16,进行高差闭合差调整和计算待定点 B、C 的高程。

五、注意事项

①点 A 和点 B、C 立尺不用尺垫,转点上立尺需用尺垫。

②每测站的观测程序如下。

a. 照准后视尺黑面,读取下丝读数、上丝读数、中丝读数。

b. 照准前视尺黑面,读取下丝读数、上丝读数、中丝读数。

c. 照准前视尺红面,读取中丝读数。

d. 照准后视尺红面,读取中丝读数。

若望远镜的成像为正像,标尺读数的顺序可改为先读上丝读数,再读下丝读数。以上观测的顺序简称"后—前—前—后",在坚实的道路或场地上观测亦可按"后—后—前—前"的顺序进行,凡进行中丝读数前均应使水准管气泡符合。

③每测站根据上述读数,需进行 10 项计算(见记录表格),所有结果均符合限差要求后方能迁站。

④迁站时,前视尺(连同尺垫)不动,即变为下一测站的后视尺,而将本站的后视尺调为下一站的前视尺,相邻测站前、后尺的红面和黑面起始读数差 4.687 和 4.787 也将随之对调。

⑤观测完毕后,还应对整个记录进行计算检核。

六、实验记录

四等水准测量数据记入表 S-15 中,高差闭合差调整及待定点高程计算数据记入表 S-16 中。四等测量限差如表 S-17 所示。

表 S-15   四等水准测量记录

测站编号	点号	后尺 下 上 / 后距(m) / 前后视距差(m)	前尺 下 上 / 前距(m) / 累计差(m)	方向及尺号	水准尺读数(m) 黑面	水准尺读数(m) 红面	$K+$黑 一红 (mm)	高差中数 (m)	备注
		(1)	(4)	后	(3)	(8)	(13)		
		(2)	(5)	前	(6)	(7)	(14)	(18)	$K_1=$
		(9)	(10)	后-前	(16)	(17)	(15)		$K_2=$
		(11)	(12)						
1	BM_1 — T1			后 1					
				前 2					
				后-前					
2	T1 — T2			后 2					
				前 1					
				后-前					
3	T2 — T3			后 1					
				前 2					
				后-前					
4	T3 — BM_2			后 2					
				前 1					
				后-前					
校核		$\sum(9)=$			$\sum(3)=$	$\sum(8)=$			
		$\sum(10)=$			$\sum(6)=$	$\sum(7)=$			
		(12)末站= 总距离=			$\sum(16)=$ $\sum(17)=$ $\frac{1}{2}\left[\sum(16)+\sum(17)\pm 0.100\right]$ =			$\sum(18)=$	

表 S-16 高差闭合差调整及待定点高程计算

点号	测站数	距离（km）	实测高差（m）	改正数（mm）	改正后高差（mm）	高程（m）
$\sum$						
辅助计算	$f_h =$ $f_{h容} = \pm 20\sqrt{l} =$					

表 S-17 四等测量限差要求

等级	视线长度(m)	视线高度	前后视距差(m)	前后视距累积差(m)	红黑面读数差(mm)	红黑面高差之差(mm)
四	100	三丝能读数	5.0	10.0	3.0	5.0

实验九 测设点的平面位置和高程

一、技能目标

能使用经纬仪、钢尺和普通水准仪进行点的平面位置和高程测设。

二、内容

根据给定控制点 A、B 的已知坐标、已知方位角 α_{AB} 和已知水准点 BMK 的高程及两个待测设点 P_1、P_2 的设计坐标与高程(列于表 S-18),按极坐标法和水平视线法分别进行 P_1、P_2 两个点的点位测设和高程测设。

表 S-18 点位测设已知数据和设计数据表

点号	x(m)	y(m)	H(m)	方位角 α 与 水准点高程 H_{BMK}
A	1 000.000	500.000	20.200	
				$\alpha_{AB} = 90°00'00''$
B	1 000.000	530.000	20.200	
				$D_{P_1 \sim P_2} = 10.000 \text{ m}$
P_1	1 010.000	510.000	20.000	
				$H_{BMK} = 20.500 \text{ m}$
P_2	1 010.000	520.000	20.000	

三、安排

①时数:课内 2 学时(内业计算 0.5 学时,现场测设 1.5 学时)。

②小组:4~5 人/组。

③仪器:DJ6 级光学经纬仪 1 台、DS3 型水准仪 1 台、钢尺 1 把、水准尺 1 根、花杆和测钎各 1 根、锤子 1 把、木桩和小铁钉各 6 个、测伞 1 把、记录板 1 块。

④场地:长约 40 m,宽约 30 m。

四、步骤

1) 内业计算

计算以点 A 为测站,以点 B 为零方向,以及以点 B 为测站,以点 A 为零方向,按极坐标法测设点 P_1、P_2 的水平角 β_{ij} 和水平距离 D_{ij},列于表 S-19。

2) 现场测设

首先设置控制点,沿场地一侧,间距为 30 m,打两木桩,桩上钉小钉,为 A、B 两控制点;

在 A 点附近再设一木桩为水准点 BMK,然后进行以下测设。

(1)平面位置测设

①在点 A 安置经纬仪,照准零方向点 B,配置水平度盘为 $0°00'00''$。

②转动照准部,使水平度盘读数为 β_{AP_1},自点 A 沿视线方向用钢尺丈量 D_{AP_1},定点 P_1。

③转动照准部,使水平度盘读数为 β_{AP_2},自点 B 沿视线方向用钢尺丈量 D_{AP_2},定点 P_2。

④在点 B 安置经纬仪,照准零方向点 A,配置水平度盘为 $0°00'00''$。

⑤转动照准部,使水平度盘读数为 β_{BP_1},自点 B 沿视线方向用钢尺丈量 D_{BP_1},定点 P_1。

⑥转动照准部,使水平度盘读数为 β_{BP_2},自点 B 沿视线方向用钢尺丈量 D_{BP_2},定点 P_2。

(2)高程测设

①在点 A 和点 B 之间的适宜位置安置水准仪(也可将测站设于它处,只是要考虑尽量使水准测量时的前视和后视距离大致相等),在点 BMK 上立尺,读取后视读数 a,根据点 BMK 的已知高程 H_{BMK},计算视线高程 H_i。

②根据点 P_1、P_2 的设计高程,计算点 P_1、P_2 上标尺的应有读数 b_1、b_2,计算数据填入表 S-20。

③依次在测设的点 P_1、P_2 处立尺,使尺上读数等于 b_i,然后将尺之底边位置用红漆线在各交点木桩上标注出来,即为该两点的设计高程。

④检测:重新测定 P_1、P_2 木桩上标注的红漆线高程,检测其与已知设计高程之差,连同测设的 P_1、P_2 之间的距离较差一起记入表 S-21。

五、注意事项

①在运用坐标反算公式计算两点之间的方位角时,应注意根据分子 Δy 和分母 Δx 的符号,判别待定方向所在的象限,从而由象限角正确地换算出方位角。

②运用极坐标法测设点的平面位置时,测设的水平角均为左角。

③在用计算器进行角度或三角函数计算时,应注意角度单位的选择和角度 60 进制与 10 进制的转换。

④测设数据计算的正确性对点位和高程的测设至关重要,应反复计算检核,方能用于现场测设。

六、实验记录

(1)极坐标测设数据的计算

极坐标法点位测设数据记入表 S-19 中。

表 S-19　极坐标法点位测设数据计算表

测站 (i)	零方向 (k)	目标 (j)	方位角 $\alpha_{ij} = \arctan \dfrac{y_j - y_i}{x_j - x_i}$	水平角 $\beta_{ij} = \alpha_{ij} - \alpha_{ik}$	水平距离(m) $D_{ij} = \sqrt{(x_j - x_i)^2 + (y_j - y_i)^2}$
A	B	P_1			
A	B	P_2			
B	A	P_1			
B	A	P_2			

（2）高程测量与测设数据的计算

高程测量与测设数据记入表 S-20 中。

表 S-20　高程测量记录与测设数据计算

水准点高程 H_{BMK} _____

点号	后视标尺读数 （m）	视线高程 （m）	设计高程 H（m）	前视标尺应有读数（m） $b_应$＝视线高程－设计高程
K				
P_1				
P_2				

（3）点位和高程测设的检测

点位和高程测设检测数据记入表 S-21 中。

表 S-21　点位和高程测设检测记录

水准点高程 H_{BMK} ＝_____　　水准点标尺读数＝_____　　视线高程＝_____

点号	$P_1 \sim P_2$ 之间距			H（m）			
	实测 （m）	设计 （m）	较差 （mm）	标尺读数 （m）	实测高程 （m）	设计高程 （m）	较差 （mm）
P_1							
P_2							

实验十　全站仪角度、距离和高差测量

一、技能目标

能使用全站仪进行角度、距离和高差测量。

二、内容

①了解全站仪各部件及键盘按键的名称和作用。

②掌握全站仪的安置和使用方法。

③练习用全站仪进行角度测量、距离测量和高差测量。

三、安排

①时数:课内 2 学时。

②仪器:全站仪 1 台(包括反射棱镜、棱镜架)、测伞 1 把、记录板 1 块。

③场地:设点 O 为测站点,远处点 A 为后视点,场地另一端选点 B 和点 C 为待测点。

四、步骤

1) 安置全站仪及棱镜架(或棱镜杆)

在测站点 O 上安置全站仪,方法与安置经纬仪相同;在目标点 B、C 上安置棱镜架。

2) 认识全站仪

了解仪器各部件(包括反射棱镜)及键盘按键的名称、作用和使用方法。

3) 对中、整平

与普通经纬仪相同。

4) 仪器操作

(1)开机自检

打开电源,进入仪器自检(有的全站仪需要纵转望远镜一周,进行竖直度盘初始化,即使竖直度盘指标自动归于零位)。

(2)输入参数

包括棱镜常数、气象参数(温度、气压、湿度)等。

(3)选定模式

包括角度测量模式或距离测量模式。

(4)角度测量

按角度测量键[ANG],进入角度测量模式。

①照准后视目标 A,其方向值的配置有以下三种。

a. 直接置零。在测角模式下按[置零]键,使水平度盘设置为 $0°00'00''$。

b. 锁定配置。转动照准部,再通过旋转水平微动螺旋使水平度盘读数等于所需要的方向值,然后按[锁定]键,再照准后视目标按回车键确认。

c.键盘输入。照准后视目标后按[置盘]键,依显示屏提示,通过键盘输入所需的方向值。

②转动照准部照准目标 B,显示该目标的水平方向值 HR 及其竖直角(或天顶距)V。

③转动照准部照准目标 C,显示该目标的水平方向值 HR 及其竖直角(或天顶距)V。

(5)距离测量

按距离测量键[△],进入距离测量模式(按[模式]键可对测距模式(单次测量/连续测量/跟踪测量)进行转换,一般选择单次测量)。

①照准目标 B 棱镜中心,按[测量]键,测量至点 B 距离。重复按距离测量键[△]可以切换显示模式:

(HR,HD,VD)模式,显示水平方向、水平距离、仪器中心至目标棱镜中心高差;

(V,HR,SD)模式,显示竖盘读数、水平方向、倾斜距离。

②照准目标 C 棱镜中心,重复上述步骤测量至点 C 距离。

以上内容可先以盘左位置进行练习,再以盘右位置进行练习,测量数据记录于表 S-22。测量完毕关机。

五、实验记录

全站仪测量数据记入表 S-22 中。

表 S-22　全站仪测量记录

测站点 O　N_O ＝＿＿＿＿＿＿、E_O ＝＿＿＿＿＿＿、Z_O ＝＿＿＿＿＿＿

后视点 A　　　后视方位角 α_{OA} ＿＿＿＿＿＿　　　仪器型号＿＿＿＿＿＿

测站	目标	盘位	角度(° ′ ″)		距离/高差(m)	
		左	水平角		平距	
			竖直角		斜距	
			天顶距		高差	
	B	右	水平角		平距	
			竖直角		斜距	
			天顶距		高差	
O		左	水平角		平距	
			竖直角		斜距	
			天顶距		高差	
	C	右	水平角		平距	
			竖直角		斜距	
			天顶距		高差	

注:①竖直角和天顶距的测量模式可以在角度测量模式进入其第 3 页,按[竖角]键进行切换,二者的换算公式如下。

盘左:竖直角＝90°－天顶距

盘右:竖直角＝天顶距－270°

②高差为仪器中心至目标棱镜中心高差。

实验十一　　全站仪坐标的测量

一、技能目标

能使用全站仪调用数据文件进行极坐标测量和后方交会坐标的测量。

二、内容

①测站点三维坐标、仪器高、棱镜高和后视方位角的设置。

②全站仪极坐标法测定新点。

③全站仪后方交会法测定新点。

④全站仪坐标文件的建立和调用。

三、安排

①时数：课内 2 学时。

②仪器：全站仪 1 台（包括棱镜与棱镜架）、2 m 小钢尺 1 只、测伞 1 把、记录板 1 块。

③场地：设点 O 为测站点，远处点 A 为后视点，场地另一端选 B、C、D 三点分别架设反射棱镜。

四、步骤

1）安置全站仪及棱镜架

在测站点 O 上安置全站仪，量仪器高 i，在三个目标点 B、C、D 上安置棱镜架，仪器的开机、对中、整平等基本操作同实验九。

2）三维坐标测量

（1）在坐标测量模式测定新点坐标

①按[∟]进入坐标测量模式，进第 3 页，按[仪高]，输入测站仪器高；按[镜高]，输入点 B 棱镜高；按[测站]，输入测站点 O 坐标（N_O、E_O、Z_O）；按[后视]，输入后视点 A 坐标（N_A、E_A、Z_A），回车，照准后视点 A，"照准？"按[是]（说明：在坐标测量开始时，也可以按角度测量键，进入角度测量模式，转动望远镜照准后视点 A，按[置盘]，输入后视方位角，亦可完成后视方位角的设置）；按[F4]进坐标测量第 2 页，照准点 B 棱镜中心；按[F1]测量，显示点 B 三维坐标（N_B、E_B、Z_B）。

②输入点 C 棱镜高（其他已输入的测站坐标、仪器高和后视方向值等无需重新输入），照准点 C 棱镜中心；按[F1]测量，显示点 C 三维坐标。

③输入点 D 棱镜高，照准点 D 棱镜中心；按[F1]测量，显示点 D 三维坐标。

坐标测量时，若还需观测盘右，仍应先照准后视点，将其水平度盘的方向值设置为后视方位角 α_{OA}，否则该方向值将自行±180°，从而导致结果出错。

（2）在放样模式测定新点坐标

①建立已知点坐标文件。按菜单键[M]；按[F3]内存管理，进 2/3 页；按[F1]输入坐标，

输新文件名或调用老文件,回车;输入测站点 O 的点名、编码(如无编码,可以跳过)和三维坐标,回车;继续输入后视点 A 的点名和坐标,按[ESC]结束。

②在放样模式设置测站点。按放样键[S.O],选择文件;按[F2]调用(显示上述坐标文件,予以选择,回车);按[F1]输入测站点,输入测站点名 O,显示该点坐标,"OK?"按[是],输入仪器高,回车,结束。

③在放样模式设置后视点。按放样键[S.O],选择文件;按[F2]调用(显示上述坐标文件,予以选择,回车);按[F2]输入后视点,输入后视点名 A,显示该点坐标,"OK?"按[是],显示后视方位角,照准后视点 A,"照准?"按[是],结束。

④极坐标法测定新点。按放样键[S.O];按[P↓],进入 2/2 页;按[F2]新点;按"F1:极坐标法",选择文件(输入文件名,或调用上述坐标文件,回车),输入新点点名 B、编码,回车,输入点 B 棱镜高,回车,照准点 B,按[F1]测量,"记录?"按[是],点 B 坐标存入文件,依次继续新点 C、D 的点名、编码输入和坐标测量;按[ESC]结束(各点如无编码,可跳过)。

⑤后方交会法测定新点。按放样键[S.O];按[P↓],进入 2/2 页;按[F2]新点;按[F2]后方交会法,选择文件(输入文件名,或调用上述坐标文件,回车),输入新点点名(仍为测站点,但改名为 K,以免覆盖原点 O 坐标)、编码,回车;按"F1:距离后方交会",输入仪高,回车,输入 1 号已知点 B 点名,回车,显示点 B 坐标,"OK?"按[是],输入点 B 镜高,回车,照准点 B;按[F1]测量,输入 2 号已知点 C 点名、镜高,再对点 C 进行照准、测量,显示残差(已知点间的距离差和由两已知点算得的新点之 Z 坐标差);按[F1]下步,继续对 3 号已知点 D 进行点名、镜高输入、照准、测量(最多可达 7 个已知点);按[F4]计算,显示新点 K 坐标,"记录?"按[是],将 K 点坐标存入文件;按[ESC]结束。

打开坐标文件,调出测站点原点名 O 的坐标和新点名 K 的坐标加以比较,记录其较差。

五、实验记录

(1)极坐标法测定新点

极坐标法测定新点的测量数据记入表 S-23 中。

表 S-23　极坐标法测定新点测量记录

测站点 O:$N_O=$_____;$E_O=$_____;$Z_O=$_____;仪器高 i_____

后视点 A:$N_A=$_____;$E_A=$_____;$Z_A=$_____

测站	后视	目标 棱镜高(m)	盘位	坐标(m)		盘位	坐标(m)	
		B		N			N	
		-----	左	E		右	E	
		$l_B=$		Z			Z	
		C		N			N	
O	A	-----	左	E		右	E	
		$l_C=$		Z			Z	
		D		N			N	
		-----	左	E		右	E	
		$l_D=$		Z			Z	

（2）后方交会法测定新点

后方交会法测定新点的测量数据记入表 S-24 中。

测站点 K（即原测站点 A）_____；仪器高 i _____

后视点 1（点 B），镜高 l_B _____；后视点 2（点 C），镜高 l_C _____；后视点 3（点 D），镜高 l_D _____

表 S-24　后方交会法测定新点测量成果检核

点名	盘位	N	E	Z
K（新点）	左			
	右			
O（原测站点）				
较差（mm）				

实验十二　全站仪放样测量

一、技能目标

能用全站仪测设点的三维坐标。

二、内容

①以控制点 A 为测站、控制点 B 为零方向,用全站仪先按极坐标法通过测设角度和距离测设点 P_1、P_2 的平面位置,再按坐标法直接测设点 P_1、P_2,同时以测站点 A 的高程作为已知高程测设两点的高程。如时间充裕,还可以控制点 B 为测站、控制点 A 为零方向,再重复测设点 P_1、P_2,同时以测站点 B 的高程作为已知高程重复测设两点的高程。

②控制点的已知坐标、待测设两点的设计坐标及有关测设数据同实验九表 S-18。

三、安排

①时数:课内 2 学时。
②仪器:全站仪 1 台(包括反射棱镜、棱镜架)、2 m 小钢尺 1 只、测伞 1 把、记录板 1 块。
③场地:同实验九。

四、步骤

1) 测设数据准备
与实验九相同,仍使用表 S-20 的已知数据和表 S-21 的计算结果。
2) 安置全站仪及棱镜架(或棱镜杆)
在测站 A 上安置全站仪,对中、整平方法与实验九同,量仪器高 v,在放样的大致位置竖立棱镜杆。
3) 仪器操作
(1)开机自检
打开电源,进入仪器自检,纵转望远镜和转动照准部各一周,进行竖直度盘和水平度盘初始化。
(2)选定模式
先选择角度测量模式或放样测量模式,按极坐标法进行角度测设和距离测设。
(3)角度测设
①在角度测量模式下测设。
a. 照准零方向 B 目标,将其水平读数置零。
b. 转动照准部,使水平读数等于所需测设的水平角。
c. 在望远镜视线方向竖立标杆或测钎,即得所测设角度。
d. 重复上述步骤 2~3 次,取平均位置,以提高角度测设的精度。
②在放样测量模式下测设。

a. 输入需要测设的水平角值 β，并自零方向起始在大致等于 β 角的方向上竖立标杆。

b. 照准起始目标，将其水平读数置零。

c. 转动照准部照准标杆，根据显示屏显示的角差 $dHR=$ 实测角值 $\beta'-$ 所需角值 β，左右移动标杆，直至显示的 dHR 为 0，即得所测设角度。

d. 重复测设，取其平均位置。

（4）距离测设

在放样测量模式下测设，具体步骤如下。

① 输入需要测设的水平距离 D，并在所需测设距离的方向上距离大致等于 D 的位置竖立棱镜杆。

② 照准棱镜中心，按测量键，根据显示屏显示的距离差 $dHD=$ 实测距离 $-$ 所需距离 D，前后移动棱镜杆，直至距离差 dHD 为 0，即得所需距离。

③ 重复上述步骤 2～3 次，取平均位置，以提高距离测设的精度。

依次重复角度测设的 b、c、d 和距离测量的①②③步骤，逐一标定点 P_1 和 P_2。

（5）坐标测设

在放样测量模式下，通过键盘输入三维坐标测设点的位置和高程。

①进入测角模式，照准零方向目标，并将水平度盘读数配置为起始方位角值。

②进入放样模式，由键盘直接输入测站点的三维坐标（x_0、y_0、H_0）、仪器高。

③由键盘输入放样点的三维坐标（x、y、H）和棱镜高。

④转动照准部照准棱镜中心，按测量键根据显示屏显示的角差 $dHR=$ 实测角值 $\beta'-$ 所需角值 β，左右移动标杆直至显示的 dHR 为 0，即得所测设坐标的方向；根据显示屏显示的距离差 $dHD=$ 实测距离 $-$ 所需距离 D，前后移动棱镜杆直至显示的距离差 dHD 为 0，即得所测设坐标的距离；根据显示屏显示的高差差值 $dZ=$ 实测高差 $-$ 所需高差 h，上下改变棱镜的高度直至显示的 dZ 为 0，即得所测设坐标点的高程。

⑤ 重复上述③④步骤，予以检核。

⑥ 依次重复上述步骤，逐一测设 P_1、P_2 两点位。

（6）实验数据比较

将测设的 P_1、P_2 两点位和上述按极坐标测设的相同点位进行比较，得各点坐标差 $\triangle x$、$\triangle y$，并将按坐标法同时测设的点 P_1、P_2 高程与实验九按水准测量测设的该两点高程进行比较，得高程差 $\triangle H$，填入表 S-25。

五、实验记录

（1）点位测设数据

已知数据见实验九表 S-20，测设数据见实验九表 S-21。

（2）点位检测记录

将 P_1、P_2 两点位分别按极坐标法和坐标放样法测设的坐标差 $\triangle x$、$\triangle y$，以及按坐标法同时测设的 P_1、P_2 两点的高程与实验九按水准测量测设的该两点的高程比较所得高程差 $\triangle H$（也可以将分别在点 A 设站，以点 B 为零方向和在点 B 设站，以点 A 为零方向按坐标法测设的点位的坐标差和高程差），填入表 S-25 中。

表 S-25 点位测设检测记录

点位	Δx(cm)	Δy(cm)	ΔH(cm)	备　注
P_1				
P_2				

实验测试一

准考证号：＿＿＿＿＿＿＿＿＿　　姓名：＿＿＿＿＿　　考件编号：＿＿＿＿＿＿

试题一：等外闭合水准测量(50 分)

(1)考核方法

被考核者在规定的时间内独立完成指定等外闭合水准路线测量。要求由 1 个已知高程点(已知点高程值由考评员在考核前随机给定)，测出 2 个待测点进行闭合水准测量并现场评定测量精度。

(2)考核要求

① 需提前找好两位扶尺的同学或在待测点的三个点上固定三把水准尺。

② 视线长度不大于 100 m，容许高差闭合差 $f_{h容}=\pm5\sqrt{n}$。

③ 考核需连续进行，考核一旦计时开始不能无故终止。如果在考核期间测量仪器发生非人为故障，致使考核不能正常进行，需经考评员确认并批准，考核可重新开始。

④ 被考核者必须独立完成规定的测量内容并现场进行内业计算，外业和内业数据必须直接填在规定的表格内(见附表 1)。表格填好后应及时交给考评员，不能带离考核场地，否则成绩无效。观测数据必须原始真实，严禁弄虚作假，否则取消考核资格。

⑤ 考核过程中现场考评员监督仪器使用、观测、记录以及计算过程中的规范性，防止出现人员、仪器安全事故，经提醒恶意不改者，现场考评员有权终止考核。

(3)考核时间

完成"等外闭合水准测量"考核，规定用时 15 分钟；计时从领取试题起，到放好仪器并递交成果止。以现场考评员计时为准，超时则该项不计成绩。

(4)考核成绩

"等外闭合水准测量"的考核成绩记录如附表 2 所示。

试题二：全站仪坐标测量(50 分)

(1)考核方法

被考核者在规定的时间内独立完成指定三个点的坐标测量。要求由给定坐标的测站点和定向点(测站点、定向点坐标由考评员在考核前根据考场情况随机给定)，测出两个指定点的坐标，并按所测得的坐标反算出三个点所组成三角形的边长和内角。

(2)考核要求

① 需提前在指定的两个点上安置好棱镜组或贴反光片，并在定向点上设置瞄准标志。

② 被考核者用全站仪在给定的测站点上建站，后视给定定向点，依次测量指定两个未知点的坐标。视线长度不大于 100 m，未知点的观测顺序不作规定。

③ 考核需连续进行，考核一旦计时开始不能无故终止。如果在考核期间测量仪器发生非人为故障，致使考核不能正常进行，需经考评员确认并批准，考核可重新开始。

④ 被考核者必须独立完成规定的测量内容并现场进行内业计算，外业和内业数据必须直接填在规定的表格内(见附表 3)。表格填好后应及时交给考评员，不能带离考核场地，否

则成绩无效。观测数据必须原始真实,严禁弄虚作假,否则取消考核资格。

⑤ 考核过程中现场考评员监督仪器使用、观测、记录以及计算过程中的规范性,防止出现人员、仪器安全事故,经提醒恶意不改者,现场考评员有权终止考核。

（3）考核时间

完成"全站仪坐标测量"考核,规定用时 15 分钟;计时从领取试题起,到放好仪器并递交成果止。以现场考评员计时为准,超时该项不计成绩。

（4）考核成绩

"全站仪坐标测量"的考核成绩记录见附表 4。

附表 1　等外闭合水准测量记录计算表格

测站	点号	水准读数(m)		高差(m)	高程(m)	备注
		后视	前视			
精度计算	$f_h = \sum h_{测} =$			$f_{h容} = \pm 5\sqrt{n} =$		

附表 2　等外水准测量评分表格

序号	考核项目	考核要求	配分	评分标准	扣分	得分
1	仪器规范操作	①操作过程规范程度 ②观测程序正确性 ③迁站时安全处理	10	脚架碰、滑动扣 3 分		
				后、前观测步骤无误 4 分		
				仪器头向上,仪器安全,脚架不能碰到障碍物 3 分		
2	测量精度检验	高差闭合差	30	每超 1 mm 扣 5 分		

序号	考核项目	考核要求	配分	评分标准	扣分	得分
3	记录计算检核	①涂改划改 ②计算结果、检核	10	划改一处扣1分		
				涂改一处扣5分		
				毫米位划改扣5分		
				计错、漏计一处扣2分		
4	考核时间	15分钟内完成		不得超时		
	超出15分钟,应立即停止考试,考生该考试成绩为0分					

附表3　全站仪坐标测量记录表格

点号		x 坐标	y 坐标	备注
测站点 O				定向点和测站点坐标由考评员根据现场情况随机给定
定向点 P				
待测点	A			
	B			

附表4　全站仪坐标测量评分表格

序号	考核项目	考核要求	配分	评分标准		扣分	得分
1	仪器操作规范	①操作过程规范程度 ②建站程序正确性	10	脚架碰、滑动扣5分			
				建站步骤无误5分			
2	测量精度检验	x 坐标值与标准值较差 y 坐标值与标准值较差	30	x 限差不大于±3 mm,每超1 mm扣5分	A 误差:		
					B 误差:		
				y 限差不大于±3 mm,每超1 mm扣5分	A 误差:		
					B 误差:		
3	记录计算	涂改划改	10	划改一处扣1分			
				涂改一处扣5分			
4	考核时间	15分钟内完成		不得超时			
	超出15分钟,应立即停止考试,考生该考试成绩为0分						

实验测试二

准考证号：_____　　　姓名：_____　　　考件编号：_____

试题一：四等闭合水准测量(50分)

（1）考核方法

被考核者在规定的时间内独立完成指定四等闭合水准路线测量。要求由 1 个已知高程点（已知点高程值由考评员在考核前随机给定），测出 2 个待测点并现场进行内业计算求出 2 个待测点高程。

（2）考核要求

①需提前找好两位扶尺的同学。

②视线长度不大于 100 m，前后视距较差不大于 ± 5.0 m，前后视距积差不大于 ± 10.0 m，黑红面读数较差不大于 ± 3 mm，黑红面高较差不大于 ± 5 mm，容许高差闭合差 $f_{h容} = \pm 5\sqrt{n}$，待测点高程值与标准值较差不大于 ± 5 mm。每测站找准标尺的观测顺序为：后—后—前—前。

③考核需连续进行，考核一旦计时开始不能无故终止。如果在考核期间测量仪器发生非人为故障，致使考核不能正常进行，需经考评员确认并批准，考核可重新开始。

④被考核者必须独立完成规定的测量内容并现场进行内业计算，外业和内页数据必须直接填在规定的表格内（见附表 1）。表格填好后应及时交给考评员，不能带离考核场地，否则成绩无效。观测数据必须原始真实，严禁弄虚作假，否则取消考核资格。

⑤考核过程中现场考评员监督仪器使用、观测，记录以及计算过程中的规范性，防止出现人员、仪器安全事故，经提醒恶意不改者，现场考评员有权终止考核。

（3）考核时间

完成"四等闭合水准测量"考核，规定用时 15 分钟；计时从领取试题起，到放好仪器并递交成果止。以现场考评员计时为准，超时该项不计成绩。

（4）考核成绩

"四等闭合水准测量"的考核成绩记录如附表 2 所示。

试题二：全站仪坐标测量及角度边长计算(50分)

（1）考核方法

被考核者在规定的时间内独立完成指定三个点的坐标测量，并反算三角形边长和内角。要求由给定坐标的测站点和定向点（测站点、定向点坐标由考评员在考核前根据考场情况随机给定），测出三个指定点的坐标，并按所测得的坐标反算出三个点所组成三角形的边长和内角。

（2）考核要求

①需提前在指定的三个点上安置好棱镜组，并在定向点上设置瞄准标志。

②被考核者用全站仪在给定的测站点上建站，后视给定定向点，依次测量指定三个未知点的坐标，根据所测得的坐标值计算出三角形的三条边长及三个内角。视线长度不大于

100 m,未知点的观测顺序不做规定。

③考核需连续进行,考核一旦计时开始不能无故终止。如果在考核期间测量仪器发生非人为故障,致使考核不能正常进行,需经考评员确认并批准,考核可重新开始。

④被考核者必须独立完成规定的测量内容并现场进行内业计算,外业和内页数据必须直接填在规定的表格内(见附表3和附表4)。表格填好后应及时交给考评员,不能带离考核场地,否则成绩无效。观测数据必须原始真实,严禁弄虚作假,否则取消考核资格。

⑤考核过程中现场考评员监督仪器使用、观测,记录以及计算过程中的规范性,防止出现人员、仪器安全事故,经提醒恶意不改者,现场考评员有权终止考核。

(3)考核时间

完成"全站仪坐标测量及角度边长计算"考核,规定用时 15 分钟;计时从领取试题起,到放好仪器并递交成果止。以现场考评员计时为准,超时该项不计成绩。

(4)考核成绩

"全站仪坐标测量及角度边长计算"的考核成绩记录如附表5所示。

试题一和试题二的总分成绩记录见附表6。

附表 1 四等闭合水准测量记录表格

测站编号以及点号	后尺	上丝	前尺	上丝	方向及尺号	水准尺读数		K+黑一红(mm)	高差中数	改正后高差	后视点高程
		下丝		下丝							
	后视距		前视距			黑面	红面				
	视距差 d		∑d								
					后						
					前						
					后一前						
					后						
					前						
					后一前						
∑											

$$f_{h容}=\pm 5\sqrt{n}=$$

附表 2　四等闭合水准测量评分表格

项目	考核内容	配分	操作要求	评分标准	情况记录	扣分	得分
仪器操作规范	操作过程规范	3	脚架碰、滑动	不符合要求酌情扣分			
	观测程序正确	4	后、前视观测步逐无误	不符合要求酌情扣分			
	迁站时仪器安全处理	3	仪器头向上、仪器安全,脚架不能碰到障碍物	违反要求酌情扣分			
测量精度检验	高差闭合差	80	限差:$f_{h容}=\pm5$ mm	每超 1 mm 扣 8 分	误差:		
	待测点高程与标准值较差		限差不大于±5 mm	每超 1 mm 扣 8 分	误差:		
	前后视距较差		限差不大于±5 m	每超 1 m 扣 4 分	误差:		
	前后视距累积差		限差不大于±10 m	每超 2 m 扣 4 分	误差:		
	黑红面读数较差		限差不大于±3 mm	每超 1 mm 扣 4 分	误差:		
	黑红面高差较差		限差不大于±5 mm	每超 1 mm 扣 4 分	误差:		
记录计算	涂改划改	10	划改一处扣 1 分,涂改一处扣 5 分,观测数据毫米位划改按涂改算				
	计算结果、检核		记错、漏记一处扣 2 分				
考核时间	在 15 分钟内完成		不得超时				
合计		100					

附表 3　全站仪坐标测量记录表格

点号		x 坐标	y 坐标	**备注**
测站点 O				定向点和测站点坐标由考评员根据现场情况随机给定
定向点 P				
待测点	A			
	B			
	C			

附表 4　全站仪坐标测量角度边长计算表格

边长		角度		备注
AB		∠A		
BC		∠B		
CA		∠C		

附表 5 全站仪坐标测量计算角度边长评分表格

考核项目	考核要求	配分	操作要求	评分标准(各项扣完为止)	情况记录		扣分	得分
仪器操作规范	操作过程规范程度	5	脚架碰、滑动	不符合要求酌情扣分				
	建站程序正确性	5	建站步骤无误	不符合要求酌情扣分				
测量精度检验	x 坐标值与标准值较差	80	限差不大于 ± 3 mm	每超 1 mm 扣 8 分	误差	$A:$ $B:$ $C:$		
	y 坐标值与标准值较差		限差不大于 ± 3 mm	每超 1 mm 扣 8 分		$A:$ $B:$ $C:$		
记录计算	涂改划改	10	不能涂改、划改	划改一处扣 1 分、涂改一处扣 5 分				
	计算结果		不能错漏	记错、漏记一处扣 2 分				
考核时间	15 分钟内完成			不得超时				
合计		100						

附表 6 总分成绩表

序号	考试名称	满分	得分	权重(%)	成绩	备注
1	四等闭合水准测量	100		50		
2	全站仪坐标测量计算角度边长	100		50		
合计				100		

参 考 文 献

[1] 潘松庆.工程测量技术实训[M].2版.郑州:黄河水利出版社,2011.

[2] 宁津生,陈俊勇,李德仁,等.测绘学概论[M].2版.武汉:武汉大学出版社,2008.

[3] 覃辉,伍鑫.土木工程测量[M].4版.上海:同济大学出版社,2013.

[4] 杨正尧.测量学[M].2版.北京:化学工业出版社,2009.

[5] 梁盛智.测量学[M].2版.重庆:重庆大学出版社,2007.

[6] 李生平.建筑工程测量[M].北京:高等教育出版社,2002.

[7] 黄声享,郭英起,易庆林.GPS在测量工程中的应用[M].北京:测绘出版社,2007.

[8] 卓健成.工程控制测量建网理论[M].成都:西南交通大学出版社,1996.

[9] 顾孝烈,鲍峰,程效军.测量学[M].4版.上海:同济大学出版社,2011.

[10] 中华人民共和国住房和城乡建设部.GB 50026—2007 工程测量规范[S].北京:中国计划出版社,2008.

[11] 中华人民共和国住房和城乡建设部.CJJ/T 9—2011 城市测量规范[S].北京:中国建筑工业出版社,2011.

[12] 中华人民共和国水利部.SL197—2013 水利水电工程测量规范[S].北京:中国水利水电出版社,2013.

[13] 中华人民共和国住房和城乡建设部.JTJ 8—2007 建筑变形测量规范[S].北京:中国建筑工业出版社,2007.

[14] 中华人民共和国国家技术监督局.GB/T 15314—1994 精密工程测量规范[S].北京:中国标准出版社,1995.

[15] 周建郑.建筑工程测量[M].2版.北京:化学工业出版社,2012.

[16] 中华人民共和国国家质量监督检验检疫总局.GB/T 12898—2009 国家三、四等水准测量规范[S].北京:中国标准出版社,2009.

[17] 张正禄.工程测量学的研究发展方向[J].现代测绘,2003,(6):3-6.

[18] 张正禄,等.20～50 km超长隧道(洞)横向贯通误差允许值研究[J].测绘学报,2004,33(1):83-88.

[19] 郭际明,梅文胜,张正禄,等.测量机器人系统构成与精度研究[J].武汉测绘科技大学学报,2000,(5):421-425.

[20] 张正禄.工程测量学的发展评述[J].测绘通报,2000,(1),11-14;2000,(2):9-10.

[21] 张正禄,罗年学,黄全义,等.一种基于可靠性的工程控制网优化设计新方法[J].武汉大学学报·信息科学版,2001,26(4):354-360.

[22] 张正禄.工程的变形分析与预报方法研究进展[J].测绘信息与工程,2002,(5):37-39.

[23] 张正禄,梅文胜,邸国辉.用测量机器人监测三峡库区典型滑坡研究[A].湖北地矿湖北省三峡库区地质灾害防治论文专辑(C),2002,(4):56-59.

[24] 张正禄,张松林,张军,等.特高精度水电站施工控制网分析与研究[J].大坝与安全.2002,(5):17-20.

［25］　张松林,张正禄,张军,等.关于抽水蓄能电站的水准高程控制测量［J］.大坝与安全.
　　　　2002,(5):24-26.

［26］　黄全义,张正禄,巢佰崇,等.现代工程测量的发展与应用研究［J］.大坝与安全,2002,
　　　　(5):7-12.

［27］　张正禄.工程测量学的研究发展方向［J］.现代测绘,2003,(6):3-6.

［28］　张正禄,罗年学,冯琰.多维粗差定位与定值的算法研究及实现［J］.武汉大学学报·
　　　　信息科学版,2003,(4):400-404.

［29］　张松林,张正禄,罗年学.GPS平面控制网的模拟设计计算方法及其应用［J］.武汉大
　　　　学学报,2004,29(8):711-714.

［30］　梅文胜,张正禄,郭际明,等.测量机器人变形监测软件系统研究［J］.武汉大学学报,
　　　　2002(2):165-171.

［31］　王志华,张正禄,等.远程位移监测系统及其试验分析［J］.测绘信息与工程,2006,
　　　　(2):37-38.

［32］　罗长林,张正禄,邓勇,等.基于改进的高斯一牛顿法的非线性三维直角坐标转换方法
　　　　研究［J］.大地测量与地球动力学,2007(1):50-54.

［33］　蒋征,张正禄.滑坡变形的模式识别［J］.武汉大学学报·信息科学版,2002,27(2):
　　　　127-132.

［34］　刘旭春,张正禄.云阳宝塔滑坡监测的变形模式识别与分析［J］.测绘科学.2006,31
　　　　(1):38-40.

［35］　张正禄,邓勇,罗长林,等.精密三角高程代替一等水准测量的研究［J］.武汉大学学
　　　　报·信息科学版,2006,(1):5-8.

［36］　张正禄,邓勇,罗长林,梅文胜.大气折光对边角测量影响及对策研究［J］.武汉大学学
　　　　报·信息科学版,2006,(6):37-40.

［37］　张正禄,邓勇,罗长林,等.论精密工程测量及其应用［J］.测绘通报,2006,(5):17-20.

［38］　张正禄,邓勇,罗长林,等.利用GPS精化区域似大地水准面［J］.大地测量与地球动
　　　　力学,2006,(4),14-17.

［39］　张正禄,邓 勇,罗长林,等.大型水利枢纽工程高精度平面控制网设计研究一以向家
　　　　坝为例［J］.测绘通报,2007,(1):33-35.

［40］　张正禄,黄琦,彭璇,等.论附合导线及其之改进［J］.测绘通报,2007(10):1-3.

［41］　张昆,等.大坝工程管理信息系统建设研究［J］.大坝与安全,2002,(5):30-32.

［42］　黄声享.GPS实时监控系统及其在堆石坝施工中的初步应用［J］.武汉大学学报·信
　　　　息科学版,2005,30(9):813-816.

［43］　黄声享.小波分析在高层建筑动态监测中的应用［J］.测绘学报,2003,32(2):153-
　　　　157.

［44］　黄声享.GPS变形监测系统中消除噪声的一种有效方法［J］.测绘学报,2002,31(2):
　　　　104-107.

［45］　黄声享,向东.GPS系列化教学实习的设计与实践［J］.测绘通报,2004,(10):64-66.

［46］　梅文胜,张正禄,郭际明,等.测量机器人变形监测软件系统研究［J］.武汉大学学报·
　　　　信息科学版,2002,(2):165-171.

［47］　梅文胜.测量机器人在变形监测中的应用研究［J］.大坝与安全,2002,(5):33-35.

［48］　梅文胜.斜拉桥索塔三维相对基准定位方法研究［J］.武汉大学学报·信息科学版,

2007,(2):168-171.

[49] 梅文胜.测量机器人在船舶液舱容积测量中的应用[J].地理空间信息,2005,(3):46-48.

[50] 邹进贵,花向红.手持激光测距仪的在线控制与应用研究[J].地矿测绘,2000,(3):17-21

[51] 徐进军.基于测距信号强度最大原理的自动化测量[J].测绘信息与工程,2006,(5):28-29.

[52] 徐进军.几种动态测量传感器综述[J].测绘信息与工程,2005,(2):44-46.

[53] 丁士俊,陶本藻.半参数模型及其在形变分析中的应用[J].测绘科学,2004,(5):38-40.

[54] 丁士俊,陶本藻.半参数模型的统计诊断量与粗差检验[J].大地测量学与地球动力学,2005,(3):24-28.

[55] 赵建虎,刘经南.精密多波束测深系统位置修正方法研究[J].武汉大学学报·信息科学版,2002,(5):473-477.

[56] 赵建虎,刘经南.多波束测深数据系统误差的削弱方法研究[J].武汉大学学报·信息科学版,2004,(5):394-397.

[57] 丁士俊.平差不适定问题解性质与正则参数的确定方法[J].测绘科学,2006,(2):22-24.

[58] Heribert, Kahmen. Vermessungskunde. Walter de Gruyter[M]. Berlin New York 1997.

[59] Guenter Seeber, Satellite Geodesy. Walter de Gruyter[M]. Berlin New York 2003.

[60] Pelzer H (Hrsg). Ingenieurvermessung. Verlag Konrad Wittwer[M]. Stuttgart, 1987.

[61] Brandstaetter(Hrsg). Ingenieurvermessung 96[M]. Duemmler,Bonn,1996.

[62] Hans Pelzer(Hrsg). Geodatische Netze in Landes und Ingenieurvermessung I[M]. Konrad Wittwer,Stuttgart,1980.

[63] Hans Pelzer(Hrsg). Geodatische Netze in Landes und Ingenieurvermessung II[M]. Konrad Wittwer,Stuttgart,1985.

[64] Welsch/Heunecke/Kuhlmann. Ausgleichung geodaetischer Ueberwachungsmessungen[M]. Herbert Wichmann Verlag Heidelberg,2000

[65] Schlemmer. Ein Strategiepapier der Deutschen Geodaetischen Kommission[J]. ZfV, 1998,(6):173-176.

[66] Chen Y. Report of the Chairman of Commission 6. FIG XXI International Con gress 7[P]. Brighton UK,FIG Commission 6. Engineering Surveys,1998.

[67] Schnaedelbach K,Ebener H. Ingenieurvermessung 88[M]. Duemmler,Bonn,1988.

[68] Kahmen H. Hybrid Measurement Robots in Engineering Surveys[J]. ISPRS Congres,Washington,1992.

[69] Gruen A,Kahmen H. (Hrsg). Optical 3D Measurement Techniques III[M]. Wichmann Verlag. HuethigGmbH,Heidelbert,1995.

[70] Ingenieurvermessung 84 IX. Internationalen Kurs fuer Ingenieurvermessung[M]. Graz,1984.